1 Sargans und Seeztal SG
2 Walensee-Gebiet SG
3 Schilstal SG
4 Weisstannental SG
5 Taminatal SG
6 Calfeisental SG
7 Churer Rheintal GR
8 Unterste Surselva GR
9 Sernftal und Niderental GL
10 Glarus Nord und Murgtal GL/SG
AF533651
LIECHTENSTEIN
Buchs SG
Vaduz
Triesenberg
Sevelen
Triesen
Balzers
Sargans
Mels
Wangs
Vilters
Maienfeld
Bad Ragaz
Pfäfers
Valens
Vättis
Untervaz
Malans GR
Landquart
Igis
Zizers
Trimmis
Chur
Masans
Haldenstein
Felsberg
Tamins
Domat/Ems
Reichenau
Bonaduz
Rhäzüns
Schiers
Seewis Dorf
Grüsch
Fideris
Küblis
Jenaz
Luzein
Arosa
Langwies
Tschiertschen
Churwalden
Parpan
Malix
Calanda
Pizol
Weissfluh
Aroser Rothorn
Weisshorn
Hochwang
Falknis
Naafkopf

Mineralien
im UNESCO-Weltnaturerbe
und Geopark Sardona

MINERALIEN im UNESCO-Weltnaturerbe und Geopark SARDONA

Peter Kürsteiner
Adrian Pfiffner
Michael Soom

FormatOst

Dieses Buch wurde in grosszügiger Weise finanziell unterstützt von folgenden Kantonen, Institutionen, Stiftungen, Gesellschaften und Firmen, denen wir für ihr Entgegenkommen und kulturelles Engagement danken:

Akademie der Naturwissenschaften Schweiz (SCNAT)
Bertold-Suhner-Stiftung, Herisau
Förderverein Welterbe & Geopark Sardona
Geotest AG, Zollikofen
IG UNESCO-Welterbe und Tektonikarena Sardona
Lotteriefonds Kanton St. Gallen
Schweizerischen Geologischen Gesellschaft
Swisslos/Kulturförderung Kanton Glarus
Swisslos/Kulturförderung Kanton Graubünden

Kanton St.Gallen  SWISSLOS

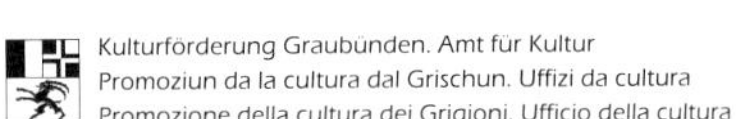

Abbildung Umschlag oben: Die Glarner Hauptüberschiebung in der Kette
Piz Sardona – Piz Segnas – Tschingelhörner – Laaxer Stöckli/Piz Grisch.
Foto: Ruedi Homberger
Abbildung Umschlag unten: Phantomquarz. Piz Segnas. Höhe Quarz-Stufe: 4.4 cm.
Sammlung: Peter Kürsteiner, Nr. T4-115; Foto: Thomas Schüpbach
Abbildung Vorsatz vorne und hinten: Karte: Bundesamt für Landestopografie

Gestaltung Umschlag/Inhalt: Brigitte Knöpfel
Gesetzt in ITC Stone Serif und Bahnschrift
Druckvorstufe: Verlagshaus Schwellbrunn

ISBN 978-3-03895-019-6
www.formatost.ch

Inhalt

Beschreibung der Mineral- und Erzvorkommen

Entstehung der Mineral- und Erzvorkommen

Anhang

Einführung

Der Geopark Sardona ist ein regionaler Geopark, der Erdgeschichte in einem zusammenhängenden Gebiet der Kantone St. Gallen, Glarus und Graubünden erlebbar macht. Kerngebiet ist die Tektonikarena Sardona mit der Glarner Hauptüberschiebung (Imper 2004), die 2008 von der UNESCO in die Liste der Weltnaturerbe aufgenommen wurde. Der Geopark Sardona umfasst das Sarganserland, die Walensee-Gegend, das Glarnerland sowie Teile Nordbündens und der Surselva mit mehrheitlich alpiner bis hochalpiner Landschaft. Der Geopark Sardona weist eine Fläche von rund 1800 km^2 auf und die Tektonikarena Sardona eine solche von 329 km^2.

In der Tektonikarena Sardona sind weltweit einmalige Phänomene zu beobachten, in welchen die Prozesse der Gebirgsbildung verständlich werden. Eine gewaltige Überschiebung, bei der viele kilometer-grosse Gesteinspakete über mehr als 30 Kilometer bewegt wurden, ist im Gelände als messerscharfe Linie zu erkennen. Die tief eingeschnittenen Täler geben Einblick in die Erosionsprozesse, welche in den vergangenen 20 Millionen Jahren mehrere Kilometer dicke Gesteinsschichten abgetragen haben, ein Vorgang, der heute noch andauert.

Das im vorliegenden Buch behandelte Gebiet wird gegen Norden durch den Walensee und das Seeztal, gegen Osten durch das Churer Rheintal und in südlicher Richtung durch den von der Surselva in Richtung Chur fliessenden Rhein begrenzt. Gegen Westen bildet etwa die Linie Hausstock–Gla-

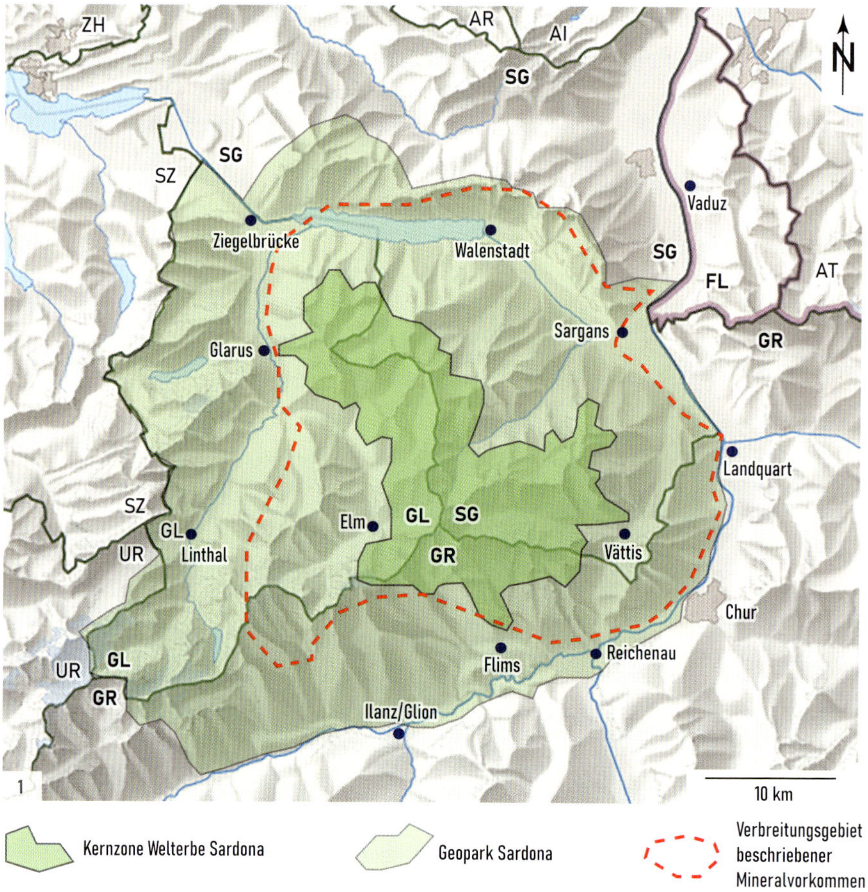

1 Übersichtskarte des Geoparks Sardona mit dem Kerngebiet des UNESCO-Weltnaturerbes und dem Verbreitungsgebiet der Mineralvorkommen.
Illustration: Adrian Pfiffner

2 Das idyllisch gelegene Dörfchen Quinten (Gemeinde Quarten) liegt an der Nordseite des Walensees und ist nur zu Fuss oder mit dem Schiff erreichbar. An der gegenüberliegenden Seeseite befinden sich Quarten, weiter östlich Unterterzen und, etwas erhöht, Oberterzen.
Foto: Peter Kürsteiner

3 Blick vom Muggerchamm im Pizol-Gebiet nach Norden ins St. Galler Rheintal mit dem Städtchen Sargans am Fusse des Gonzen. Rechts des Rheins der Ausläufer des Fläscherbergs (Ellhorn) und am Horizont der Kuegrat (FL), links des Rheins die Alvierkette und im Hintergrund der Hohe Kasten.
Foto: Marcel Steiner

2

3

rus–Unteres Walensee-Gebiet den Abschluss. Das Gebiet umfasst zahlreiche Gebirge und Täler, im Norden beginnend und im Uhrzeigersinn aufgezählt sind dies: Walensee-Gebiet, Seeztal, Murgtal, Schilstal, Weisstannental, Taminatal, Calfeisental, Churer Rheintal, unterste Surselva, Sernftal, Chärpf-Gebiet, Netstal-Kerenzerberg, Mürtschen-Gebiet.

Geologisch gesehen zählt das Gebiet des Weltnaturerbes und des Geoparks Sardona zum Helvetikum. Drei Gesteinsgruppen dominieren die Landschaft: mächtige Kalke, welche hohe Felswände bilden, Sandstein-Mergelabfolgen (Flysch), in welche durch die Erosion tiefe Rinnen eingeschnitten sind, sowie rote Brekzien, Sandsteine und Tonsteine (Verrucano), welche häufig die Berggipfel zieren. Längs einer gewaltigen Überschiebung, der Glarner Hauptüberschiebung, kamen die älteren Verrucano-Gesteine auf jüngere Kalke oder Flysch-Gesteine zu liegen. Diese Überschiebung zeigt sich im Gelände an mehreren Stellen als messerscharfe Linie, die «magische Linie», und war mit ein Grund, weshalb das Gebiet als UNESCO-Weltnaturerbe aufgenommen wurde.

Das ganze Gebiet ist nicht nur wegen seiner Geologie speziell. Auch zahlreiche Mineralfundstellen sowie Erzvorkommen haben das Interesse der Mineralogen und Mineraliensammler wie auch der Bergbaufachleute geweckt.

Die frühesten Bergbauspuren finden sich am Gonzen, wo Schlackenfunde auf dem Hügel von Castels bei Mels auf eine Verhüttung von Eisenerz am Ende der Latènezeit um 200 v. Chr. hinweisen. Der Abbau am Gonzen fand mit mehreren Unterbrüchen bis in die zweite Hälfte des 20. Jahrhunderts statt. Ebenfalls dem Rohstoff Eisen galten im 16. Jahrhundert Bergbauversuche am Guppen am Fuss des Glärnisch, der knapp ausserhalb des Geoparks Sardona liegt. Zu Beginn des 17. Jahrhunderts wurden die Erzgruben im Gebiet Mürtschen zur Gewinnung von Silber eröffnet. Nachdem zu Beginn des 19. Jahrhunderts bei Wuhrbauten am Fuss des Felsberger Calanda ein Sturzblock mit gediegenem Gold gefunden wurde, gründete der Apotheker Capeller aus Chur einen Bergwerksverein zur Eröffnung der Erzgrube Goldene Sonne, um der goldhaltigen Ader nachgraben zu lassen, ohne dass sich der erhoffte wirtschaftliche Erfolg einstellte.

Über mineralogische und bergbauliche Themen wurden in den vergangenen Jahrzehnten viele Ar-

4

5

beiten verfasst. Zahlreiche Publikationen behandeln einzelne oder auch mehrere Mineralfundstellen und Erzvorkommen. Eine umfassende Publikation über die Mineralien und Erze sowie über die Mineral- und Erzvorkommen dieses Gebiets fehlte bisher aber.

Die vielfältige geologische Situation widerspiegelt sich im Reichtum an Mineralien und an sehr unterschiedlichen Typen von Mineralen. Um dieser Tatsache gerecht zu werden, liegt das Schwergewicht dieser Arbeit auf der Beschreibung der verschiedenen Mineralvorkommen – die Mineralien mit den teilweise fundorttypischen Ausbildungsformen werden deshalb dort detailliert beschrieben.

Die Autoren haben sich als Ziel gesetzt, die auf dem Gebiet des Geoparks Sardona und in dessen näheren Umgebung sich befindenden Mineral- und Erzvorkommen sowie deren Mineralien und Erze zu dokumentieren. Zudem sollen die verschiedenen Erzvorkommen und -abbaustellen aufgeführt und beschrieben werden.

Einführend soll die geologische Situation dargestellt werden. In den beiden folgenden Kapiteln soll ein kurzer Einblick in die Mineralogie sowie in die Themen Suchen und Sammeln vermittelt werden. Dem Hauptkapitel «Beschreibung der Mineral- und Erzvorkommen» schliesst sich das Kapitel «Entstehung der Mineral- und Erzvorkommen» an. Das vorliegende Buch richtet sich einerseits an Hobby-Mineraliensammlerinnen und -sammler, Studentinnen und Studenten sowie Wissenschaftlerinnen und Wissenschaftler, andererseits auch an Alle, die Freude haben an der Natur generell und am Geopark Sardona speziell.

Grundlage für das Buch bilden zahlreich vorhandene Publikationen zum vorliegenden Thema sowie die Mineralien und Erze verschiedener öffentlicher und privater Sammlungen: Bündner Naturmuseum, Naturhistorisches Museum Basel, Naturhistorisches Museum der Burgergemeinde Bern, Musée cantonal de géologie Lausanne, Naturmuseum St. Gallen sowie die Privatsammlungen von Andreas Berger, Martin Blättler, Werner Böniger, Mischa Crumbach, Ignaz Derungs, Ueli Eggenberger, Christine Flück, Franco Isepponi, Jack Jörimann, Hans-Peter Klinger, Andreas Kürsteiner, Peter Kürsteiner, Richard Meyer, Philippe Roth, Thomas Schüpbach, Röbi Tschirky, Remo Zanelli.

Unser Dank für das Zurverfügungstellen von Mineralien richtet sich an alle oben genannten öf-

fentlichen Institutionen und privaten Sammler. Personen, die Fotografien und Illustrationen zur Verfügung gestellt haben, sind in den Bildlegenden aufgeführt – auch ihnen gilt unser Dank. Weiter bedanken wir uns beim Verlagshaus Schwellbrunn für die Gestaltung und die Herausgabe des Buches. Teile der Produktionskosten wurden in grosszügiger Weise vom Lotteriefonds Kanton St. Gallen, der Swisslos/Kulturförderung Kanton Glarus, der Swisslos/Kulturförderung Kanton Graubünden, dem Förderverein Welterbe & Geopark Sardona, der IG UNESCO-Welterbe und Tektonikarena Sardona, der Schweizerischen Geologischen Gesellschaft, der Akademie der Naturwissenschaften Schweiz (SCNAT), der Bertold-Suhner-Stiftung und der Geotest AG übernommen. Wir danken für ihr finanzielles Engagement herzlich.

Verschiedene weitere Personen haben mit Auskünften und Bestimmungen, mit Untersuchungen von Mineralproben, mit Bereitstellen von Mineralien und mit der Durchsicht von Manuskripten zum Gelingen des Buches beigetragen. Ihnen allen gilt unser Dank: Dr. Toni Bürgin, Naturmuseum St. Gallen; Dr. Thomas Burri, Naturhistorisches Museum Bern; Ueli Eggenberger, Bündner Naturmuseum; Dr. Andrea Galli, Erdwissenschaftliche Sammlungen der Eidgenössischen Technischen Hochschule Zürich; Dr. Frank Gfeller, Naturhistorisches Museum Bern; Prof. Dr. Nicolas Greber, Institut für Geologie der Universität Bern; Prof. Dr. Beda Hofmann, Institut für Geologie der Universität Bern und Naturhistorisches Museum Bern; Dr. Urs Leu, Zentralbibliothek Zürich, Abteilung Alte Drucke und Rara; Dr. Matthias Meier, Naturmuseum St. Gallen; Dr. Nicolas Meisser, Musée cantonal de géologie Lausanne; Dr. André Puschnig, Naturhistorisches Museum Basel, sowie Philippe Roth, Zürich.

4 Blick vom Prodkamm nach Süden auf den Spitzmeilen (links) und Magerrain (rechts).
Foto: Marcel Steiner

5 Blick in die Taminaschlucht nahe der Thermalquelle. Kleine, harte Quarzkörner im rasch fliessenden Wasser der Tamina schliffen den felsigen Untergrund und halfen der Tamina, sich rasch in den Felsuntergrund einzutiefen.
Foto: Adrian Pfiffner

6 Die «magische Linie» am Ofen und in den Tschingelhörnern trennt Verrucano von den jüngeren Kalken darunter.
Foto: Adrian Pfiffner

Geologischer Bau

Tiefe Täler und spitze Berge

Der Piz Sardona, unweit der Dreikantone-Ecke Glarus-Graubünden-St. Gallen gelegen, ist namensgebend für das UNESCO-Welterbe Tektonikarena Sardona. Dessen Perimeter zusammen mit dem umliegenden Geopark Sardona umschliesst eine urchige Gebirgslandschaft mit spitzen, teils vergletscherten Bergketten und tief eingeschnittenen Tälern.

Die Reliefkarte in Abb. 7 zeigt den Verlauf der Haupttäler der Region. Das Rheintal im Osten, das Tal der Linth im Westen sowie die Talung des Walensees im Norden weisen relativ breite Sohlen auf. Ganz im Gegensatz dazu sind die vom Dreikantone-Eck ausgehenden Täler, das Sernftal, das Weisstannental und das Calfeisental, V-förmige Kerben, denen ein flacher Talboden weitgehend fehlt. Etwas spezieller ist das Vorderrheintal im Süden. Hier windet sich der Vorderrhein in Schlaufen durch die Trümmermasse des Flimser Bergsturzes. Die Trümmermasse verstopfte das Tal vor etwa 9500 Jahren und staute den Vorderrhein zum einstigen Ilanzersee. Der Überfluss des Sees schlängelte sich dann durch die unregelmässige höckerige Landschaft der Trümmermasse.

Die markantesten Bergketten folgen den Kantonsgrenzen vom Piz Sardona nach Westen, Osten und Norden. Die Kette im Westen ist von mehreren Kleintälern zerschnitten, sodass die Wasserscheide bis zum Westrand der Reliefkarte in Abb. 7 einen etwas gezackten Verlauf aufweist. Nach Osten ist die Gebirgskette südlich von Vättis durch das Trockental von Kunkels unterbrochen. Sie wird abgelöst durch die Nord-Nordost-Süd-Südwest verlaufende Kette des Calanda zwischen den Flüssen Tamina und Rhein. Die vom Piz Sardona nach Norden verlaufende Kette teilt sich infolge des Einschnittes des Schilstals und des Murgtals sowie weiterer kleiner Täler in mehrere Ketten auf. Markant sind die Ketten von Alvier-Churfirsten nördlich Sargans-Walenstadt sowie Glärnisch-Wiggis westlich der Linth.

Täler

Von ihrer Form her sind bei Tälern drei Grundtypen zu unterscheiden: Kerbtäler, Trogtäler und Sohlentäler. Kerbtäler sind durch Flüsse und Bäche eingeschnitten; sie sind V-förmig und haben meist relativ steile Flanken. Trogtäler sind vom Gletscher ausgehobelt und U-förmig. Die Flanken steigen allmählich vom Talgrund an. Sohlentäler besitzen, wie der Name sagt, eine breite Talsohle; die Grenze zu den Talflanken ist scharf. Der Felsuntergrund reicht meist weit unter die Talsohle. Durch Aufschüttung des Felstales entsteht dann eine flache Talsohle. In der Natur können sich die Prozesse der Talbildung zeitlich überlagern, wodurch Variationen dieser drei Grundtypen entstehen.

Ein eindrückliches Beispiel eines V-förmigen Kerbtales stellt das Calfeisental dar. In Abb. 8 bestehen die steilen, von Felswänden durchsetzten Felsflanken beidseits des Stausees von Gigerwald aus Kalken (hauptsächlich Quinten-Kalk), während hinter dem Stausee der Felsuntergrund aus Sandstein und Tonstein aufgebaut ist. Derartige enge Täler wurden früher, von D'Omalius D'Halloy (1843), als Spalten in der Erdkruste interpretiert. Heute weiss man, dass solche Täler im Wesentlichen auf das erosive Einschneiden von Flüssen zurückzuführen sind.

Auch das Sernftal (Abb. 9) und das Weisstannental (Abb. 13) sind Kerbtäler, welche in mächtige Abfolgen von Sandstein und Tonstein eingeschnitten wurden. In allen drei Beispielen fehlt ein breiter Talboden; die Tamina, die Sernft und die Seez schneiden sich heute noch weiter in den Felsuntergrund ein. Dasselbe ist noch eindrücklicher im Mülitobel bei Valens (Abb. 12) zu beobachten. Hier schneidet das Oberflächenwasser tiefe Furchen in die Mergel-, Sandstein- und Tonsteinabfolgen. Die Furchen vereinigen sich in Abflussrichtung und am Schluss liegt unten ein tief eingeschnittenes V-Tal vor.

Ein typisches Beispiel eines Sohlentales ist die Talung der Linth zwischen Niederurnen und Glarus mit einem flachen Talboden, welcher von steilen Felswänden flankiert ist (Abb. 10). Das Tal wurde ursprünglich von einem Fluss angelegt. Später wurde es von den Gletschern der Eiszeiten ausgehobelt, verbreitert und vertieft. Nach dem Abschmelzen der Gletscher wurden die übertieften Teile des Tales mit Sand und Kies aufgefüllt und erhielten dadurch einen flachen Talboden beziehungsweise eine flache Talsohle. Weiter talaufwärts, von Glarus bis Linthal, liegen grössere Sturzmassen und abgesackte Gesteinspakete am Fuss der beidseitigen Talflanken. Dazwischen lagerte die Linth Sand und Kies ab, sodass stellenweise ein flacher Talboden entstehen konnte.

Eine sehr breite, flache Talsohle hat auch das Seeztal (Abb. 11). Die Seez mündet bei Walenstadt in den Walensee und schüttet nach wie vor Sand und Ton in den See. Das Mündungsdelta schiebt sich andauernd weiter in den See vor und vergrössert so die flache Talsohle. Der Walensee wird zudem bei Murg durch den Murgbach und seit der Linth-Korrektur südlich Weesen durch die Linth langsam zugeschüttet. Das Seeztal und die Talung des Walensees bilden ein auffallend asymmetrisches Tal mit einer flachen Südflanke und einer steilen Nordflanke (Leistchamm – Churfirsten – Alvier). Die Südflanke verläuft etwa parallel zu den Schichten im Felsuntergrund, welche weiche Mergel und Tonsteinlagen enthalten und flach nach Norden einfallen. Die Nordflanke besteht aus mächtigen, erosionsresistenten Kalkabfolgen, welche die imposante Kulisse der Churfirsten aufbauen.

Abb. 14 zeigt das Rheintal zwischen Domat/Ems und Chur. Der flache Talboden im Vordergrund und bei Domat/Ems ist von bewaldeten Hügeln, den sogenannten Tumas, übersät. Tuma ist die rätoromanische Bezeichnung für Hügel. Zwischen Domat/Ems und Chur hat ein gewaltiger Schuttfächer den Rhein auf die linke Talseite verdrängt. Das Rheintal wurde von den Gletschern der letzten Eiszeit tief ausgeräumt. Heute liegt die Felskote bei

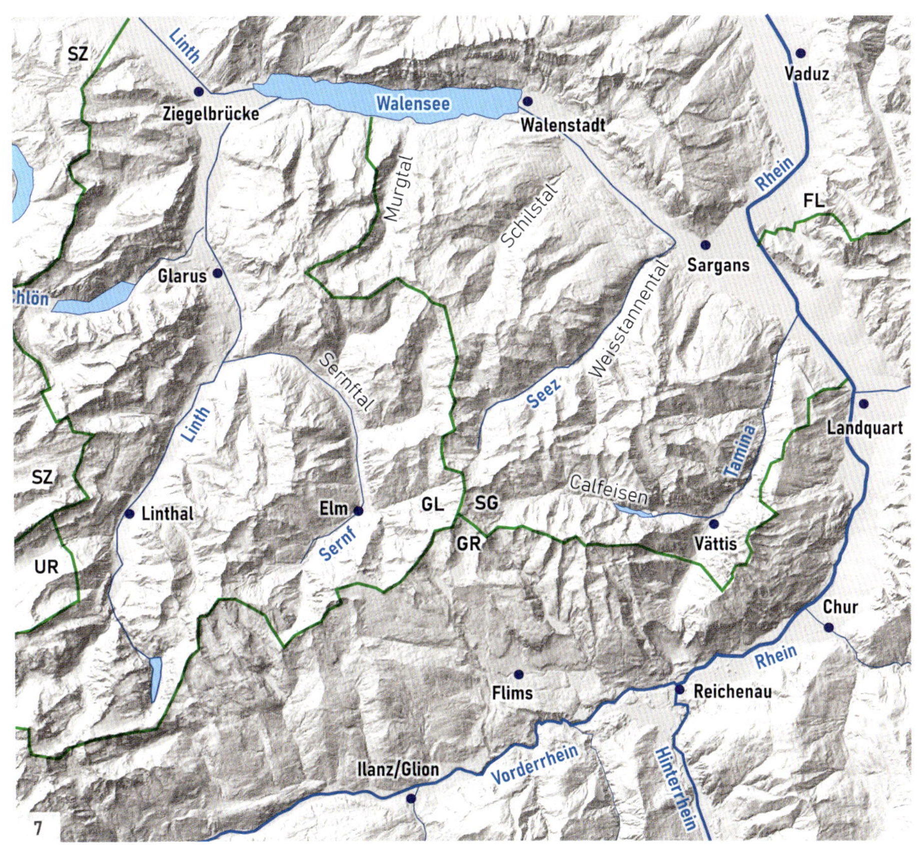

7 Reliefkarte des Gebietes zwischen Linth und Rhein.
Illustration: Adrian Pfiffner

8 Das Calfeisental, ein tief eingeschnittenes Kerbtal mit steilen Felswänden aus Kalken.
Foto: Ruedi Homberger

9 Das Sernftal, ein Kerbtal mit V-förmigen Talflanken, eingeschnitten in Sandstein-Tonsteinabfolgen. Blick auf Elm und den in die Wolken ragenden Hausstock, nach rechts Leiterberg, Chärpf und Hinter Blistock.
Foto: Peter Kürsteiner

10 Das Glarner Grosstal zwischen Niederurnen und Glarus. Die flache Talsohle ist flankiert von steilen Kalksteinfelsen.
Foto: Peter Kürsteiner

11 Das Seeztal, ein asymmetrisches Sohlental mit steilen Felswänden auf der Nordostseite (Alvier-Kette – Churfirsten-Kette) und einer flacheren Flanke im Südwesten (Flumserberge).
Foto: Peter Kürsteiner

12 Das Mülitobel, ein extremes Kerbtal, über welches sich die Brücke hinter Valens spannt.
Foto: Ruedi Homberger

13 Das Weisstannental, ein Kerbtal, eingeschnitten in Sandstein-Tonsteinabfolgen. Das Bild zeigt das hinterste Weisstannental bei Walabütz mit dem Rotrüfner.
Foto: Frank-Olivier Baechler

12

13

Reichenau auf einer Tiefe von 150 m ü. M. und bei Chur auf Meereshöhe. Anschliessend wurde das Tal durch verschiedene Prozesse wieder mit Schutt aufgefüllt.

Berge

Berge sind im Grunde genommen das Resultat von Talbildung. Entsprechend sind auch verschiedene Grundformen zu unterscheiden. Ein wichtiger Faktor ist dabei das Wirken der Gletscher der Eiszeiten. In den Gebieten oberhalb der Eisoberfläche, in unserem Gebiet also über etwa 2000 m ü. M., bildeten sich spitze Grate und Hörner. Kargletscher und Auflockerung der Gesteine durch Temperaturdifferenzen und Frostsprengung liessen steile Felswände entstehen. In den vom Eis überflossenen Gebieten entstanden durch das Abhobeln hingegen rundliche Rücken.

Der Blick auf den Piz Sardona in Abb. 15 zeigt zwei nebeneinanderliegende Kare. Erosion durch die heute fast ganz abgeschmolzenen Kargletscher ist für die Steilwand im Gipfelbereich verantwortlich. Die seitliche Erosion der Kargletscher hinterliess am Rande der Kare spitzige Grate. Die auffallende Steilwand unter dem Gipfel besteht aus einer erosionsresistenten Schicht, während die Gipfelpartie leichter zerbröckelt und entsprechend zu einem flacheren Hang zurückwittert.

Der Mürtschenstock weist hohe Felswände auf (Abb. 16), welche aus geschichteten Kalken aufgebaut sind. Die Felswände sind durch eine dunkle, zurückwitternde Schicht getrennt. Die untere Felswand wird durch Quinten-Kalk gebildet, die obere Felswand durch Kreidekalke. Das zurückwitternde Band ist aus mergelig-tonigen Schichten aufgebaut. Grossräumige Falten charakterisieren den Mürtschenstock. Verfolgt man die untere Kalkschicht (Quinten-Kalk) nach Norden (links im Bild), so versteilt sich die Schicht und taucht in den Untergrund. Verfolgt man das dunkle Band und die Kreidekalke nach Süden (rechts im Bild), erkennt man, dass die Schichten steil nach oben umbiegen und im Sattel zwischen Fulen und Ruchen vertikal stehen. Der Mürtschenstock zeichnet sich durch einen scharfen Grat aus, welcher sich in Nord-Süd-Richtung durch die Gipfelpartie erstreckt.

14 Das Rheintal zwischen Domat/Ems und Chur. Die Talsohle ist 2 km breit und von Hügeln (Tumas) durchsetzt.
Foto: Adrian Pfiffner

15 Der Piz Sardona im Zentrum des UNESCO-Weltnaturerbes Tektonikarena Sardona. Die von Gletschern geformten Kare liessen scharfe Grate entstehen.
Foto: Ruedi Homberger

16 Der Mürtschenstock besteht aus Kalken, welche hohe Felswände und scharfe Kanten entstehen liessen.
Foto: Ruedi Homberger

17 Die Churfirsten über dem Walensee, von Südwesten. In den steilen Felswänden sind die einzelnen Schichten in den Kalken auszumachen.
Foto: Ruedi Homberger

18 Die Churfirsten von Nordosten. Deutlich sieht man das Einfallen der Kalkschichten nach rechts.
Foto: Peter Kürsteiner

19 Die Nordwestflanke des Calanda mit dem Dörfchen Vättis. Die steilen Felswände werden aus mehrfach übereinandergeschobenen Kalkschichten gebildet.
Foto: Ruedi Homberger

16

19

In der Churfirsten-Kette ist die Südflanke gegen den Walensee und das Seeztal hin durch steile Felswände, unterbrochen von zurückwitternden Bändern, gekennzeichnet (Abb. 17). Das oberste Felsband, die Gipfelpartie der Churfirsten, besteht aus Kreidekalken. Am Fuss dieser Felswand zieht eine Schicht aus weichen Mergeln durch, welche eine deutliche Verflachung des Hanges bewirkte. Die grauen Felswände darunter bestehen aus Jura- und Kreidekalken. Die untersten Felswände werden von hellem, gebanktem Quinten-Kalk aufgebaut (das namengebende Dorf Quinten befindet sich knapp ausserhalb des linken Bildrandes).

Betrachtet man die Churfirsten von der Gegenseite, von Norden her, so ergibt sich ein völlig anderes Bild (Abb. 18). Von einem scharfen Grat aus geht es in vegetationsbewachsene Hänge, welche parallel zu den darunter verlaufenden Gesteinsschichten sind. Die Form der Berge ist also sehr asymmetrisch.

Abb. 19 zeigt die Nordwestflanke des Calanda, ein Berg, der aus Kalken aufgebaut ist. Die bräunlichen Kalke im Gipfelbereich links im Bild sind Kreidekalke, bei den grauen Kalken darunter handelt es sich hauptsächlich um Quinten-Kalk. Die erosionsresistenten Kalke verursachten einen scharfen Grat in der Gipfelregion, ganz im Unterschied zu den rundlichen Formen in der Stätzerhorn-Kette, welche man im Hintergrund erkennen kann.

Die Gletscher der Eiszeiten

Rund ein Dutzend Mal bedeckten Gletscher die Alpen und ihr Vorland in den vergangenen 2.5 Millionen Jahren. Dabei polierten die Gletscher die Oberfläche der Bergketten und verbreiterten und vertieften die Täler. Die Verbreitung der Gletscher während des letzten glazialen Maximalstandes in der Zeit von 28 000–18 000 Jahren vor heute zeigt die Karte in Abb. 20. Nur die höchsten Bergspitzen ragten damals als Nunataks aus dem Eisstrom. Die

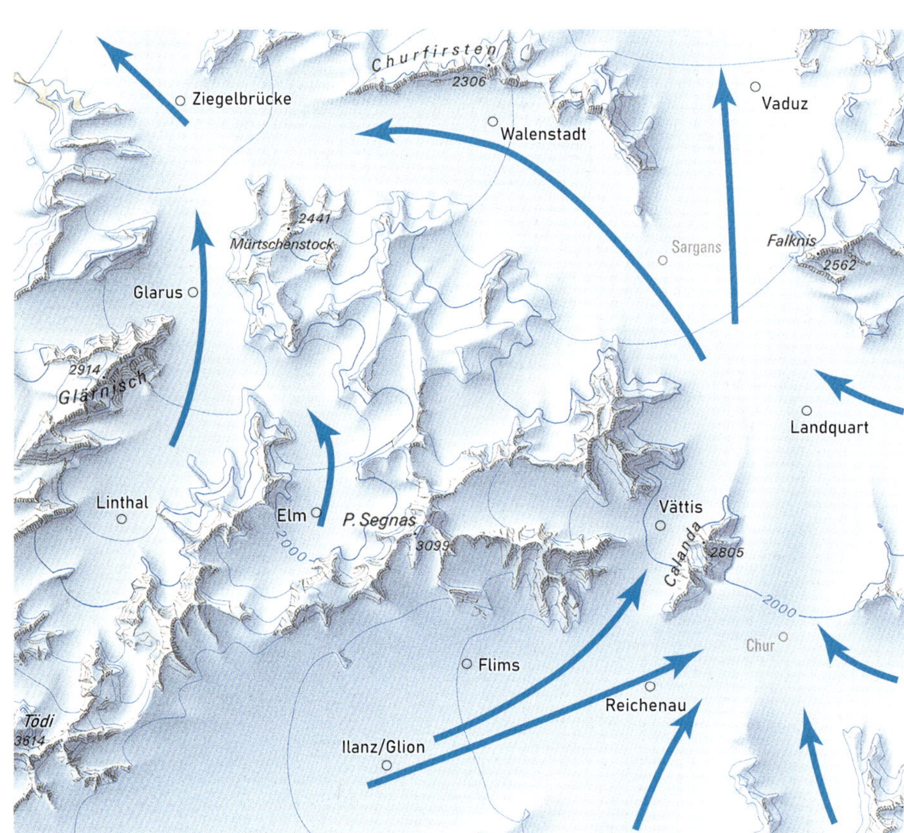

20

20 Das Gebiet zwischen Linth und Rhein zur Zeit der letzten Vergletscherung vor etwa 20 000 Jahren.
Illustration: swisstopo, ergänzt

21 Brekzie aus dem Verrucano, Sernf unterhalb Lochsite.
Foto: Adrian Pfiffner

22 Sandstein aus Mels.
Foto: Adrian Pfiffner

Eisströme aus der Surselva und aus dem Domleschg vereinigten sich bei Reichenau und flossen dann in zwei Armen über Chur und Vättis Richtung Sargans. Dort trennte sich der Eisstrom erneut. Ein Arm floss Richtung Bodensee, der andere Richtung Walensee. Die Höhe des Eisstroms lässt sich aus der Schliffgrenze und mittels der höchst gelegenen, vom Eis transportierten Findlinge bestimmen. Die Schliffgrenze ist die Grenze zwischen den vom Eis abgeschliffenen rundlichen Bergrücken und Höhenzügen sowie den zackigen Graten und spitzen Berggipfeln, welche aus dem Eisstrom herausragten.

Die Eisströme verbreiterten und vertieften die bereits vorhandenen Flusstäler. Durch den Druck der aufliegenden Eislast schmolz das Eis am Kontakt mit dem Felsen, und das entstandene Schmelzwasser war imstande, sich tiefer in den Felsuntergrund einzuschneiden. An der Front des Eisstroms wurde das Schmelzwasser durch die Auflast des Eises nach oben ausgepresst. Der Gletscher verbreiterte dann die durch die Schmelzwässer angelegten Furchen. So wurde der Felsuntergrund sukzessive tiefer gelegt. Ein gutes Beispiel dafür ist das Rheintal. Hier hatte der Felsuntergrund längs des Rheins von Reichenau bis zum Bodensee auf Meereshöhe und stellenweise noch tiefer gelegen.

Die Karte in Abb. 20 zeigt auch rundliche Einbuchtungen längs der Bergketten, besonders gut sichtbar nordwestlich von Glarus und westlich vom Piz Segnas. Es handelt sich hierbei um Kargletscher, welche sich rückwärts in den Berg einschnitten und dadurch Hohlformen kreierten. Diese Hohlformen sind auch nach dem Abschmelzen der Gletscher deutlich sichtbar (Abb. 7).

Einfluss der Gesteinsarten auf Landschaftsformen

Die Formen der oben besprochenen Täler und Berge widerspiegeln auch die Gesteinsarten im Felsuntergrund. Bevor dieser Zusammenhang beschrieben wird, müssen die wichtigsten der im Gebiet des UNESCO-Weltnaturerbes Tektonikarena Sardona und im Geopark Sardona vorkommenden Gesteinsarten besprochen werden. Dabei gilt es zwischen Festgesteinen und Lockergesteinen zu unterscheiden.

Festgesteine

Im Untersuchungsgebiet sind hauptsächlich Sedimentgesteine (Ablagerungsgesteine) und nur untergeordnet vulkanische Gesteine vertreten. Bei den Sedimentgesteinen sind Trümmergesteine (Brekzien, Sandstein, Tonstein) und Karbonatgesteine (Kalk, Mergel, Dolomit) zu unterscheiden.

Brekzien bestehen aus zusammengeschwemmten, meist eckigen Gesteinstrümmern mit einem Durchmesser von mehr als 2 mm. Bei längerem Wassertransport werden die Fragmente gerundet und das Gestein wird als **Konglomerat** bezeichnet.

Sandstein besteht aus 0.02–2 mm grossen Körnern, welche durch Wassertransport zusammengeschwemmt werden. Die Körner bestehen aus Quarz, untergeordnet aus Calcit oder Feldspat.

Tonstein ist aus feinen Partikeln (kleiner als 0.02 mm) und hauptsächlich aus Tonmineralen aufgebaut. Ton lagert sich als Schwebefracht in einem stehenden Gewässer ab.

21

22

Kalk setzt sich aus kalkigen Partikeln (zum Beispiel Schalentrümmer aus Calcit, $CaCO_3$) und kalkigem Schlamm zusammen. Die Bildung von Kalk erfolgt in seichten Meeren unweit der Küste.

Mergel ist ein Mischgestein aus feinen Calcit- und Tonpartikeln. Es entsteht in einem seichten Meer, in welchem absinkende Tonpartikel sich mit dem Kalkschlamm am Meeresboden vermengen.

Dolomit besteht aus feinsten Partikeln des Minerals Dolomit ($[Ca,Mg]CO_3$). Dolomitgestein bildet sich durch Zufuhr von Magnesium-Ionen zu einem Kalkschlamm, welcher sich in seichten, von Gezeiten überfluteten Küstenbereichen bildet.

Bei den Festgesteinen gibt es auch spezielle Abfolgen von verschiedenartigen Sedimentgesteinen, welche im gesamten Alpenraum immer wieder anzutreffen sind.

Verrucano bezieht sich auf eine meist rot gefärbte Abfolge von Brekzien, Sandstein und Tonstein, die in einer wüstenartigen Umgebung vor 250–280 Millionen Jahren (im jüngeren Perm) abgelagert wurde. Die Sedimente stellen den Abtragungsschutt eines 300–360 Millionen Jahre alten Gebirges dar, welches heute in Zentraleuropa (Rheinisches Schiefergebirge) und Nordamerika (Appalachen) teilweise noch erhalten ist.

Flysch bezieht sich auf eine Abfolge von Sandstein und Tonstein, welche vor rund 30 Millionen Jahren in einem schmalen Meerestrog am Nordrand der werdenden Alpen abgelagert wurde. Die

23 Tonstein, Landesplattenberg Engi.
Foto: Adrian Pfiffner

24 Aufschluss (Bargis) und
25 Handstück Kalk (Quinten-Kalk).
Fotos: Adrian Pfiffner

26 Aufschluss (Taminaschlucht) und
27 Handstück Mergel.
Fotos: Adrian Pfiffner

28 Aufschluss (Vasorta) und
29 Handstück Dolomit (Röti-Dolomit).
Fotos: Adrian Pfiffner

26

27

28

29

Abfolge besteht aus vielen Zyklen von Sandstein-Tonstein-Sequenzen, die von submarinen Schlammströmen am Grunde des Meeresbeckens transportiert und im tieferen Teil des Beckens schliesslich abgelagert wurden.

Festgesteine und Abfolgen von Festgesteinen sind unterschiedlich resistent gegen Verwitterung und Abtrag. Diese Unterschiede prägen die Oberflächenformen in der Landschaft. Kalke sind sehr verwitterungsresistent und neigen deshalb dazu, Felswände zu bilden. In unserem Gebiet sind Kalkabfolgen von mehreren Hundert Metern zu verzeichnen, welche in imposanten Felswänden zu bestaunen sind. Beispiele sind das Calfeisental (Abb. 8), die Churfirsten über dem Walensee (Abb. 17 und Abb. 18), der Calanda (Abb. 19) und der Mürtschenstock (Abb. 16).

Im Unterschied dazu verwittern Mergel und Tonstein sehr rasch. Der Abtrag durch das Oberflächenwasser schneidet daher Runsen in den Felsuntergrund. Sehr schön ist dies in der Flyschabfolge in der Nordost-Flanke des Hausstockes über Wichlen in Abb. 30 zu sehen. Die verwitterungsresistenten Sandsteinbänke im Flysch sind sehr dünn und treten deshalb nur untergeordnet als kleine Rippen in Erscheinung.

Am Nüenchamm (Abb. 31) liegt eine Wechsellagerung von Kalken und Mergeln vor. Die Mergellagen sind als zurückwitternde, grasbewachsene Bänder innerhalb der von Kalken gebildeten Fels-

30

wände zu erkennen. In der Bildmitte zeigt sich dasselbe in kleinerem Massstab. Hier bilden rund 1 m mächtige Kalkbänke in einer Mergelabfolge als Härtlinge mehrere Steilstufen im ansonsten grasbewachsenen Hang. Links im Hintergrund können in den Felswänden des Wiggis und des Rautispitz mehrere vegetationsbedeckte Bänder zwischen Felswänden aus Kalken beobachtet werden.

Abb. 32 zeigt die Gegend in den Flumserbergen mit sehr unterschiedlich gefärbten Gesteinsschichten. Im Hang unten rechts erkennt man rot gefärbte Schichten. Bei diesen handelt es sich um Tonsteine des Verrucanos. Zwei weissliche, dünne Bänder gerade unter zwei Tümpeln durchschneiden das Gelände. Dies sind Ablagerungen einer vulkanischen Glutwolke (sogenannte Ignimbrite). Der Hang ist oben von einer gelblich-weiss gefärbten Dolomitschicht begrenzt. Diese Dolomitschicht enthält auch Lagen von Gips, ein Sulfatgestein, welches, ähnlich dem Dolomit, im Gezeitenbereich eines sehr seichten Meeres gebildet wird. Dieser Gips ist auch namengebend für die Lokalität Gipsgrat. Links im Mittelgrund, am Magerrain, folgen bräunlich gefärbte Kalke und Brekzien. Ganz im Hintergrund erkennt man die Churfirsten und den Alpstein mit Felswänden aus Kalken.

30 Runsen in den Flyschabfolgen am Hausstock.
Foto: Ruedi Homberger

31 Kalkbänke und Mergellagen am Nüenchamm.
Foto: Adrian Pfiffner

32 Bunte Gesteinsabfolgen am Gipsgrat südlich des Wissmeilen.
Foto: Adrian Pfiffner

Lockergesteine

Die verschiedenen Lockergesteine geben einen direkten Hinweis auf ihre Entstehungsart. Es sind hier nur die anteilmässig wichtigsten Typen behandelt.

31

32

Till ist ein vom Gletscher zusammengeschürftes Gestein. Es besteht aus einer feinkörnigen Matrix (Gletscherlehm), in welche zentimeter- bis metergrosse Komponenten eingestreut sind (sogenanntes Geschiebe). Die Gesteinsbrocken des Geschiebes können Kratzspuren aufweisen, welche beim gewaltsamen Drücken und Stossen des Eises entstehen. Oft werden diese Gesteine auch als «Moräne» bezeichnet. Strenggenommen ist aber unter dem Begriff Moräne eine Oberflächenform zu verstehen. Bedeutend sind Moränenkämme wie Seiten- und Endmoränen, die auf frühere Gletscherstände deuten. Grundmoräne ist vom Gletscher zusammengekratztes Geschiebe an der Basis des Eisstromes.

Hangschutt besteht aus Trümmern von Gesteinen, die sich nach dem Zerbrechen des Felsens herauslösen und durch die Schwerkraft den Hang hinunterpoltern und sich schliesslich auf dem Hang und an dessen Fuss als Geröllhalden ansammeln. Wenn die den Hang hinunterfallenden Gesteinsbrocken zuerst einer Rinne folgen, breiten sie sich weiter unten auf dem flachen Hang fächerartig aus und lassen einen Schuttfächer entstehen.

Bergsturztrümmermassen sind – wie der Name sagt – die abgelagerten Trümmer eines Bergsturzes. Von Bergsturz spricht man, wenn die Trümmermasse ein Volumen von mindestens 1 km^3 (eine Milliarde m^3) hat. Ist das Volumen kleiner, so spricht man von Felssturz. Bergsturztrümmer können fein pulverisiertes Gestein sein oder auch aus Blöcken unterschiedlicher Grösse (Zentimeter bis Dekameter) bestehen. Schliesslich beobachtet man auch Brekzien mit extrem eckigen Komponenten in einer Matrix von Gesteinsmehl. Die obersten 5 – 10 m der

33 Till des Rheingletschers auf den Fallböda bei Untervaz. Gletscherlehm (gelb) enthält Lagen von Gesteinsbrocken (Geschiebe) unterschiedlicher Grösse.
Foto: Adrian Pfiffner

34 Hangschutt im Val Lavadignas. Die vom Felsen abgelösten Gesteinsbrocken sammeln sich in Geröllhalden.
Foto: Adrian Pfiffner

35 Hangschutt eines Felssturzes im roten Verrucano des Schilstals. Die frische Abbruchstelle ist heller gefärbt.
Foto: Peter Kürsteiner

36 Bergsturztrümmer des Taminser Bergsturzes bei Fanaus. Die Trümmer bestehen aus grauen Kalken.
Foto: Adrian Pfiffner

34

35

36

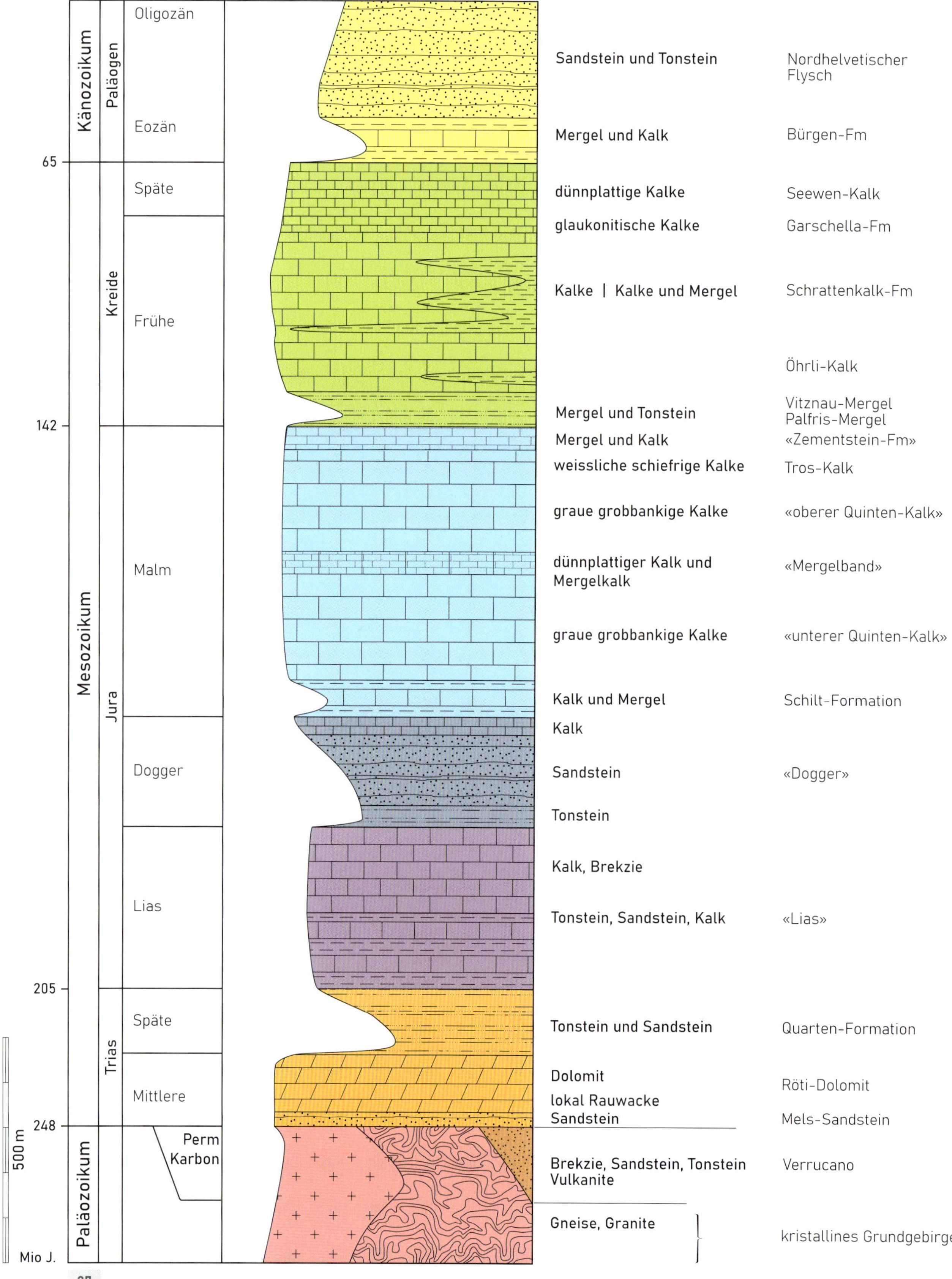
Känozoikum
Paläogen
Oligozän
Eozän
65
Kreide
Späte
Frühe
142
Mesozoikum
Jura
Malm
Dogger
Lias
205
Trias
Späte
Mittlere
248
Paläozoikum
Perm
Karbon
500 m
Mio J.
Sandstein und Tonstein
Nordhelvetischer Flysch
Mergel und Kalk
Bürgen-Fm
dünnplattige Kalke
Seewen-Kalk
glaukonitische Kalke
Garschella-Fm
Kalke | Kalke und Mergel
Schrattenkalk-Fm
Öhrli-Kalk
Mergel und Tonstein
Vitznau-Mergel
Palfris-Mergel
Mergel und Kalk
«Zementstein-Fm»
weissliche schiefrige Kalke
Tros-Kalk
graue grobbankige Kalke
«oberer Quinten-Kalk»
dünnplattiger Kalk und Mergelkalk
«Mergelband»
graue grobbankige Kalke
«unterer Quinten-Kalk»
Kalk und Mergel
Schilt-Formation
Kalk
Sandstein
«Dogger»
Tonstein
Kalk, Brekzie
Tonstein, Sandstein, Kalk
«Lias»
Tonstein und Sandstein
Quarten-Formation
Dolomit
Röti-Dolomit
lokal Rauwacke
Sandstein
Mels-Sandstein
Brekzie, Sandstein, Tonstein
Vulkanite
Verrucano
Gneise, Granite
kristallines Grundgebirge

37

Trümmermasse bestehen häufig aus metergrossen Blöcken, die beim Sturzereignis in lockerem Verband oben aufschwammen.

Altersabfolge der Festgesteine

Die Gesteine im Gebiet der drei Kantone Glarus, Graubünden und St. Gallen geben einen mannigfaltigen Einblick in die Erdgeschichte. Im Sammelprofil (Abb. 37) sind die Gesteinsschichten und die darin enthaltenen Gesteinstypen chronologisch aufgeführt. In der linken Spalte sind die Alter in Millionen Jahren sowie die verschiedenen geologischen Zeitabschnitte angegeben.

Die ältesten Gesteine des hier behandelten Gebietes sind in Vättis zu finden. Es sind Gneise und granitische Gesteine, welche mehr als 400 Millionen Jahre alt sind. Sie werden zusammenfassend als kristallines Grundgebirge bezeichnet. Aufgeschlossen sind sie zwar nur in einem kleinen Fenster rund um Vättis, erstrecken sich aber im Untergrund über die ganze Schweiz und über die angrenzenden Länder.

Überlagert wird das kristalline Grundgebirge von Sedimentgesteinen. Die ältesten davon sind Sandsteine, Brekzien und Tonsteine sowie untergeordnet vulkanische Gesteine. Sie sind unter dem Begriff Verrucano bekannt. Die Verrucano-Gesteine wurden in einer wüstenartigen Umgebung abgelagert. Das trockene, heisse Klima liess durch Verwitterung in den Gesteinen Eisenoxid entstehen, welches für die Rotfärbung verantwortlich war. Bei der Alpenbildung wurden die Gesteine in die Tiefe versenkt und erwärmt; sie wurden dabei in metamorphe Gesteine umgewandelt. Im Verrucano wurde das Eisen reduziert und im neu wachsenden Mineral Chlorit eingebaut. Dadurch wurden die Verrucano-Gesteine grün. Der Übergang von Rot zu Grün ist im südlichsten Teil der Kantone Glarus und St. Gallen, etwa auf der Linie Panixerpass-Ringelspitz, gut zu beobachten.

37 Stratigrafisches Sammelprofil der Gesteinsabfolgen im Helvetikum.
Illustration: Adrian Pfiffner

Die Sedimentgesteine des Mesozoikums setzen in der mittleren Trias mit einem dünnen Sandstein, dem Mels-Sandstein, ein. Der darüber folgende Röti-Dolomit enthält lokal auch Sulfatgesteine (Anhydrit, durch Wasseraufnahme meist in Gips umgewandelt). Die Ablagerung erfolgte im Gezeitenbereich eines sehr seichten Meeres. Die nächstfolgenden roten Tonsteine und Sandsteine der Quarten-Formation manifestieren wiederum kontinentale Bedingungen.

Zur Jurazeit änderte sich die Situation beträchtlich. Die Kontinentalplatte des südlichen Europas wurde durch plattentektonische Bewegungen zerrissen und einzelne Schollen wurden abgesenkt und vom Meer geflutet. Im frühen Jura (dem Lias) wurden deshalb im Bereich der Flumserberge mächtige Sequenzen von Sandstein, Mergel, Kalk und Brekzien abgelagert, während im Raum Vättis-Calanda nur etwa 1–2 m mächtige Sedimente zu finden sind. Vättis war zu jener Zeit auf einer Hochzone gelegen, die Flumserberge in einem Meeresbecken. Später, im mittleren Jura (Dogger), senkte sich die Hochzone ab und wurde auch überflutet. Es lagerten sich Tonstein und Sandstein ab, wobei diese im Raume Vättis deutlich geringer mächtig waren als etwa in den Flumserbergen. Zur Zeit des späten Juras, dem Malm, wurden mächtige Kalkabfolgen abgelagert. Diese werden nach ihrem Vorkommen nördlich des Walensees als Quinten-Kalk bezeichnet. Der Quinten-Kalk kann weiter unterteilt werden in einen oberen und unteren Quinten-Kalk, getrennt durch das sogenannte «Mergelband». Dieses besteht aus dünnplattigem Kalk und Mergelkalk. Deshalb wurde es am Gonzen auch als «Plattenkalk» bezeichnet. Interessant ist, dass das Erzvorkommen am Gonzen genau in diesem «Mergelband» liegt.

In der Kreidezeit gelangten hauptsächlich Kalke und Mergel zum Absatz. Im Raum Vättis sind die Schichten geringmächtig, und fast ausschliesslich kalkig. In den Churfirsten und im Alpstein sind vermehrt Mergel vorhanden, und alle Schichten sind mächtiger im Vergleich zu Vättis. Sehr mächtig sind insbesondere die Palfris-Mergel (benannt nach der Typuslokalität Alp Palfris zwischen Gonzen und Alvier). Infolge ihrer geringen Verwitterungsresistenz bilden sie heute eine Verflachung zwischen dem Quinten-Kalk und den Kreidekalken, welche von Palfris über Lüsis bis Betlis reicht.

Der Grund für die unterschiedlichen Mächtigkeiten und das Vorhandensein von Mergel liegt wiederum in der Plattentektonik. Der Raum Vättis senkte sich in der Kreidezeit langsam ab und verblieb in einer seichtmarinen Zone, in welcher Kalk gebildet wurde. Der Raum Walensee senkte sich schneller und stärker ab. Dadurch wurde das Meeresbecken mit mächtigeren Schichten von Kalksediment aufgefüllt; zeitweise war das Meer zu tief für reine Kalkbildung, sodass vermehrt Tonpartikel abgelagert wurden. Kalkschlamm und Tonpartikel führten zu Mergelbildung. Erwähnenswert sind der Öhrli-Kalk und die Schrattenkalk-Formation, beides Kalkschichten, die zur Bildung von Felswänden neigen. Der Öhrli-Kalk ist nach dem Öhrli im Alpstein benannt. Die Kalke der mächtigen Schrattenkalk-Formation neigen zur Verkarstung, die sich oberflächlich durch parallel angeordnete Spalten oder eben Schratten manifestiert. Die Garschella-Formation enthält unter anderem glaukonitische Kalke. Diese dünne Lage wurde über ein sehr langes Zeitintervall abgelagert. Es herrschte zu dieser Zeit ausgesprochene Mangelsedimentation. In der späten Kreidezeit wurden überall einheitlich die dünnplattigen Kalke der Seewen-Formation abgelagert.

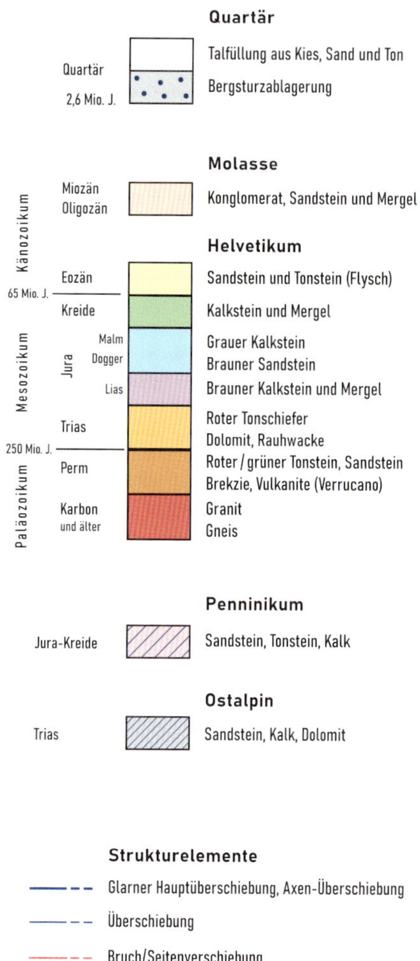

Mit dem Anbruch des Känozoikums (früher als Tertiär bezeichnet) fand ein vollständiger Wechsel statt. Das Gebiet von Vättis und Walensee wurde trockengelegt. Teile der Kreidesedimente wurden abgetragen. Anschliessend wurde das Gebiet wieder abgesenkt und geflutet. Im Bereich der vordringenden Küste lagerten sich Sandsteine und Mergel ab (Bürgen-Formation), später infolge rascher Absenkung Mergel und schliesslich eine mächtige Abfolge von Sandstein-Tonstein-Sequenzen. Diese lagerten sich als submarine Schlammlawinen in einem Trog am damaligen Nordrand der Alpen ab. Ausgelöst wurden die Schlammlawinen mindestens teilweise von Erdbeben, welche durch die sich im Gang befindliche Alpenbildung ausgelöst wurden. Solche Sedimentabfolgen bezeichnet man als Flysch. In unserem Fall lag der Flyschtrog zuerst im südlichen Bereich der geologischen Provinz Helvetikum und wanderte mit der Zeit nach Norden. Entsprechend unterscheiden wir im Detail drei verschiedene Flyschabfolgen: Sardona-, Blattengrat- und Nordhelvetischer Flysch. In Abb. 37 ist letzterer aufgeführt.

Geographische Verteilung der Gesteinstypen

Geologische Karten zeigen die Verteilung von Gesteinsschichten bestimmten Alters und Zusammensetzung auf einer geografischen Karte. Abb. 38 ist eine vereinfachte geologische Karte im Grenzgebiet der drei Kantone Glarus, Graubünden und St. Gallen. Die Sedimente des Doggers sind zu dünn, um in diesem Massstab dargestellt werden zu können und sind deshalb mit der Farbe des Malms eingefärbt.

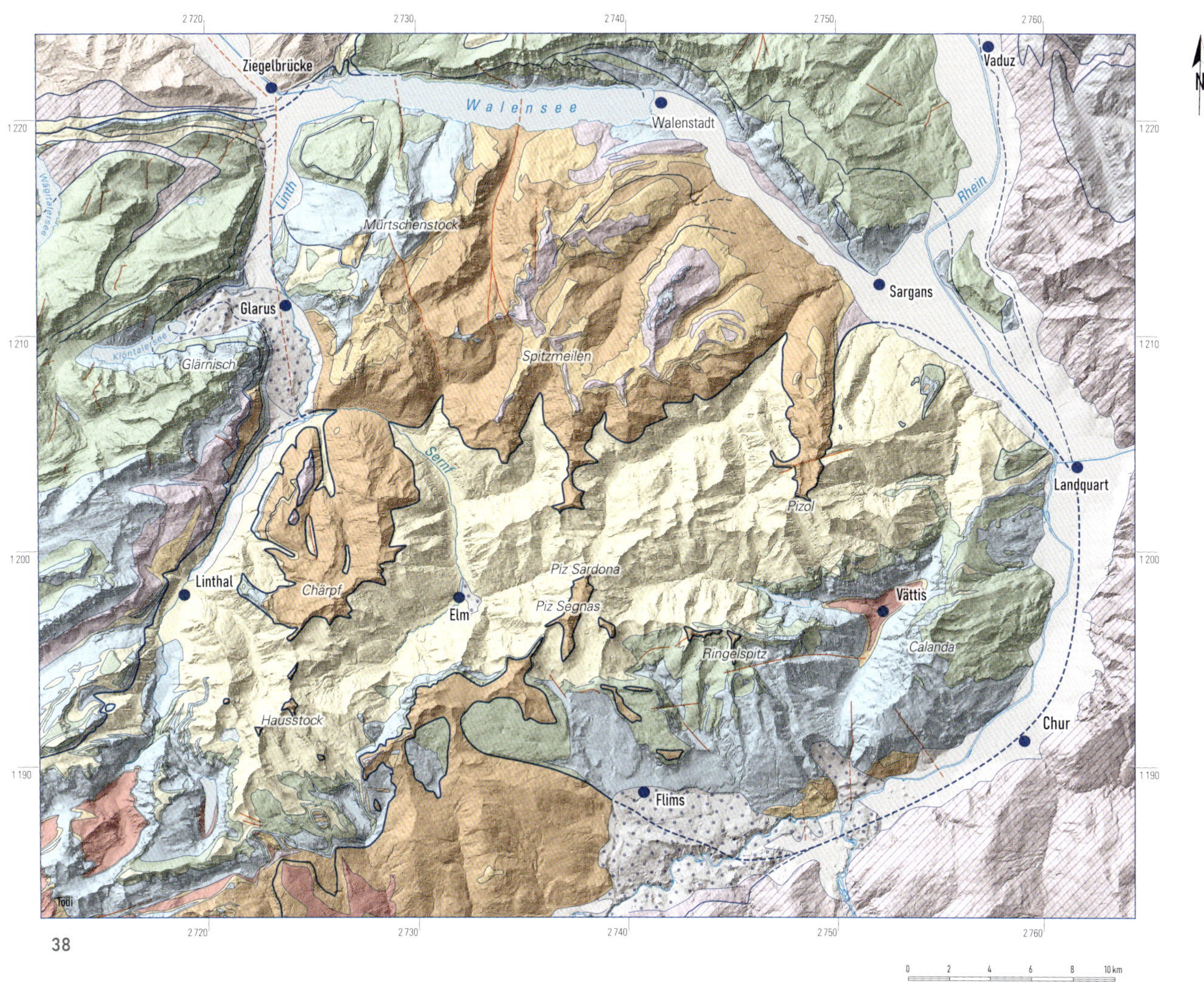

38

Auffallend ist das gelbe, Ost-West verlaufende Band in der Mitte der Karte. Es sind dies die jüngsten Festgesteine, die Flysch-Gesteine. Nördlich und südlich davon sind die braun gefärbten Gesteine des Verrucanos anzutreffen. Ocker gefärbte Trias- und lila gefärbte Lias-Gesteine sind hauptsächlich südlich des Walensees vorhanden. Blau und grün gefärbte Gesteine des Malms und der Kreide dominieren im Norden am Walensee, im Süden nördlich des Rheins sowie im Osten längs des Rheins. Die ältesten Gesteine, die Granite und Gneise des kristallinen Grundgebirges, sind als kleiner Fleck bei Vättis auszumachen. Ausserhalb unseres Interessengebietes findet man das kristalline Grundgebirge in der Südwest-Ecke der Karte (am Limmernsee, am Fusse des Tödi, südlich des Panixerpasses und im Val Frisal).

Das komplexe Muster dieser Farbflächen beruht auf der Intersektion (Verschnitt) der Schichtgrenzen mit der Topografie. Auf der geologischen Karte in Abb. 38 erkennt man, dass das kristalline Grundgebirge bei Vättis im Talgrund zwischen den umliegenden hohen Felswänden aus Malm- und Kreidekalken zutage tritt. Die Aufschlüsse bieten einen fensterartigen Einblick in die ältesten Gesteinsverbände, sie bilden das sogenannte Vättner Fenster. Umgekehrt liegen auf dem Gipfel des Piz Sardona alte Verrucano-Gesteine auf viel jüngeren Flysch-

38 Vereinfachte geologische Karte des Gebietes zwischen Linth und Rhein.
Illustration: Adrian Pfiffner

Gesteinen. Die Verrucano-Gesteine verbanden sich einst mit jenen im Norden (südlich des Walensees) und jenen im Süden (westlich von Flims). Durch Erosion verloren sie diesen Zusammenhang. Derartige Erosionsreste werden als Klippen bezeichnet.

Weitere Klippen neben dem Piz Sardona sind im Osten am Ringelspitz, im Süden auf dem Flimserstein und im Westen am Hausstock zu verzeichnen. Beim Foostock im Norden wie auch beim Pizol und Chärpf verbinden sich die «Halbklippen» von Verrucano mit dem Verrucano der Flumserberge. Dasselbe gilt für die «Halbklippen» der Tschingelhörner und des Vorab, welche sich nach Süden mit den grösseren Verrucano-Vorkommen des Crap Sogn Gion westlich von Flims verbinden. Alle diese «Halbklippen» unterstreichen, dass die Verrucano-Gesteine einst eine zusammenhängende Gesteinsschicht über dem Flysch bildeten, welche vom Walensee zum Vorderrhein reichte. Dies bedeutet, dass über grosse Strecken ältere Gesteine (Verrucano) über jüngeren Gesteinen (Flysch) liegen, worauf im Abschnitt «Brüche», Seite 35, näher eingegangen wird.

Die geologische Karte in Abb. 38 offenbart auch, dass in den Flumserbergen der Verrucano von jüngeren Gesteinen der Trias und des Lias überlagert ist. Dies zeigt sich beispielsweise am Spitzmeilen, wo ein Erosionsrest von Liasgesteinen eine Fläche mit Triasgesteinen überlagert. Im nördlich anschliessenden Schilstal sind aber die Triasgesteine abgetragen worden, weshalb jetzt in den Talhängen lediglich Verrucanogesteine anstehen.

Als jüngste Gesteine sind auf der geologischen Karte Bergsturzablagerungen ausgeschieden. Am Südrand sind es die Bergstürze von Flims (der grösste in den Alpen) und Tamins, welche vor rund 10000 Jahren niedergingen. Im Zentrum erkennt man den vom Menschen verursachten Bergsturz von Elm. Schliesslich haben sich im Osten Bergstürze vom Guppen (Glärnisch) und vom Dejenstock gelöst und mächtige Trümmermassen im Talgrund rund um Glarus abgelagert.

Übereinander geschoben und verfaltet

Die Bildung der Alpen erfolgte beim Zusammenschub zweier kontinentaler Platten: der europäischen und der adriatischen. Dabei wurden Gesteinspakete zusammengestaucht und deformiert. Es entstanden Falten und Brüche; Strukturen, die im Gelände direkt beobachtet werden können. Falten und Brüche entstehen im Millimeter- bis Kilometerbereich. Sie werden in den folgenden Abschnitten näher beschrieben.

Falten

Bei Falten werden einzelne Schichten verbogen, ohne dass sie ganz zerbrechen. Der Faltungsprozess wird erleichtert, wenn mehrere kompakte Schichten aus Kalk oder Sandstein durch weichere Lagen von Mergel oder Tonstein getrennt sind. Die kompakten Schichten können sich dann gegenseitig verschieben, ähnlich wie wenn man einen Stapel Jasskarten verbiegt. Bei Falten unterscheidet man zwischen dem Faltenscharnier – der eigentlichen Umbiegungsstelle – und den meist geraden Faltenschenkeln.

Im Faltenpaar am Sächsmoor (Sexmor auf alten Karten) ist eine Abfolge von Kalken und Mergeln des frühen Jura (Lias) verfaltet (Abb. 39). Der Mittelschenkel des Faltenpaars ist durch die Faltung so weit rotiert worden, dass die Schichten nun verkehrt liegen.

Am Sichelchamm (Abb. 40) sind Kreidekalke verfaltet. Die hellen Felswände gehören der Schrattenkalk-Formation an. Im Kern der Falte sind sie an einem Bruch (rot eingezeichnet) versetzt. Im Gipfelbereich des Sichelchamms liegen die Schichten infolge der Faltung in Verkehrtlage.

Etwas kleinmassstäblicher sind die Falten in den Kalken am Prodkamm (Abb. 41). Es handelt sich um Kalke des Lias, welche fein gebankt sind. Die Bänke sind 10–30 cm dick und durch dünne

39 Faltenpaar in den Lias-Schichten am Sächsmoor.
Foto: Ruedi Homberger, ergänzt

40 Falte in den Kreidekalken am Sichelchamm.
Foto: Ruedi Homberger, ergänzt

41 Faltenpaar in den Lias-Schichten am Prodkamm.
Foto: Adrian Pfiffner

42 Falten im «Mergelband» am Ellhorn.
Foto: Adrian Pfiffner

43 Die Glarner Hauptüberschiebung am Ringelspitz/Piz Barghis.
Foto: Adrian Pfiffner

Fugen aus Mergel getrennt. Die einzelnen Kalkbänke ändern ihre Mächtigkeit kaum, wenn man sie vom Faltenscharnier zu den Faltenschenkeln verfolgt. Ein circa 2 m mächtiges Mergelpaket, auf welchem die beiden Beobachter stehen, hingegen ändert seine Mächtigkeit beträchtlich. Es erlaubte, dass sich die beiden Kalkpakete unabhängig falten konnten mit jeweils spitzen und runden Scharnieren, wodurch die Mächtigkeit der Kalkpakete konstant bleiben konnte.

Noch kleinmassstäblicher sind die Falten am Fusse des Ellhorns (Abb. 42). Die dünnbankigen Kalke sind durch noch dünnere Lagen von Mergelkalken getrennt. Die Abfolge gehört zum «Mergelband», eine Formation des späten Juras (Malm). Verfolgt man einzelne Kalkbänke durch die Falten, so erkennt man, dass die Kalkschichten im Faltenscharnier mächtiger sind als in den Faltenschenkeln. Die Deformation, welche diese Änderungen hervorgerufen hat, wird im nächsten Abschnitt (Abb. 48) näher erörtert.

Brüche

Bei bruchhafter Deformation konzentriert sich die Deformation auf einzelne Bruchflächen. Wie bei Falten sind Bruchflächen in allen Massstäben anzutreffen. Bruchflächen können gehäuft auftreten und, parallel angeordnet, eigentliche Bruchzonen bilden. Sie können aber auch ungeordnet sein und das Gestein völlig zerhacken.

Ein wichtiger Bruchtyp in Gebirgen sind Überschiebungen. Bei diesen werden mehrere Kilometer grosse Gesteinspakete übereinander geschoben. Die dislozierten Pakete sind typischerweise Dutzende von Kilometern lang und breit, aber nur 1–2 km dick. Aufgrund dieser Geometrie werden sie als Decken bezeichnet. Decken können über Distanzen von vielen Kilometern disloziert sein.

Eine berühmte, historisch bedeutsame Überschiebung ist in den drei Kantonen Glarus, Graubünden und St. Gallen zu beobachten: die Glarner Hauptüberschiebung. An ihr zerbrachen sich die Geologen im 19. Jahrhundert die Köpfe, weil sie nicht verstehen konnten, wie zum Beispiel am Piz Sardona ältere Gesteine (Verrucano) auf jüngeren Gesteinen (Flysch) zu liegen kamen. Nach dem Versuch, riesige Falten mit Verkehrtschenkeln dafür verantwortlich zu machen, setzte sich dann die Erkenntnis durch, dass ältere Gesteine durch Überschiebungen auf jüngere Gesteine geschoben wurden. Am Ringelspitz (Abb. 43) ist dies besonders eindrücklich sichtbar. Die Gipfelpartie besteht aus grünlich gefärbten Verrucanogesteinen, welche längs eines messerscharfen Kontaktes auf dunkel gefärbten Flysch-Gesteinen liegen.

Die Grenzfläche, die Glarner Hauptüberschiebung, wird auch als «magische Linie» bezeichnet. Sie kann über mehrere Gipfelpartien im Grenzkamm zwischen Graubünden und Glarus-St. Gallen erkannt werden. Im Grat Tschingelhörner-Ofen ist zwischen dem Verrucano und dem Sardona-Flysch ein bis 50 m mächtiges Kalkband vorhanden (Abb. 44). Unter den Tschingelhörnern ist es Quinten-Kalk (Malm), unter dem Ofen sind es Kreidekalke. Diese Kalkpakete wurden beim Transport des Verrucanos längs der Glarner Hauptüberschiebung von ihrer Unterlage losgerissen und längs des Überschiebungskontaktes verschleppt.

Abb. 45 zeigt die Glarner Hauptüberschiebung (rot punktiert) beim Martinsloch zwischen Grossem Tschingelhorn und Segnespass. Ein weissliches Kalkband ziert die Glarner Hauptüberschiebung. Diese ist hier von einem in der Abbildung weiss gezeichneten Bruch (einer Abschiebung) versetzt. Der Bruch verläuft genau durchs Martinsloch. Innerhalb des Quinten-Kalks verläuft eine Überschiebung (weiss punktiert), welche ebenfalls durchs Martinsloch zieht. Die Kalke sind längs dieser zwei Brüche etwas zertrümmert. Am Kreuzungspunkt der beiden Brüche hatte deshalb die Verwitterung leichtes Spiel, sodass durch rückschreitende Erosion auf beiden Seiten des Grates schliesslich ein Durchbruch entstand («Schafhirt Martin sei Dank» – einer alten Sage zufolge).

Überschiebungen und Falten treten auch kombiniert auf. Besonders deutlich erkennbar ist dies im Sarganserland (Abb. 46). Am Gonzen wie auch am Tschuggen sind gewölbeartige Falten auszumachen. Die Falten sind anhand der hohen Felswände des Quinten-Kalks und dessen Grenze zu den Doggersedimenten (weiss punktiert gezeichnet) erkennbar. Die beiden Gewölbe sind durch einen Bruch (rot) etwas versetzt. Der Kieselkalk darüber macht diese Falten nicht mit. Er ist durch eine Überschiebung von diesen Falten getrennt.

Ein weiteres Beispiel liegt am Sichelchamm vor (Abb. 47). Unten erkennt man zwei Sedimentpakete von Dogger und Malm (Quinten-Kalk), die an ei-

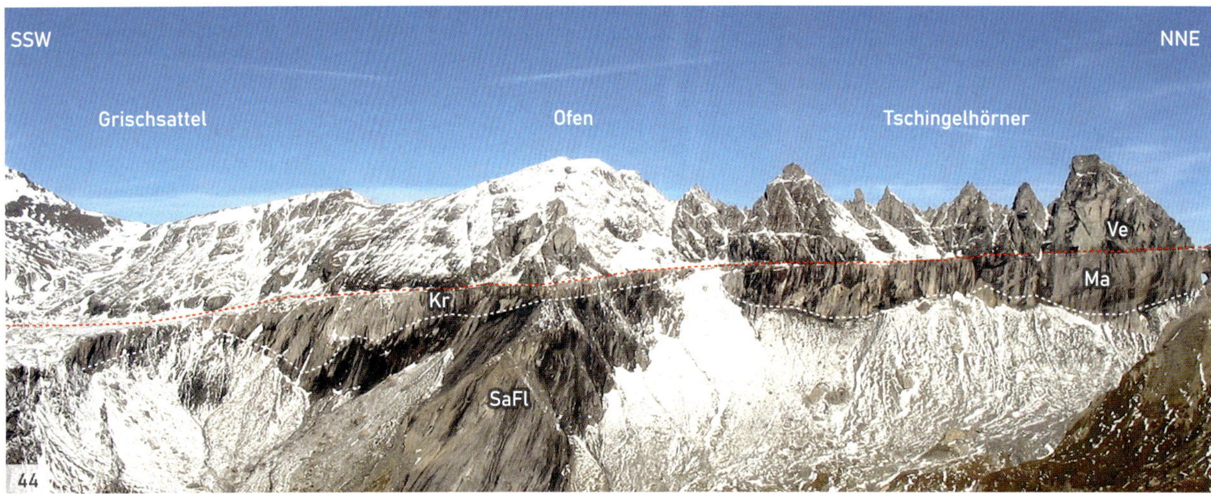

ner Überschiebung übereinandergestapelt wurden. Diese Überschiebung wird oben von einer anderen durchgehenden Überschiebung gekappt. Die Kreidekalke über dieser durchgehenden Überschiebung (Helvetische Kieselkalk- und Schrattenkalk-Formation) sind gefaltet, was am Sichelchamm besonders deutlich in Erscheinung tritt. Diese Falten setzen sich nach unten nicht fort. Diese Verhältnisse lassen darauf schliessen, dass Überschiebungen und Faltungen gleichzeitig, aber voneinander unabhängig stattfanden.

44 Die Glarner Hauptüberschiebung am Ofen und in den Tschingelhörnern. Ve Verrucano, Ma Malm, Kr Kreide, SaFl Sardona-Flysch.
Foto: Ruedi Homberger

45 Die Glarner Hauptüberschiebung am Martinsloch unter den Tschingelhörnern.
Foto: Adrian Pfiffner

46 Falten und Überschiebungen kombiniert am Gonzen und am Tschuggen. Überschiebungen sind rot punktiert. Do Dogger, Q Quinten-Kalk, Kr Kreide (Helvetische Kieselkalk-Formation).
Foto: Adrian Pfiffner

Was ereignet sich in den Gesteinen?

Bei der Bildung der Alpen wurden die Gesteine zuerst in grössere Tiefe versetzt und aufgeheizt. Im Untersuchungsgebiet erreichten die Temperaturen mehr als 200 °C (Rahn et al. 1995). Später gelangten die Gesteine infolge des Abtrags der darüberliegenden Gesteinsschichten wieder näher an die Erdoberfläche; sie wurden sozusagen exhumiert und dabei abgekühlt. Bei der Versenkung wie auch der Exhumierung wurden die Gesteinsschichten deformiert. Die oben beschriebenen Falten- und Bruchstrukturen zeugen davon und zeigen vor allem, was im Meter- bis Kilometer-Massstab passierte.

Es stellt sich nun die Frage, was in den Gesteinen in kleinerem Massstab (mm bis cm) vorging. Bei relativ tiefen Temperaturen von unter 200 °C reagieren die Gesteine durch bruchhafte Deformation, bei höheren Temperaturen werden die Gesteine fliessfähig. Man spricht in diesem Falle von duktiler (bildsamer) Deformation. Ein Beispiel duktiler Deformation sind die Falten im Lawoitobel bei Tamins (Abb. 48). Die dunklen Mergelkalklagen und hellen Kalklagen gehören zum «Mergelband». Die ursprünglich horizontal abgelagerten Schichten besassen eine konstante Dicke. Bei der Faltung bei über 300 °C wurden sie fliessfähig und damit lokal ausgedünnt.

Die in Abb. 42 abgebildeten Falten des Ellhorns gehören ebenfalls zum «Mergelband». Diese bildeten sich bei etwa 200 °C. Die Mächtigkeitsänderun-

SSE NNW

45

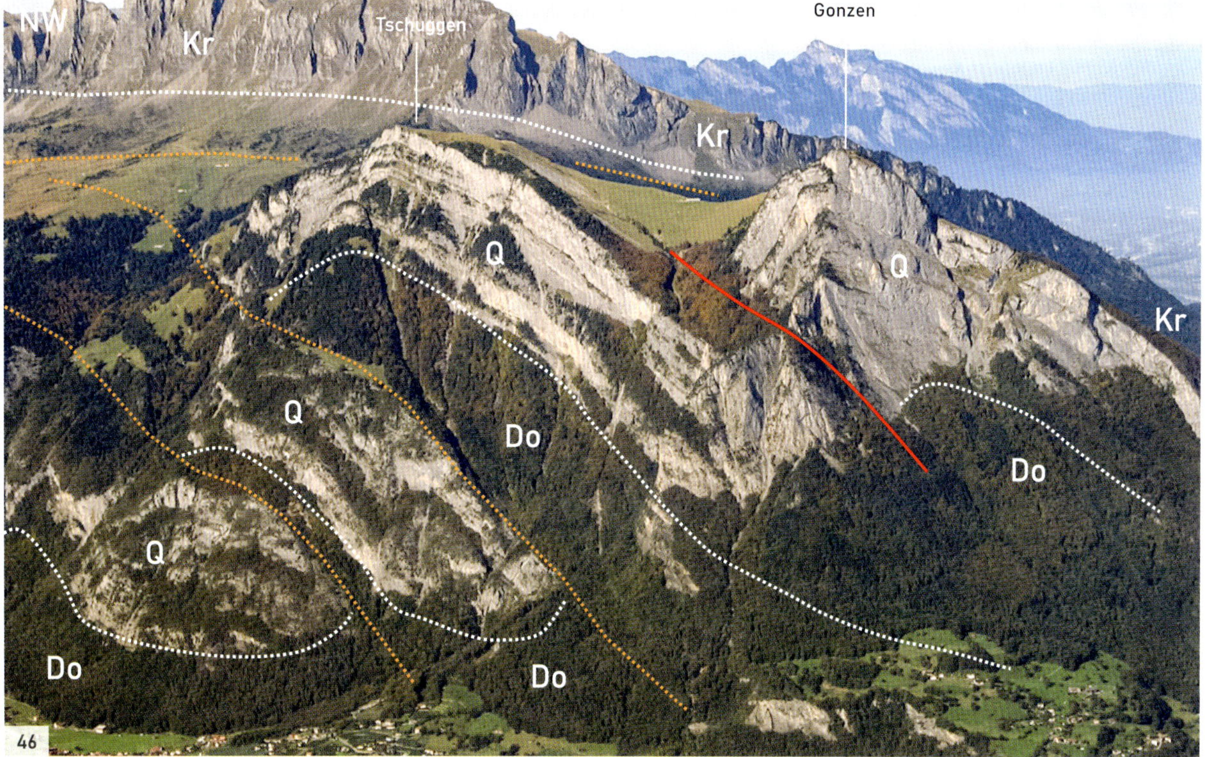

46

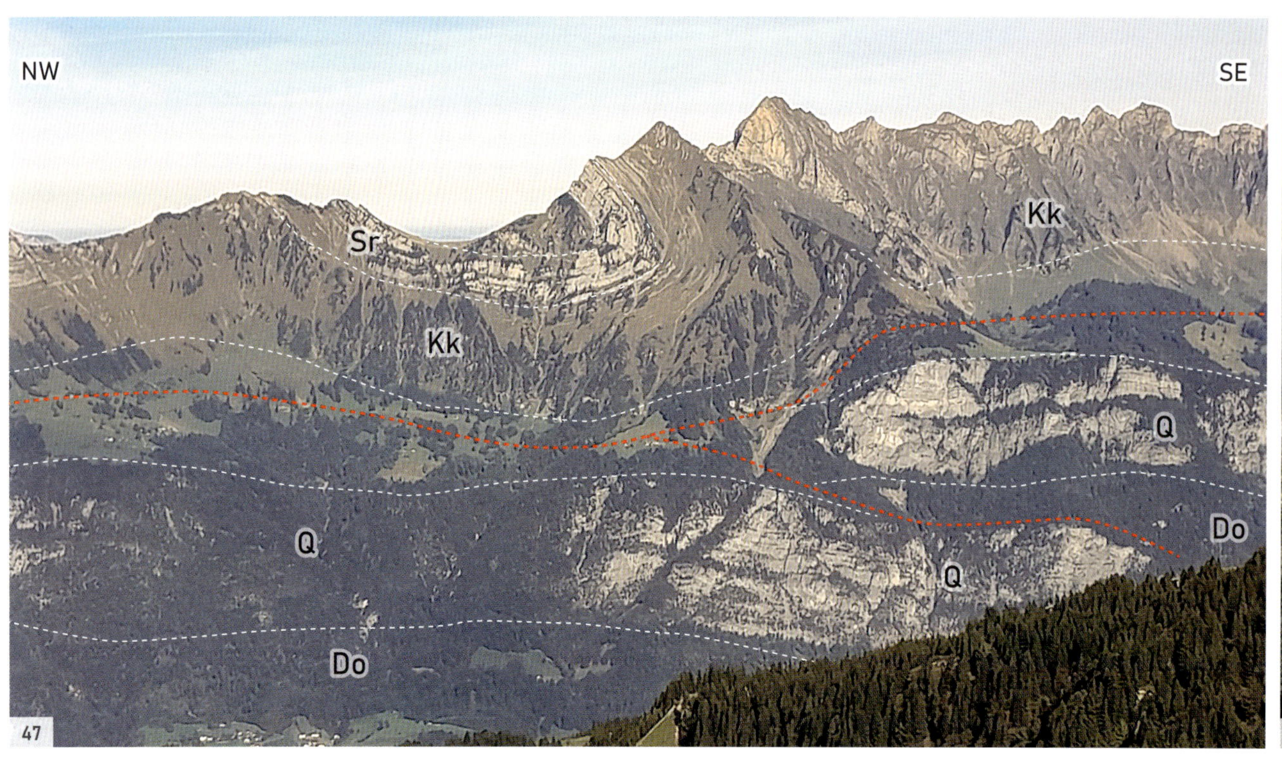

47 Falten und Überschiebungen kombiniert am Sichelchamm. Überschiebungen sind rot punktiert, Schichtgrenzen weiss punktiert. Do Dogger, Q Quinten-Kalk, Kk Kieselkalk, Sr Schrattenkalk.
Foto: Peter Kürsteiner

48 Falten im «Mergelband» im Lawoitobel bei Tamins.
Foto: Adrian Pfiffner

49 Falten im «Mergelband» im Ellhorn bei Mäls. Die Aufnahme zeigt eine polierte Fläche eines zersägten Handstücks.
Foto: Adrian Pfiffner

50 Adern mit faseriger Füllung aus dem Chrüzbachtobel bei Vättis.
Foto: Adrian Pfiffner

51 Schema zur Entstehung von Adern und Kristallklüften im Festgestein.
Illustration: Adrian Pfiffner

gen der einzelnen Lagen sind weniger ausgeprägt als im Beispiel von Abb. 48. Die Überraschung kommt, wenn man ein einzelnes Faltenscharnier aufschneidet (Abb. 49). Zahlreiche weisse Adern durchschneiden die gefaltete Lage. Diese Adern bestehen aus Calcit. Der Calcit füllte Hohlräume aus, welche beim Zerbrechen des Kalkgesteins entstanden. Eine fast durchziehende Ader folgt der Schichtung im Kalk. Längs dieser Schichtgrenze bewegten sich die äussere und innere Schicht gegeneinander, wobei infolge Unebenheiten in der Schichtfläche Öffnungen entstanden.

Im Falle der inneren Schicht beobachtet man keilförmige Adern, die nach innen dünner werden und dann enden. Diese Adern beziehungsweise die Spalten erinnern an Gletscherspalten. Auch diese deuten auf Dehnung und Zerbrechen des oberflächennahen Eises hin. Im Falle des Gesteins werden offene Spalten sofort von dem im Gesteinsverband zirkulierenden Wasser gefüllt. Diese Wässer (Fluide) enthalten gelöste Ionen, welche aus dem Nebengestein stammen. Beim Einfliessen der Fluide in die offenen Spalten werden die gelösten Partikel sofort

ausgefällt. Im Falle der Falten von Abb. 42 und Abb. 49 wurde Calcit ausgefällt. Eine detaillierte Analyse der Falte (Pfiffner 1990) ergab, dass über 35% des Kalkes in Lösung ging. Von diesen 35% wurden etwa 12% als Aderfüllung ausgefällt und die restlichen etwa 23% «exportiert», das heisst, in die weitere Umgebung verteilt. Dieses Beispiel illustriert, wie wichtig die zirkulierenden Fluide in den Gesteinsformationen sind.

Die Adern in Abb. 50 sind in einem quarzhaltigen Kalk vom Chrüzbachtobel bei Vättis enthalten. Die dicken Adern werden gegen das Ende hin sukzessive dünner. An ihrem Ende zweigen mehrere feine Adern ab. Die Aderfüllung selbst ist zweifarbig rot/weiss und weist eine faserige Struktur auf. Die Fasern innerhalb der Adern sind parallel zueinander, und über alle Adern betrachtet, besitzen sie eine auffallend konstante Orientierung. Sie wuchsen während der Öffnung der Adern und parallel zur Öffnungsrichtung der Adern. Das Wachstum der Fasern verlief schrittweise, konnte aber Schritt halten mit der Öffnung der Adern, sodass sich nie ein leerer Raum wie bei einer Kluft bildete.

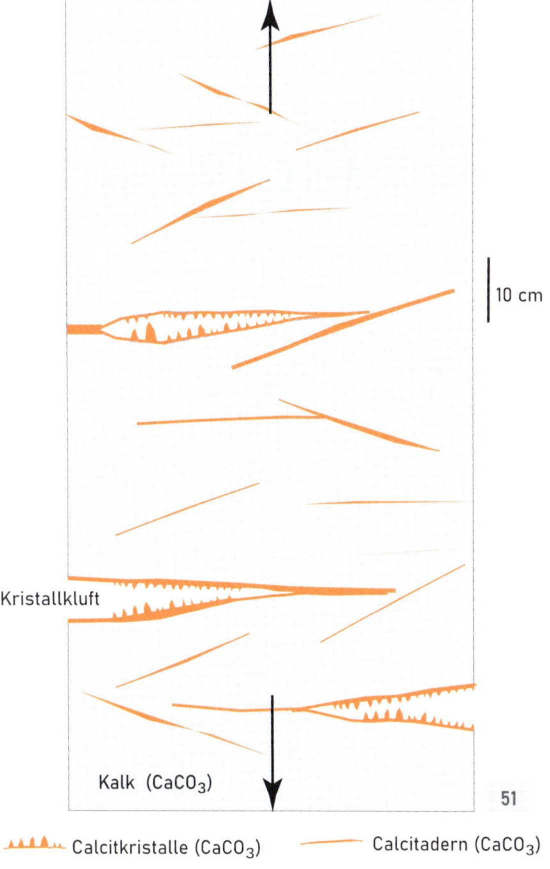

In Abb. 51 sind Adern dargestellt, wie sie sich bei einer vertikalen Streckung – angedeutet durch die Pfeile – des Gesteinsblockes ergeben könnten. Viele der Adern öffneten sich so, dass die aus den zirkulierenden Fluiden ausgefällten Mineralkörner die Ader vollständig füllten. Bei einigen verlief die Öffnung sehr rasch, sodass sich ein Hohlraum bildete. In diesen Hohlraum konnten die Minerale ungehindert hineinwachsen und in ihrer eigenen Gestalt auskristallisieren. Im Schema ist angenommen, dass das Gestein ein Kalk ist und Calcit ausgefällt wird.

Die Tektonikarena Sardona

Im Jahr 2008 hat die UNESCO-Welterbekommission die Tektonikarena Sardona in das Welterbe aufgenommen. Die Einschreibung in diese Liste erfolgte aufgrund des von der UNESCO definierten Kriteriums VIII: einzigartiger Wert für die Erdgeschichte und geologische und morphologische Phänomene, welche die Entstehung eines Gebirges dokumentieren. Die tektonischen Landschaften wurden als einzigartiger, universeller Wert anerkannt. Welterbestätten sollen zur Bildung der einheimischen Bevölkerung wie auch der Besucher beitragen. Der Schutzgedanke beinhaltet, dass die Stätte für künftige Generationen erhalten bleibt. Dies setzt voraus, dass dieses Anliegen von der Bevölkerung mitgetragen wird. Daraus leitet sich die Aufgabe ab, dass die Bedeutung der einzigartigen Phänomene im Welterbe der breiten Bevölkerung verständlich kommuniziert wird. Die Einzigartigkeit der geologisch und morphologisch spektakulären Landschaften in der Tektonikarena Sardona erleichtert dies.

Die Flugaufnahme des Piz Sardona (Abb. 52) illustriert das Zusammenspiel von Gebirgsbildung und Morphologie. In der Gipfelpartie liegen circa 250 Millionen Jahre alte Gesteine (Verrucano) auf deutlich jüngeren, 90–35 Millionen Jahre alten Gesteinen. Diese «Alt-auf-Jung»-Situation lässt sich im gesamten Perimeter des Welterbes beobachten. Sie deutet auf gewaltige tektonische Bewegungen hin, welche ganze Krustenpakete von mehreren Kilometern Mächtigkeit übereinander geschoben haben. Die Gipfelkappe des Piz Sardona ist aber nur ein kleines Überbleibsel dieses überschobenen Paketes, der Rest ist abgetragen worden.

Der Abtrag, welcher heute noch andauert, zeigt sich in den Rinnen und Runsen in den Mergeln und Sandsteinen (Abb. 52). Das abfliessende Oberflächenwasser schnitt diese Kerben in den Hang. Im Unterlauf der Kerben entstand eine Anhäufung von blockigem Material, welches jeweils bei Starkniederschlägen weiter talwärts bewegt wird.

Vor etwa 20 Millionen Jahren waren die Gesteine des Sardona-Gipfels rund 10 km unter der damaligen Erdoberfläche. Durch weitere Überschiebungen und Faltungen mit gleichzeitigem Abtrag gelangten die Gesteine allmählich an die heutige Erdoberfläche. Hebung und Abtrag erfolgten mit durchschnittlich 0.5–1 mm pro Jahr. Diese Werte sind in der Grössenordnung mit den heute gemessenen Hebungs- und Abtragungsraten vergleichbar.

In der Ostwand des Crap Mats ist eindrückliche Falten- und Überschiebungstektonik zu beobachten (Abb. 53). Im unteren Teil der Wand herrschen Kreidekalke vor. Diese sind von älteren Kalken, dem Tros-Kalk, überlagert. Diese Jurakalke wurden längs einer Überschiebung, der Tschep-Überschiebung (Tp), auf die Kreidekalke überschoben. Wie in Abb. 53 sichtbar, sind diese Kreidekalke in enge Falten gelegt und im untersten Teil der Wand zusätzlich von zwei Überschiebungen erfasst. Speziell erwähnenswert sind die Falten im mittleren Teil der Wand. Die Garschella-Formation (G) ist in isoklinale Falten gelegt (das heisst die Faltenschenkel beidseits des Scharniers, über und unter dem Seewen-Kalk, sind parallel zueinander orientiert). Gegen die Tschep-Überschiebung hin ist die Garschella-Formation auf dem Verkehrtschenkel extrem ausgedünnt. Der Verkehrtschenkel wurde durch den Nord-Nordwest gerichteten Transport an der Tschep-Überschiebung mitgeschleppt beziehungsweise zerschert. Insgesamt zeigen die Deformationsstrukturen in der Felswand, wie Gesteinspakete infolge einer Nord-Nordwest-Süd-Südost gerichteten Verkürzung übereinandergestapelt wurden. Die Sedimentpakete wurden dadurch «kurz und dick».

Gebirgsbildende Prozesse sind auch am Flimserstein zu beobachten (Abb. 54). Im Südost-Teil des Flimsersteins sind Jura- und Kreidekalke vorhan-

den, im Nordwest-Teil sind es Kreidekalke und känozoische Sedimente. Die Gesteinsschichten sind durch mehrere Überschiebungen (weiss in der Abb. 54) übereinander geschoben worden, sind also «kurz und dick» geworden. An der Tschep-Überschiebung und der Mirutta-Überschiebung sind Jurakalke (Quinten-Kalk und Tros-Kalk, blau) auf Kreidekalke (grün) überschoben. Die Tschep-Überschiebung gabelt sich nach Nord-Nordwest in zwei Überschiebungen auf. Weitere Überschiebungen sind über und unter der Mirutta-Überschiebung zu erkennen. Ganz im Nordwesten, am rechten Bildrand, sind die känozoischen Sedimente (gelb) in die Kreidekalke eingefaltet.

52 Die Glarner Hauptüberschiebung in der Kette Piz Sardona – Piz Segnas.
Foto: Ruedi Homberger

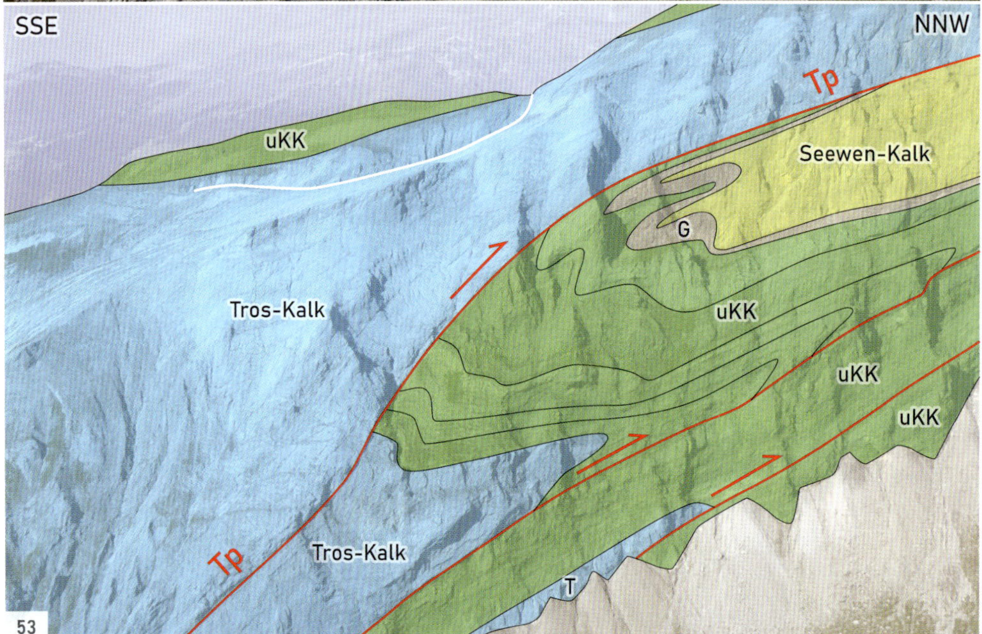
SSE
NNW
Tp
uKK
Seewen-Kalk
G
Tros-Kalk
uKK
uKK
uKK
Tp
Tros-Kalk
T
53

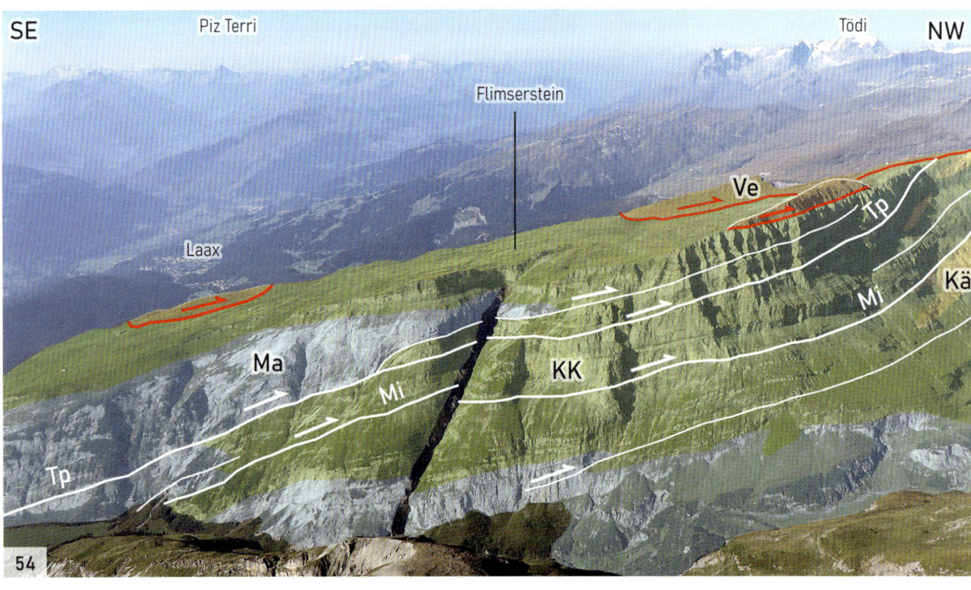
SE
Piz Terri
Tödi
NW
Flimserstein
Ve
Tp
Laax
Kä
Mi
Ma
KK
Mi
Tp
54

Auf dem Dach des Flimsersteins erkennt man in Abb. 54 mehrere Inseln von Verrucano-Gesteinen (im Bild braun gefärbt). Diese liegen über der Glarner Hauptüberschiebung (rot), welche hier generell nach Südosten abtaucht. Solche Inseln bezeichnet man als Klippen. Es sind Erosionsreste einer einst kilometermächtigen Gesteinsschicht. Die Erosion ist nicht nur für den Einschnitt der Täler verantwortlich, sondern auch für den flächigen Abtrag von mehreren Kilometern Gesteinsschichten. Der Abtrag erfolgte zeitgleich mit der Stapelung der Gesteinsschichten im Untergrund.

Eine ganze Reihe von Erosionsresten (Klippen) von Verrucano, die auf jüngeren, 90–35 Millionen alten Gesteinen liegen, erstrecken sich vom Piz Sardona zum Piz Segnas und von den Tschingelhörnern zum Piz Grisch (Abb. 55). Auch hier zeigt sich die intensive Zerfurchung der jüngeren Gesteine – Mergel, Kalk, Sandstein und Tonstein – durch das abfliessende Oberflächenwasser.

Die Glarner Hauptüberschiebung ist das Herzstück der Tektonikarena Sardona und wird hier deshalb näher beschrieben. Der vertikale Profilschnitt (Abb. 56) stellt eine Rekonstruktion zur Zeit der Aktivität der Überschiebung dar. Er zeigt, wie die helvetischen Decken an der Glarner Hauptüberschiebung nach Norden und bergauf geschoben wurden. Untersuchungen über Mineralparagenesen, Fluideinschlüsse in Kristallen und Deformationsmechanismen in Gesteinen zeigen eindeutig, dass im Süden an der Hauptüberschiebung viel höhere Temperaturen herrschten als im Norden. Die Temperaturen nehmen von rund 100 °C im Norden auf über 300 °C im Süden zu. Unter Berücksichtigung eines durchschnittlichen geothermischen Gradienten von 30 °C pro Kilometer ergibt sich, dass die Glarner Hauptüberschiebung im Süden in einer Tiefe

53 Falten und Überschiebungen in der Ostwand des Crap Mats. T Tros-Kalk, Tp Tschep-Überschiebung, uKK untere Kreidekalke, G Garschella-Formation.
Foto und Illustration: Adrian Pfiffner

54 Überschiebungen in der Nordost- und Nordwand des Flimsersteins. Tp Tschep-Überschiebung, Mi Mirutta-Überschiebung, Ve Verrucano, Ma Malm, KK Kreidekalke, Kä Känozoische Sedimente.
Foto: Adrian Pfiffner, ergänzt

55 Die Glarner Hauptüberschiebung in der Kette (von links) Piz Sardona – Piz Segnas – Tschingelhörner – Laaxer Stöckli/Piz Grisch.
Foto: Ruedi Homberger

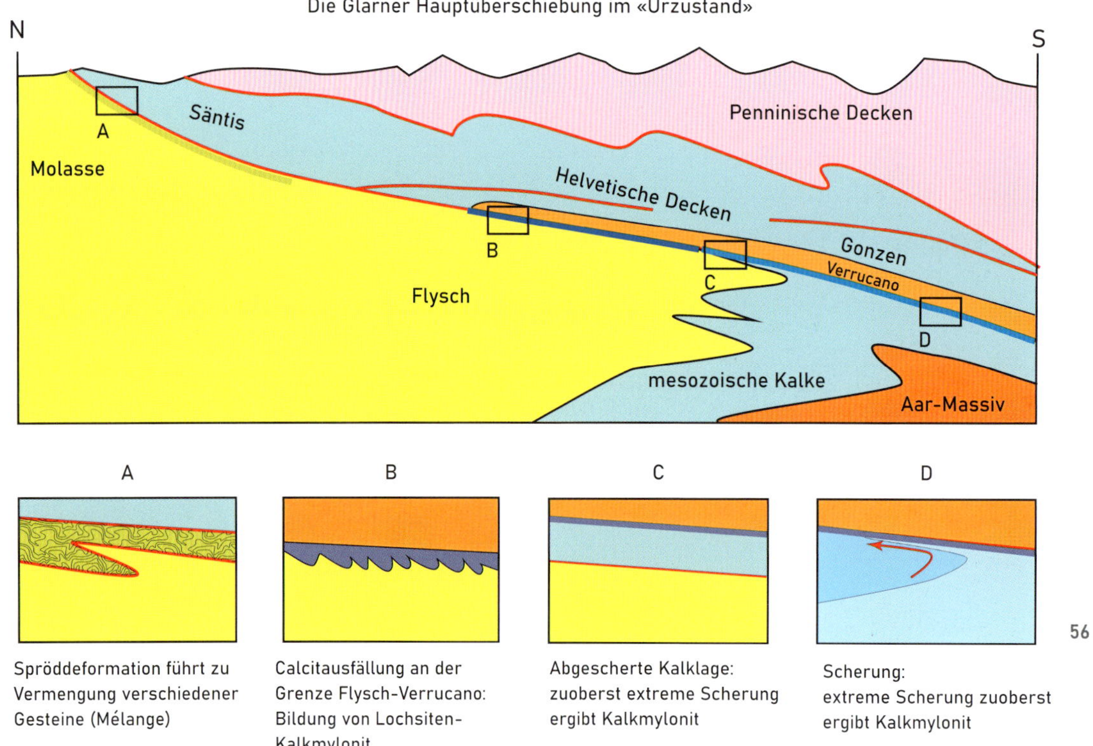

56 Schema zur Erklärung der Prozesse längs der Glarner Hauptüberschiebung im Verlauf ihrer Aktivität.
Illustration: Adrian Pfiffner

57 Die Tschingelhörner von Südosten. Die Glarner Hauptüberschiebung zeigt sich im schneebedeckten weissen Band, das sich durch die Felswände zieht. Die Felswand direkt unter der Überschiebung besteht aus Quinten-Kalk (rechts im Bild) und Öhrli-Kalk (links im Bild). Der Felsrücken links der schneebedeckten Geröllhalde besteht aus Flysch-Gesteinen.
Foto: Hans Aeschlimann

58 Die Tschingelhörner und der Piz Segnas von Nordwesten mit dem schneebedeckten weissen Band. Die dunkle Felswand direkt unter der Überschiebung rechts im Bild besteht aus Quinten-Kalk, die steilen Runsen unter dem Piz Segnas links im Bild sind in Flysch-Gesteine eingeschnitten.
Foto: Hans Aeschlimann

von über 10 km unter der damaligen Erdoberfläche gelegen war.

Über der Hauptüberschiebung lagen die helvetischen Decken, welche entlang dieser nach oben geschoben wurden. Im Süden waren zuunterst der Verrucano, darüber die mesozoischen Sedimente, welche heute am Gonzen und am Alvier liegen; die frontalen Teile machen die Kreidekalke aus, welche heute im Alpstein anstehen. Die helvetischen Decken waren von den penninischen Decken überlagert, welche in einer früheren Phase zu einem Deckenstapel zusammengeschoben und nach Norden transportiert wurden. Unter der Glarner Hauptüberschiebung lagen im Süden die mesozoische Sedimentbedeckung des Aar-Massivs, im zentralen Teil Flysch-Gesteine und im Norden Molasse-Gesteine. Die Molasse ist etwas jünger als der Flysch und besteht aus Mergel, Sandstein und Nagelfluh.

Die Glarner Hauptüberschiebung zeichnet sich durch ihre eindrückliche Wirkung im Landschaftsbild aus. Namentlich auf dem Grenzkamm der Kantone Glarus und Graubünden und demjenigen der Kantone St. Gallen und Graubünden zeigt sich die

57

58

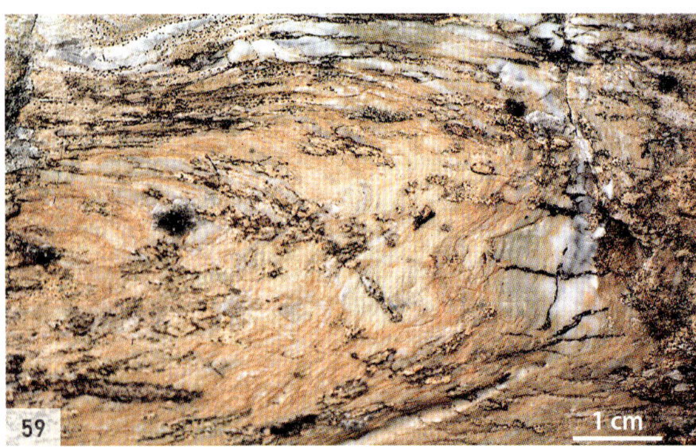

59/60 Gefalteter und laminierter Lochsiten-Kalk auf dem Flimserstein / Fil de Cassons.
Foto: Adrian Pfiffner

61 Mitgerissenes Kalkpaket am Foostock.
Foto: Adrian Pfiffner

62 Der als Geotop geschützte, international bekannte Aufschluss Lochsite (Typuslokalität).
Foto: Adrian Pfiffner

63 Scharfe, gefaltete Untergrenze und etwas unscharfe Obergrenze des Lochsiten-Kalks.
Foto: Adrian Pfiffner

64 «Knetstruktur» im Innern des Lochsiten-Kalks. Die scharfe Fläche (das sogenannte Septum) entstand am Schluss, beim «letzten Ruck» des Überschiebungsvorganges.
Foto: Adrian Pfiffner

Grenzfläche als horizontal verlaufende «magische Linie» in den Felswänden der Gipfelpartien. Abb. 57 und Abb. 58 illustrieren dieses ausserordentliche Phänomen.

Von speziellem Interesse sind die Gesteine, welche längs der Glarner Hauptüberschiebung zu beobachten sind. Diese Gesteine wurden im Zuge des über 30 km langen Transportes längs der Hauptüberschiebung im Kontaktbereich gebildet. Aufgrund der höheren Temperaturen im Süden sind auch unterschiedliche Gesteine entstanden. Die vier Rechtecke im Profilschnitt und ihre Vergrösserung in Abb. 56 sollen die wesentlichen Typen darlegen.

Ganz im Süden wurden die Kalke unmittelbar unter der Hauptüberschiebung beim Transport der helvetischen Decken mitgerissen und zerschert, wie dies der rote Pfeil in Abb. 56 andeutet. In den obersten 1–2 m war die Scherung derart intensiv, dass ein Kalkmylonit entstand, ein Gestein mit einer intensiv gefalteten Lamellenstruktur. Abb. 59 und Abb. 60 zeigen gefalteten und laminierten Kalkmylonit auf dem Flimserstein (Fil de Cassons).

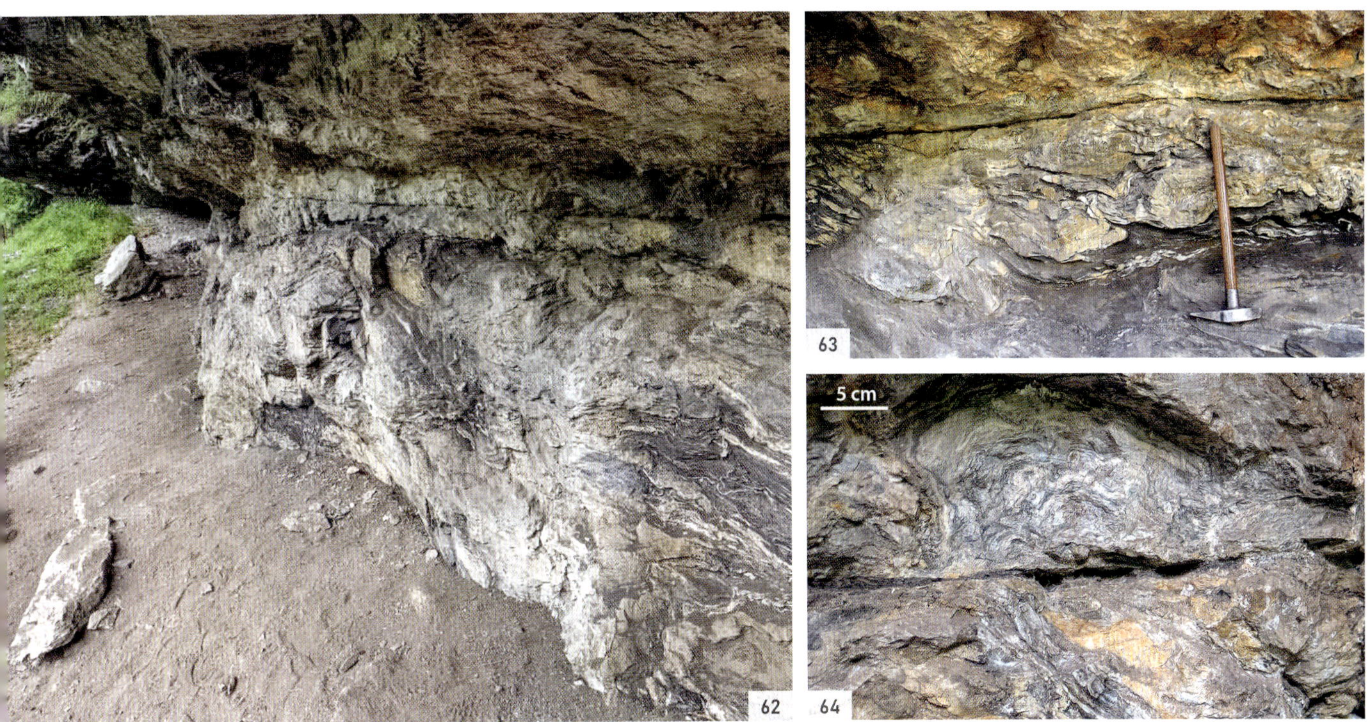

Etwas weiter nördlich, am Nordende der Kalke unter der Hauptüberschiebung, wurden Kalkpakete durch die Scherung losgerissen und als dünne Scherben nach Norden transportiert. Sie liegen heute als 5–50 m dicke Kalklinsen zwischen Flysch und Verrucano. Ein Beispiel davon ist am Foostock zu sehen (Abb. 61). Auch bei diesen abgescherten Kalkpaketen sind nur die obersten 1–2 m intensiv deformiert und zum Kalkmylonit geworden.

Anders sieht die Situation im zentralen Teil aus, wo der Verrucano direkt dem Flysch aufliegt. Hier bildet ein circa 1 m mächtiger intensiv deformierter Kalkmylonit die Grenze zwischen Verrucano und Flysch. Besonders schön sichtbar ist dieser an der Lokalität Lochsite bei Schwanden (Koordinaten 2'725'700, 1'206'435), weshalb dieser Kalkmylonit als Lochsiten-Kalk bezeichnet wird. Der ganze Aufschluss ist rund 100 m lang (Abb. 62) und steht als Geotop unter Naturschutz.

Bei näherem Betrachten erkennt man, dass die Grenze Lochsiten-Kalk zu Verrucano fast ebenflächig ist und nur mässige Wellungen aufweist. Demgegenüber ist die Untergrenze des Lochsiten-Kalks in Falten gelegt (Abb. 63, 64). Im Innern des Lochsiten-Kalks zeigt sich, dass dieser laminiert ist mit hellen und dunklen Bändern, welche in wirre Falten gelegt sind. Der Geologe Albert Heim prägte hierfür den treffenden Ausdruck «Knetstruktur».

Die laminare Struktur mit hellen und dunklen, millimeterdicken Bändern könnte aus einer Vielzahl von feinen Adern entstanden sein. Das Gestein ist laut dieser Erklärung immer wieder längs dieser Adern zerbrochen, und neue Adern bildeten sich Seite an Seite zu den alten. Als Hypothese wurde vorgeschlagen, dass die dünnen Adern durch Zerbrechen des Gesteins infolge Erdbebenaktivität entstanden. Die Erdbeben stünden in Zusammenhang mit einer ruckartigen Bewegung längs der Hauptüberschiebung; jedes Erdbeben wäre für eine Ader verantwortlich gewesen. Da sich das Ganze in beträchtlicher Tiefe bei Temperaturen um 200–250 °C abspielte, wurden die Adern beziehungsweise die Laminae auch laufend gefaltet, wodurch die Knetstruktur entstand.

Woher stammt dieser Lochsiten-Kalk? Handelt es sich um extrem verschmierten mesozoischen

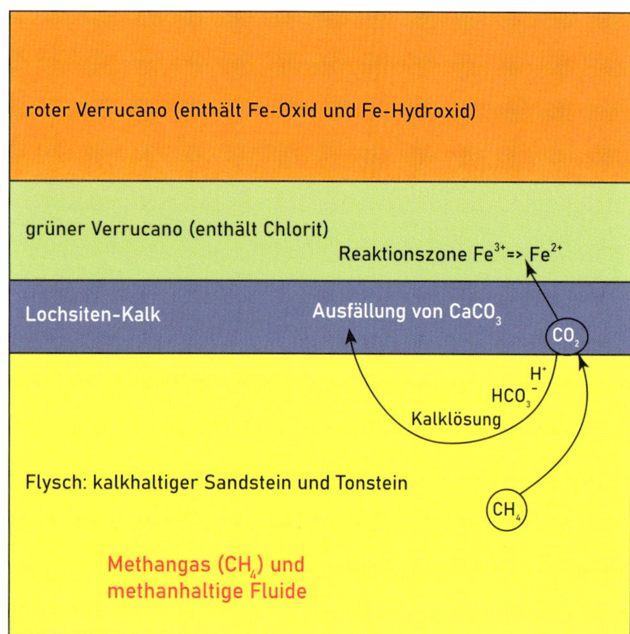

65

Entstehung des Lochsiten-Kalkmylonits an Ort und Stelle (nach Mullis et al. 2003):

Oxidation von aufsteigendem Methan (CH_4) an der Verrucano-Basis ergibt CO_2 und reduziert das 3-wertige Eisen zu 2-wertigem Eisen (roter Verrucano wird dadurch grün).

Das CO_2 ergibt Protonen (H^+) und Bikarbonat (HCO^{3-}), was im Flysch zu Kalklösung führt.

An der Verrucano-Basis wird $CaCO_3$ ausgefällt und es entsteht (Lochsiten-)Kalk.

Kalk aus dem Süden? Josef Mullis, der sich mit den Fluideinschlüssen in Kristallen auseinandersetzte, schlug eine fundamental andere Lösung vor (Mullis et al. 2003). Diese ist in Abb. 65 skizziert. Der kalkhaltige Sandstein und der Tonstein des Flyschs enthalten Methangas und methanhaltige Fluide. Mullis' Idee ist, dass dieses Methan (CH_4) in den Flysch-Gesteinen aufsteigt, am Kontakt zum Verrucano zu Kohlenwasserstoff (CO_2) reduziert wird, welcher weiter in Protonen (H^+) und in Bikarbonat (HCO_3-) zerfällt. Zirkuliert ein Fluid mit diesen Ionen im Flysch, so löst es im Flysch vorhandenen Kalk ($CaCO_3$). Beim Aufsteigen des Fluids an die Grenze zum Verrucano fällt dann $CaCO_3$, das heisst Kalk, wieder aus und wird zum Lochsiten-Kalk.

Ein weiteres Phänomen, welches diese Fluide erklären könnten, ist die Beobachtung an der Lochsite, dass der unterste Teil des Verrucanos grün gefärbt ist, während der Hauptteil darüber rot gefärbt ist. Die Rotfärbung erklärt sich aus der Ablagerungsgeschichte des Verrucanos: Im ariden, warmen Klima des Perms wurde sämtliches Eisen in den Sedimentpartikeln zu Eisenoxid (Fe^2O^3) und zu Eisenhydroxid ($Fe^2O^3 \cdot H_2O$) oxidiert. Das Eisen wurde somit dreiwertig (Fe^{3+}) und war für die Rotfärbung des Verrucanos verantwortlich. In einer dünnen Reaktionszone wurde das dreiwertige Eisen durch die hydrothermale Wirkung des aufgestiegenen Kohlendioxid-Fluids (CO_2) zu zweiwertigem Eisen (Fe^{2+}) reduziert und in das grüne Mineral Chlorit eingebaut. Dadurch wurde der Verrucano grün.

Ganz im Norden der helvetischen Decken, dort wo die Kalkformationen der Säntis-Decke auf die Sandsteine und Mergel der Molasseschichten über-

65 Schema zur Erklärung der Entstehung des Lochsiten-Kalkes durch Fluide aus dem Flysch.
Illustration: Adrian Pfiffner

66 Geologischer Profilschnitt durch die Alpen von St. Gallen bis Versam.
Illustration: Adrian Pfiffner

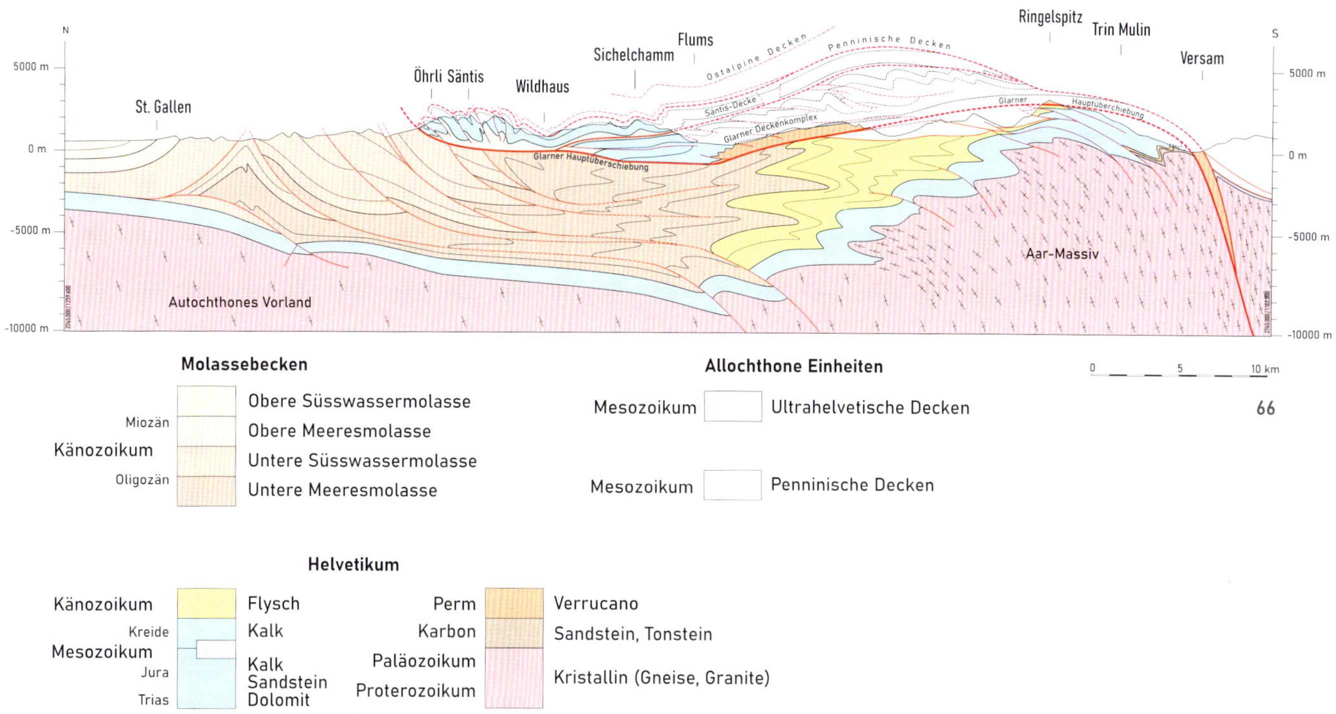

66

schoben sind, sieht die Kontaktzone sehr andersartig aus. Hier beobachtet man ein Gemisch von Kalklinsen und Sandsteinlinsen eingebettet in eine schiefrige Matrix aus Mergel und Tonstein. Solche Gemische bezeichnet man in der Geologie als «Mélange». Entstanden ist das «Mélange» am Fuss des Säntis durch ein Vermischen von losgerissenen Gesteinsbruchstücken mit Gesteinspaketen nahe des Überschiebungskontaktes. Da sowohl von «oben» wie auch von «unten» Gesteinsmaterial geliefert wird, kommen im «Mélange» sehr verschiedenartige Gesteine nebeneinander zu liegen. Die Vermischung wird durch die Scherbewegung während des Deckentransportes akzentuiert.

Der tektonische Bau des Gebirges

Der Gebirgsbau beinhaltet nicht nur die regionale Verteilung der Gesteine, sondern auch deren Anordnung im Gebirgsinneren. Um letzteres zu zeigen, konstruiert man vertikale Profilschnitte. Abb. 66 ist ein derartiger Nord-Süd verlaufender Profilschnitt. Er reicht von St. Gallen bis an den Vorderrhein bei Versam und erschliesst somit die Tektonikarena Sardona und das angrenzende Gebiet des Geoparks wie auch weitere Gebiete im Norden inklusive Alpstein.

Bei der Konstruktion solcher Profilschnitte orientiert man sich zuerst an den an der Erdoberfläche vorhandenen Gesteinen und an der räumlichen Lage der Gesteinsschichten. Anhand von Beobachtungen in Geländeeinschnitten – am besten von Bergflanken tiefer Täler – lassen sich die Gesteinsschichten in den obersten 1–2 km unter der Erdoberfläche verbinden. Dabei benutzt man die auf Talflanken und an der Oberfläche beobachteten Falten und Brüche und extrapoliert in die Tiefe. Mittels Plausibilitätstests, welche fordern, dass die Länge aller Gesteinsschichten identisch sein sollte, verfeinert man die Lösung. In Gesteinsabfolgen mit vielen Kalkschichten ergibt sich dadurch eine recht zuverlässige Aussage. Im Fall von mächtigen Mergel- und Tonsteinabfolgen ist das skizzierte Vorgehen aber sehr schwierig, weil Leithorizonte fehlen und somit zuverlässige Aussagen betreffend Schichtlängen sehr schwierig sind. Im Beispiel Abb. 66 geben die blau gezeichneten mesozoischen (Kalk-) Schichten ein zuverlässiges Bild. Demgegenüber sind die Aussagen im Flysch und in der Unteren Meeresmolasse unscharf und die dargestellten Strukturen eher spekulativ.

Ein Glücksfall betrifft die mesozoischen Kalke im tiefen Untergrund, 3000–6000 Meter unter der Oberfläche des Alpsteins und der Churfirsten. Deren Verlauf ist durch reflexionsseismische Daten des Nationalen Forschungsprogrammes 20 recht gut gesichert. In einem Echolotverfahren wurden längs mehrerer Traversen durch die Schweiz mittels Sprengladungen und Vibratoren seismische Wellen in den Untergrund geschickt. Die an bestimmten Schichtgrenzen reflektierten Wellen wurden an der Erdoberfläche durch Tausende von Geophonen registriert. Die Auswertung der Echos geben relativ gute Abschätzungen der Tiefenlage der reflektierenden Schichten. In vielen Fällen lassen sich auch die räumliche Lage sowie Falten und Brüche erkennen.

Im Folgenden wird der Gebirgsbau von unten nach oben beschrieben. Die mesozoischen Schichten verlaufen unter St. Gallen in etwa 3000 m Tiefe über den Gneisen und Graniten des kristallinen Untergrundes. Sie tauchen nach Süden in grössere Tiefe ab und erreichen unter Flums die Maximaltiefe von circa 8000 m. Von Flums aus steigen sie sukzessive nach oben, teils durch Falten, teils durch Überschiebungen, und befinden sich unter dem Ringelspitz auf etwa 500 m ü. M. Östlich des Ringelspitzes, bei Vättis, ist das kristalline Grundgebirge an der Erdoberfläche – als sogenanntes Vättner Fenster – aufgeschlossen. Die mesozoischen Schichten tauchen vom Ringelspitz nach Süden wieder ab, werden aber von Überschiebungen immer wieder in höhere Lagen versetzt. Am Vorderrhein ist die Oberkante des kristallinen Grundgebirges knapp unter der Erdoberfläche zu erwarten. Das kristalline Grundgebirge im Gewölbe zwischen Flums und Vorderrhein wird als Aar-Massiv bezeichnet. Das kristalline Grundgebirge nördlich Flums zählt zum autochthonen Vorland, worunter man den festen Sockel der europäischen Platte versteht. Dieser Sockel steigt nach Norden weiter an und erscheint im Schwarzwald an der Erdoberfläche. Das Gewölbe des Aar-Massivs setzt sich nach Westen fort, es reicht im Jungfraugebiet bis in eine Höhe von über 4000 m ü. M.

Über den mesozoischen Schichten des Aar-Massivs liegen die känozoischen Flysch-Gesteine. Gerade nördlich davon liegen die etwas jüngeren känozoischen Sedimente der Molasse über den mesozoischen Schichten des autochthonen Vorlandes. Sowohl Flysch wie auch Molasse sind als Abtragungsprodukte der werdenden Alpen zu verstehen. Die Flysch-Sedimente wurden in einem schmalen Meerestrog an der Gebirgsfront abgelagert. Bei den Molasse-Sedimenten kamen auch Flussablagerungen dazu, welche zu riesigen Schuttfächern im Vorfeld des Gebirges führten. Wie der Profilschnitt Abb. 66 zeigt, wurden die Molasse-Schichten später von den Decken der Alpen überfahren und dabei selbst auch von Überschiebungen erfasst. Man bezeichnet diese teilweise unter den alpinen Decken liegenden Molassepakete als Subalpine Molasse. Die Subalpine Molasse wie auch der Flysch belegen, dass der Abtragungsschutt der Alpen später durch die gebirgsbildenden Prozesse selbst zu einem Teil des Gebirges wurde. Offenbar hat sich das alpine Gebirge im Verlaufe der Zeit immer weiter nach Norden verbreitert.

Oben im Profilschnitt, nahe der Erdoberfläche, sind verbreitet mesozoische Schichten aufgeschlossen. Diese sind durch die Glarner Hauptüberschiebung zweigeteilt. Die Hauptüberschiebung bildet im Süden, beim Ringelspitz, ein Gewölbe und im Norden, unter Flums, eine Mulde. Diese Struktur ist gewissermassen ein Abbild der Struktur der Oberkante des kristallinen Grundgebirges. Im Süden, südlich des Ringelspitzes, liegt an der Hauptüberschiebung Verrucano über mesozoischen Kalken. Im zentralen Teil, zwischen Ringelspitz und Flums, liegt Verrucano über Flysch (und Molasse). Nördlich Flums liegen dann mesozoische Kalke über Molasse.

Die Gesteinsserien unter der Glarner Hauptüberschiebung werden dem Unterhelvetikum zugeordnet. Im Süden besteht dieses aus übereinander gestapelten Kalkpaketen (Abb. 54). Nördlich des Ringelspitzes sind auch ultrahelvetische Pakete vorhanden. Es sind dies allochthone (weit überschobene) Sedimente, welche von weit im Süden her auf die Flysch-Gesteine aufgeschoben wurden und später von den helvetischen Decken überfahren wurden.

Das Oberhelvetikum umfasst die Gesteinsserien über der Glarner Hauptüberschiebung. Im Profilschnitt Abb. 66 sind dies der Verrucano im Süden und mesozoische Sedimente im Norden. Das Oberhelvetikum ist ein weit überschobenes Gesteinspaket und bildet die helvetischen Decken. Während der Verrucano an der Basis dieser Decken als fast starre Platte vorliegt, sind die jurassischen und kretazischen Sedimente darüber in Falten gelegt und von Überschiebungen zerschnitten. Im Profilschnitt sind diese Falten der Erosion zum Opfer gefallen. Aber Abb. 46 zeigt diese Struktur im Raum Gonzen-Tschuggen.

Der Verrucano mit den darüberliegenden Sedimentschichten der Trias und des Juras gehören zum Glarner Deckenkomplex, welcher längs der Glarner Hauptüberschiebung um etwa 30 km nach Norden überschoben wurde. Die jüngeren Gesteine, die Kreidekalke, wurden von den darunterliegenden Jurakalken abgetrennt und um zusätzliche 10 km nach Norden verfrachtet und sind heute im Alpstein zu finden. Die Abscherung erfolgte längs einer mächtigen weichen Mergelschicht (Palfris-Mergel in Abb. 37). Die abgescherten Kalke sind intensiv gefaltet wie im Profilschnitt erkenntlich. Sie gehören zur Säntis-Decke, Abscherung und Transport erfolgten an der Säntis-Überschiebung.

Der tektonische Bau ändert sich im Detail von Tal zu Tal. Aber das im Profilschnitt sichtbare Grundprinzip mit Ober- und Unterhelvetikum bleibt erhalten. Im Querschnitt Chärpf-Glärnisch-Wiggis wird der Glarner Deckenkomplex von der Axen-Decke und die Säntis-Decke von der Drusberg-Decke abgelöst. Die Axen-Überschiebung ist vergleichbar mit der Glarner Hauptüberschiebung, und die Drusberg-Überschiebung ist äquivalent der Säntis-Überschiebung.

Ein Gebirge entsteht

Die Entstehung von Gebirgen muss in grossmassstäblichen Zusammenhängen und über lange Zeiträume betrachtet werden. Deshalb wird für unser alpines Gebirge zuerst der plattentektonische Rahmen beschrieben, und zwar über den Zeitraum der letzten knapp 100 Millionen Jahre. Im Anschluss wird der Frage nachgegangen, wie die Berge und Täler sowie der geologische Bau im Gebiet der Tektonikarena Sardona entstanden. Hierzu erfolgt eine Fokussierung auf die Glarner Hauptüberschiebung und den Zeitraum der letzten zwanzig Millionen Jahre.

Plattentektonischer Rahmen

Die äusserste, rund 100 km dicke Schale der Erde besteht aus festen Gesteinen. Sie wird als Lithosphäre bezeichnet. Die Lithosphäre schwimmt auf einer weicheren, partiell geschmolzenen Schicht, der Asthenosphäre. Die Lithosphäre ist in Teile, sogenannte Platten, zergliedert. Diese Platten bewegen sich relativ zueinander mit Geschwindigkeiten in einer Grössenordnung von mehreren Zentimetern pro Jahr (Zehner von Kilometern pro Million Jahre). Driften Platten voneinander weg, entsteht dazwischen ein Meeresbecken. Bewegen sich die Platten aufeinander zu, muss eine unter die andere abtauchen. An solchen Nahtstellen entstehen Gebirge. Die Relativbewegungen zwischen den Platten können sich in geologischen Zeiten ändern. Dies, weil sie sich gegenseitig behindern und schubsen können.

Der Entstehung der Alpen ging das Zerbrechen des Superkontinents Pangäa voraus, ein Prozess, der vor circa 230 Millionen Jahren einsetzte. Pangäa umfasste einen Nordteil mit Nordamerika und Europa sowie einen Südteil mit Südamerika und Afrika. Nach dem Zerbrechen drifteten Europa und Afrika auseinander und dazwischen wuchs ein Ozean. Schon bald wurde dabei in der Nordostecke von Afrika der Kleinkontinent Adria abgetrennt und wurde eine selbstständige Platte. Vor circa 100 Millionen Jahren änderten sich die Plattenbewegungen. Europa und Afrika samt Adria bewegten sich nun aufeinander zu. Für die Entstehung der Alpen war die Bewegung zwischen Adria und Europa relevant.

Zwischen Europa und Adria hatte sich beim Auseinanderdriften der beiden Platten ein Ozean gebildet. Bei der anschliessenden Konvergenz der beiden kontinentalen Platten tauchte dieser Ozean unter Adria ab und wurde in der Tiefe verschluckt. In Abb. 67 ist dieser Zustand zum Zeitpunkt vor 90 Millionen Jahren skizziert. Die dünne Platte mit lithosphärischem Mantel und ozeanischer Kruste (grün in Abb. 67) wird unter der Kruste von Adria subduziert (verschluckt). Die europäische Platte besitzt im Nordwesten eine für Kontinente normale Mächtigkeit von etwa 100 km, wovon 30 km auf die Kruste entfallen. Während des Auseinanderdriftens von Europa und Adria wurde der Rand des europäischen Kontinents ausgedünnt und gestreckt. Bei lokalem Zerbrechen entstanden dabei kleine ozeanische Becken, wovon zwei im Schema dargestellt sind (die neu entstandene Kruste ist grün eingefärbt). Die Sedimente der künftigen helvetischen Decken wurden im Übergangsbereich der normalen Kruste zur ausgedünnten Kruste abgelagert. Die Kristallingesteine des künftigen Aar-Massivs lagen im Bereich normaler Krustenmächtigkeit.

Durch die andauernde konvergente Plattenbewegung geriet der ausgedünnte Rand von Europa allmählich in die Subduktionszone. Die auf diesem ausgedünnten Rand abgelagerten Sedimente (violett in Abb. 67) wurden dabei von ihrer kristallinen Unterlage abgeschert und als Decken aufeinandergestapelt. Die kristalline Unterlage wurde in grössere Tiefe versenkt. Da diese Krustenteile spezifisch leichter sind als die Gesteine der darüberliegenden adriatischen Platte, sorgte der Auftrieb dafür, dass diese Krustenteile vom lithosphärischen Mantel abgeschert wurden und nach oben entwichen. Bei diesem Prozess wurden sie als Kristallindecken aufeinandergestapelt. Die beiden gegenläufigen Pfeile in der Abbildung illustrieren das Bewegungsmuster.

Der Vergleich der Zustände vor 90 und vor 45 Millionen Jahren in Abb. 67 zeigt, dass in diesem Zeitintervall die abtauchende europäische Platte steiler wurde und quasi zurückrollte. Das Nach-unten-Abbiegen der europäischen Platte setzte vor 90 Millionen Jahren mehr als 500 km südöstlich des künftigen Aar-Massivs ein, vor 45 Millionen Jahren betrug diese Distanz nur noch etwa 400 km. Das Zurückrollen erklärt sich durch das Gewicht der abtauchenden Platte, welche die relativ starre europäische Platte förmlich nach unten zog und verbog.

Im Zustand vor 30 Millionen Jahren in Abb. 67 taucht die europäische Platte nur 150 km südöstlich des künftigen Aar-Massivs fast vertikal in die Tiefe ab. Zu diesem Zeitpunkt kollidierten die beiden kontinentalen Platten. Die gestapelten Kristallindecken des ausgedünnten Kontinentalrandes waren weiter in nordwestlicher Richtung nach oben gerückt und wurden nun zusätzlich in südöstlicher Richtung nach oben gequetscht und gefaltet. Längs des Kontaktes zwischen Europa und Adria, welcher Reste des Ozeans schmückte, drang aus der Tiefe granitische Schmelze hoch, kühlte sich ab und verfestigte sich circa 10 km unter der Erdoberfläche (rot in Abb. 67). Im Nordwesten waren die Sedimente der helvetischen Decken von Sedimenten der ausgedünnten Kruste (penninische Decken) überfahren und wurden nun ihrerseits nach Nordwesten über das künftige Aar-Massiv geschoben. Dies ereignete sich in einer Tiefe von rund 10 km, die Gesteine waren also bis über 300 °C warm und entsprechend leicht verformbar. Man beachte ferner, dass zwischen 45 und 30 Millionen Jahren ein wesentlicher Teil des adriatischen Kontinents über dem Bereich der werdenden Alpen abgetragen wurde.

67 Die Entstehung der Alpen, dargestellt anhand einer zeitlichen Abfolge von geologischen Profilschnitten.
Illustration: Adrian Pfiffner

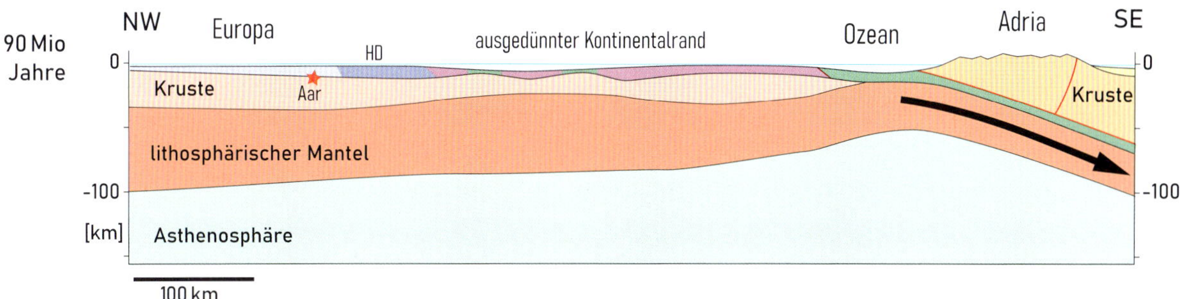
90 Mio
Jahre
NW
Europa
HD
ausgedünnter Kontinentalrand
Ozean
Adria
SE
0
Kruste
Aar
Kruste
lithosphärischer Mantel
-100
[km]
Asthenosphäre
100 km

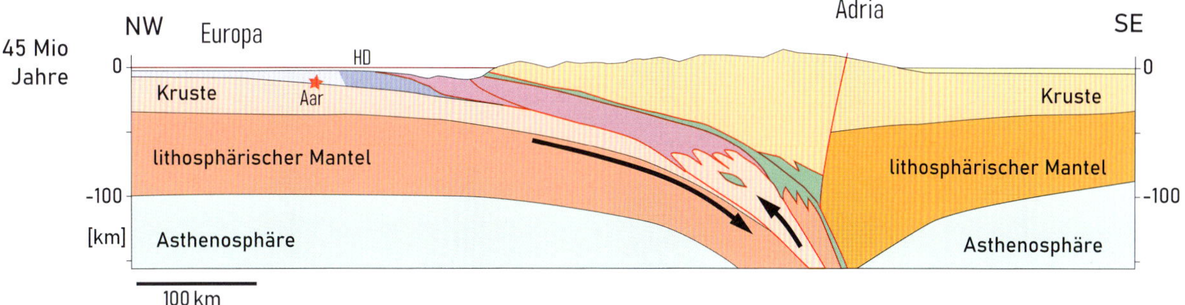
45 Mio
Jahre
NW
Europa
HD
Adria
SE
0
Kruste
Aar
Kruste
lithosphärischer Mantel
lithosphärischer Mantel
-100
[km]
Asthenosphäre
Asthenosphäre
100 km

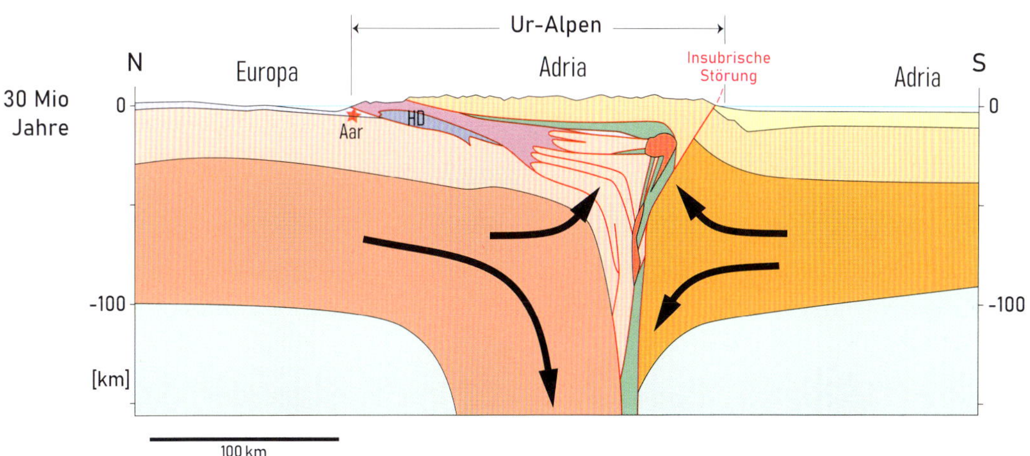
Ur-Alpen
30 Mio
Jahre
N
Europa
Adria
Insubrische
Störung
Adria
S
0
Aar
HD
-100
[km]
100 km

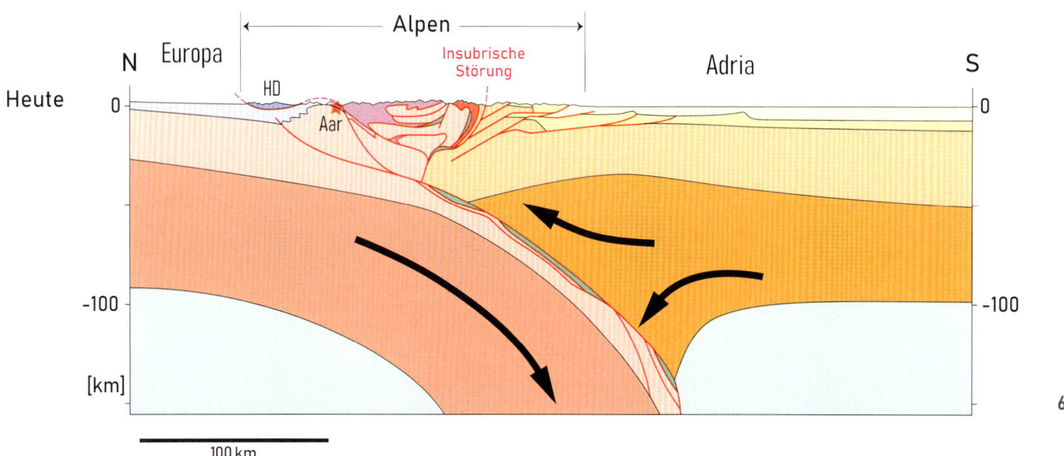
Alpen
Heute
N
Europa
HD
Aar
Insubrische
Störung
Adria
S
0
-100
[km]
100 km

67

Dieser Abtrag ging weiter, sodass im heutigen Zustand in Abb. 67 in diesem Querschnitt der Alpen die adriatische Platte vollends abgetragen ist. Abb. 67 lässt auch erkennen, dass nun die adriatische Platte die europäische in der Tiefe überfahren hat und die adriatische Kruste in die europäische Kruste hineingequetscht wurde. Bei dieser Kontinent-Kontinent-Kollision wurden die oberen Teile der Kruste abgeschert und nach aussen und oben geschoben: Im Nordwesten ist es das Aar-Massiv, welches aufgewölbt wurde, und im Südosten entstand ein Gebirge mit nach Südosten gerichteten Überschiebungen, die weit in das Po-Becken reichten.

Wie passt die Tektonikarena Sardona in diesen alpinen Rahmen?

In diesem komplexen Gebilde der Alpen machen die helvetischen Decken im Dreikantone-Eck Glarus-Graubünden-St. Gallen nur ein Bruchstück aus. Aber in der Tektonikarena Sardona sind die Prozesse der Gebirgsbildung besonders eindrücklich zu beobachten (vergleiche auch die Zusammenfassung von Imper 2004). Falten und Überschiebungen in den Gesteinsschichten zeugen von der Kollision der europäischen mit der adriatischen Platte. In den tief eingeschnittenen Tälern lässt sich der heute noch andauernde Abtrag des Gebirges beobachten, welcher das grosse Relief mit den hohen Berge entstehen liess.

Eine ganz besondere Stellung nimmt die Glarner Hauptüberschiebung ein (Abb. 68). Im Zustand vor rund 20 Millionen Jahren taucht die Glarner Hauptüberschiebung von der Erdoberfläche nach Süden tief in den Alpenkörper ab. Die helvetischen Decken (dunkelblau in Abb. 68) sind von ihrer Unterlage, dem Gotthard-Kristallin, abgeschert und nach Norden über das künftige Aar-Massiv geschoben worden. Das Gotthard-Kristallin selbst ist ein Stück weit auf das künftige Aar-Massiv aufgeschoben. Die vier Sterne längs der Hauptüberschiebung markieren dieselben Stellen, welche im Rahmen von Abb. 56 besprochen werden.

Über den helvetischen Decken und über dem Gotthard-Kristallin lagen zu dieser Zeit bereits Stapel von Decken. Es handelt sich dabei um penninische Decken aus Sedimentgesteinen (violett) und aus Kristallingesteinen (rötlich) sowie ostalpine Decken mit Sediment- und Kristallin-Anteilen (gelblich). Es gilt zu beachten, dass die ostalpinen Decken schon viel früher (vergleiche Zustände vor 90 und 45 Millionen Jahren in Abb. 56) auf die penninischen Decken aufgefahren sind, und dass die penninischen Decken bereits vor 45 Millionen Jahren auf die helvetischen Decken aufgeschoben wurden. Generell gesehen, wurden im Verlauf der Zeit immer tiefer liegende und weiter nördlich gelegene Überschiebungen aktiviert.

Seit 20 Millionen Jahren bis heute wurde der Kristallinblock des Aar-Massivs auf das Vorland aufgeschoben und dabei aufgewölbt. Mit dieser Aufwölbung wurde auch die Glarner Hauptüberschiebung passiv mitgefaltet. Die vier Sterne in Abb. 68 verdeutlichen diesen Vorgang. Gleichzeitig mit der Aufwölbung wurde auch der gesamte Deckenstapel angehoben und die obersten Einheiten abgetragen. Das Gebirge wuchs mit Hebung und gleichzeitigem Abtrag! Der Abtrag führte dazu, dass im heutigen Zeitpunkt in diesem Alpenquerschnitt die ostalpinen Decken völlig abgetragen sind. Zur Hebung ebenfalls beigetragen hat der Umstand, dass die adriatische Kruste in die europäische Kruste hineingezwängt wurde und deren oberen Teil hinaufgestemmt hat. Diese Hebung war auch von gleichzeitigem Abtrag begleitet, was in Abb. 68 an der Position der Granitintrusion (rot), die heute an der Erdoberfläche (zum Beispiel am Pizzo Cengalo) aufgeschlossen ist, ersichtlich ist. Aber auch die eindringende adriatische Kruste wurde bei diesem Prozess in Mitleidenschaft gezogen: Wie in Abb. 68 zu sehen, entwickelten sich mehrere Überschiebungen, welche adriatische Krustengesteine nach Süden aufschoben. Insgesamt entstand ein sogenannt bivergentes Gebirge mit Nord gerichteten Überschiebungen im Norden und mit Süd gerichteten Überschiebungen im Süden. Die gleichzeitige Hebung im zentralen Teil des Alpenkörpers dauert heute noch an und beträgt im Dreikantone-Eck zwischen 0.5 und 1.5 mm pro Jahr (500–1500 m pro Million Jahre).

Gleichzeitig mit der Hebung erfolgte aber auch der Abtrag, und zwar ebenfalls mit 0.5–1.5 mm pro

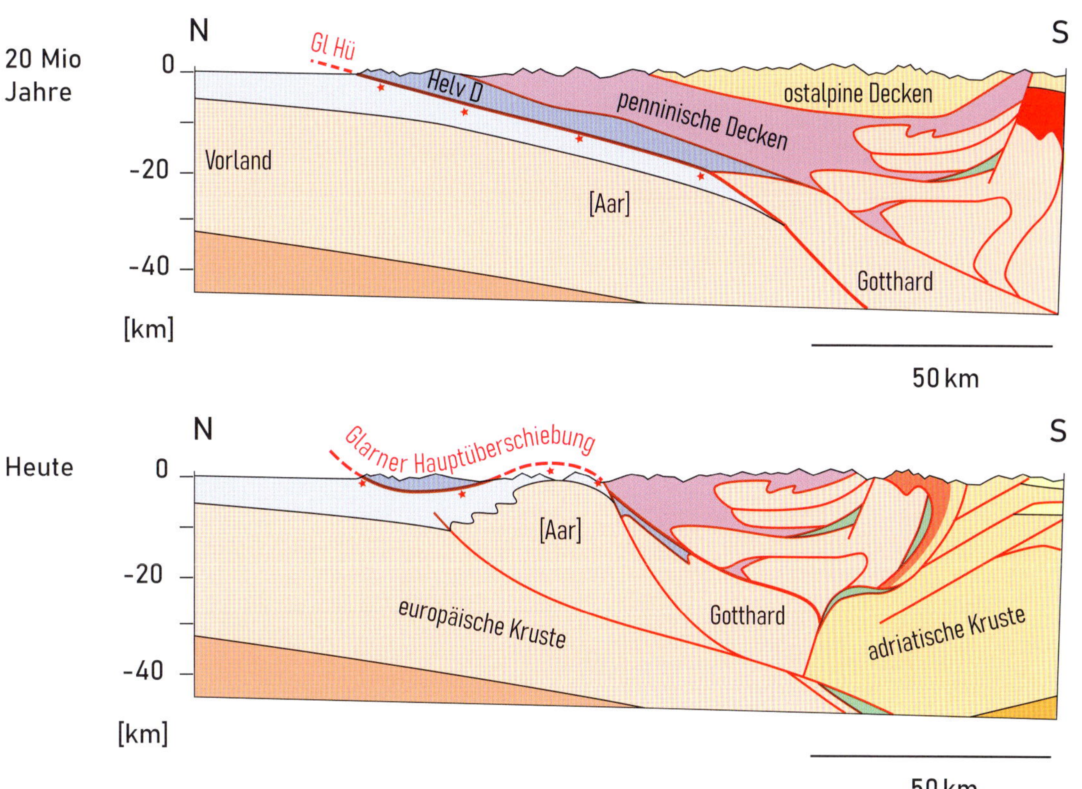

68

Jahr. Im Verlauf der Millionen Jahre wurden somit mehrere Kilometer dicke Gesteinsschichten abgetragen. Verantwortlich dafür waren hauptsächlich die Flüsse. Diese frassen tiefe Kerbtäler in den felsigen Untergrund. Die jeweilige Form der Täler wurde von den an der damaligen Erdoberfläche vorhandenen Gesteinskörpern beeinflusst. Dies bedeutet, dass es im Verlauf der geologischen Zeit auch zu Verschiebungen der Flussläufe kam. Als Beispiel sei der Verlauf des Rheins erwähnt.

Vor 500 000 Jahren bestand ein Fluss, Westrhein genannt, der über den Kunkelspass Richtung Vättis nach Sargans floss. Allerdings lag damals der Kunkelspass auf schätzungsweise nur 600 m ü. M. Ein anderer Fluss, der Ostrhein, floss vom Oberhalbstein her über die Lenzerheide nach Chur und Sargans und vereinigte sich dort mit dem Westrhein. Seitenflüsse von Ost- und Westrhein schnitten sich zwischen Reichenau und Chur in den dort relativ weichen Felsuntergrund ein, und ab einem bestimmten Zeitpunkt floss der Westrhein von Reichenau Richtung Chur und vereinigte sich mit dem Ostrhein. Der Ostrhein kaperte sozusagen den Westrhein. Zurück blieb ein Torso, ein Trockental, vom Kunkelspass bis Vättis. Durch Hebung wurde das ganze Gebiet in den letzten 500 000 Jahren um 500–1000 m gehoben, der Kunkelspass von 600 auf 1350 m ü. M.

68 Urzustand und heutiger Zustand der Glarner Hauptüberschiebung im alpinen Gebirge. Illustration: Adrian Pfiffner

Mineralien – Kristalle – Erze

Mineralien und Kristalle

Merkmale von Mineralien

Als Mineral wird ein natürlicher Bestandteil der festen Erdkruste mit einer homogenen chemischen Zusammensetzung bezeichnet. Minerale liegen in der Regel in fester Form vor; selten sind sie flüssig wie etwa gediegenes Quecksilber. Mineralien sind fast ausnahmslos kristallisierte Formen von Mineralen und nur selten amorph, also ohne Kristallgitter. Minerale wie auch Mineralien wachsen von einem Kristallisationskeim ausgehend in alle drei Raumrichtungen. Verschiedene Faktoren wie Temperatur, Druck oder Chemismus der heissen wässrigen Kristallisationslösung beeinflussen das Wachstum der Mineralien sowie deren chemische Zusammensetzung, Form und Habitus.

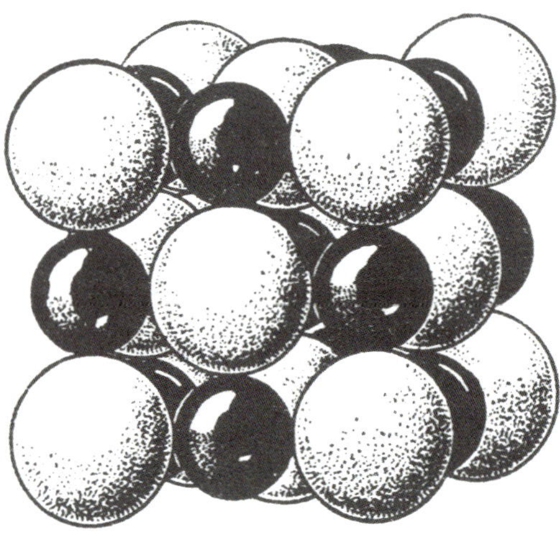

69

69 Kristallstruktur von Galenit (PbS).
Das Atomgitter ist mit Kugeln dargestellt:
schwarz = Blei, weiss = Schwefel.
Darstellung nach Betechtin (1977)

Mineralien unterscheiden sich in ihren physikalischen Eigenschaften wie beispielsweise Dichte, Härte, Glanz und Spaltbarkeit. Bei nicht lichtdurchlässigen Mineralien spielen zudem die optischen Merkmale unter dem Durchlichtmikroskop eine wichtige Rolle bei der Mineralbestimmung. Erzmineralien werden aufgrund ihres unterschiedlichen Reflexionsverhaltens identifiziert. Weitere wichtige Eigenschaften sind Fluoreszenz, ihr Verhalten gegenüber Magnetismus und ihre Radioaktivität.

Mineralien weisen auch eine definierte chemische Zusammensetzung auf. Die chemischen Formeln in den Tabellenwerken geben Aufschluss über den Anteil der verschiedenen, im Mineral enthaltenen Elemente (chemische Summenformel). Oft finden sich Mineralien, welche eine Mischkristallreihe bilden, indem Elemente mit einem ähnlichen Atomradius einander im Kristallgitter ersetzen und zwischen zwei reinen Endgliedern beliebige Mengenverhältnisse vorkommen.

Kristalle und ihre Eigenschaften

Bei Kristallen handelt es sich um organische, anorganische, natürliche und künstliche Körper mit einem gesetzmässigen inneren Aufbau der Atome. Diese regelmässige Struktur wird durch Bindungskräfte der einzelnen Atome im Kristallgitter erzeugt.

Bedingt durch ihren atomaren Aufbau zeigen Kristalle Regelmässigkeiten in der Anordnung der Kristallflächen. Die Symmetrieeigenschaften der Kristalle sind deshalb speziellen Gesetzmässigkeiten unterworfen. Sie werden 7 verschiedenen Kristallsystemen und 32 Kristallklassen zugeordnet. Die Kristallsymmetrie ist neben den physikalischen Eigenschaften ein wichtiges Merkmal bei der makroskopischen Bestimmung von Mineralien.

Auf der folgenden Tabelle ist die Einteilung der verschiedenen Kristallformen in 7 Kristallsysteme sowie Beispiele von Mineralarten, welche im Untersuchungsgebiet vorkommen, dargestellt.

Kristallsysteme	Achsenkreuz	Beispiele
Kubisch 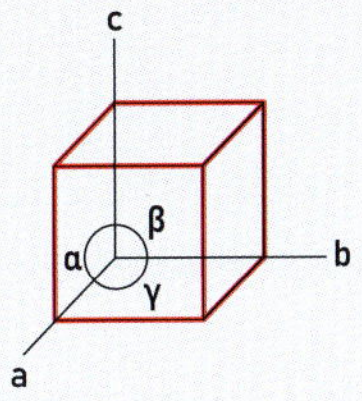	$a = b = c$ $\alpha = \beta = \gamma$	Fluorit Galenit Magnetit Pyrit Sphalerit 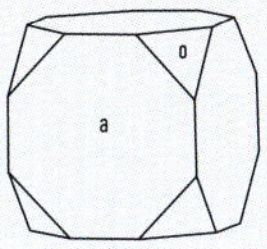 Fluorit, 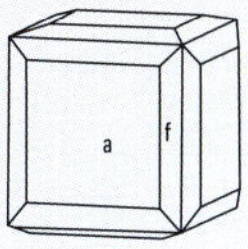 Fluorit, 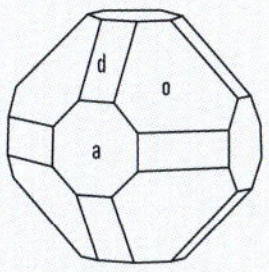 Galenit, 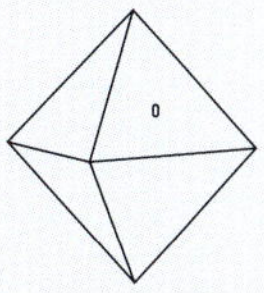 Magnetit, 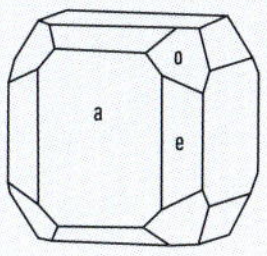 Pyrit, 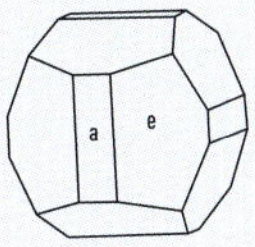 Pyrit, 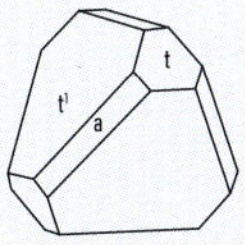 Sphalerit
Hexagonal 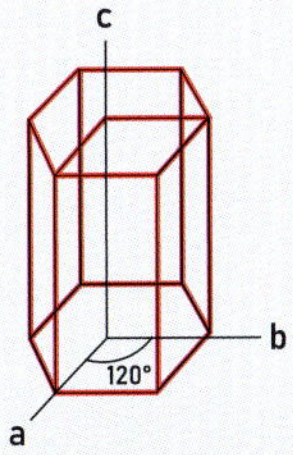	$a = b \neq c$ $\alpha = \beta = \gamma$ $\gamma = 120°$	Apatit 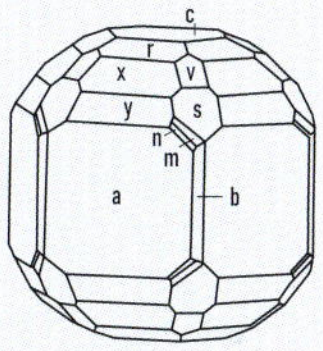 Apatit, 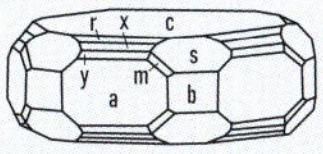 Apatit
Trigonal 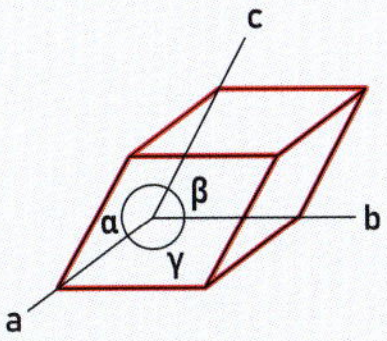	$a = b = c$ $\alpha = \beta = \gamma \neq 90°$	Calcit Hämatit Quarz Turmalin-Gruppe 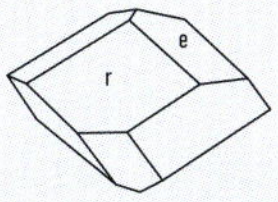 Calcit, 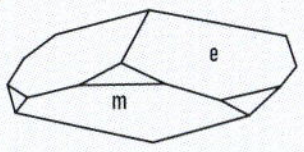 Calcit, 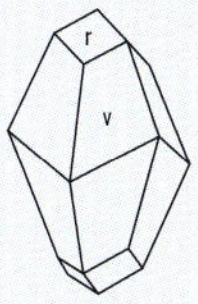 Calcit, 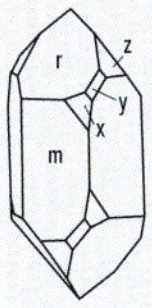 Quarz, 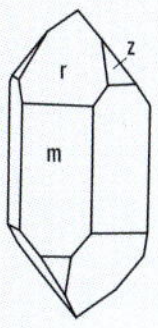 Quarz, 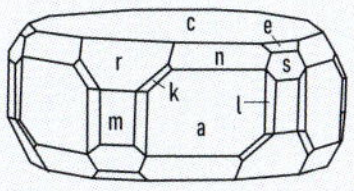 Hämatit, 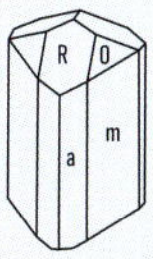 Turmalin-Gruppe

Kristallsysteme	Achsenkreuz	Beispiele
Tetragonal 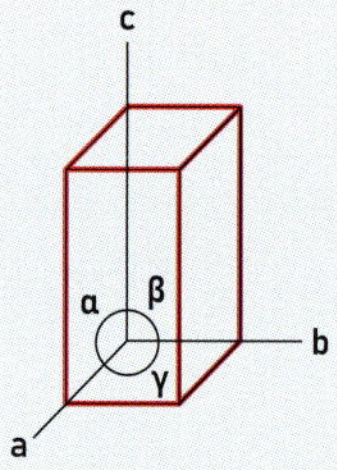	$a = b \neq c$ $\alpha = \beta = \gamma = 90°$	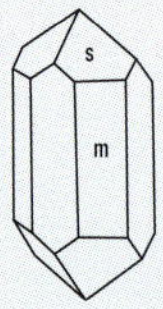 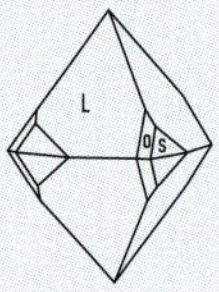 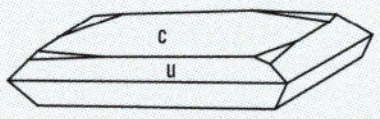 Anatas Rutil Scheelit Wulfenit 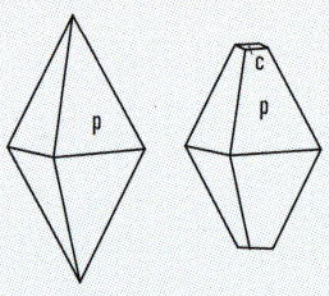
Orthorhombisch 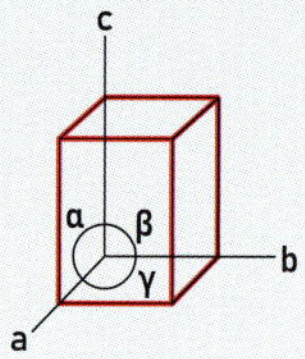	$a \neq b \neq c$ $\alpha = \beta = \gamma = 90°$	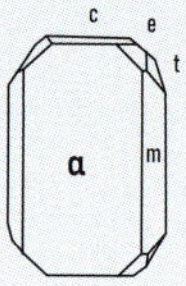 Brookit 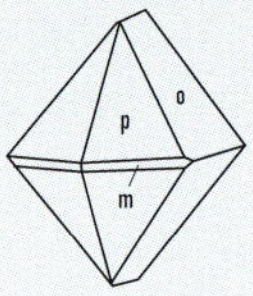 Cerussit
Monoklin 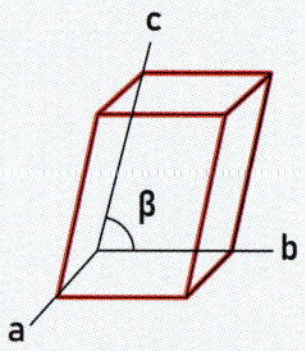	$a \neq b \neq c$ $\alpha = \gamma = 90°$ $\beta \neq 90°$	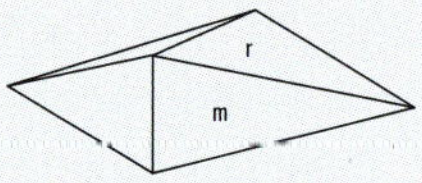 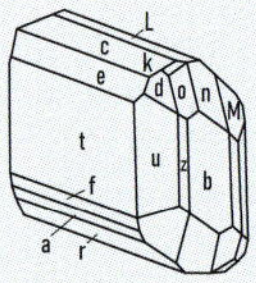 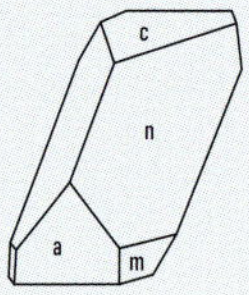 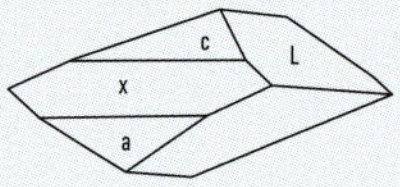 Adular Arsenopyrit Epidot Titanit 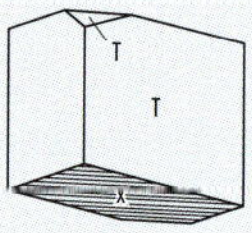
Triklin 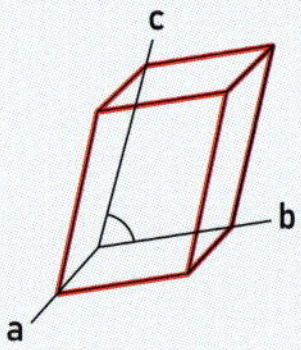	$a \neq b \neq c$ $\alpha \neq \beta \neq \gamma \neq 90°$	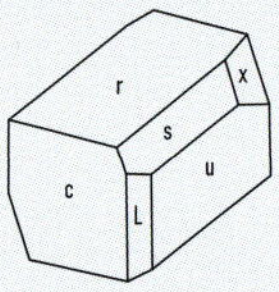 Albit Ferroaxinit 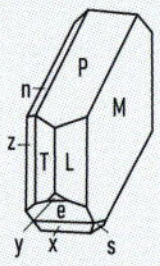

Anatas Rutil

Scheelit Wulfenit

Brookit Cerussit

Adular Arsenopyrit

Epidot

Titanit Titanit

Albit Ferroaxinit

Tracht und Habitus von Mineralien

Die verschiedenen Mineralarten und ihre Formen unterscheiden sich bezüglich Tracht und Habitus. Die meisten Mineralien besitzen eine für sie typische Kombination der bei ihnen jeweils vorkommenden Flächen, eine repräsentative Kristalltracht. Es sind aber nicht nur diese die Tracht bestimmenden, überhaupt vorhandenen Flächen eines Minerals, die dessen Äusseres prägen. Ebenso entscheidend ist die individuelle Ausbildung der einzelnen Formen und Flächen eines Kristalls, der Kristallhabitus. So können Kristalle eine völlig unterschiedliche Gestalt besitzen, je nachdem, wie gross einzelne Flächen ausgebildet sind. Ebenso können spitzere oder stumpfere Ausbildungen dem Kristall ein unterschiedliches Aussehen verleihen.

Habitus und Ausbildungen der Mineralart Quarz

Die Tracht des Quarzes wird in der Regel von einem sechsseitigen Prisma mit aufgesetzter Pyramide dominiert. Das Wachstum der Kristalle ist richtungsabhängig, und die Wachstumsgeschwindigkeit jeder Richtung ist örtlichen Unterschieden unterworfen. Dadurch sehen Quarzkristalle nicht überall gleich aus, sondern sie besitzen jeweils einen eigenen Habitus. Um den Habitus zu beschreiben, bezeichnet man die verschiedenen Flächen mit Buchstaben (m, r, z, x, s).

Beim sogenannten Dauphiné-Habitus, welcher etwa im Calanda-Gebiet oder im Tamina- und Calfeisental recht häufig vorkommt und in anderen Gebieten meist fehlt, ist eine der r-Flächen übergross ausgebildet. Kristalle mit diesem Habitus sind an der Kluftwand meist in horizontaler Lage gewachsen.

Quarze mit Muzo-Habitus finden sich an verschiedenen Mineralfundstellen im Taminatal, im Calfeisental sowie im Churer Rheintal. Diese Kristalle zeigen an der Basis einen normalen sechseckigen Querschnitt, unter der Rhomboederspitze sind sie aber, aufgrund des abnehmenden Durchmessers zur Kristallspitze hin, nur noch dreiseitig. Muzo-Habitus und Dauphiné-Habitus sind eng miteinander verwandt und kommen oft an derselben Fundstelle vor.

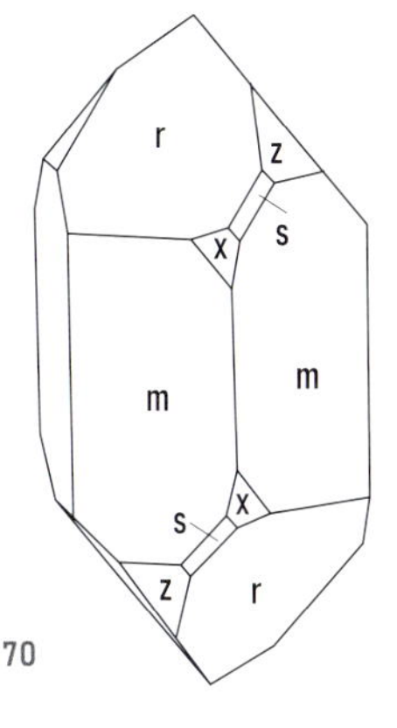

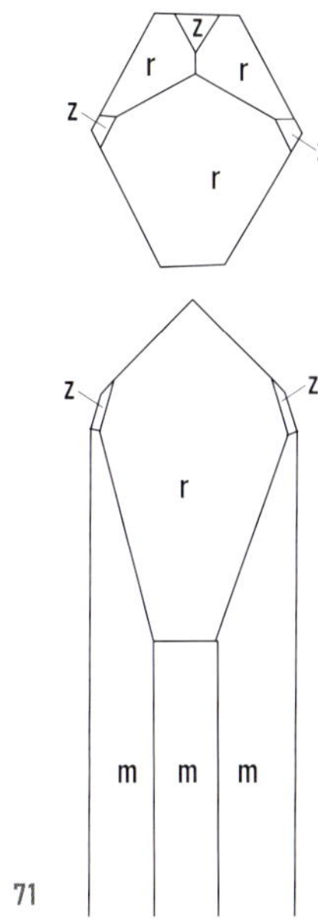

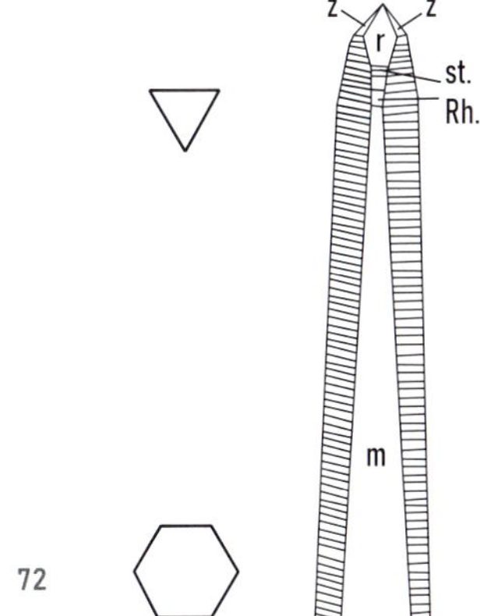

70 Idealer Quarzkristall mit den Bezeichnungen der Kristallflächen.
Aus Rykart (1995)

71 Quarzkristall mit Dauphiné-Habitus: die nach unten gerichtete r-Fläche ist übergross ausgebildet.
Aus: Rykart (1995)

72 Quarzkristall mit Muzo-Habitus: Der an der Kristallbasis sechseckige Querschnitt ist unterhalb der Kristallspitze nur noch dreiseitig ausgebildet.
Aus: Rykart (1995)

Zuweilen können Mineralien mit Zwillingsbildungen beobachtet werden. Bei diesen sind zwei Mineralindividuen gleicher Art und Ausbildung gesetzmässig verwachsen. Sehr bekannt und von vielen Sammlern sehr gesucht ist etwa der sogenannte Japaner-Zwilling. Die c-Achsen dieser Quarzkristalle schneiden sich im Winkel von 84°33′. Japaner-Zwillinge sind im hier behandelten Gebiet lediglich als einzelne Exemplare vom Chrüzbachtobel bei Vättis, vom Chlitobel und aus der Umgebung des Chupfergrüebli im Calanda-Gebiet sowie aus der Umgebung von Elm bekannt. In den im Buch aufgeführten Fundstellen lassen sich, allerdings nur selten vorkommend, auch Zwillingsbildungen anderer Mineralarten nachweisen. So fanden sich Zwillinge von Adular, Albit, Euchroit, Hausmannit, Langit-Posnjakit und Titanit.

Bestimmung von Mineralien

Die Bestimmung von Mineralien erfolgt in der Regel nach makroskopisch erkennbaren Merkmalen wie Härte, Glanz, Spaltbarkeit oder Eigenfarbe sowie – bei Mineralien mit einer bestimmten Kristallform – nach ihren Symmetrie-Eigenschaften. Liegen Mineralkörner ohne bestimmte Eigengestalt vor, liefern chemische Kennzeichen wie beispielsweise das Lösungsverhalten in Säuren oder die Flammenfärbung weitere Hinweise zu deren Identifikation. Zusätzliche Indizien ergeben sich aus der Herkunft eines Minerals oder der Art der Begleitmineralien.

Ein entscheidender Fortschritt in der Mineralbestimmung wurde von Max von Laue (1879–1960) erzielt, indem er Kristalle als Beugungsgitter für Röntgenstrahlen verwendete. William Henry Bragg (1862–1942) und sein Sohn William Lawrence Bragg (1890–1971) erbrachten den Nachweis, dass anhand der Beugungsbilder Rückschlüsse auf die Struktur und Art der Kristalle gewonnen werden können.

Heute wird zur Mineralbestimmung die Röntgendiffraktometrie (XRD) eingesetzt, welche eine Bestimmung der Gitterparameter und der Kristallstruktur erlaubt. Diese ermöglicht, eine Mineralprobe eindeutig einer Mineralart zuzuordnen. Kleine Mineralien werden zudem oft unter einem Rasterelektronenmikroskop analysiert, welches mit einem energiedispersiven System (EDS) ausgerüstet ist. Bei dieser Methode werden die Atome, welche das Kristallgitter aufbauen, mit einem Elektronenstrahl angeregt, wodurch sie eine für das Element charakteristische Röntgenstrahlung abgeben. Diese liefert Aufschluss über die mengenmässige Verteilung der am Aufbau des Kristalls beteiligten Atome. Bei der Raman-Spektroskopie erfolgt die Anregung der Atome in der Regel mit einem Laserstrahl, wobei die am untersuchten Material gestreute Strahlung ein charakteristisches Spektrum ergibt, das Aussagen über die Zusammensetzung der Probe erlaubt.

73

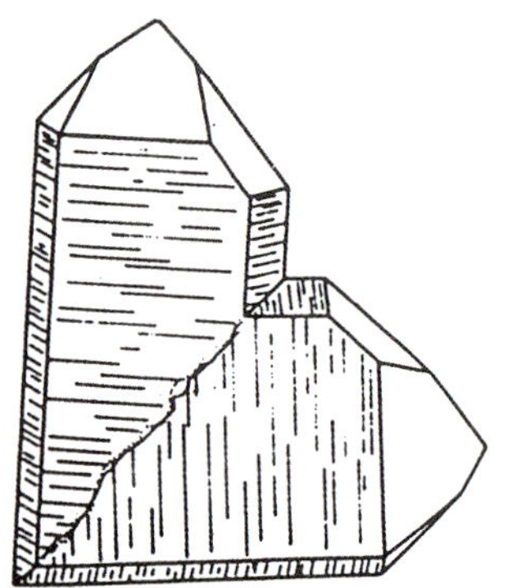

73 Japaner-Zwilling: c-Achsen solcher Zwillingsbildungen schneiden sich im Winkel von 84° 33′.
Aus: Rykart (1995)

Mineralien und ihre Vorkommen

Die im Gebiet der Tektonikarena Sardona auftretenden Mineralien zeigen eine ausgeprägte Vielfalt und können hinsichtlich ihrer Entstehung unterschiedlichen Gruppen zugeteilt werden. Es handelt sich um Vorkommen in sogenannten Zerrklüften und Gangspalten, eng mit der Gesteinsbildung verknüpfte Erze sowie um Sekundärmineralien, die unter dem Einfluss der Oberflächenverwitterung entstanden sind.

Die Einteilung der Mineralien nach der Art ihres Vorkommens ist aus der untenstehenden Tabelle ersichtlich.

Die Mehrzahl der von Strahlern und Mineraliensammlern begehrten und von ihnen ans Tageslicht beförderten Kristalle stammt aus Zerrklüften. Dabei handelt es sich um Hohlräume im Gestein, welche aufgrund gebirgsbildender Vorgänge durch Zerrung entstanden sind. In diesen Hohlräumen zirkulierten heisse wässrige Lösungen, deren Temperatur im Sardona-Gebiet zwischen etwa 200 und 350 °C gelegen haben dürfte. Die heissen Wässer reagierten mit dem Nebengestein und lösten bestimmte Minerale auf. Infolge Hebung des Gesteinskörpers und der damit verbundenen Temperatur- und Druckabnahme wurde die Lösung nach und nach übersättigt und es kam zur Ausscheidung der zuvor gelösten Minerale; die Mineralien kristallisierten aus. Eine besondere Stellung nehmen die Fluorit-Vorkommen vom Panixerpass ein: Es handelt sich bei diesen um Gangspalten, welche an eine tektonische Bruchzone gebunden sind, entlang welcher fluorhaltige hydrothermale Lösungen zirkulierten, aus welchen bei Temperaturen von weniger als 200 °C Fluorit auskristallisierte.

Die Erze der Mürtschenalp treten gangförmig oder als Imprägnationen in den Gesteinen der Verrucano-Gruppe auf und wurden durch vulkanische Prozesse während der Ablagerung dieser Gesteine gebildet. Die Erzlager des Gonzen sind an bestimmte Gesteinshorizonte gebunden und marinen Ursprungs, indem heisse hydrothermale Lösungen mit Meerwasser reagierten und zur Ausfällung von Eisen- und Manganerzen führten.

Gelangen Mineralien durch den natürlichen Abtrag des Gesteins in den Einwirkungsbereich von Grundwasser und von der Oberflächenverwitterung, finden Oxidations- und Reduktionsprozesse statt, welche aus an der Erdoberfläche nicht stabilen Stoffen neue Mineralien entstehen lassen, welche als Sekundärmineralien bezeichnet werden.

Im Kapitel «Entstehung der Mineral- und Erzvorkommen», Seite 287, wird vertieft auf verschiedene Arten der Mineral- und Erzbildung eingegangen.

Bezeichnung	Art des Auftretens	Typische Vorkommen
Kluftmineralien	Zerrklüfte, Scherklüfte, Gangspalten	Gebiet Piz Segnas-Mörderhorn-Zwölfihorn, Alp Ranasca
Erzmineralien	Füllung kleiner Risse, Adern, Gänge, Imprägnationen	Gonzen, Mürtschenalp, diverse Vererzungen im Röti-Dolomit
Sekundärmineralien	Gesteinshohlräume, oft vergesellschaftet mit Erzen	Mürtschenalp

Zerrklüfte und ihre Mineralbildungen

Die in einer Zerrkluft vorkommenden Mineralarten sind oft abhängig von der Zusammensetzung des Nebengesteins. In den Quarziten des Sardona-Flyschs ist Quarz dominierend. Dieser tritt in den Klüften häufig alleine, zuweilen aber auch zusammen mit anderen Mineralarten auf. In Kalk-Gesteinen kommt hingegen als Kluftmineral vorwiegend Calcit vor. In der Regel entspricht somit die mengenmässige Verteilung der in einer Kluft ausgebildeten Mineralien der Zusammensetzung des umgebenden Gesteins. Dieser Sachverhalt deutet darauf hin, dass der Kluftinhalt hauptsächlich durch Auslaugung des umgebenden Gesteins, Transport der gelösten Stoffe und Auskristallisation von Mineralien (Lateralsekretion) entstanden ist. Treten in einer Mineralkluft mehrere Mineralarten auf, so wird diese Vergesellschaftung Mineralparagenese genannt. Diese kann, je nach umgebendem Gestein, klufttypisch sein.

Die verschiedenen Mineralien können gleichzeitig oder nacheinander gewachsen sein. Deshalb findet man Kristalle, in denen ein anderes, früher gebildetes Mineral eingeschlossen ist. Eine Mineralart, welche einer anderen aufgelagert ist, ist jünger als letztere. Diese Abfolge, die Reihenfolge der Mineralbildungen, wird Mineral-Sukzession genannt.

Als Mineralstufe wird ein Stück Kluft-Nebengestein bezeichnet, welchem Kristalle und / oder Mineralien aufgewachsen sind. Zudem wird der Begriff Mineralstufe auch für mehrere, miteinander verwachsene Kristalle verwendet, welche sich vom

74 Mineralkluft im Quarzit der Sardona-Decke, Elm.
Foto: Peter Kürsteiner

75 Asymmetrische Kluft nach Mullis (1974) im Quarzit neben Tonstein, Sardona-Decke, Elm.
Illustration: Michael Soom

76 Abfolge der Mineralbildung an Stufen aus dem Pipelinestollen bei Felsberg. Tafeliger Papierspat aus Calcit wird von Quarz überwachsen, in dessen Randzone Chlorit eingeschlossen ist. Als späte Bildung ist tafeliger Hämatit auskristallisiert.
Illustration: Michael Soom

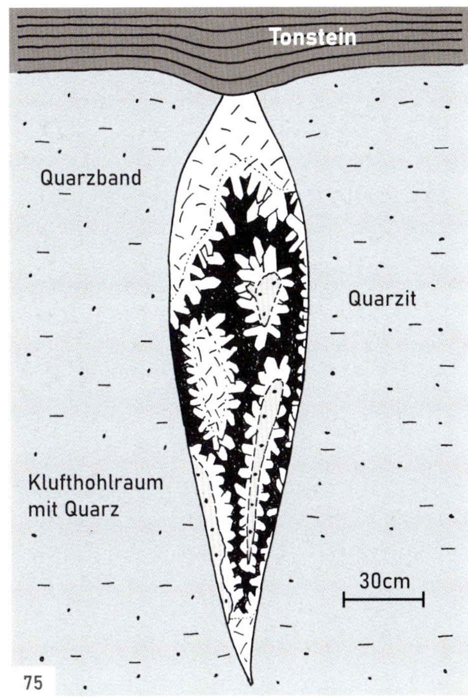

75

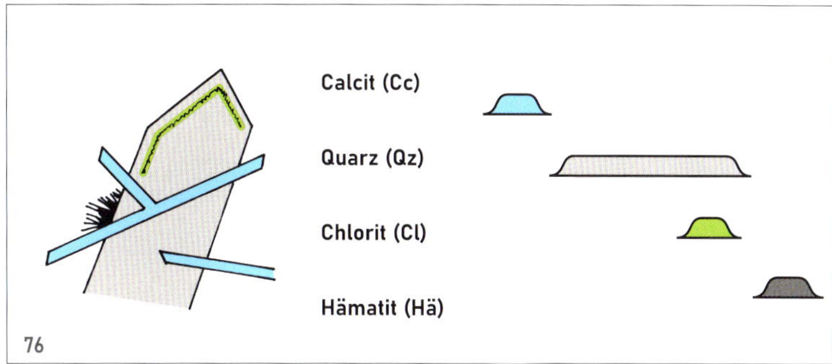

76

Kluft-Nebengestein abgelöst haben. Solche losgelösten Kristallverwachsungen und Einzelkristalle finden sich jeweils im Innern des Kluft-Hohlraums. Geschah die Ablösung – etwa aufgrund tektonischer Bewegungen des Gesteins – nach abgeschlossenem Kristallwachstum, sind Beschädigungen der ursprünglichen Anwachsstelle der Fundstücke zu sehen. Erfolgte die Ablösung aber noch während der Kristallbildung, konnte die Trennstelle weiterwachsen: Kristalle und Kristallstufen mit solchermassen «verheilten» ehemaligen Bruchstellen werden «Schwimmer» genannt. Handelt es sich um abgebrochene, von der Anwachsstelle abgelöste und wieder vollständig verheilte Einzelkristalle, werden diese als «Doppelender» bezeichnet.

Mineralien, unter diesen speziell der Quarz, können zuweilen verschiedene Eigenheiten aufweisen. Hinweise auf die Lage der einzelnen Kristalle während deren Wachstum in der Kluft kann etwa das sogenannte mineralogische Senkblei geben. Quarzkeime und Kristallsplitter, die sich auf einem grösseren Quarzkristall sedimentierten, lagern sich oft lediglich auf der in der Kluft gegen oben weisenden Prismenfläche ab. Auch Fremdmineralien oder von der Kluftdecke gelöstes Nebengesteinsmaterial finden sich zuweilen auf diesen Flächen. Dadurch kann bei solchen Kristallen festgestellt werden, welche Kristallseite während des Wachstums gegen oben gerichtet war.

Von Interesse sind auch Quarze mit Phantom-Bildung: Wird eine Kristalloberfläche in einem bestimmten Wachstumsstadium von einem zweiten Mineral – etwa von Chlorit – überwachsen und wächst anschliessend das erstgebildete Mineral wieder weiter, so ist bei im Aussenbereich durchsichtigen Kristallen dieses frühere Wachstumsstadium sichtbar. Man spricht in diesen Fällen von Phantom-Bildung. Bei Quarzen kann dieses Phänomen häufig beobachtet werden: Infolge Ton-Einschluss zuerst grau gebildete Quarze sind zuweilen nach Veränderung der wässrigen Kristallisationslösung farblos weitergewachsen, weshalb das erste Wachstumsstadium gut sichtbar bleibt.

Da und dort sind sogenannte Fadenquarze zu beobachten. Bei diesen handelt es sich um Kristallaggregate mit einem «weissen Streifen». Diese Quarze sind meist plattig ausgebildet und enthalten einen milchigen «Faden», der von der Anwachsstelle ausgehend den Kristall durchzieht. Fadenquarze entstehen, wenn gleichzeitig mit der Kluftriss-Öffnung die Quarzkristallisation einsetzte und die Öffnung langsamer als das Kristallwachstum war. Es

77

78

bildete sich dadurch in Richtung der Rissöffnung eine Quarz-Brücke. Infolge tektonischer Bewegungen war das Auseinanderbewegen der beiden Rissflächen unregelmässig, was zum Zerreissen und – bei schnellerem Wachstum des Kristalls als die Öffnung des Risses – wieder Verheilen der Quarzbrücke führte. Dabei wurden im wachsenden Kristall kleinste Tröpfchen hydrothermaler Lösung eingeschlossen, es entstand ein milchiger «Faden».

Zuweilen finden sich Quarzkristalle, deren hexagonales Prisma abgeknickt oder gebogen ist. Solche Quarze wurden im Verlauf des Wachstums infolge tektonischer Bewegungen gebrochen. Wurden die Bruchteile nur wenig verschoben, so konnten die Bruchflächen beim Weiterwachsen der Kristalle verheilen, wobei sich die Wachstumsrichtung manchmal veränderte. Nicht selten treten entlang von Wachstums- oder verheilten Bruchflächen Flüssigkeits-/Gas-Einschlüsse auf, welche wichtige Rückschlüsse auf die Bildungsbedingungen der Zerrklüfte ermöglichen.

Als absolute Raritäten gelten Zepterquarze, welche durch eine Aufwachsung mit einer oder mehreren späteren Quarzgenerationen gekennzeichnet sind. Die Zepterbildungen können gegenüber dem normalprismatischen Quarz einen verjüngten Durchmesser aufweisen. Im Gebiet der Tektonikarena Sardona finden sich solche speziellen Kristalle in Klüften des Sardona-Quarzites bei Elm und in der «Zementstein-Formation» bei Stralrüfi, Wartau, und Schrina bei Walenstadt.

Das Calanda-Gebiet ist speziell bekannt für das Vorkommen von Blauquarz. Andernorts im alpinen Raum kommt diese Quarzvarietät nur äusserst selten vor. Aufgrund optischer Effekte erscheinen diese Quarze blau: Einschlüsse kleinster, weisser Dravit-Fasern, einer Turmalin-Varietät, geben diesen eigentlich farblosen Kristallen eine blaue Farbe. Hervorgerufen wird dieses Phänomen durch den Tyndall-Effekt. Dieser ist auf die Streuung des Lichtes bei der Durchstrahlung eines Mediums zurückzuführen, welches feinst verteilte Partikelchen enthält. Kurzwelliges blaues Licht wird dabei stärker gebeugt als langwelligeres, rotes Licht. Ein von weissem Licht durchstrahltes Medium zeigt dabei blaues Streulicht (Rykart 1995, Stalder 1966).

79

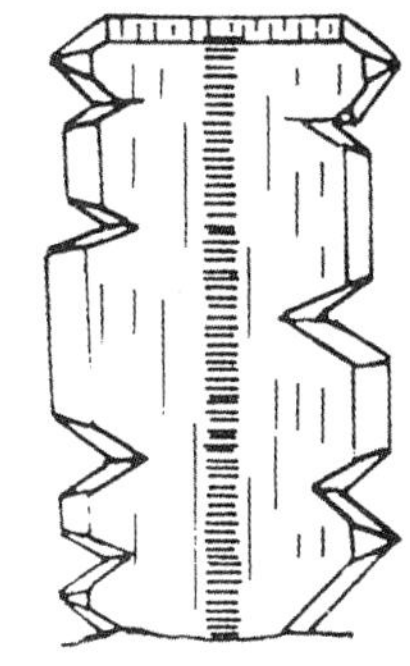

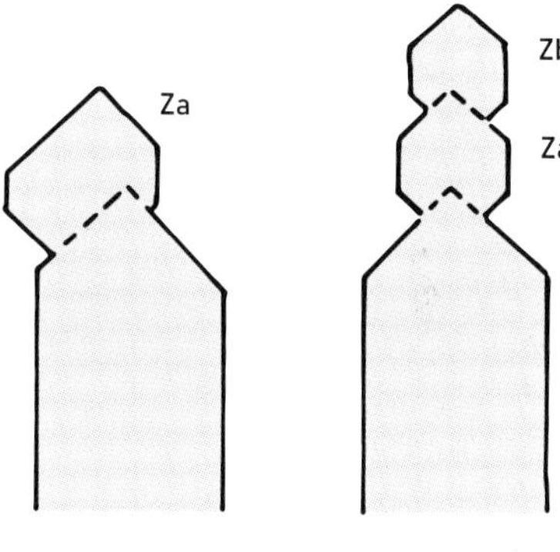

80

77 Phantom-Bildung bei Quarzkristallen: Anfänglich in verschiedenen Grautönen gebildete Kristalle sind nach Änderung der Minerallösung farblos weitergewachsen – daher ist ein früheres Wachstumsstadium erkennbar. Piz Segnas. Höhe: 4.4 cm.
Sammlung: Peter Kürsteiner T4-115
Foto: Thomas Schüpbach

78 Blauquarz mit zartem Blauton sowie weisse Fasern von Dravit. Calanda. Bildbreite: 2.6 cm.
Sammlung: Mischa Crumbach
Foto: Mischa Crumbach

79 Schema eines Fadenquarzes.
Aus: Rykart (1995)

80 Aufwachsung einer oder mehrerer Zepterbildungen (Za, Zb) auf einem normalprismatischen Quarz. Beispiele vom Piz Segnas, Elm (links), und Schrina, Walenstadt (rechts).
Illustration: Michael Soom

Erze

Erze sind bergmännisch erschlossene Mineralgemenge, die meist aufgrund ihres Metallgehaltes geschürft und abgebaut werden. Ein Erz besteht aus den zu verwendenden Erzmineralien sowie aus der sogenannten Gangart. Bei letzterer handelt es sich um Begleitmineralien, welche gemeinsam mit dem Erz auftreten, aber nicht verwertbar sind und in Aufbereitungsanlagen vom Erz getrennt werden. Typische Gangartminerale sind Quarz, Karbonate, Feldspäte und Glimmer.

Erze – wie zum Beispiel Galenit – weisen einen metallischen Glanz auf, sind undurchsichtig und an diesen Merkmalen einfach zu erkennen. Daneben treten Erze auch als Oxide sowie als Karbonate auf, indem sie Verbindungen mit Sauerstoff und Kohlenstoff eingehen. Ihren Metallgehalt offenbaren sie erst, nachdem sie einem Verhüttungsprozess unterzogen wurden, bei welchem mit verschiedenen chemischen und physikalischen Verfahren das Metall von den übrigen Stoffen getrennt und angereichert wird. Erze können Gemengeteile von Ge-

81

steinen oder eigene Erzkörper bilden. Treten Erze in abbauwürdiger Menge und Konzentration auf, so dass wirtschaftlich eine Gewinnung möglich ist, handelt es sich um eine Lagerstätte.

Im Gebiet der Tektonikarena Sardona spielten die Silber- und Kupfererze der Mürtschenalp in der Vergangenheit eine gewisse Rolle. Auch in der weiteren Umgebung der Tektonikarena – im Gebiet des Geoparks Sardona – wurde an verschiedenen Lokalitäten nach Erz geschürft. Am längsten wurde der Abbau der Eisen- und Manganerze am Gonzen nahe Sargans betrieben. Zudem wurde im Taminatal am Gnapperchopf und im Churer Rheintal an verschiedenen Stellen am Calanda nach Erzen geschürft, ohne dass sich ein wirtschaftlicher Erfolg einstellte.

Die Mineralarten der Tektonikarena und des Geoparks Sardona

Die Minerale werden in der Mineralogie in verschiedene Kristallklassen eingeteilt. Die Einteilung beruht auf der chemischen Zusammensetzung der Minerale und auf deren Kristallstruktur. Im Wesentlichen existieren zwei verschiedene Systematiken: Im deutschsprachigen Raum ist hauptsächlich die Systematik nach Hugo Strunz in Gebrauch, während im englischsprachigen Raum zumeist die Systematik von James Dwight Dana verwendet wird.

In der folgenden Tabelle sind die verschiedenen im Gebiet der Tektonikarena und des Geoparks Sardona vorkommenden Mineralarten aufgeführt, geordnet nach Mineralklasse gemäss den Mineralogischen Tabellen von Strunz, 9. Auflage, und innerhalb derer aufgelistet in alphabetischer Reihenfolge. Chemische Formeln: nach Ramdohr und Strunz (1978) sowie www.mineralienatlas.com.

Die Liste umfasst insgesamt über 130 verschiedene Mineralarten. Diese ausserordentliche Vielfalt dokumentiert die variable Beschaffenheit der im Gebiet der Tektonikarena und des Geoparks Sardona auftretenden Gesteine und die über Jahrmillionen andauernden mineralbildenden Prozesse.

Heute nicht mehr verwendete, aber in der älteren Literatur aufgeführte Mineralnamen sind mit Anführungs- und Schlusszeichen aufgeführt. Die Auflistung beinhaltet Mineralarten aus Zerrklüften und Vererzungen ohne jene Mineralvorkommen, die sich auf Seifenlagerstätten in Bach- oder Flussablagerungen befinden.

81 Typische Erzprobe mit Tetraedrit (metallisch grau) in weissem Gangquarz und mit den Sekundärmineralien Malachit (grün) und Azurit (blau) vom Bergwerk Gnapperchopf. Breite: 8 cm.
Sammlung: Peter Kürsteiner T2-41
Foto: Thomas Schüpbach

Klasse	Mineralart, chemische Formel REE = Elemente der Seltenen Erden	Kluft-mineral	Primärer Mineralbestand			Sekundär-mineral
			Erzlagerstätte Mürtschenalp	Erzlagerstätte Gonzen	Diverse Erzlager-stätten	
Elemente	Gold Au	x			x	
	Graphit C		x	x	x	
	Kupfer Cu					x
	Schwefel S				x	
	Silber Ag		x			x
Sulfide	Akanthit Ag_2S					x
	Arsenopyrit FeAsS	x	x		x	
	Betechtinit $Cu_{10}(Fe,Pb)S_6$		x		x	
	Bismuthinit Bi_2S_3		x			
	Bornit Cu_5FeS_4		x		x	
	Boulangerit $Pb_5Sb_4S_{11}$	x			x	
	Bournonit $PbCuSbS_3$				x	
	Bravoit $(Fe,Ni)S_2$		x			
	Chalkopyrit $CuFeS_2$	x	x	x	x	
	Chalkosin Cu_2S		x		x	x
	Cobaltit CoAsS				x	
	Covellin CuS		x		x	x
	Djurleit $Cu_{31}S_{16}$–Cu_2S		x			x
	Enargit Cu_3AsS_4				x	
	Galenit PbS	x	x		x	
	Linneit $Co^{2+}Co^{3+}{}_2S_4$		x			
	Millerit NiS			x		
	Molybdänit MoS_2		x			
	Pararealgar AsS					x
	Pyrit FeS_2	x	x	x	x	
	Pyrrhotin $Fe_{1-x}S$				x	
	Realgar AsS				x	
	Robinsonit $Pb_4Sb_6S_{13}$	x			x	
	Sphalerit ZnS	x	x	x	x	
	Stromeyerit CuAgS		x			
	Tennantit $Cu_{12}As_4S_{13}$ Tetraedrit $Cu_{12}Sb_4S_{13}$	x	x		x	
	Wittichenit Cu_3BiS_3		x			
	Zinkenit $Pb_9Sb_{22}S_{42}$	x				
Halogenide	Fluorit CaF_2	x		x		
Oxide und Hydroxide	Anatas TiO_2	x				
	«Asbolan» $(Co,Ni)_{1-y}(Mn^{4+}O_2)_{2-x}(OH)_{2-2y+2x}\cdot nH_2O$					x
	Brannerit $(U,Ca,Y,Ce)(Ti,Fe)_2O_6$		x			
	Brookit TiO_2	x				
	Cuprit Cu_2O		x			x
	Feitknechtit $Mn^{3+}O(OH)$					x
	Hämatit Fe_2O_3	x	x	x	x	
	Hausmannit Mn_3O_4			x		x
	Hollandit $Ba_{\leq 2}(Mn)_8O_{16}$			x		
	Ilmenit $FeTiO_3$	x				
	Jakobsit $MnFe_2O_4$			x		
	Jaspis SiO_2				x	
	Kryptomelan $K_{\leq 2}(Mn^{4+},Mn^{2+})_8O_{16}$			x		
	Limonit (Gemisch von Goethit α-FeOOH, Lepidokrokit γ-FeOOH)					x
	Magnetit Fe_3O_4	x		x	x	

Klasse	Mineralart, chemische Formel REE = Elemente der Seltenen Erden	Kluftmineral	Primärer Mineralbestand			Sekundärmineral
			Erzlagerstätte Mürtschenalp	Erzlagerstätte Gonzen	Diverse Erzlagerstätten	
	Manganosit $Mn^{2+}O$			x		
	Oxyplumboroméit $Pb_2Sb^{5+}{}_2O_7$					x
	Pechblende UO_2		x			
	«Psilomelan»			x		
	Pyrochlor $(Na,Ca)_2(Nb,Ti,Ta)_2O_6(OH,F,O)$		x			x
	Pyrochroit $Mn(OH)_2$			x		
	Quarz SiO_2	x	x	x	x	
	Rutil TiO_2	x				
	Tenorit CuO	x	x			
	Uraninit UO_2		x			
	Vandendriesscheit $PbU_7O_{22}\cdot 12H_2O$					x
Nitrate, Karbonate	Ankerit $Ca(Fe^{2+},Mg,Mn)(CO_3)_2$	x		x		
	Aragonit $CaCO_3$					x
	Azurit $Cu(CO_3)_2(OH)_2$					x
	Calcit rhomboedrisch-skalenoedrisch $CaCO_3$	x	x	x	x	
	Calcit sinterartig $CaCO_3$					x
	Cerussit $PbCO_3$					x
	Dolomit $CaMg(CO_3)_2$	x	x	x	x	
	Ferrocalcit $(Ca,Fe)CO_3$			x		
	Hydrozinkit $Zn_5[(OH)_3\|CO_3]_2$					x
	Malachit $Cu_2[(OH)_2CO_3]$					x
	Rhodochrosit $(Mn,Ca)CO_3$			x		
	Rosasit $(Cu,Zn)_2(CO_3)(OH)_2$					x
	Siderit $FeCO_3$			x	x	
	Synchisit $Ca(REE,Y)[F\|(CO_3)_2]$	x				
Borate	Sussexit $MnBO_2(OH)$			x		
	Wiserit $(Mn,Mg)_{14}B_8(Si,Mg)O_{22}(OH)_{10}Cl$			x		
Sulfate, Selanate, Tellurate, Chromate, Molybdate, Wolframate	Baryt $BaSO_4$	x	x	x	x	
	Beudantit $PbFe_3[(OH)_6\|SO_4\|AsO_4]$					x
	Brochantit $Cu_4SO_4(OH)_6$					x
	Chalkanthit $CuSO_4\cdot 5H_2O$					x
	Coelestin $SrSO_4$				x	
	Cyanotrichit $Cu_4Al_2(SO_4)(OH)_{12}\cdot 2H_2O$					x
	Ferrimolybdit $Fe_2[MoO_4]\cdot 7H_2O$					x
	Gips $CaSO_4\cdot 2H_2O$					x
	Langit $Cu_3[(OH)_4\|SO_4]\cdot H_2O$					x
	Melanterit $FeSO_4\cdot 7H_2O$					x
	Posnjakit $Cu_4[(OH)_6\|SO_4]\cdot H_2O$					x
	Rozenit $FeSO_4\cdot 4H_2O$					x
	Scheelit $CaWO_4$	x			x	
	Wulfenit $Pb(MoO_4)$					x
Phosphate, Arsenate, Vanadanate	Adamin $Zn_2[OH\|AsO_4]$					x
	Agardit $(Y, CaH)Cu_6[(OH)_6\|(AsO_4)_3]$					x
	Annabergit $Ni_3(AsO_4)_2\cdot 8H_2O$					x
	Apatit $Ca_5(PO_4)_3F$	x				
	Bariopharmakosiderit $(Ba,Ca)_{0.5-1}Fe^{3+}{}_4[(OH)_{4-5}\|(AsO_4)_3]\cdot 5\text{-}7H_2O$					x
	Bayldonit $PbCu_3[OH\|(AsO_4]_2$					x
	Beudantit-Hidalgoit $PbFe_3^{3+}(AsO_4)(SO_4)(OH)_6$ - $PbAl_3(AsO_4)(SO_4)(OH)_6$					x

Klasse	Mineralart, chemische Formel REE = Elemente der Seltenen Erden	Kluftmineral	Primärer Mineralbestand			Sekundärmineral
			Erzlagerstätte Mürtschenalp	Erzlagerstätte Gonzen	Diverse Erzlagerstätten	
	Chalkophyllit $Cu_{18}Al_2(AsO_4)_3(SO_4)_3(OH)_{27}\cdot 36H_2O$					x
	Cornubit $Cu_5[(OH)_2\|AsO_4]_2$					x
	Duftit $PbCu[OH\|AsO_4]$					x
	Erythrin $Co_3(AsO_4)_2\cdot 8H_2O$					x
	Euchroit $Cu_2[OH\|AsO_4]\cdot 3H_2O$					x
	Karminit $PbFe_2[OH\|AsO_4]_2$					x
	Meta-Autunit $Ca(UO_2)_2(PO_4)_2\cdot 2\text{-}6H_2O$					x
	Metazeunerit $Cu(UO_2)_2(AsO_4)_2\cdot 8H_2O$					x
	Mimetesit $Pb_5[Cl\|(AsO_4)_3]$					x
	Mottramit $PbCu(VO_4)(OH)$					x
	Olivenit $Cu_2(AsO_4)(OH)$					x
	Parnauit $Cu_9(AsO_4)_2(SO_4)(OH)_{10}\cdot 7H_2O$					x
	Pharmakosiderit $KFe_4[(OH)_4\|(AsO_4)_3]\cdot 6\text{-}7H_2O$					x
	Plumboagardit $(Pb,REE,Ca)Cu_6(AsO4)_3(OH)_6\cdot 3H_2O$					x
	Retzian $Mn^{2+}_2Y[(OH)_4\|AsO_4]$			x		
	Segnitit $PbFe_3^{3+}H(AsO_4)_2(OH)_6$					x
	Strashimirit $Cu_8(AsO_4)_4(OH)_4\cdot 5H_2O$					x
	Tirolit $CaCu_5(AsO_4)_2CO_3(OH)_4\cdot 6H_2O$					x
Silikate	Adular $KAlSi_3O_8$	x				
	Albit $NaAlSi_3O_8$	x				
	Alleghanyit $Mn_5(SiO_4)_2(OH)_2$			x		
	Chlorit-Gruppe $(Fe,Mg,Al)_6(Si,Al)_4O_{10}(OH)_8$	x	x	x	x	
	Chrysokoll $(Cu,Al)_2H_2Si_2O_5(OH)_4\cdot nH_2O$					x
	Cuprosklodowskit $CuH_2[UO_2\|SiO_4]_2\cdot 5H_2O$					x
	Epidot $Ca_2Fe^{3+}Al_2(Si_2O_7)(SiO_4)O(OH)$	x				
	Ferroaxinit $Ca_2(Fe,Mn,Mg)(Al_2BSi_4O_{15})OH$	x				
	Illit/Montmorillonit $(K,H_3O)Al_2(Si_3Al)O_{10}(H_2O,OH)_2$	x				
	Kasolit $Pb_2[UO_2\|SiO_4]_2\cdot 2H_2O$					x
	Laumontit $Ca(Al_2Si_4O_{12})\cdot 4H_2O$		x			
	Muskovit $KAl_2^{VI}(Al^{IV}Si_3)O_{10}(OH,F)_2$	x			x	
	Prehnit $Ca_2Al_2Si_3O_{10}(OH)_2$		x			
	Rhipidolith = Vertreter Chloritgruppe $(Mg,Fe)_5Al(Si_3Al)O_{10}(OH)_8$	x		x		
	Stilpnomelan $K(Fe^{2+},Mg,Fe^{3+})_8(Si,Al)_{12}(O,OH)_{27}$			x		
	Titanit $CaTiSiO_5$	x				
	Turmalin-Gruppe $NaMg_3Al_6(BO_3)_3Si_6O_{18}(OH)_4$	x				
	Uranophan $Ca(UO_2)_2[SiO_3(OH)]_2\cdot 5H_2O$					x

82 Faseriger, hellbrauner Wiserit auf Manganerz. Eisenbergwerk Gonzen. Breite: 4.8 cm.
Erdwissenschaftliche Sammlungen der Eidgenössischen Technischen Hochschule Zürich, Sammlung Wiser, Nr. 6468
Foto: Thomas Schüpbach

Typlokalität Gonzen

Jede neu entdeckte Mineralart wird anhand ihrer chemischen und physikalischen Eigenschaften genauestens untersucht. Zur Anerkennung als neue Mineralart müssen die Untersuchungsdaten jeweils einer Kommission der Internationalen Mineralogischen Vereinigung (International Mineralogical Association IMA: Commission on New Minerals and Mineral Names) vorgelegt werden. Diese befindet darüber, ob ein Mineral als eine neue Mineralart und unter welchem Namen anerkannt wird.

Der Ort (die Lokalität), von welchem die Probe eines Minerals oder Gesteins stammt, anhand derer die wissenschaftliche Erstbeschreibung erfolgt, wird Typlokalität genannt. Im Gebiet der Tektonikarena und des Geoparks Sardona befindet sich mit dem Eisenbergwerk Gonzen eine solche Typlokalität. Wiserit tritt dort als aderartiges Vorkommen in Rhodochrosit-Hausmannit-Erzen auf, bei welchen eine innige Verwachsung der Fasern mit Sussexit, Pyrochroit, Rhodochrosit, teilweise auch mit Hausmannit und seltener Baryt und Fluorit, besteht. Das Mineral ist nach seinem Entdecker David Friedrich Wiser (1802–1878) benannt, der im Jahr 1842 ein faseriges, seidig glänzendes, hellrötliches Mineral beschrieb, das er in den Manganerzen des Gonzens gefunden hatte. Unter dem Mikroskop unterscheidet sich Wiserit vom chemisch verwandten, im Eisenbergwerk Gonzen ebenfalls vorkommenden Sussexit durch seine quer zur Faserachse verlaufende Spaltbarkeit und eine geringere Elastizität der Mineralfasern. Wiserit ist zusammen mit Sussexit ein seltener Vertreter aus der Gruppe der Soroborate (Epprecht et al. 1959, Epprecht 1946 a, Wiser 1842).

82

Mineralien suchen und sammeln

Mineralien suchen

Die Suche nach Mineralien und Kristallen, das sogenannte Strahlen, hat in der Schweiz eine lange Tradition. Urkundlich gesichert ist, dass bereits zur Zeit der Römer in den Alpen nach Kristallen gesucht wurde. So berichtet Plinius der Jüngere im Jahr 80 vor Christus von Leuten, die in unzugänglichen Schluchten der Alpen am Seil hängend nach Kristallen gegraben haben (Niggli et al. 1940). Später beschäftigten sich zunehmend Naturwissenschaftler mit der Form und den speziellen Eigenschaften der Bergkristalle aus den Alpen. Im 17. und 18. Jahrhundert waren es einzelne Naturforscher wie etwa der Zürcher Arzt und Universalgelehrte Johann Jacob Scheuchzer (1672–1733), welche sich für Mineralien und Fossilien interessierten und für ihre Naturalienkabinette Belege sammelten.

Kristalle wurden zu jener Zeit auch für andere Zwecke gesucht. So fanden farblose Bergkristalle in verschiedenen Kristallschleifer-Werkstätten im nahen Ausland Verwendung. In Mailand und auch andernorts wurden die zuweilen «Mailänder-Ware» genannten Kristalle zu Vasen, Kelchen oder Kristall-Leuchtern geschliffen. Johann Georg Sulzer wundert sich in seiner im Jahr 1747 erschienenen Beschreibung einer «1742 gemachten Berg = Reise durch einige Oerter der Schweitz», dass die Kristalle nicht in der Schweiz geschliffen werden. Er führt dazu auf Seite 53 aus: *Die Crystallen werden meistentheils in Italien verkaufft, woselbst sie auch verarbeitet werden. Es wundert mich, dass die Herrn Schweitzer diese Fabric aus ihrem Lande weglassen, da ihnen doch dieselbe grossen Gewinn bringen könnte. Sie haben doch Leute genug, welche aus Mangel der Arbeit sich sehr schlecht behelffen müssen. Diesen könnte, durch eine Crystall = Fabric, Arbeit gegeben werden, wenn man keine ausser das Land verkauffen dörfte.*

Schon vor über 200 Jahren entwickelte sich die Suche nach Mineralien und Kristallen teilweise zu einem Nebenerwerb, welchem früher häufig Bauern nachgingen. In den Jahren ab etwa 1960 wurde das Strahlen zu einer verbreiteten Freizeitbeschäftigung, dem auch viele Hobbysammler nachgingen und heute noch nachgehen. Bei einzelnen dieser Hobbysammler entstand daraus, zumindest in der schneefreien Jahreszeit, gar ein wichtiger Nebenerwerb. Parallel zum gestiegenen Interesse an Mineralien und Kristallen entwickelte sich ein eigentlicher Mineralienhandel, und es entstanden vielerorts auch Mineralienbörsen.

Die Suche nach verborgenen Kristallschätzen konzentriert sich in der Schweiz hauptsächlich auf die Gebirgsregionen der Kantone Bern, Graubünden, Tessin, Uri und Wallis. In den übrigen, an Mineralien ärmeren Gebieten der Schweiz hat die Kristallsuche eine nur geringe Bedeutung erlangt.

Über das Suchen und Finden von Mineralien schreibt Johann Jacob Scheuchzer 1706 in seiner «Beschreibung der Natur = Geschichten Des Schweizerlands» auf Seite 177: *Unsere Mauren sind aufgeführt nicht von Lett / Kalk / und blossen Steinen / sondern von Gold / Silber / Kupfer / Eisen / und andern Mineralien / doch nicht / wie wir zu seiner zeit sehen werden / also / dass ein jeder könne hingehen / und ein reines Stuck Gold / oder andern Metals von den Bergen abschlagen / und mit heim tragen. Nein. Es hat dem Schöpfer gefallen wollen / seine Schätze innert dem Gehalter der Erden / und rauhen Felsen also stückleinweise zuvergraben / das wir durch unverdrossenen Fleiss / und grosse arbeit sie hervorgraben / und dann erst / nachdem wir sie mit arbeiten verdienet / zu unserem Gebrauch mässig anwenden.* Scheuchzer, welcher wohl kaum selber Mineralien und Kristalle suchen ging, wusste offenbar, wieviel Arbeit und Mühe aufgebracht werden müssen, um fündig zu werden.

Um Klüfte mit Mineralien und Kristallen zu finden, braucht es idealerweise gewisse Grundkenntnisse und Erfahrung. Zutreffend erklärte einst ein sehr erfolgreicher alter Strahler der Surselva, dass die Mineralklüfte alle angeschrieben seien, man müsse nur die Kluft-Anzeichen lesen können (Maissen 1955)!

Von solchen Anzeichen hatte bereits Johann Georg Sulzer (1747) Kenntnisse. Er schreibt bezüglich der Vorkommen der Mineralien: *Ihre Geburts-*

stätte findet sich nur, oder doch meistens in den allerhöchsten Bergen, und zwar allein in den Quarz = Adern, welche die Bergleute Bande, Crystall = Bande heissen, weil diese Adern an den kahlen Bergen meistens wie weisse Bande scheinen. Es wird nirgend gegraben, als wo solche Bande erscheinen. Siehet ein Crystall = Graber diese Bande an einem kahlen Berge, so trachtet er vor allen Dingen einen bequemen Weg dahin zu finden, welcher oft in die Felsen muss ausgehauen werden; hernach fängt er an von diesem weissen Quarz ein Stück nach dem andern durch die Gewalt des Schiess = Pulvers wegzusprengen; da er denn oft etliche Jahre zubringen muss, ehe er in dieser Quarz = Ader eine kleine Höle antrifft, in welcher er die Crystalle meistens in grosser Menge beysammen antrifft; sie finden sich auf allen vier Seiten der kleinen Höle; sie sind meistens horizontal an dem Quarz angewachsen, und werden ohne Mühe mit einem eisernen Haken hervorgelanget. Einige haben sich schon von dem Quarz abgesondert, und liegen loss in dem Boden.

In Gebieten, in welchen die Kluftflächen annähernd horizontal oder leicht geneigt verlaufen, hat der Satz eine grosse Bedeutung als Kluftanzeichen (Maissen 1955). Bei diesem handelt es sich um einen waagrechten, meist senkrecht zur Gesteinsschieferung orientierten Riss im Felsen. Der Riss

83

84

83 Öffnung einer Krystallhöhle. Strahler am Tiefengletscher beim Bergen des grossen Kristallfundes im Jahr 1868.
Xylographie von Emil Rittmeyer, in: Von Tschudy (1875)

84 Zwei Strahler versuchen, in einer Kluft das Gestein zu «lesen»: Wo befinden sich weitere Klufttaschen mit Bergkristallen? Wo lohnt es sich, weiter zu arbeiten?
Foto: Andreas Kürsteiner

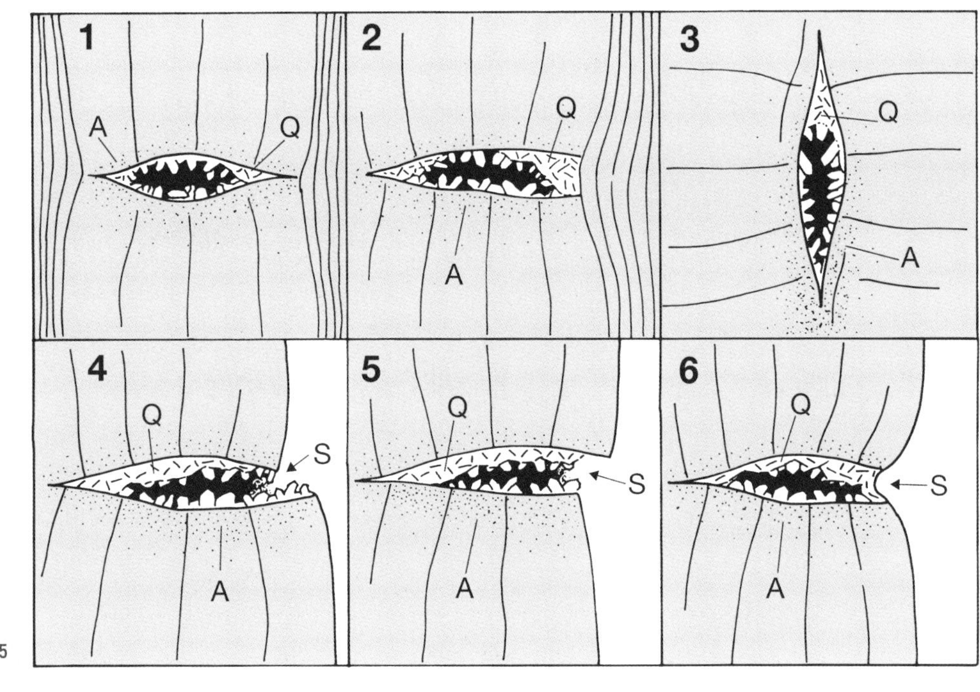

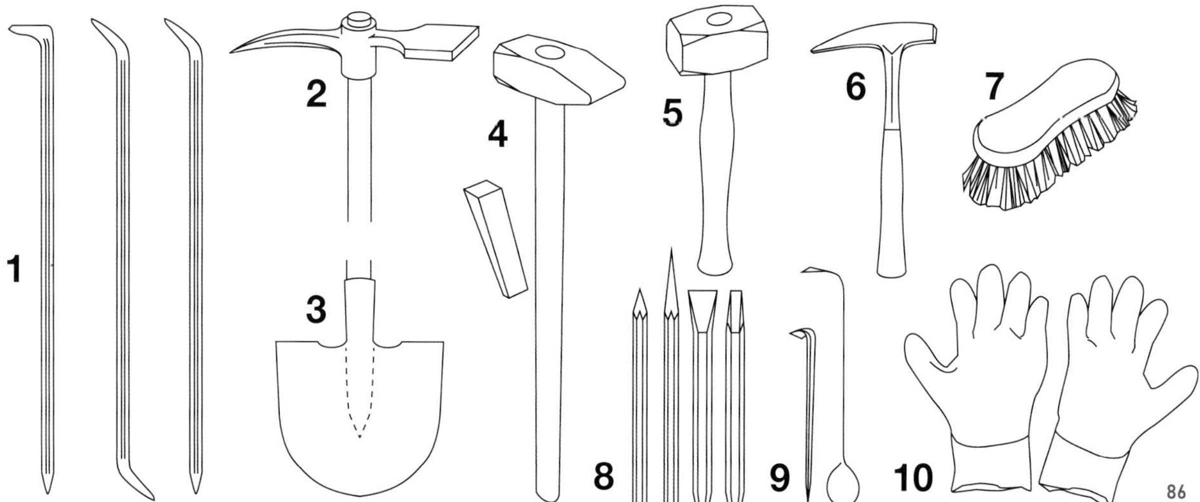

85 Ansicht einer flachliegenden, symmetrischen (1), asymmetrischen (2) Zerrkluft mit Einschnürung sowie einer vertikal verlaufenden Zerrkluft (3). Ausbildungen des Satzes nach Maissen (1955): Felsbank (4), überhängender Felsen (5) und ausgeweiteter Satzriss (6). Quarzband Q, Auslaugungszone A. Satzriss S.

Illustration: Michael Soom

86 Häufig verwendetes Strahler-Werkzeug:
1 Strahlstock, 2 Gartenhacke, 3 Schaufel,
4 Vorschlaghammer und Spaltkeil, 5 Fäustel,
6 Geologenhammer mit spitziger Haue, 7 Bürste,
8 Spitzeisen und Meissel in verschiedenen Grössen,
9 mehrere «Chräbli», 10 Handschuhe.

Illustration: Michael Soom

kann als Gesimse, Absatz oder Bank erkennbar sein. Weitere Anzeichen sind Einschnürungen des Gesteins (Boudinage) und Auslaugungszonen im Gestein. Bei Letzteren ist das Gestein in Kluftnähe stark hydrothermal verändert und weist eine poröse Beschaffenheit auf, indem einzelne Mineralien, wie beispielsweise der Quarz, im Verlauf der Kluftbildung weggelöst wurden.

Ein gutes Anzeichen für eine Mineralkluft ist ein idealerweise vorkommendes Quarzband, falls es quer zur Gesteinstextur verläuft. Quarzadern, welche parallel zur Gesteinsschieferung verlaufen, sind in der Regel ohne Klufthohlraum. Biegt das Quarzband hingegen um oder weist es eine Verbreiterung auf, so zeigt es dem Strahler an, wo sich der gesuchte Hohlraum mit den Kristallschätzen befinden könnte. Vielerorts liegt der Klufthohlraum an der tiefsten Stelle des Quarzbandes.

Zum Öffnen der Klüfte verwenden Strahler Pickel, Vorschlaghammer und Spaltkeile. Für feinere Arbeiten werden Werkzeuge wie Fäustel, Spitz- und Flacheisen sowie kleine Pickelhammer (sogenannte Geologenhammer) eingesetzt. Zum Ausräumen des Kluftschuttes dienen eine Schaufel und eine Hacke. Zudem wird als Strahler-typisches Werkzeug der Strahlstock verwendet, ein etwa 120 cm langer Eisenstab, welcher unten zugespitzt und oben zu einer kleinen Schneide abgekröpft ist. Zum Loslösen und Herausziehen von Kristall- und Mineralstufen leisten feine «Chräbli» oder «Grübli» – dünne Stahlstäbe mit einseitig rechtwinklig abgewinkeltem kurzem Ende – gute Dienste. Bei grösserem Abbau werden auch Bohrmaschinen sowie Sprengstoffe eingesetzt. Bedingungen dafür sind aber eine entsprechende Bewilligung der zuständigen Behörden sowie der Besitz eines Sprengausweises.

87 Bei der Mineraliensuche kommen der Fäustel, das Spitzeisen sowie der Strahlstock oder ein anderes Brechwerkzeug besonders häufig zum Einsatz.
Foto: Bruno Knechtle

88 Drei Strahler bei der Kristallsuche. In schmaleren und breiteren Kluftspalten finden sich an dieser Lokalität massenhaft kleinere und grössere Quarz-Stufen.
Foto: Ueli Alder

89 Zum Freilegen von Kluftrissen und Klüften werden zuweilen auch Bohrmaschinen und Sprengstoff eingesetzt.
Foto: Peter Kürsteiner

90 Der Raum zwischen den Gesteinsplatten ist hier mit vielen Quarz-Grüppchen gefüllt. Die Bergkristalle finden sich sowohl dem Muttergestein aufgewachsen als auch lose im Klufthohlraum.
Foto: Andreas Kürsteiner

91 Bergfrische Kristallstufe, bereit zum Verpacken.
Foto: Peter Kürsteiner

92 Wohin geht die Reise?
Foto: Andreas Kürsteiner

93 Den Kluftwänden sind kleine Quärzchen aufgelagert.
Foto: Peter Kürsteiner

94 Der Aufwand hat sich gelohnt: Ein schönes Kristallgrüppchen konnte geborgen werden.
Foto: Peter Kürsteiner

95 Mineralien sind nur selten am Wegrand zu finden. Eine gewisse bergsportliche Erfahrung ist von Vorteil – jedenfalls für den hier abgebildeten, am Seil hängenden Strahler, der den mit Felsen durchsetzten Steilhang absucht.
Foto: Werner Böniger

93

94

95

Die Suche nach Mineralien ist für viele Leute eine faszinierende Beschäftigung. Sie kann sehr anstrengend und auch anspruchsvoll sein, liefert aber mitunter viel Befriedigung und tolle Bergerlebnisse. Das Finden von Mineralien kann wahre Glücksmomente hervorrufen. Eine von vielen Strahlern immer wieder gemachte Erfahrung ist, dass die Kristalle kluftfrisch – direkt dem Kluftraum entnommen – oft am schönsten sind. Wenn die Kristalle noch feucht und von Schmutz überzogen sind, werden zuweilen die kühnsten Träume «wahr». Doch erst nach der Reinigung der Funde wird ersichtlich, ob es sich beim einzelnen Kristall oder bei der Kristallgruppe wirklich um ein Top-Stück handelt oder ob nicht da und dort ein Makel sichtbar wird.

Die Mineraliensuche ist vielerorts gesetzlich geregelt. Verschiedene Gemeinden haben dazu Bestimmungen wie eine Patentpflicht oder ein generelles Verbot erlassen. Zudem bestehen kantonale Bestimmungen. Als Auskunftsstellen dienen in erster Linie die kommunalen Verwaltungen.

Im Gebiet der Tektonikarena und des Geoparks Sardona ist die Mineraliensuche eingeschränkt. So ist das Suchen von Mineralien im Calfeisental oberhalb der Staumauer des Gigerwaldsees sowie im Gebiet der Gemeinden Felsberg und Tamins am Calanda verboten. Die im vorliegenden Buch abgebildeten Mineralstufen stammen aus privaten und öffentlichen Sammlungen und wurden vor Inkraftsetzung der Verbote geborgen. Problematisch ist die Gewinnung von Mineralien in alten Stollen und Bergwerken, weil beim Einsatz von Werkzeugen die Spuren des historischen Bergbaus zerstört werden.

Weiter ist der sogenannte Ehrenkodex der Strahler zu beachten: Mit Werkzeug belegte und mit Farbe am Felsen oder mit einem Schild angeschriebene Klüfte (Name und Fundjahr) gelten als belegt. Die Ausbeutung darf hier nur durch den ursprünglichen Finder innerhalb zweier Jahre erfolgen.

Mineralien sammeln

Das Sammeln von Mineralien kann in verschiedener Art und Weise erfolgen: Während der eine Sammler sich auf den Kauf und/oder Tausch von Mineralien beschränkt, fasziniert einen anderen Sammler das Suchen und Selberfinden der Sammlungsobjekte. Und mancher Mineralienliebhaber ergänzt seine Sammlung selbst gefundener Mineralien durch gezielten Zukauf weiterer Exponate und bereichert damit seine Kollektion. Dies hat den Vorteil, dass in seine Sammlung auch Mineralarten gelangen, welche in seinem Suchgebiet nicht vorkommen: Somit wird die Vielfalt der gesammelten Mineralien erhöht.

Bis die selbst gefundenen Mineralien in die Sammlung aufgenommen oder zur Abgabe bereitgestellt werden können, ist meist einiges an Aufwand nötig. Die beim Strahlen gefundenen Mineralien bedürfen in der Regel als Erstes einer Reinigung. Diese kann sehr aufwendig sein und einige Zeit in Anspruch nehmen. Häufig erfolgt diese Arbeit deshalb in den Wintermonaten, wenn die Suche nach Kristallen und Mineralien nicht möglich ist.

Nach erstem Abspritzen der Funde mit einem starken Wasserstrahl, häufig unter Benutzung eines Hochdruckgeräts, erfolgt oft eine chemische Reinigung. Die Funde werden dazu während einer gewissen Zeit in Säuren oder Laugen gelegt, um damit störende Überzüge der Kristalle – etwa von Kalk, Limonit oder Ankerit – zu entfernen. Dazu eingesetzt werden Natriumdithionit, Oxalsäure, Phosphorsäure, Salzsäure und andere Chemikalien. Anschliessend werden die Funde erneut mit Wasser abgespritzt und einige Tage in ein Wasserbad gelegt, um letzte Chemikalienrückstände zu verdünnen und zu entfernen. Nicht selten werden auch Ultraschallbäder oder Sandstrahlgeräte eingesetzt, um störende Beläge auf den Kristalloberflächen zu entfernen.

Nach der Reinigung sind die Mineralien bereit, um in die Sammlung aufgenommen zu werden oder sie zur Abgabe auszuscheiden. Diese Auswahl trifft jeder Sammler individuell: Der Anfänger legt meist sehr viele Stücke für seine Sammlung zur Seite, während der Fortgeschrittene nur noch die besten Stücke für seine Sammlung auswählt. In bestimmten Fällen macht es aber auch für Letzteren Sinn, eine grosse Auswahl zu behalten: Um eine bestimmte Fundstelle gut dokumentieren zu können, werden viele Belegstücke benötigt. Denn nur damit können die verschiedenen Mineralarten, Mineralgrössen und -farben sowie Kristallformen einer Fundstelle belegt werden.

Für denjenigen, der seine Sammlung mit käuflich erworbenen Mineralien aufbaut, entfällt meist die Reinigung – diese Arbeit hat der Verkäufer bereits erledigt. Auch der Käufer von Mineralien hat aber eine – nicht immer leichte – Auswahl zu treffen. So muss er an der Mineralienbörse, beim Mineralienhändler, beim Sammler-Kollegen oder direkt beim Strahler entscheiden, welche Objekte er erwerben möchte. Der reine Käufer von Mineralien hat zwar kein Funderlebnis in der Natur, für den fortgeschrittenen Sammler kann es aber auch faszinierend sein, im Handel dasjenige Stück zu suchen, nach welchem er schon lange begehrt. Und findet er dann das gesuchte Mineral oder den gesuchten Kristall, kann dieser Fund auch einen Glücksmoment darstellen.

In der Schweiz werden an verschiedenen Orten Mineralienbörsen durchgeführt. Diese finden jeweils einmal jährlich statt. Angeboten werden jeweils Mineralien und Kristalle aus der Schweiz sowie weltweiter Herkunft, Schmucksteine, Edelsteine, Fossilien, Literatur und Sammlerzubehör. Bei einzelnen Mineralienbörsen sind lediglich Schweizer Mineralien und Kristalle zugelassen. Angaben zu Ort und Datum sowie weitere Informationen der verschiedenen Mineralienbörsen finden sich unter www.svsmf.ch/boersen.

Die Lagerung der Mineralien erfolgt häufig in Schubladen, wobei idealerweise jedes Objekt in einen im Fachhandel erhältlichen Schachtelunterteil aus Karton oder in eine Dose aus Kunststoff gelegt wird. Die schönsten Sammlungsstücke werden meist in metallenen oder hölzernen Schaukästen mit Glasfronten oder in Glasvitrinen präsentiert. Um die Ausstellflächen zu vermehren, enthalten die Schaukästen jeweils mehrere Glastablare. Mit einer optimalen Beleuchtung von oben und oft zusätzlich von der Seite können die Mineralien ins beste Licht gerückt werden. Häufig werden die Objekte thematisch geordnet. Zuweilen erfolgt die Aufbewahrung, speziell in den Vitrinen, auch entsprechend der maximalen ästhetischen Wirkung. Die im hinteren Bereich der Tablare positionierten Exponate werden nicht selten auf kleine Sockel aus

96 An einer Mineralienbörse ziehen die ausgestellten und zum Kauf angebotenen Mineralien die Besucher in ihren Bann.
Foto: Peter Kürsteiner

Plexiglas gelegt oder mittels Verwendung von Klebepatronen montiert, damit auch diese Mineralien zur Geltung kommen.

Gelangt ein Mineral in eine Sammlung, ist dessen Dokumentation überaus wichtig. Dazu sollen verschiedene Angaben zum Objekt festgehalten werden. Wichtig sind zumindest Angaben zur Mineralart und allenfalls zur Paragenese (das gemeinsame Vorkommen verschiedener Mineralarten), zur Fundstelle (Lokalname, soweit bekannt Koordinaten), Finder und Fundjahr sowie allenfalls Verkäufer und Jahr des Erwerbs. Weiter festgehalten werden können die Anzahl Belege sowie Angaben zu deren Ankaufspreis und Wert. Häufig ist es auch sinnvoll, die geologische Situation der Fundlokalität festzuhalten.

Heutzutage wird zur Dokumentation häufig eine digitale Datenbank angelegt. Bereits eine einfache Excel-Tabelle kann dazu gute Dienste leisten. Um die Daten den verschiedenen Proben zuordnen zu können, erhalten letztere ein aufgeklebtes kleines Nummernschild. Anhand dieser Nummer soll die Probe in der Datenbank auffindbar sein. Identische Proben mit denselben Daten können dieselbe Nummer erhalten. Idealerweise wird zudem zu jedem Objekt ein Kärtchen mit der Objektnummer sowie mit den wichtigsten, in der Datenbank aufgeführten Angaben gelegt. Dies vereinfacht die Dateneinsicht erheblich.

Die Themen der Sammlungen können sehr vielfältig sein. Viele aktive Strahler und Sammler beschränken sich auf Mineralien, die sie selber gefunden haben. Andere wiederum bereichern ihre Eigenfunde mit zugekauften oder eingetauschten Mineralien.

Auch das Anlegen von Spezialsammlungen kann interessant sein: In Regionalsammlungen kann der Mineralreichtum einer bestimmten Region dokumentiert werden. Häufig werden sogenannte Länder-Sammlungen angelegt. Zuweilen wird der Fokus auch auf eine bestimmte Mineralart gelegt, etwa Fluorit, ein äusserst farbenprächtiges Mineral. Solche Sammlungen haben vom Ästhetischen her ihren ganz besonderen Reiz. Weiter gibt es Sammler, die sich auf eine bestimmte Mineralklasse, etwa Sulfid-Mineralien, konzentrieren.

97 In dieser Sammlung werden zahlreiche Mineralien – Belegstücke und Dubletten – in Schubladen gelagert. Dazu wurden sämtliche Mineralien in Schachtelunterteile oder Kunststoffdosen gelegt. Schweizer Mineralienwelt.
Foto: Peter Kürsteiner

98 Historische Etikette aus dem Jahr 1862 zu einer Goldstufe vom Calanda. Naturhistorisches Museum Basel.
Foto: André Puschnig

99 Kärtchen mit Angabe von Mineral, Fundort, Sammlungsnummer und Sammlung, welches den Mineralien sowohl in den Schubladenmöbeln als auch in den Vitrinen beigelegt wird. Schweizer Mineralienwelt.
Foto: Peter Kürsteiner

100 Auf Metallschränken mit zahlreichen Schubladen stehen mit Glastablaren versehene Vitrinen, in welchen die schönsten Mineralien einer Sammlung präsentiert werden. Schweizer Mineralienwelt.
Foto: Syma, Kirchberg SG

97

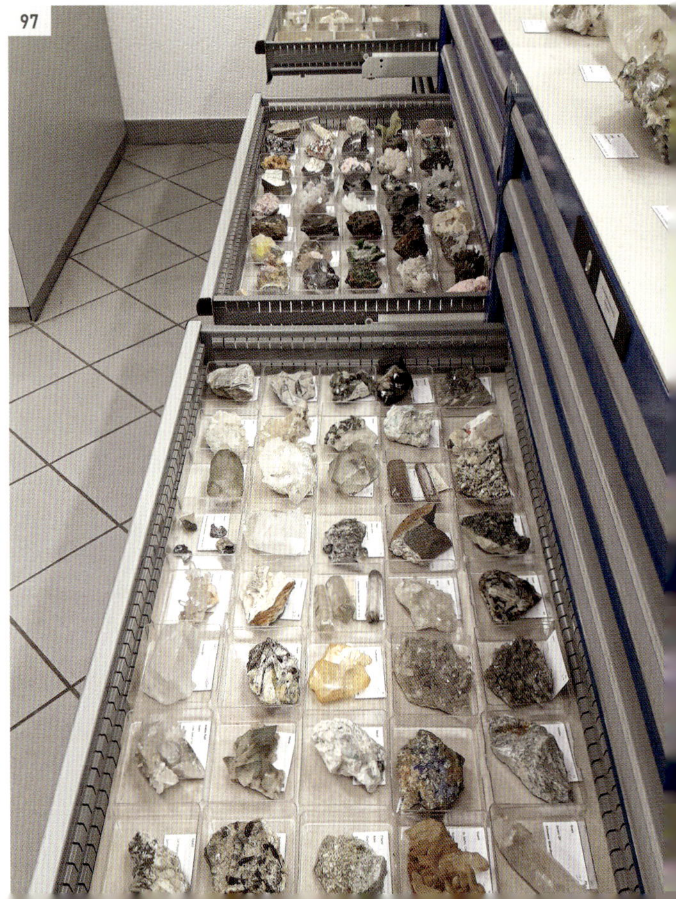

Spezialsammlungen werden meist von fortgeschrittenen Sammlern angelegt, welche nicht einfach dem Reiz der schönen Formen und Farben der Kristalle und Mineralien erliegen. Speziell solche Sammlungen haben, je nach Thema, für die Wissenschaft eine besondere Bedeutung.

Der Systematik-Sammler versucht, von jeder Mineralart eine Probe oder gar mehrere Belege in seine Sammlung zu legen. Bei gegen 6000 bisher bekannten Mineralien (Stand 2022) ist dies ein grosses und nie endendes Unterfangen. Ausserdem wächst deren Anzahl stetig, werden doch jedes Jahr neu entdeckte Mineralarten beschrieben und von der International Mineralogical Association (IMA), einer gemeinnützigen wissenschaftlichen Vereinigung, anerkannt.

98

99

100

101

102

103

Verschiedene öffentliche Sammlungen in Museen und Universitäten verfügen über grosse Mineraliensammlungen. Diese sind jeweils systematisch (entsprechend den Mineralklassen), geologisch-tektonisch oder geographisch geordnet. Teile dieser Sammlungen vermitteln auch einen Einblick in die Mineralienwelt des Gebietes der Tektonikarena und des Geoparks Sardona. So sind im Naturmuseum St. Gallen zahlreiche Mineralien und Mineralstufen des Taminatals und des Calfeisentals sowie des Eisenbergwerks Gonzen in separaten Vitrinen zu bewundern. Alle diese Fundgebiete liegen auf St. Galler Boden.

Im Bündner Naturmuseum in Chur sind, neben zahlreichen Sammlungsobjekten anderer Gebiete, viele prächtige Mineralien und Mineralstufen des Churer Rheintals ausgestellt und gelagert. Weitere Mineralien aus dem Gebiet des Geoparks Sardona werden in der Eidgenössischen Technischen Hochschule Zürich (focusTerra) sowie hauptsächlich in den Naturhistorischen Museen von Basel und Bern gelagert. Zudem besitzt das Musée cantonal de géologie in Lausanne umfassende und bedeutende Spezial-Sammlungen des hier interessierenden Gebietes – unter anderem die umfangreiche Sammlung Cabalzar. Neben den öffentlichen Sammlungen gibt es auch Privatmuseen mit dem Thema Mineralien. In diesen machen private Sammler ihre Sammlungen Besuchern zugänglich.

101 Naturmuseum St. Gallen. Dieses Museum beherbergt unter anderem eine reiche Sammlung an Mineralien speziell vom Eisenbergwerk Gonzen, aus dem Taminatal und aus dem Calfeisental.
Foto: Jean-Claude Jossen

102 In dieser Sammlung wurde das Sammelthema «Schweizer Mineralien» gewählt. Die Besucher bestaunen eine Vitrine mit Exponaten aus dem Kanton Bern. Schweizer Mineralienwelt.
Foto: Andreas Kürsteiner

103 Blick in eine Vitrine mit St. Galler Mineralien aus dem Taminatal und aus dem Calfeisental.
Naturmuseum St. Gallen
Foto: Anna-Tina Eberhard

Beschreibung der Mineral- und Erzvorkommen

Einführung

Die Schweiz ist bekannt für ihren Reichtum an Mineralien. Je nach Gebiet sind Mineralien sehr häufig oder nur vereinzelt zu finden. Die Häufigkeit der Mineralfundstellen und die Anzahl der Mineralarten sind vom Gesteinsverband, in welchem sie auftreten, dessen geologischer Entstehung und von den lokalen Aufschlussverhältnissen abhängig. Die meisten Fundstellen befinden sich in den Alpen. Dort ist auch die Zahl vorkommender Mineralarten am grössten. Im Kalkgestein des Juras sind die Fundstellenhäufigkeit und die Anzahl der vorkommenden Mineralarten deutlich kleiner. In der Subalpinen sowie in der Mittelländischen Molasse finden sich nur wenige Mineralfundstellen und lediglich eine kleine Anzahl Mineralarten.

Innerhalb des Alpenraums konzentrieren sich die Mineralien bezüglich Menge und Vielfalt hauptsächlich auf das kristalline Grundgebirge. Die ihnen nördlich anschliessenden Decken aus vorwiegend mesozoischen bis paläogenen (frühtertiären) Sediment-Gesteinen sind deutlich weniger reich an Mineralien.

Die Geologie des UNESCO-Weltnaturerbes und Geoparks Sardona ist sehr vielfältig: Kalkgesteine der helvetischen Schichtabfolge dominieren, es treten lokal jedoch auch kristalline Gesteine – ein Ausläufer des Aar-Massivs – zu Tage. Entsprechend vielfältig, allerdings mit regionalen Unterschieden, sind die Mineralien und deren Fundstellen.

Das hier interessierende Gebiet zählt nicht gerade zu den fündigsten Regionen der Schweiz. Das Calfeisental, das Taminatal, die linke Flussseite des Churer Rheintals sowie die südlich von Elm gelegenen Berge weisen aber doch eine beachtliche Anzahl Mineralfundstellen auf. Quarz ist allgemein die vorherrschende Mineralart, gefolgt von Calcit. Neben vielen Begleitmineralien kommen da und dort auch Mineralien vor, die andernorts nur selten auftreten. Hervorzuheben sind unter anderen die Blauquarze von Plattazüg-Tschengels nördlich Felsberg und Brookit-Funde aus der Umgebung von Elm. Speziell sind auch beachtliche Calcit-Funde in grossen Mengen und Dimensionen, die aus dem Kraftwerkstollen Gigerwald im Calfeisental oder aus dem Eisenbergwerk Gonzen nahe Sargans stammen.

Neben den eigentlichen Mineralfundstellen finden sich im hier besprochenen Gebiet auch zahlreiche Erzvorkommen. So wurden im Eisenbergwerk Gonzen über Jahrhunderte, bis zur Stilllegung im Jahre 1966, Eisenerze abgebaut. Hauptsächlich aus dem nördlichen Teil des Geoparks Sardona sind mehrere Kupfererz- sowie Uranerz-Vorkommen bekannt. Verschiedene dieser Erzvorkommen wurden früher bergmännisch abgebaut. Auf der Südflanke des Calanda wurde gar nach Gold geschürft. Alte, aus Calanda-Gold geprägte Münzen erinnern noch heute an diesen Bergbau.

Die frühesten Bergbauspuren verlieren sich im Dunkel der Vergangenheit. Gesichert ist, dass am Gonzen bereits um 200 vor Christus, in der späten Eisenzeit, Erz abgebaut und bei Castels verhüttet wurde. Bei der Rekonstruktion der Bergbaugeschichte wirkt sich erschwerend aus, dass sich der Abbau oft über Jahrhunderte erstreckt hat und die Spuren früherer Abbauversuche vielfach unkenntlich gemacht wurden. In Urkunden ist überliefert, dass im 17. und 18. Jahrhundert auf Mürtschen Bergbau auf Kupfer und Silber und am Calanda auf Eisen – und allenfalls auf Gold – betrieben wurde.

Im 19. Jahrhundert stieg mit fortschreitender Industrialisierung in Europa und zunehmender touristischer Erschliessung der Schweiz das Interesse an einheimischen Rohstoffen. Mit dem Bahnbau ergaben sich neue Möglichkeiten, das abgebaute Erz im Ausland verhütten zu lassen. Sowohl in Mürtschen wie auch am Calanda und an weiteren Lokalitäten wurde mit unterschiedlichem Erfolg nach Metallen geschürft. Einzig am Gonzen ergab sich ein Bergbau nach Eisen und Mangan, der bis in die zweite Hälfte des 20. Jahrhunderts fortdauerte.

Die Mineral- und Erzvorkommen

Im Folgenden sind über 100 verschiedene Mineral- und Erzvorkommen des hier interessierenden Gebietes – Tektonikarena und Geopark Sardona – aufgeführt. Es handelt sich dabei um in der Literatur erwähnte Fundstellen sowie um solche, die den Autoren bekannt sind und sammelwürdige Mineralstufen geliefert haben oder die aufgrund ihres mineralogisch besonderen Vorkommens von Bedeutung sind. Insbesondere werden hier auch zahlreiche Erzvorkommen berücksichtigt, welche beim Bergbau eine Rolle spielten. Mineralien sekundärer Lagerstätten wie etwa Seifengold werden hier nicht behandelt. Im Folgenden wird sowohl bei den Mineral- als auch bei den Erzvorkommen der Begriff Mineralfundstelle verwendet.

Die Mineralfundstellen, welche hier vorgestellt werden, liegen auf Gebiet der Kantone Glarus, Graubünden und St. Gallen. Dieses Gebiet enthält den Perimeter des UNESCO-Weltnaturerbes Tektontikarena Sardona sowie den Geopark Sardona und umfasst eine Fläche von rund 1800 km^2. Bei der Auflistung der Fundstellen wurde das Gebiet in verschiedene Regionen unterteilt. Beginnend im Sarganserland, werden – im Uhrzeigersinn – zuerst die Fundstellen der einzelnen Regionen des Kantons St. Gallen, anschliessend des Kantons Graubünden und am Schluss des Kantons Glarus (mit Grenzgebiet St. Gallen) beschrieben. Innerhalb der einzelnen Regionen sind die Fundstellen entsprechend ihrer topographischen Lage geordnet. Die Reliefkarte zeigt die geografische Lage der verschiedenen Mineralfundstellen wie auch ihre Gruppierung in Regionen.

Das Gebiet wird im Süden vom Vorderrhein, im Osten vom Rhein, im Westen von der Linth und im Norden von der Seez und dem Walensee begrenzt. Mehrere tief eingeschnittene Täler zerfurchen das Gebiet: Sernftal, Murgtal, Schilstal, Weisstannental und Calfeisental sowie Taminatal.

Auf der geologischen Karte ist der geologische Untergrund der Fundstellen und der Regionen ersichtlich. Im Norden und Süden liegen die Fundstellen in den blau und grün gefärbten Jura- und Kreidekalken. Im zentralen Teil konzentrieren sich die Fundstellen auf den Verrucano (braun gefärbt) und auf die Flysch-Gesteine (gelb gefärbt). Die Regionen 1, 2, 3 und 10 liegen im Oberhelvetikum, in den helvetischen Decken. Sämtliche Mineralfundstellen befinden sich innerhalb von Sedimentgesteinen, deren Alter vom Perm (Verrucano) bis in die Kreide reicht. Demgegenüber liegen die Regionen 5 bis 8 im Unterhelvetikum, im Kristallin des Aar-Massivs und hauptsächlich in Sedimentgesteinen, die altersmässig vom Perm bis ins Eozän reichen. Eine Zwischenstellung haben die Regionen 4 und 9, bei denen die Fundstellen sowohl im Unter- wie auch im Oberhelvetikum liegen. Eine detaillierte Beschreibung der geologischen Verhältnisse wird für jede Region einzeln gegeben.

Bei jeder Mineralfundstelle werden – soweit bekannt – die Lage, die Fundstelle sowie deren Mineralien beschrieben und Angaben zur geologischen Situation gemacht. Bei den Erzvorkommen und Steinbrüchen werden in der Regel die Koordinaten aufgeführt. Die Lokalitätsbezeichnungen erfolgen gemäss den Angaben der aktuellen Ausgabe der Landeskarte der Schweiz (www.map.geo.admin.ch). Die verwendeten stratigrafischen Bezeichnungen entsprechen denjenigen des Lithostratigraphischen Lexikons der Schweiz (www.strati.ch). Ausführliche Literaturangaben sind am Ende der einzelnen Beschreibungen der Mineralfundstellen aufgeführt.

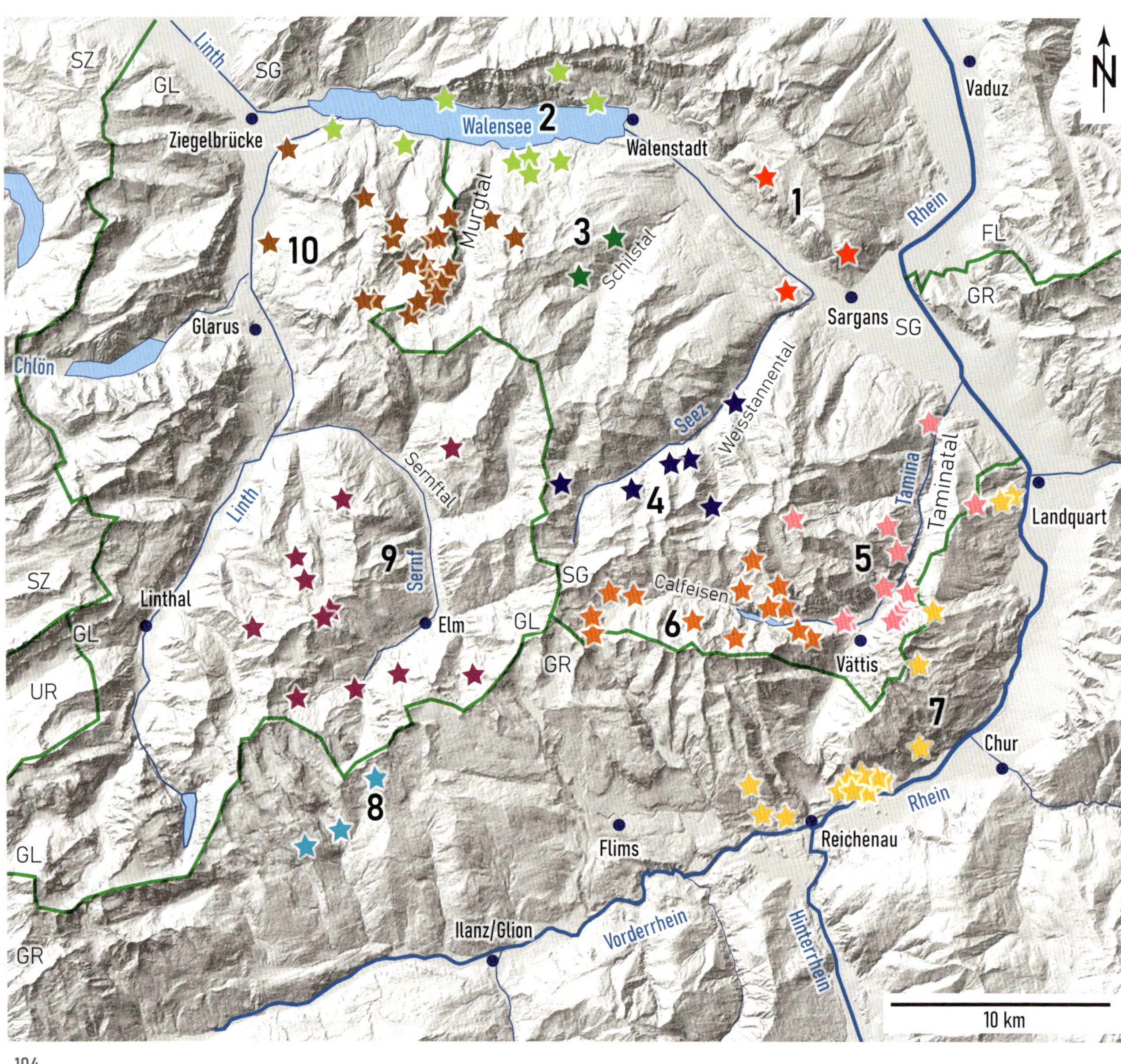

104

- 1 Sargans und Seeztal SG
- 2 Walensee-Gebiet SG
- 3 Schilstal SG
- 4 Weisstannental SG
- 5 Taminatal SG
- 6 Calfeisental SG
- 7 Churer Rheintal GR
- 8 Unterste Surselva GR
- 9 Sernftal und Niderental GL
- 10 Glarus Nord GL und Murgtal SG

104 Reliefkarte der Grenzgebiete der Kantone St. Gallen, Glarus und Graubünden, unterteilt in zehn Regionen, mit eingezeichneten Mineralfundstellen.
Atlas der Schweiz, Version 2, mit Eintragungen von Adrian Pfiffner

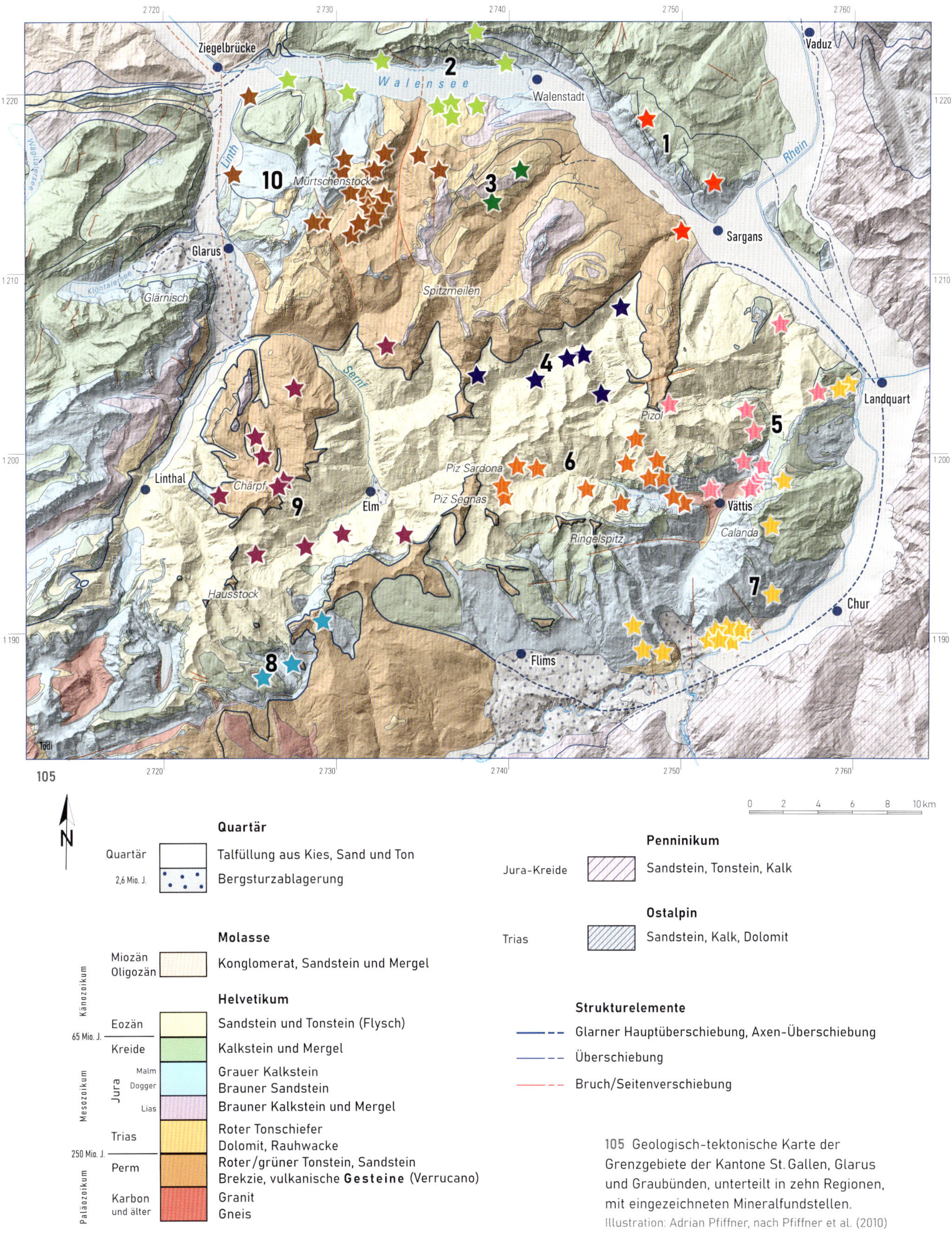

105

105 Geologisch-tektonische Karte der Grenzgebiete der Kantone St. Gallen, Glarus und Graubünden, unterteilt in zehn Regionen, mit eingezeichneten Mineralfundstellen.
Illustration: Adrian Pfiffner, nach Pfiffner et al. (2010)

1 | Sargans und Seeztal SG

Die Region Sargans-Seeztal beherbergt einen Pass, den man gerne übersieht: Der Pass liegt zwischen dem Rhein, welcher sich östlich Sargans längs des Fläscherbergs schlängelt, und dem Seeztal, bei welchem die Seez – aus dem Weisstannental fliessend – in Mels eine scharfe Abbiegung nach Nordwesten Richtung Walensee macht. Auf der Passhöhe liegt das Städtchen Sargans. Während der letzten Eiszeit vor 20000 Jahren floss der Rheingletscher von Chur Richtung Sargans und teilte sich dort in zwei Arme: Richtung Norden zum Bodensee und Richtung Nordwesten zum Walensee-Zürichsee. Diese spezielle Geländeform aufgrund der sich gabelnden Haupttäler beeinflusst bis heute die Winde: Bei Föhn, der eigentlich nach Norden bläst, zeigt die Wetterfahne auf dem Schloss Sargans infolge lokaler turbulenter Strömungsverhältnisse nach Süden.

Das Seeztal ist asymmetrisch: Die südwestliche Flanke der Flumserberge ist relativ flach, während die nordöstliche Flanke sehr steil und zweigeteilt ist. Eine untere, markante Felspartie erstreckt sich von Sargans bis Walenstadt und besteht aus mächtigem,

Mineralfundstellen

- **1.1** Eisenbergwerk Gonzen
- **1.2** Stralrüfi
- **1.3** St. Martin bei Mels

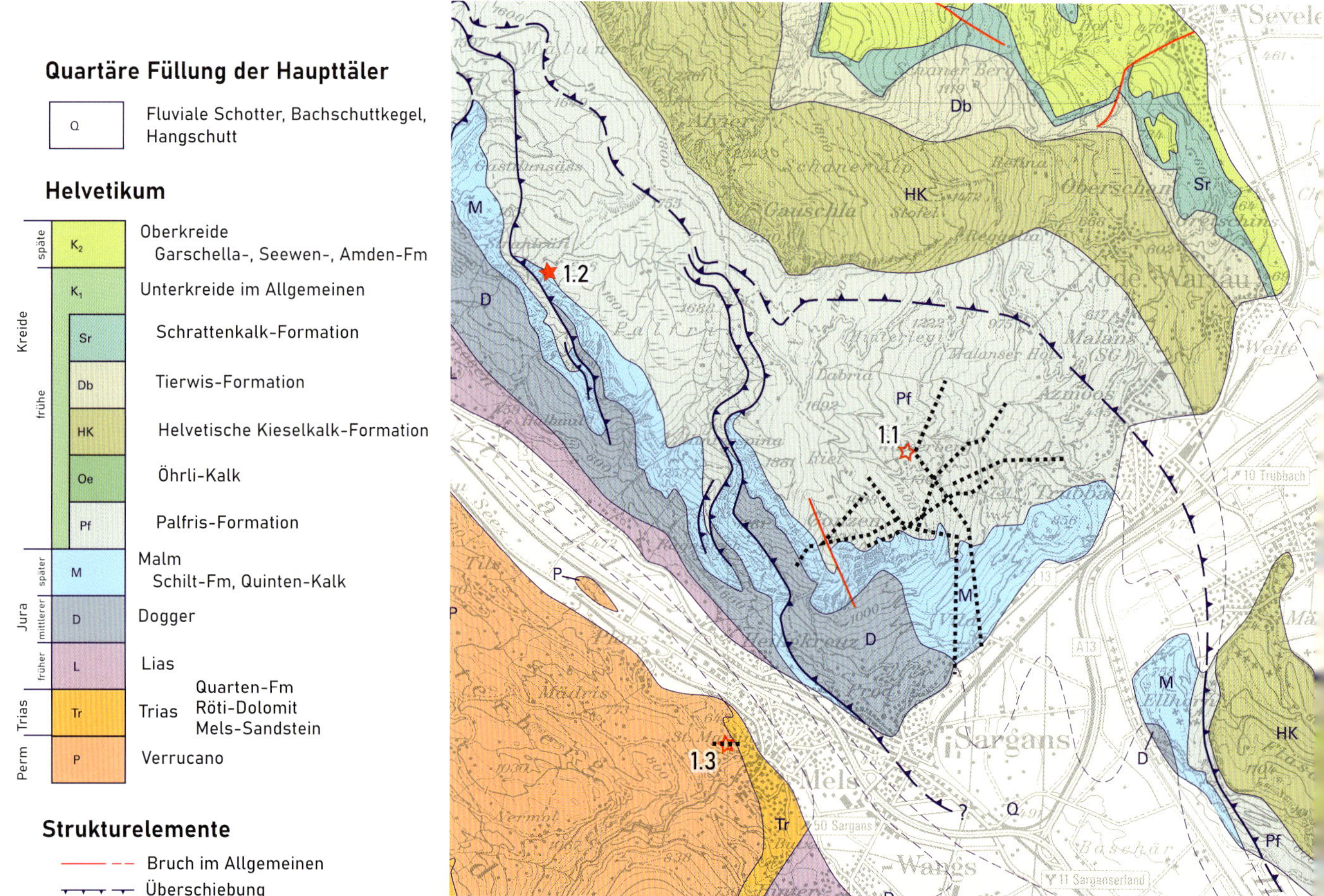

106

106 Geologische Karte der Region Sargans-Seeztal, mit eingezeichneten Fundstellen. Die eingezeichneten Stollen im Eisenbergwerk Gonzen sind nur eine Auswahl, welche die Ausdehnung des Bergwerks zeigen soll.
Illustration: Nach Pfiffner et al. (2010), vereinfacht und ergänzt

107 Blick auf den Gonzen und auf die Alvierkette, rechts im Hintergrund der Falknis. Die Aufnahme zeigt die Verflachung auf der Alp Palfris, welche durch eine mergelige Schicht (Palfris-Formation) bedingt ist, die viel leichter verwittert als die Jura- und Kreidekalke darunter und darüber.
Foto: Peter Kürsteiner

erosionsresistentem Quinten-Kalk. Die obere Felspartie befindet sich in der Kette des Alvier und setzt sich in die Churfirsten fort. Hier bilden Kreidekalke die steilen Felspartien. Eine deutliche Verflachung reicht von Palfris nach Nordwesten bis unter die Churfirsten. Diese Stufe ist durch die weichen Mergel der Palfris-Formation bedingt.

Die Mineralfundstellen befinden sich in den Sedimentgesteinen des Glarner Deckenkomplexes (Oberhelvetikum). Generell gesehen tauchen diese Schichten als Gesamtpaket nach Nordosten ab und verschwinden in der Tiefe. Auf dem relativ flachen Südwest-Hang des Seeztals sind die ältesten Gesteine (Verrucano) aufgeschlossen, mit der Mineralfundstelle St. Martin bei Mels. Die darüberliegenden jüngeren Jura- und Kreidekalke bilden die zwei Steilstufen auf der Nordostseite. Im Detail ist dieses Schichtpaket gefaltet und teilweise von Überschiebungen zerschnitten. Dies betrifft insbesondere die Sedimente jurassischen Alters am Gonzen, am Tschuggen und bei Stralrüfi. In Abb. 46 im Kapitel «Geologischer Bau» sind diese Strukturen im Detail dargestellt. Weitere Informationen zur Geologie der Region Sargans finden sich im Geologischen Atlas der Schweiz 1:25 000, Blatt 1155 Sargans (Löpfe et al. 2018).

1.1 Eisenbergwerk Gonzen

Mineralien
Alleghanyit, Ankerit, Aragonit, Baryt, Calcit, Chalkopyrit, Chlorit, Feitknechtit, Ferrocalcit, Fluorit, Gips, Graphit, Hämatit, Hausmannit, Hollandit, Jakobsit, Kryptomelan, Magnetit, Manganosit, Melanterit, Millerit, «Psilomelan», Pyrit, Pyrochroit, Quarz, Retzian, Rhipidolith, Rhodochrosit, Rozenit, Siderit, Sphalerit, Stilpnomelan, Sussexit, Wiserit

Der Gonzen mit seinem stolz aufragenden Gipfel auf 1829 m ü. M. befindet sich am südöstlichen Ende der Gebirgskette Churfirsten-Alvier bei Sargans und im Winkel zwischen dem St. Galler Rheintal und dem Seeztal. In diesem Gebiet wurde seit dem Mittelalter im Malmkalk, im Grenzbereich zwischen dem sogenannten «Mergelband» beziehungsweise «Plattenkalk» und dem unteren Quinten-Kalk, Eisenerz abgebaut. Der Erzabbau fand 1966 sein Ende. Im Jahr 1983 wurde der Verein Pro Gonzenbergwerk gegrün-

108
Stollenzugänge
I, II, III, IV alte Gruben
A Ablis-Werk
N Naus-Stollen
B Basisstollen

det (Eberli 2015). Seither wird das Eisenbergwerk Gonzen als Besucherbergwerk mit Grubenbahn und Führungen für Touristen betrieben.

Während des Erzabbaus wurde eine Reihe spezieller Mineralarten beschrieben, welche Eingang in zahlreiche wissenschaftliche Sammlungen gefunden haben. Als Besonderheit verdient das Mineral Wiserit Beachtung, das einen seltenen Vertreter der Gruppe der Borate darstellt, dessen Typlokalität der Gonzen ist (Roth 2007). Kurz vor der Stilllegung des Bergwerks wurde in einer Verwerfungszone eine Calcitkluft angefahren, bei der es sich um eines der grössten Vorkommen dieses Minerals in der Schweiz handelt. Von dieser Kluft gelangten zahlreiche Stufen in Mineraliensammlungen.

Geschichte des Bergbaus am Gonzen

Frühe Spuren in Form von Schlackenfunden auf dem Hügel von Castels bei Mels gehen bis um 200 vor Christus (Mittelwert mehrerer Altersbestimmungen) in die späte Eisenzeit beziehungsweise frühe Römerzeit zurück (Epprecht 1986 a, Hugger 1994). Die Sage berichtet, dass die Römer am Gonzen Eisen abgebaut haben (Zweifel 1877). Im 11. Jahrhundert geht aus einem Schriftstück Heinrichs III. von 1050 hervor, dass neben dem Landesherrn von Sargans auch die fürstlichen Stifte Chur und Pfäfers Eigentümer des Bergwerks waren (Ritter 1924). Im Jahr 1315 werden Schmelzanlagen in Plons, Flums und Mels erwähnt. Ein weiterer schriftlicher Beleg eines Erzabbaus stammt aus dem Jahr 1396, in welchem Graf Johann von Werdenberg-Sargans die Grafschaft Sargans mit allen Bergrechten, Eisenwerken und Schmieden an Herzog Leopold IV. von Österreich verpfändete (Epprecht 1984). Im Jahr 1550 wurden den Besitzern des Bergwerks besondere Rechte gewährt, darunter jenes, in den Fron- und Hochwaldungen nach Gutdünken Holz zum Betrieb des Schmelzofens in Plons schlagen zu dürfen (Zweifel 1877). Nachdem der staatliche Schutz zurückging, begann der Zerfall des Bergwerks. Dieses wechselte in der zweiten Hälfte des 16. und in der ersten Hälfte des 17. Jahrhunderts achtmal den Besitzer (Ritter 1924).

Im Jahr 1767 wurde das Bergwerk am Gonzen von Johann Leonhard Bernold, Altlandammann in Glarus, und Hans Heinrich Schulthess in Zürich erworben (Eisenbergwerk Gonzen AG 1944, Moser

108 Gesamtansicht des Gonzen von Süden mit der Lage der alten Stollenzugängen. Der Verlauf der Erzschicht ist weiss gestrichelt angedeutet. Die Erzlage ist von Brüchen (rot im Bild) versetzt, was beim Abbau ein Problem darstellte.
Foto: Adrian Pfiffner

109 Blick auf den Gonzen von Südosten her. Die Gebäude am linken Bildrand gehören zum Weiler Vild. Der Eingang des Eisenbergwerks befindet sich hinter diesen Gebäuden am Fuss des Berghangs.
Foto: Peter Kürsteiner

110 Altes Knappenhaus unterhalb der Alten Grube I.
Illustration: Federzeichnung von Albert Hess, aus Manz (1923)

111 Holzschlitter im Gonzenwald.
Illustration: Holzschnitt von Emil Rittmeyer, aus Berlepsch (1860)

112

113

2018). Die Anlagen waren dem Zerfall nahe und die neuen Besitzer verfügten weder über Kenntnisse im Bergbau noch über die für den Betrieb notwendigen kaufmännischen Erfahrungen.

Die frühesten Abbaustellen befinden sich in der steilen, gegen Sargans abfallenden Bergflanke des Gonzen. Die damals wichtigste Abbaustelle war die «Alte Grube I», deren Eingang in der Nähe des alten Knappenhauses liegt (Ritter 1924). Unterhalb der Gemsweid, in der Nähe des Eingangs zur «Alten Grube I», ist auf 1371 m ü. M. eine 2–3 m tiefe Tagbaukerbe erkennbar (Epprecht 1984). Aschenhaufen und Feuerspuren am Dach sind Hinweise, dass der mittelalterliche Bergbau an dieser Stelle mit Feuersetzen erfolgte (Oberholzer 1923). Dieser Befund wird durch Schrämmspuren im Eingangsbereich der «Alten Grube I» bestätigt (Epprecht 1986a). Der damalige Erzabbau erfolgte mit dem beschwerlichen Feuersetzen, indem das Gestein erhitzt und mit aufgesprengtem Wasser zermürbt wurde (Ritter 1924).

Neues Leben am Gonzen erblühte erst mit der Übernahme der Bergwerksanlagen durch Georg Neher im Jahr 1823. Die Familie Neher betrieb bei Sigmaringen und am Rheinfall Eisenwerke und war darauf angewiesen, ihren Erzbedarf durch neue Rohstoffquellen zu decken. Die Anlagen am Gonzen waren damals in einem bejammernswerten Zustand: Aus dem zerfallenen Hochofen ragten Bäume, der Schmiedekanal war mit Kies gefüllt, die Wege waren verschlammt und der Zugang zur Erzgrube für Fussgänger kaum passierbar (Eisenbergwerk Gonzen AG 1944). Unter der Leitung von Neher wurden am Gonzen die ersten Grubenbahnen in Betrieb genommen (Moser 2018). Das Erz wurde nicht mehr von Hand und mit Feuersetzen abgebaut, sondern mittels von Hand geschlagener Löcher, in welche Pulver eingebracht und zur Explosion gebracht wurde (Eberli 2015). Die Abbautätigkeit konzentrierte sich unter der Leitung von Neher auf die «Alte Grube I» und «Alte Grube II», welche sich an der gegen das Seeztal abfallenden Bergflanke des Gonzen in einer Höhe von circa 1400 m ü. M. befinden.

Die gewonnen Erzstücke wurden von Hand vom tauben Nebengestein getrennt, in Säcke verladen und als etwa 25 Zentner schwere Ladungen in hölzernen Schlitten und Karren entlang des Erzweges nach Plons nordwestlich von Mels transportiert. Dort befand sich ein Hochofen, der 1825/1826 von Neher auf den Ruinen einer früheren Anlage

112 Eindrückliche Gleisanlagen im für Stollenbesichtigungen sanierten Teil des Besucherbergwerks Eisenbergwerk Gonzen.
Foto: Pro Gonzenbergwerk

113 Blick in einen der zahlreichen Stollen des Eisenbergwerks Gonzen.
Foto: Pro Gonzenbergwerk

errichtet worden war und in welchem das Erz bis 1868 verhüttet wurde (Moser 1990, 2018). Das Erz wurde in hölzernen Trögen gewaschen. Pyrit- und kalkhaltige Stücke wurden von Hand aussortiert. Das angereicherte Eisenerz wurde anschliessend mit Lagen von Tannenholz in einen Röstofen eingefüllt. Nach dem Röstprozess wurde das Erz auf einem Pochwerk zerkleinert und auf eine Halde geschüttet. Das geröstete Erz wurde in einem nächsten Arbeitsschritt zusammen mit einem Flussmittel (Manganerz und Tonerde) und Holzkohle in den Hochofen eingefüllt. Der Hochofen war mit einem Gebläse ausgerüstet und musste vor dem Einfüllen des Erzes sukzessive erwärmt werden. Als Brennstoff wurde Holz aus den eigenen Wäldern verwendet. Die Eisenverhüttung verschlang riesige Holzmengen, was zu einer Entwaldung in der Region und Spannungen mit der einheimischen Bevölkerung führte (Hugger 1991). Später wurde Holzkohle aus Graubünden zugeführt. Durch stetige Verbesserungen der Verhüttung konnte der Brennstoffverbrauch pro Tonne Roheisen im Laufe der Zeit gesenkt werden (Moser 2018).

Sobald sich das Erz mit seinen Gemengteilen verflüssigt hatte, konnte die auf dem Eisen schwimmende Schlacke über die höher liegende Schlackenöffnung seitlich ablaufen. Dann wurde die Schlackenöffnung verschlossen und die tiefer liegende Abstichöffnung freigelegt, wodurch das flüssige Eisen in vorbereite Sandbeete floss, welche den Eisen-Masseln (Eisen-Rohlinge) ihre Form gaben. Die bis zu 300 Kilogramm schweren Eisen-Masseln wurden auf Fuhrwerken nach Walenstadt und von dort in die Eisenwerke Laufen am Rheinfall SH und Thorenberg LU transportiert (Hugger 1991, Moser 2018). Pro Woche wurden in der ersten Hälfte des 19. Jahrhunderts circa 300 Zentner Roheisen produziert, was einer Jahresproduktion von circa 15 000 Tonnen entspricht (Ritter 1924).

Im Jahr 1868 wurde der Hochofen in Plons ausgeblasen. Das Gonzen-Eisen war infolge des stetigen Ausbaus des Eisenbahnnetzes der Konkurrenz des schwedischen, belgischen und deutschen Eisens nicht mehr gewachsen (Ritter 1924). Wenige Jahre später wurde der Hochofen im Jahr 1870 wieder in Betrieb genommen, nachdem die Eisenpreise während des Deutsch-Französischen Krieges von 1870/71 gestiegen waren (Imper 1996). Bernhard Neher, der von seinem Vater die Betriebsleitung des Gonzen-Bergwerks, der Eisenhütte Plons und der

114 Verladestelle: Das Erz gelangte aus einer Rutsche direkt in Eisenbahnwagen, mit welchen es aus dem Stollen transportiert wurde.
Foto: Pro Gonzenbergwerk

Eisenwerks Laufen übernommen hatte, erstellte 1873 in Plons einen neuen Hochofen. 1878 fand der Erzabbau ein jähes Ende. Während der Ära Neher wurden von 1826–1878 in Plons circa 23000 Tonnen Roheisen produziert (Moser 2018).

Die Bergbautätigkeit am Gonzen wurde erst zu Beginn des 20. Jahrhunderts wieder aufgegriffen (Epprecht 1984). Der Initiator Oskar Neher, Enkel von Johann Georg Neher, erwarb im Jahr 1912 vom Kanton St. Gallen eine Konzession zur Ausbeutung der Gonzen-Erze. Oskar Neher gab verschiedene Gutachten über die Erfolgsaussichten des Bergwerks Gonzen in Auftrag (Moser 2018). Aufgrund des positiven Bescheids gründete er in Verbindung mit den Unternehmungen Gebrüder Sulzer AG, Winterthur, und den Eisen- und Stahlwerken, vormals Georg Fischer Schaffhausen, das «Gonzensyndikat Sargans».

Da während des Ersten Weltkriegs sich die Nachfrage nach Eisen in der Schweiz verstärkte, wurde gemäss Empfehlung der Geologen Heim und Oberholzer im Juni 1917 auf der Rheintalseite bei Naus ein neuer Stollen in Angriff genommen. Dieser traf am 5. Januar 1918 nach 356.4 m auf die Erzschicht. Das Erzlager wies eine Mächtigkeit von 1.5 – 2 m und einen mittleren Eisengehalt von 50–55% auf (Ritter 1924). Damit war bewiesen, dass das Erzlager von der Grube I aus, auf dem Gonzen-Faltenscheitel, nach Nordosten allmählich in die Tiefe sinkt (Hugger 1991). Dieser positive Befund führte dazu, dass sich im Jahr 1919 die drei Syndikatsfirmen zur «Eisenbergwerk Gonzen AG» zusammenschlossen.

Im Jahr 1920 wurde bei Naus ein Knappenhaus – eine Schlafstätte für Bergleute während des Arbeitseinsatzes – errichtet: Bereits 1922 musste ein weiteres Knappenhaus gebaut werden (Moser 2018). Das für den Abbau erforderliche Material musste vorerst über ein Strässchen, das vom Schloss Sargans über den Weiler Prod zum Nauskopf führt, transportiert werden. Später wurde eine Seilbahn errichtet. Bei Naus befanden sich zudem ein Maschinenhaus mit Rotations-Kompressoren, welche die Pressluft für etwa 40 in Betrieb stehende Bohrhämmer erzeugten, sowie Transformer- und Ventilationsanlagen und eine Schmiede.

Der grösste Teil der Arbeiter, deren Anzahl auf rund 220 gestiegen war, stammte aus den Gemeinden Wartau, Sargans, Mels, Sevelen und Umgebung (Ritter 1924). Das Eisenbergwerk war seit der Wiedereröffnung 1917/18 einer der wichtigsten Arbeitgeber der Region, und es entwickelte sich eine spezielle Bergbaukultur, welche durch die Tätigkeit und Lebensweise der Bergleute überliefert ist (Hugger 1991, 1994).

In den folgenden Jahren wurde das Eisenerz in einem ausgedehnten Stollensystem abgebaut, in Rollwagen durch den Naus-Stollen transportiert und mittels einer 1480 m langen Seilbahn zur 490 m tiefer liegenden Sortieranlage nach Malerva gebracht. Dort wurde das Erz ab 1921 grob sortiert, gewaschen, auf Bahnwagen verladen und grösstenteils ins Ausland versandt. Im Herbst 1921 betrug die tägliche Erzförderung über 250 Tonnen. Die Verhüttung erfolgte in Lothringen, im Rhein- und Ruhrgebiet und in Oberschlesien (Ritter 1924). Bis 1930 wurden auf diese Art etwa 514 000 Tonnen Erz gewonnen (Epprecht 1984).

Bereits im Jahr 1923 begann die Suche nach der Fortsetzung des Erzlagers. Aufgrund geophysikalischer Messungen und Angaben eines Wünschelrutengängers wurde vermutet, dass das Erzvorkommen sich gegen Nordosten bis nach Trübbach fortsetzt. Zur weiteren Abklärung wurde im Jahr 1927 beim Wolfsloch oberhalb Trübbach ein weiterer Stollen vorgetrieben. Der Vortrieb wurde nach 1515 m erfolglos eingestellt; man tappte im Dunkeln, in welchen Kalkschichten man sich befand. Erst im Jahr 1937 wurde das Erzflöz angefahren, nachdem der Geologe Hans Jakob Fichter anhand von Mikrofossilbestimmungen eine genaue stratigrafische Zuteilung der im Stollen angefahren Schichten ermöglichte. In den Jahren 1931–1953 wurde das Erz über mehrere Gesenke auf das Niveau der Naus-Sohle hochgezogen und via Seilbahn nach Sargans befördert, insgesamt etwa 1 258 000 Tonnen (Epprecht 1984).

In den Krisenjahren, insbesondere ab 1931, musste der Arbeiterbestand stark reduziert und der Abbau vorübergehend eingestellt werden. Dank einer steigenden Nachfrage nach Eisenerz konnte der Betrieb aber im Jahr 1937 wieder aufgenommen werden. Während des Zweiten Weltkriegs erlebte das Eisenbergwerk seine Blütezeit, und es waren bis zu 380 Personen beschäftigt (Eberli 2015). Die steigende Förderung führte dazu, dass die bekannten Erzreserven rasch abnahmen und die Suche nach der Fortsetzung des Erzlagers intensiviert wurde. In den Jahren 1942 und 1943 wurden nordwestlich von Trübbach erfolglos drei Tiefbohrungen ausgeführt, weil die Wünschelrutenprognose in dieser Richtung eine Fortsetzung des Erzvorkommens vermuten liess. Der junge Geologe Willfried Epprecht kam dank seiner Untersuchungen an der Eidgenössischen Technischen Hochschule Zürich zum Schluss, dass der Erzhorizont als Steillager nördlich des Wolfsloch-Stollens anstehen müsse. Tatsächlich wurde das Erzlager an dieser Stelle im Sommer 1943 mit zwei Kleinkernbohrungen angetroffen.

Mittels weiterer Tiefbohrungen wurde die weitere Fortsetzung des Erzlagers erkundet. Somit war der Nachweis für weitere abbauwürdige Erzreserven bis auf das Niveau der Rheintalebene erbracht. Deshalb wurde im Juni 1948 auf 491 m ü. M. der Basisstollen angesprengt, welcher ein Jahr später nach 1750 m die Erzschicht erreichte. Hinter der Erzschicht wurde der Basisstollen-Bahnhof errichtet, der einen Erzbunker, Ventilatoren, eine Werkstätte und ein Munitionsmagazin umfasste (Epprecht 1984).

In den Folgejahren wurde der Erzabbau gegen Nord-Nordosten bis auf 320 m ü. M. fortgesetzt, wobei in vermehrtem Ausmass Bergwasser eindrang, das abgepumpt werden musste. Neben der erhöhten Förderung von Grubenwasser verteuerten Sicherheitsmassnahmen wegen eines massiven Erdgaszutritts den weiteren Erzabbau (Epprecht 1984). Das Bergwerk musste deshalb 1966 infolge sinkender Rohstoffpreise definitiv eingestellt werden. Seit 1951 bis zur Stilllegung wurden insgesamt 781 000 Tonnen Versanderz gefördert. Die verbleibenden Erzvorräte wurden auf circa 5.5 Millionen Tonnen geschätzt (Moser 2018).

Erzvorkommen und Bergwerksanlagen im Gonzen

Das Erzlager ist in den steilen Flanken des Gonzen, am Ghutlet Gonzen und am Tschuggen, aufgeschlossen, wo auch der früheste Bergbau einsetzte. In den steilen Bergflanken des Gonzen sind Gesteine des Malms anstehend, welche die Schichtglieder des unteren und oberen Quinten-Kalks mit dem dazwischengeschalteten «Mergelband» umfassen. Diese bilden eine grossräumige Faltenstruktur, in deren Kern Tonstein, Eisensandstein und Spatkalke des Doggers anstehen. Die Achsenflächen der Falten tauchen nach Süd-Südosten unter die Talebene ab. Tektonisch werden diese Gesteine dem Glarner Deckenkomplex zugeordnet.

Die Schichtabfolge mit dem Erzlager am Gonzen, vereinfacht nach Epprecht (1946a), ist auf untenstehender Tabelle dargestellt.

Eisen und Mangan tritt in einem 0.5–2 m mächtigen Erzlager auf, das an der Basis des «Mergelbandes» zwischen dem unteren und oberen Quinten-Kalk vorkommt. Die dünnplattigen Kalke und Mergelkalke des «Mergelbandes» wurden hier auch als «Plattenkalk» angesprochen. Grundsätzlich liegen zwei stratiforme, das heisst parallel zur Schichtung verlaufende Erzlager vor: das Gonzenlager an der Untergrenze des «Mergelbandes» und das Valenalager 5–8 m darunter im unteren Quinten-Kalk. Circa 1.5 km nordwestlich des Gonzen befindet sich in der gleichen Schichteinheit das räumlich begrenzte Tschuggenlager. Abbauwürdig ist nur das Gonzenlager. Es sind nach Epprecht (1946a) vier verschiedene Erztypen zu unterscheiden:

- Massives Eisenerz, in welchem Hämatit und Magnetit dominieren und von Quarz und Ferrocalcit begleitet werden.
- Melierterz, ein rot gefleckter eisenhaltiger Kalkstein mit Ferrocalcit und fein verteiltem Hämatit. Melierterz findet sich vor allem am seitlichen Rand des massiven Erzes.
- Eisen- und manganhaltiges Erz mit Hämatit und Ca-Fe-Rhodochrosit.
- Manganerz mit Rhodochrosit, Hausmannit sowie akzessorisch Manganosit und Baryt.

Der parallele Verlauf der Erzlager zur Schichtung in den Kalken und der seitliche Übergang von Erzlagern in die Kalke deuten darauf hin, dass die Erzlager sedimentäre Ablagerungen sind. Die chemische Zusammensetzung ist ähnlich den rezenten submarinen, hydrothermalen Ablagerungen in den Ozeanen (Pfeifer et al. 1988). Wie die Untersuchungen von Blum und Hug (2001) zeigen, weisen einzelne Schichten markante Schwankungen der Mächtigkeiten auf, was auf eine tektonisch bewegte Geschichte während der Ablagerung hindeutet.

Während der alpinen Gebirgsbildung wurden die Gesteine des Gonzen von ihrer ursprünglichen Unterlage abgeschert, gegen Norden auf andere Gesteinseinheiten überschoben und gefaltet. Das Erzlager wurde dabei mitsamt seinem Nebengestein durch zahlreiche Brüche gestört. Entsprechend dem generellen Abfallen der Faltenachsen gegen Nordosten taucht der Erzkörper von den steilen Flanken des Gonzen in die gleiche Richtung ins Bergesinnere ab.

Abfolge der geologischen Schichten am Gonzen
Im Folgenden werden die verschiedenen Bergwerksanlagen in der Reihenfolge ihrer Erschliessung beschrieben (Epprecht 1984):

Die «Alte Grube I» befindet sich ungefähr im Scheitel der Gonzen-Falte. Der Abbau erstreckt sich auf einer Breite von gegen 120 m und reicht bis 200 m tief in den Berg hinein. An dieser Stelle wurde, mit Unterbrüchen, bis ins Jahr 1918 Erz abgebaut.

Gegen Nordwesten setzt sich das Erzlager fort, ist aber durch eine senkrecht stehende Verwerfungskehle unterbrochen. Jenseits der Verwerfung wurde das Erzband in der «Alten Grube II» abge-

Bezeichnung	Mächtigkeit	Gesteinsbeschreibung
Oberer Quinten-Kalk	bis 200 m	Grauer, massiger Kalk, kaum geschichtet
«Mergelband»/ «Plattenkalk»	90 m	Wechsellagerung von dunkel-grau-schwarzen, 5-15 cm mächtigen Kalken mit 1-5 cm mächtigen Mergelkalken
Erzhorizont	0.5-2 m	Eisen- und Manganerz; Erzkörper mindestens 300 m breit, seitlich in Quinten-Kalk übergehend
Unterer Quinten-Kalk	100 m	Grauer, dichter gebankter Kalk

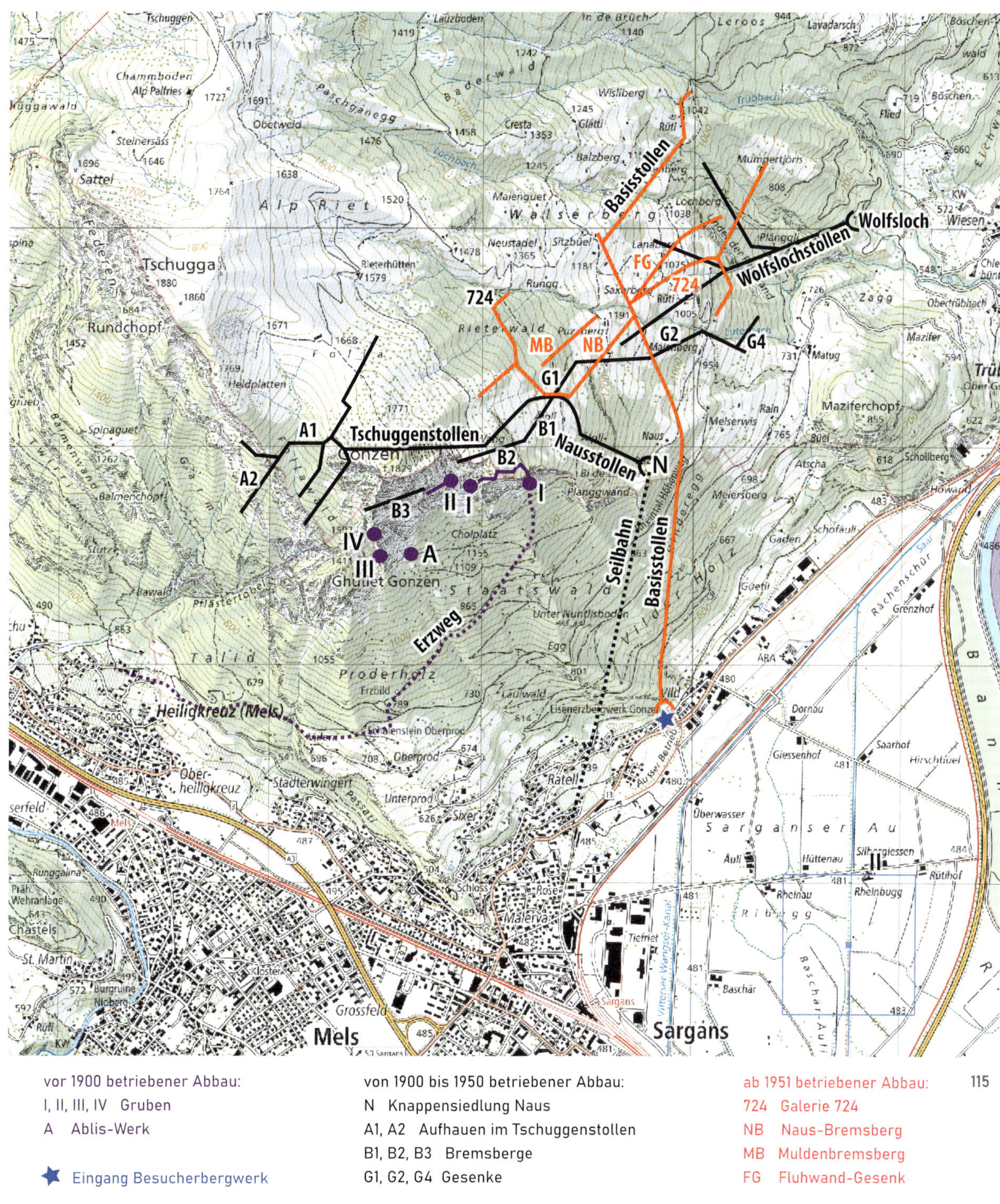

115 Karte des Eisenbergwerks Gonzen und Umgebung mit dem Verlauf der Stollen.
Illustration: Adrian Pfiffner, umgezeichnet nach Hugger (1991)

baut, deren Eingang auf 1406 m ü. M. liegt. Die Bergbautätigkeit geht nach Epprecht (1984) mit Sicherheit auf die Zeit vor 1800 zurück. Das Erz wurde mit einem mindestens 200 m langen, horizontalen Stollen erschlossen und wurde bis aus 40 m Tiefe mit Kübeln gefördert. Dieser Abbau war letztmals zwischen 1843 und 1848 in Betrieb.

Am Gonzenkopf ist der Faltenscheitel vom unteren Faltenteil tektonisch abgetrennt, und die Erzschicht ist in diesem Bereich stark zerstückelt. Aus diesem Grund befinden sich am Fuss der Überschiebungsfläche auf 1190 m ü. M. das sogenannte «Abliswerk» (Ablasswerk) und etwas höher, auf 1250 m ü. M., die «Alte Grube III». Im oberen Abschnitt der Überschiebung liegt auf 1409 m ü. M. der Eingang zur «Alten Grube IV», in welcher der Bergbau versuchsweise im 19. Jahrhundert wieder aufgenommen worden war (Epprecht 1984).

Der Naus-Stollen wurde vom Rheintal aus in einer Höhe von 1000 m ü. M. gegen Nordwesten vorgetrieben. Das Eisenerz wurde in horizontalen Stollen, sogenannten Galerien, auf beiden Seiten des Faltenscheitels abgebaut, auf Rollwagen verladen und in mehreren Bremsbergen in einen Bunker gebracht. Die Bremsberge waren mit einer Bremsbergtonne ausgerüstet, welche an einem Seil hing und ein Fassungsvermögen von 2 m^3 aufwies (Epprecht 1984). Vom Bunker wurde das Erz auf die Stollenbahn auf der Naus-Sohle verladen und die Wagen in ein Silo entleert. Mittels einer 1480 m langen Seilschwebebahn wurde das Erz anschliessend zur Talstation Malerva bei Sargans verfrachtet.

Der Eingang des Wolfsloch-Stollens befindet sich auf einer Höhe von 645 m ü. M. und liegt nordwestlich der Ortschaft Trübbach. Er wurde ursprünglich als Sondierstollen angelegt, ohne dass man bis zu seinem Ende bei Stollenmeter 1515 auf Erz stiess. Auf Empfehlung von Professor Max Reinhard wurde bei Stollenmeter 650 eine Abzweigung gegen Nordwesten erstellt, die ebenfalls im tauben Gestein verlief. Nachdem die Fortsetzung des Erzkörpers gefunden worden war, wurde mittels eines Schrägstollens eine Verbindung vom Wolfsloch mit dem Gesenk I hergestellt. Der Wolfsloch-Stollen wurde nie für den Erztransport, sondern für die Entsorgung des kalkigen Abraummaterials und bis in die Vierzigerjahre als Zugang für die Arbeiter ins Bergwerk benutzt (Epprecht 1984).

Nachdem dank des Wolfsloch-Stollens und verschiedener Tiefbohrungen eine Ausdehnung des Erzkörpers bis auf das Niveau der Rheintalebene nachgewiesen worden war, erschien es wirtschaftlicher, das Erz künftig nicht mehr über den weit über der Talsohle liegenden Naus-Stollen zu fördern. Deshalb wurde 1949 bei Vild nordwestlich von Malerva auf 491 m ü. M. mit dem Vortrieb des Basisstollens begonnen. Dieser traf im Jahr 1950 bei Stollenmeter 1750 das steilstehende Erzband, wo der Bahnhof des Basisstollens errichtet wurde (Epprecht 1984). Vom Bahnhof aus wurden Bremsberge gebaut, welche den Basisstollen mit den höher liegenden Bereichen des Gonzen-Bergwerks verbanden und es ermöglichten, dass seit 1952 alle oberhalb der Wolfsloch-Sohle abgebauten Erze über den Basisstollen abtransportiert werden konnten. Zusätzlich wurde zwischen 1953 und 1966 vom Basisbahnhof aus gegen Nord-Nordost das Fluhwand-Gesenk angelegt, das eine Gesamtlänge von 480 m aufweist und bis auf 320 m ü. M. absinkt. In diesem Bereich der Grube wurde der Abbau in zunehmendem Masse durch Zutritt von Bergwasser erschwert. Es mussten permanent circa 500 Liter Wasser pro Minute abgepumpt werden. Heute sind diese Stollen geflutet und nur noch Tauchern zugänglich (Huber 2010).

Erze und Mineralien des Gonzens

Aus mineralogischer Sicht sind die Eisen- und Manganerze von besonderem Interesse. Zu diesen zählen auch äussert seltene Mineralarten, die von den Sammlern im Allgemeinen wenig beachtet werden, da sie häufig nur gesteinsbildend und vermengt mit anderen Erzmineralien auftreten. Die heute im Handel anzutreffenden Mineralstufen stammen weitgehend aus älteren Sammlungen, da seit der Schliessung des Bergwerks kaum Möglichkeiten bestehen, neue Funde zu tätigen.

Die Erze des Gonzen können in zwei Gruppen unterteilt werden (Epprecht 1946a): die Eisenerze und die Manganerze. Zusätzlich treten verschiedene Mineralien in Klüften auf. Das Eisenerz besteht hauptsächlich aus Hämatit («Roteisenstein») mit ei-

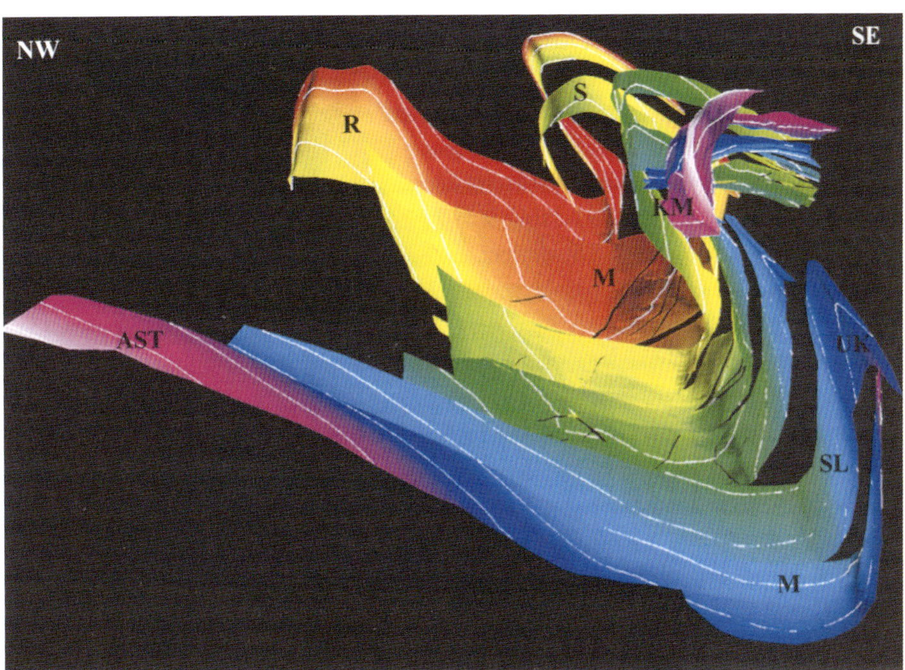

116

AST Tschuggen-Antiklinale M Ghudlet Gonzen-Synklinale S Gonzen-Antiklinale
R Rüti-Antiklinale SL Steillager

nem Eisengehalt von 50–60%. Die Manganerze sind zu einem überwiegenden Teil aus derbem oder grobkörnig kristallisiertem, bräunlich-schwarzem Hausmannit aufgebaut (Epprecht 1946a, Oberholzer 1923). Der an aufbereiteten Erzproben ermittelte Mangangehalt kann stellenweise mehr als 50% betragen. In der seitlichen Verkalkungszone des Erzlagers kommt sogenanntes Melierterz vor, welches aus einem Gemisch von eisenhaltigem Calcit (Ferrocalcit), Hämatit und Magnetit besteht (Epprecht 1946a).

Im Erzkörper und im Nebengestein sind Adern vorhanden, bei welchen es sich um frühe, hydrothermale Bildungen handelt, die eng mit der Erzbildung verknüpft sind. Die Adern durchsetzen das Erzlager und enden schlierig in den überlagernden «Plattenkalken» und weisen eine vielfältige mineralogische Zusammensetzung auf. Epprecht (1946a und b) nimmt an, dass die hydrothermalen Lösungen unmittelbar nach der Erzfällung agierten und dass die Mineralbildung nach der Sedimentation der «Plattenkalke» bereits abgeschlossen war.

Während die Adern im Eisenerz weitgehend die gleiche mineralogische Zusammensetzung wie das primäre Erz aufweisen, treten in den Adern der Manganerze mehrere spezielle Mineralarten auf, welche im Folgenden nach Epprecht (1946a) einzeln beschrieben werden.

Der Hämatit wird häufig durch Magnetit ersetzt. Beide Mineralarten sind sehr feinkristallin oder bilden schlecht auskristallisierte, nur unter dem Mikroskop sichtbare Schüppchen. Es kommen auch strahlig-nadelig ausgebildete Aggregate von Hämatit vor, bei welchen vermutet wird, dass es sich um Pseudomorphosen nach Goethit (Nadeleisenerz) handelt. Der Hämatit erscheint im frischen Bruch rotbraun, während der Magnetit me-

116 Dreidimensionale Darstellung des Erzhorizontes. Der Blick ist nach Nordosten gerichtet. Eine Mulde (Ghudlet Gonzen-Synklinale) trennt ein Gewölbe im Nordwesten (Tschuggen- und Rüti-Antiklinale) vom Gonzen-Gewölbe im Südosten. Die Farben kennzeichnen die Höhenlage über Meer. Violett ist die höchste Lage (am Tschuggen), rot ist die tiefste Lage (Rüti-Antiklinale und Mulde rechts von dieser). Illustration: Nach Blum und Hug (2001), ergänzt

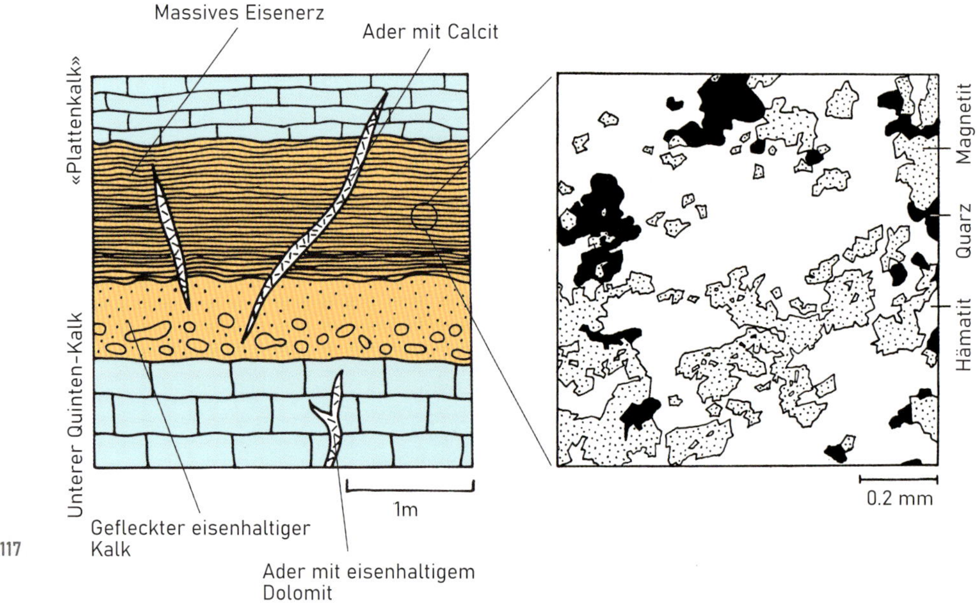

117

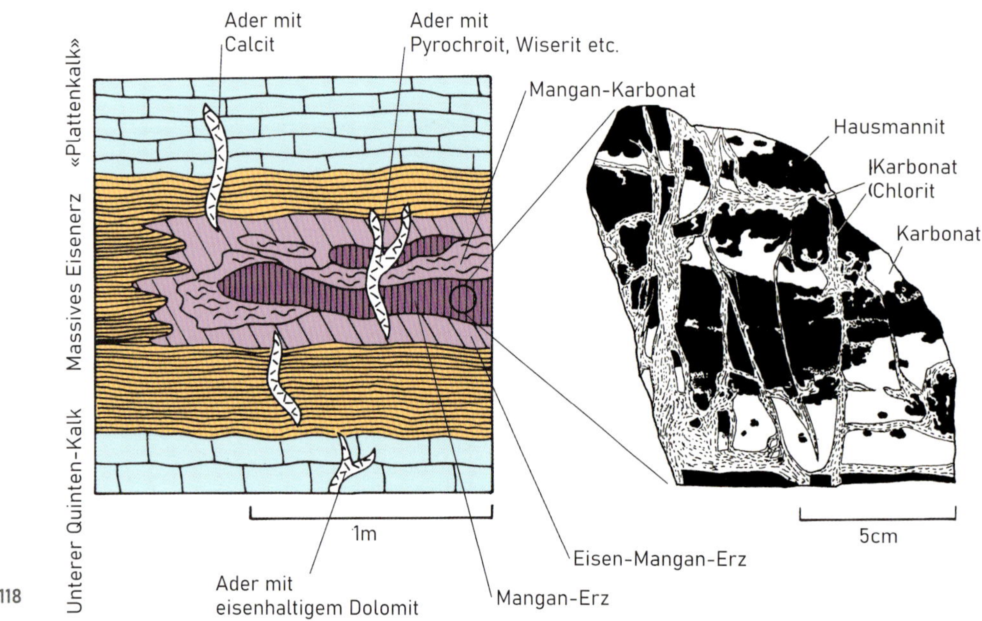

118

tallisch glänzend ist und eine stahlblaue Farbe zeigt. Die hochwertigen Eisenerze enthalten oft feinkristallinen Quarz, der wahrscheinlich aus Kieselsäuregel entstanden ist.

Pyrit tritt in Form winziger, bis 0.05 mm grosser Körner auf, die regellos im Eisenerz eingestreut sind. Die gleiche Mineralart findet sich auch in Form derber Massen oder auskristallisiert in Klüften sowie deren unmittelbarer Nachbarschaft. Das Mineral kommt als Würfel mit oft verzerrten Würfelflächen und seltener als Pentagondodekaeder vor. Die Kantenlängen der Würfel betragen bis 1 cm. In den Sammlungen finden sich auch Pyrit-Gruppen, welche aus vielen aggregierten Würfeln aufgebaut sind. Zuweilen findet sich Pyrit als Anflug auf Calcit. In der Grube Naus konnte schwarzer, nadeliger Millerit, zusammen mit Rhodochrosit, gefunden werden.

Das makroskopisch weitaus seltener erkennbare Mineral Chalkopyrit ist in zahlreichen Eisen- und

117 Vereinfachter Schnitt durch das Eisenerzlager aus der Randzone des Erzkörpers und Detailaufnahme mit feinschuppigem Hämatit und Einschlüssen aus Magnetit und Quarz.
Illustration: Michael Soom, nach Epprecht (1946 a) und Pfeifer et al. (1988)

118 Vereinfachter Schnitt durch eine manganreiche Zone innerhalb des Eisenerzlagers und Detailaufnahme einer Erzprobe mit Hausmannit und Adern aus Chlorit und Karbonat.
Illustration: Michael Soom, nach Epprecht (1946 a) und Pfeifer et al. (1988)

119 Erzprobe mit feinkörnigem, rötlichem Hämatit und Magnetit. Eisenbergwerk Gonzen. Breite: 9 cm.
Naturmuseum St. Gallen, Nr. M-2160
Foto: Thomas Schüpbach

120 Erzprobe mit grauem Hausmannit und Hämatit. Eisenbergwerk Gonzen. Breite: 12 cm.
Naturhistorisches Museum Bern, Nr. 6758
Foto: Thomas Schüpbach

121 Würfelförmige Pyrit-Kristalle, teilweise verzerrt. Eisenbergwerk Gonzen. Breite: 7 cm.
Sammlung: Peter Kürsteiner, Nr. T2-218
Foto: Thomas Schüpbach

122

123

124

Manganerz-Proben vorhanden und teilweise im Pyrit eingeschlossen oder von diesem verdrängt. Die Chalkopyrit-Kristalle erreichen eine Grösse von höchstens 0.05 mm. Sie werden selten von lediglich 0.01–0.03 mm grossen Körnern von Sphalerit begleitet.

Das Eisenkarbonat Siderit findet sich nie innerhalb des Erzbandes, sondern tritt nur spärlich in Klüften als linsenförmige, krummflächig begrenzte Aggregate auf, welche eine Grösse von maximal 1 mm erreichen.

In den Erzen sowie in Klüften sind Chlorit-artige Mineralien enthalten, darunter schwarz- und braungrüne Aggregate von blättrigem Stilpnomelan und hellgrüner, feinsandiger Rhipidolith. Als untergeordneter Gemengeteil der Gonzen-Erze findet sich Baryt, der in der Form kleiner tafeliger Kristalle von weisser Farbe auftritt. Daneben ist Baryt in Klüften zusammen mit Karbonaten festgestellt worden. In Klüften wurden wasserklare Würfel aus Fluorit beschrieben, die höchstens 1 mm gross sind und zusammen mit Calcit und Quarz auftreten.

Die Manganerze am Gonzen bestehen zu einem überwiegenden Teil aus den Mangan-Oxiden Hausmannit, Manganosit und amorph erscheinendem «Psilomelan». Unter dem Begriff «Psilomelan» werden in der älteren Literatur feinkörnige, filzige und krustige Manganoxide zusammengefasst. Neue Bestimmungen ergaben, dass es sich um eine Mischkristallreihe der Minerale Kryptomelan und Hollandit handelt (Huber 2010).

Der Hausmannit tritt in der Form knolliger Aggregate auf, die von Mangankarbonat begleitet werden. Die Aggregate bestehen aus einzelnen Körnern, deren Grössen wenige Millimeter betragen und die oft verzwillingt sind. Sie zeigen einen eisenschwarzen Metallglanz mit blutroten Innenreflexen. Hausmannit findet sich am Gonzen nicht rein, sondern meist verwachsen mit Karbonaten, Chlorit, Baryt und anderen Mineralien.

Manganosit kommt in der Natur eher selten vor, tritt aber in der Erzlagerstätte am Gonzen und insbesondere im Abbaugebiet Naus relativ häufig auf (Roth und Meisser 2013). Im bergfrischen Zustand zeigt Manganosit eine smaragdgrüne Farbe. Im Kontakt mit der Luft oxidiert dieses Mineral rasch und wird zuerst schmutzig grün, dann braun und zuletzt schwarz. Manganosit bildet derbe, feinkörnige Massen und Aggregate, welche Grössen von bis 2 cm erreichen. Im Mangankarbonat eingeschlossene Manganosit-Körner sind idiomorph und treten in Form kleiner Würfel und Oktaeder auf.

Im Hausmannit-Erz finden sich Adern mit blättrigen Aggregaten des Manganhydroxides Pyrochroit, dessen Blätter in der Regel parallel zu den Rändern der Adern angeordnet sind. Die Kristalle können Durchmesser von bis zu 1.5 cm und eine Dicke von 2 mm erreichen, haben im bergfrischen Zustand einen Muskowit-artigen Glanz und sind violett durchscheinend. An der Luft wird der Pyrochroit innerhalb weniger Wochen schwarz und undurchsichtig.

Vom Zürcher Mineralogen David Friedrich Wiser wurde vom Bergwerk Gonzen erstmals ein faseriges Mineral beschrieben (Wiser 1842). Später stellte sich heraus, dass es sich dabei um eine neue Mineralart handelt, die von Haidinger (1845) zu Ehren ihres Entdeckers als Wiserit bezeichnet wurde. Die

122 Aus unzähligen Würfeln aufgebautes Pyrit-Aggregat. Eisenbergwerk Gonzen. Breite: 7.4 cm.
Sammlung: Peter Kürsteiner, Nr. T2-220
Foto: Thomas Schüpbach

123 Metallisch glänzende, schwarze, feine Nadeln aus Millerit neben rötlichem Rhodochrosit. Eisenbergwerk Gonzen, Grube Naus. Bildbreite: 5 mm.
Musée cantonal de géologie Lausanne, Nr. 64952
Foto: Thomas Schüpbach

124 Gesteinsprobe mit Chalkopyrit und weissen Calcitadern. Eisenbergwerk Gonzen. Bildbreite: 4.5 mm.
Naturhistorisches Museum Bern, Nr. A7639
Foto: Thomas Schüpbach

125 Grüner Manganosit, bevor er sich im Kontakt mit der Luft verfärbt. Eisenbergwerk Gonzen, Grube Naus. Bildbreite: 2.3 cm.
Musée cantonal de géologie Lausanne, Nr. 64947
Foto: Thomas Schüpbach

126 Erzprobe mit derbem Manganosit. Dieser war ursprünglich smaragdgrün, unter Lufteinwirkung wurde seine Oberfläche schwarz verfärbt. Eisenbergwerk Gonzen. Breite: 14 cm.
Naturhistorisches Museum Bern, Nr. 7369
Foto: Thomas Schüpbach

127 Bräunlicher, faseriger und glänzender Wiserit auf dunklem Hausmannit. Eisenbergwerk Gonzen. Breite: 5 cm.
Sammlung: Peter Kürsteiner, Nr. T5-751
Foto: Thomas Schüpbach

128 Metallisch glänzender Jakobsit-Kristall mit rosarotem Rhodochrosit und weissem, tafeligem Baryt. Eisenbergwerk Gonzen. Bildbreite: 1.5 cm.
Musée cantonal de géologie Lausanne, Nr. 37988
Foto: Thomas Schüpbach

129 Ader aus gelb-orangem Retzian und rosafarbigem, glasartigem Alleghanyit in dunkelgrauem Hausmannit-Erz. Eisenbergwerk Gonzen, Grube Naus, Abbauniveau 1000 m ü. M. Fund: Stefan Ansermet, 1994. Bildbreite: 5 mm.
Musée cantonal de géologie Lausanne, Nr. 58747
Foto: Thomas Schüpbach

130 Gesteinsprobe mit Lagen aus rosafarbenem Rhodochrosit neben dunkelgrauem Hausmannit. Eisenbergwerk Gonzen. Breite: 8.3 cm. Sammlungseingang 1935, Geschenk Direktor Neher, Eisenbergwerk Gonzen AG.
Naturhistorisches Museum Bern, Nr. 6738
Foto: Thomas Schüpbach

seltene Mineralart findet sich in Adern des Hausmannit-Erzes zusammen mit Pyrochroit, Rhodochrosit und mit wenig Fluorit und Baryt.

Es handelt sich beim Wiserit um faserige, seidenglänzende, asbestartige Massen, welche auch in bis 2 cm grossen Nestern auftreten. Die einzelnen Fasern sind elastisch biegsam, seidenglänzend, bräunlich bis hellrötlich oder annähernd weiss. Eine gesicherte Bestimmung von Wiserit ergab sich erst, nachdem Epprecht et al. (1959) die innige Verwachsung mit der ebenfalls seltenen Mineralart Sussexit festgestellt hatten. Dabei zeigte sich, dass beide Mineralien zur Gruppe der Borate gehören.

Als weitere mineralogische Seltenheit wird aus der Grube Naus das Mangansilikat Alleghanyit beschrieben, das zusammen mit Retzian in der Form millimeterdicker Adern auftritt (Stalder et al. 1998, Roth und Meisser 2013). Alleghanyit ist als orangerote, derbe Körner mit Fettglanz ausgebildet, welche in Adern zusammen mit Rhodochrosit auftreten. Retzian kommt in der Form millimetergrosser, honiggelber Körner vor. Effektiv handelt es sich um zwei miteinander verwachsene Mineralarten, welche aus einem Lanthan- und Neodym-haltigen Typ bestehen (Roth und Meisser 2013).

In der gleichen Grube wurde die Mineralart Jakobsit bestimmt, welche hochglänzende, abgestumpfte Oktaeder bildet, die eine Grösse von bis 8 mm erreichen und von Baryt und Rhodochrosit begleitet werden (Roth und Meisser 2013, Stalder et al. 1998).

Das Mangankarbonat Rhodochrosit ist sowohl im manganhaltigen Erz wie auch in den Klüften, welche den Erzkörper begleiten, weit verbreitet. Das karbonatische Manganerz enthält vorwiegend kleinkörnig-dichten, rosarot bis weissen, auch gelblich oder bräunlich aussehenden Rhodochrosit und akzessorisch «Psilomelan», weissen Baryt und Chlorit. In den Klüften bildet der Rhodochrosit rosarote Massen aus sattelförmig begrenzten Kriställchen, deren Grössen in der Regel unterhalb von 1 mm liegen. Zusammen mit Rhodochrosit treten die Karbonat-Mineralien Ferrocalcit und Ankerit auf, welche eine Mischkristallreihe bilden. Als weitere Mineralart kommt feinkörniger, schwarzer Graphit entlang von Harnisch-Flächen vor.

Der chemisch reine Calcit findet sich in farblosen, milchig-weissen oder bläulich getrübten Ausbildungen in grossen, oft mit Lehm gefüllten Verwerfungsspalten. Die Calcite sind jeweils als Rhomboeder auskristallisiert, in teilweise riesigen Grössen.

Im Frühling 1965 wurde, kurz vor der Stilllegung des Bergbaubetriebes, etwa 2 km bergeinwärts bei der Anlage eines Erzsilos ein riesiges Spalten- und Kluftsystem entdeckt. Dieses liegt einige Meter im Hangenden eines steilstehenden Erzlagers, im «Mergelband» der Quinten-Formation, und enthält ein überaus grosses Calcit-Vorkommen. Der angefahrene Hohlraum hatte eine Ausdehnung von etwa 16 x 9 x 4 m, mit spalten- und kaminartigen Erweiterungen und Verzweigungen. Die Wände der Kristallhöhlen waren mit dichtgedrängten weissen, rötlichen (infolge Limonit-Überzug der Kristalle) oder bläulich-grauen Kristallen besetzt. Die Calcite sind ausschliesslich rhomboedrisch auskristallisiert. Die Rhomboeder können beachtliche Grössen erreichen: über 100 Kristalle des Fundes haben Kantenlängen von mehr als 30 cm, die grösste misst 80 cm. Charakteristisch sind das häufige Auftreten eines Treppenbaus und eine ausgeprägte zonare Farbverteilung im Millimeter- bis Zentimeter-Bereich.

Im Jahr 1965 wurde ein Teil der Calcite abgebaut. Diese gelangten, einige davon als Gruppe von 1.3 x 2 m wieder nachgebaut, in die Sammlung des Naturhistorischen Museums Bern (Stalder 1967b). Weitere Einzelstücke finden sich bei den Gebrüdern Sulzer in Winterthur (heute Sulzer AG) und in der Sammlung der Eidgenössischen Technischen Hochschule Zürich. Damals wurde auch in Erwägung gezogen, die Kristallkluft später der Öffentlichkeit zugänglich zu machen. Dieses Vorhaben wurde aber durch Kristallsucher verhindert, welche nach der Bergwerksschliessung mehrmals bis zur Kluft vordrangen und zur Gewinnung von einzelnen Mineralstufen den Kluftinhalt durch Sprengungen weitgehend zerstörten (Hugger 1991).

Allgemein verbreitet ist Gips, der in bis 15 mm grossen Kristallen vorkommt und aus der Oxidation von Sulfidmineralien hervorgeht. Als weitere Zersetzungsprodukte von Pyrit tritt das grünliche Mineral Melanterit (Epprecht 1946b) auf, das an der Luft nicht beständig ist und sich in das weisse Eisensulfat-Mineral Rozenit umwandelt (Huber 2010). Bei der Mineralart Aragonit dürfte es sich

131 Mit schwarzem Graphit belegte Harnisch-Fläche. Eisenbergwerk Gonzen, Grube Naus, Abbau 5, 110 m westlich vom Bremsberg. Fund: Louis Déverin. Bildbreite: 5.5 cm.
Musée cantonal de géologie Lausanne, Nr. 094982
Foto: Thomas Schüpbach

132 Blick in die im Jahr 1965 entdeckte grosse Calcit-Kluft im Eisenbergwerk Gonzen.
Fotoarchiv Erdwissenschaften, Naturhistorisches Museum Bern
Foto: Walter Baur

133 Grosse Calcit-Stufe aus dem Eisenbergwerk Gonzen. Breite: 55 cm.
Naturmuseum St. Gallen, Nr. M-2554
Foto: Thomas Schüpbach

134 Grosse Calcit-Rhomboeder sind den Kluftflächen aufgewachsen. Die unten rechts abgebildeten Calcite sind treppenartig aufgebaut. Eisenbergwerk Gonzen.
Fotoarchiv Erdwissenschaften, Naturhistorisches Museum Bern
Foto: Walter Baur

135 Calcit-Stufe aus dem Eisenbergwerk Gonzen. Breite: 31 cm.
Sammlung: Peter Kürsteiner, Nr. T5-48
Foto: Thomas Schüpbach

134

135

136 Kugelige Aggregate aus weissem Aragonit. Eisenbergwerk Gonzen, Grube Naus. Fund: Stefan Ansermet, 1994. Bildbreite: 6 mm.
Musée cantonal de géologie Lausanne, Nr. 64954
Foto: Thomas Schüpbach

137 Kleine Calcit-Stufe bestehend aus rhomboedrischen Kristallen mit Kantenlängen bis 1.5 cm. Gonzen. Breite: 7.4 cm.
Naturhistorisches Museum Basel, Nr. 32120
Foto: Thomas Schüpbach

138 Rasterelektronenmikroskop-Aufnahme von Feitknechtit. Eisenbergwerk Gonzen, Grube Naus. Fund und Analyse: Nicolas Meisser, Musée cantonal de géologie Lausanne.
Musée cantonal de géologie Lausanne, Nr. 58772
Foto: Nicolas Meisser

139 Eingangsbereich des Besucherbergwerks Eisenbergwerk Gonzen.
Foto: Pro Gonzenbergwerk

140 Interessierte Besucher folgen anlässlich einer Stollenbesichtigung den Worten des sie begleitenden Führers.
Foto: Pro Gonzenbergwerk

ebenfalls um eine rezente Mineralbildung handeln. Aragonit bildet nadelförmige, weisse Kristalle in der Form sphärolithischer Aggregate, welche in einem Klufthohlraum aufgewachsen auf Rhodochrosit gefunden wurden.

Als dünne Überzüge auf Pyrochroit-Kristallen wurde die Mineralart Feitknechtit identifiziert, welche aus feinen, dunkelbraunen Blättchen besteht. Es handelt sich dabei um ein Mangan-Hydroxid, das durch die Verwitterung zweiwertiger Manganmineralien entsteht (Roth und Meisser 2013.)

139

140

Das grösste Besucherbergwerk der Schweiz: Das Eisenbergwerk Gonzen
Seit 1983 besteht der Verein «Pro Gonzenbergwerk». Er organisiert geführte Stollenbesichtigungen im zugänglichen Teil des stillgelegten Eisenbergwerks Gonzen. Zudem besteht eine «Knappenvereinigung», in welcher die Gönner des Besucherbergwerks Eisenbergwerk Gonzen zusammengeschlossen sind. Informationen unter www.bergwerk-gonzen.ch.

Literatur: Bättig (1966, S. 117–121), Bernoulli (1811, S. 211), Eberli (2015), Eisenbergwerk Gonzen AG (1944), Epprecht (1946 a; 1946 b, S. 19–27; 1984, S. 3–39; 1986 a, S. 18–28; 1986 b, S. 12–17), Epprecht et al. (1959, S. 85–104), Huber (2010), Hugger (1991; 1994, S. 131–143), Imper (1996), Moser (1990), Moser 2018), Oberholzer (1923, S. 155–203), Pfeifer et al. (1988, S. 257–272), Ritter (1924), Roth und Meisser (2013, S. 8–21), Stalder (1967 b, S. 96–98), Stalder et al. (1973, S. 339–340 und S. 358), Stalder et al. (1998, S. 97 und S. 430), Wiser (1842), Zweifel (1877, S. 174–200)

141

142

1.2 Stralrüfi

Mineralien
Calcit, Quarz

Die Fundstelle Stralrüfi, nordöstlich von Flums gelegen, befindet sich an der Front der Stralrüfi-Schuppe, einer der dachziegelartig übereinander liegenden Schuppen aus Dogger- und Malm-Sedimenten. Bei der Fundstelle sind Quinten-Kalk und «Zementstein-Formation» auf Palfris-Mergel aufgeschoben. Die Fundstelle selbst liegt in der «Zementstein-Formation», eine Wechsellagerung von harten und mergeligen Kalken.

Wenig südwestlich des Berghauses Stralrüfi konnten in den letzten Jahrzehnten von verschiedenen Strahlern immer wieder kleine Quarze gesammelt werden. Die Kristalle finden sich in steil gegen Nordwest einfallenden, schmalen Kluftrissen zusammen mit derbem, braun verwittertem, eisenreichem Calcit. Die mineralführenden Hohlräume sind mehrheitlich als Dehnungsklüfte sowie stellenweise auch als Fiederkluft-System angeordnet. Kleinere Quarze sind meist als sogenannte «Öhrli-Diamanten» ausgebildet. Bei diesen handelt es sind um kurzprismatische, höchstens 2.5 cm lange Quarze, bei welchen die Hauptrhomboederflächen r und z gegenüber den untergeordnet ausgebildeten Prismenflächen m dominieren. Die Kristalle sind fast ausschliesslich als Doppelender ausgebildet, absolut farblos und weisen einen starken Oberflächenglanz auf. Manchmal besteht ein gradueller Übergang zum Zepterquarz.

Speziell bekannt geworden ist die Lokalität Stralrüfi für das Vorkommen von Quarzen mit Fensterbildung. Die Rhomboeder- oder seltener Prismenflächen der Kristalle sind, als Folge schnellen Kantenwachstums der Quarze, meist als getreppte Hohlräume erhalten. Deutlich sind besonders die lamellenartigen Einlagerungen von Tonpartikeln parallel zu den Rhomboederflächen. Die meisten Kristalle besitzen eine kurzprismatische Gestalt. Einzel-Kristalle sind in der Regel etwa 3 cm, selten bis 4.5 cm lang. Meist sind die Quarze jedoch zu kleinen Gruppen aggregiert, und zwar parallel- wie auch längsverwachsen. Solche Gebilde können durchaus Längen von 6 cm und mehr erreichen.

Stalder et al. (1973) beobachteten zudem Kristalle mit Anklängen an Tessiner-Habitus.

In Hohlräumen der Kalke und zwischen einzelnen Kalkbänken finden sich zudem Calcitadern und, wo es ausreichend Platz hatte, auch weisse, flachrhomboedrische Calcitkristalle mit Breiten bis 7 mm. Auf diesen sind nicht selten farblose Quarze, im prismatischen Habitus und bis 7 mm lang, auskristallisiert.

Literatur: Stalder et al. (1973, S. 348)

1.3 St. Martin bei Mels

Mineralien
Hämatit, Hausmannit, Magnetit, Pyrit

Bei St. Martin westlich von Mels wurde bei militärischen Stollenbauten im Verrucano eine Vererzung aus Hämatit festgestellt (Weber 1940). Der Verrucano gehört zu einer nach Nordosten einfallenden Platte an der Basis des Glarner Deckenkomplexes. Der Erzhorizont ist konkordant in roten Tonschiefern eingelagert, welche 30 m unterhalb des Kontaktes mit dem überlagernden Mels-Sandstein auftreten und aus mehreren zerrissenen Linsen bestehen. Die Mächtigkeit der Erzlinsen bewegt sich zwischen 0.3 und 0.4 m. Makroskopisch ist hauptsächlich derber Hämatit («Roteisenstein») erkennbar, dem in kleinen Mengen Magnetit beigemengt ist. Daneben treten Spuren von körnig bräunlich-schwarzem Hausmannit auf (Weber 1940). Auf Kluftflächen ist häufig Pyrit ausgebildet.

Literatur: Weber (1940, S. 185-188)

141 Glasklare, kurzprismatische, verzerrte Quarze. Stralrüfi. Länge grösster Kristall: 2.6 cm.
Sammlung: Peter Kürsteiner, Nr. T4-137
Foto: Thomas Schüpbach

142 Fensterquarze mit Hohlräumen, welche graue Tonpartikel enthalten. Stralrüfi. Länge grösster Kristall: 6 cm.
Sammlung: Peter Kürsteiner, Nr. T4-130
Foto: Thomas Schüpbach

143 Quarze mit prismatischem Habitus, aufgewachsen auf flachrhomboedrischem Calcit. Stralrüfi. Breite: 4.5 cm.
Sammlung: Peter Kürsteiner, Nr. T4-72
Foto: Thomas Schüpbach

144 Der Eingang zur Festung Kastels (bei St. Martin) im roten Verrucano. Das 5-Sterne-Grand Hotel Castello zeichnet sich durch «angenehm feuchtes» Klima aus.
Foto: www.festung-oberland.ch/sperren/festungsbrigade-13/a6400-art-wk-castels

2 | Walensee-Gebiet SG

Die meisten Mineralfundstellen liegen nahe am Nord- und Südufer des Walensees. Geologisch gesehen, sind die Vorkommen in den Sedimentgesteinen des Oberhelvetikums (Trias, Lias, Malm und Kreide). Der Walensee zeichnet sich durch eine sehr steile Bergflanke im Norden aus. Im Süden ist die weniger steile Talflanke vom Nord-Süd verlaufenden Murgtal zerschnitten, dessen Entwässerung durch den Murgbach zur Bildung eines ausgesprochenen Deltas im See führte. Der Walensee wird im Osten bei Walenstadt durch die Seez langsam zugeschüttet. Am Westende, bei Weesen, baut heute die Linth ein Delta in den See hinein.

Dieses Delta entstand erst, nachdem die Linth in den Walensee umgeleitet wurde. Der ungeregelte Verlauf der Linth in der Linthebene führte häufig zu Überschwemmungen, begünstigte die Ausbreitung von Malaria und beeinträchtigte den Handel auf dem Schifffahrtsweg nach Zürich (Speich 2003). Die Umleitung der Linth über den Escherkanal von Mollis in den Walensee sollte die Geschiebefracht des Flusses ablagern. Der begradigte Ausfluss aus dem Walensee in den Obersee erfolgt im Linthkanal. Der Escherkanal wurde zwischen 1807 und 1811 erbaut, während der Linthkanal schrittweise fertiggestellt wurde: 1812 bis Ziegelbrücke, 1815 bis Giessen, 1816 bis Grynau und erst 1866 bis zum Obersee. Eine wichtige, von Speich (2003) etwas glorifizierte Persönlichkeit war Hans-Conrad Escher von der Linth, der 1823 vor der Vollendung des Gesamtwerks verstarb.

Der Name Walensee geht auf das rätoromanischsprachige Gebiet zurück, welches ursprünglich von Graubünden bis an den Walensee reichte (der See der «Welschen»). Dieser See war nach dem Abschmelzen der Gletscher der letzten Eiszeit vor etwa 12 000 Jahren viel grösser. Er umfasste den Zürichsee im Nordwesten, verband sich über Sargans mit dem Bodensee (Müller 1994, Schindler 2004) und reichte alpeneinwärts bis mindestens nach Reichenau (Pfiffner et al. 1997). Nach dem Abschmelzen bauten mehrere Zuflüsse ihre Deltas und zergliederten den fjordähnlichen See in mehrere Becken. Die Linth trennte Walensee und Zürichsee, die Seez Walensee und Bodensee, und der Rhein füllte dann mit seinen Zuflüssen allmählich das Rheintal.

Vom Nordufer des Walensees bis zu den Churfirsten und dem Leistchamm sind hauptsächlich mächtige Jura- und Kreidekalke anzutreffen. Im Süden des Sees andererseits sind es vorwiegend ältere Sedimentgesteine: Verrucano, Trias, Lias und Dogger. Alle diese Gesteine gehören zum Oberhelvetikum. Dieses besteht aus dem Glarner Deckenkomplex und der darüberliegenden Säntis-Decke.

Die tiefste Einheit im Glarner Deckenkomplex ist die Glarner Decke, zu welcher die Verrucano-Trias-Abfolge gehört, die sich von Murg nach Süden erstreckt. Die nächst höhere Einheit ist die Mürtschen-Decke, welche in drei Regionen aufgeschlossen ist: die Jura- und Kreidekalke von Mühlehorn-Obstalden-Filzbach, die Trias-, Lias- und Doggersedimente von Quarten-Unterterzen-Mols und – auf der Nordseite des Sees – die Jura- und Kreidesedimente in den unteren Hängen von Walenstadt-Quinten-Weesen.

Die Säntis-Decke besteht aus Kreidesedimenten, welche die Gipfelpartien der Churfirsten und des Leistchamms aufbauen. Die Überschiebung an der Basis der Säntis-Decke, die Säntis-Überschiebung,

Mineralfundstellen

2.1 Schrina
2.2 Steinbruch Lochezen
2.3 Steinbruch Schnür
2.4 Kerenzerbergtunnel Autobahn A3
2.5 Mühlehorn
2.6 Murg
2.7 Hinterlaui
2.8 Talbach nördlich Hinterlaui
2.9 Autobahntunnel Fratten, Mols

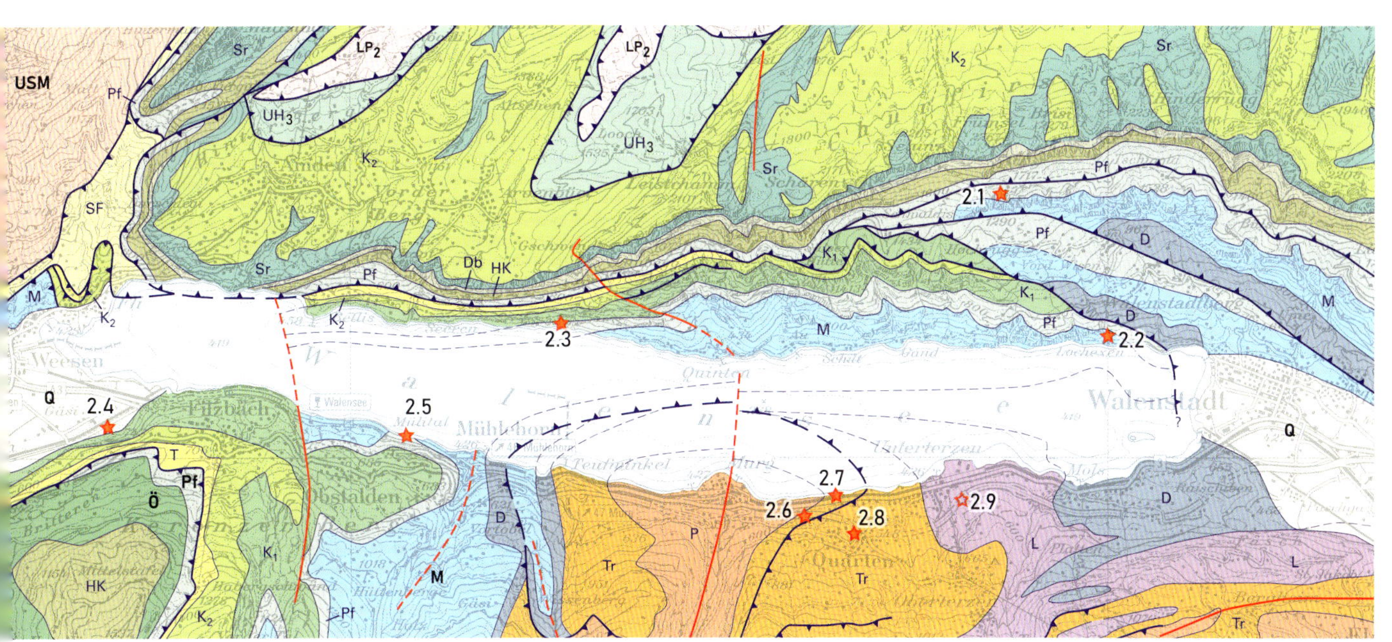

145

Helvetikum

Epoche		Kürzel	
Eozän-Oligozän		T	Nordhelvetischer Flysch (inkl. Bürgen-, Stad-Formation)
Kreide	späte	K_2	Oberkreide Garschella-, Seewen-, Amden-Fm
	frühe	K_1	Unterkreide im Allgemeinen
		Sr	Schrattenkalk-Formation
		Db	Tierwis-Formation
		HK	Helvetischer Kieselkalk-Formation
		Oe	Öhrli-Kalk
		Pf	Palfris-Formation
Jura	später	M	Malm Schilt-Fm, Quinten-Kalk
	mittlerer	D	Dogger
	früher	L	Lias
Trias		Tr	Trias: Quarten-Fm, Röti-Dolomit, Mels-Sandstein
Perm		P	Verrucano

Penninikum / Ultrahelvetikum

LP_2	Üntschen-Decke Flysch (späte Kreide)
UH_3	Wildhaus-Mélange «Wildflysch» (späte Kreide-Eozän)

Subalpine Molasse

USM	Untere Süsswassermolasse (frühes Oligozän)

Subalpiner Flysch

SF	Sedimente unterschiedlicher Herkunft (Kreide-Oligozän)

★ Mineralfundstellen

☆ in Untertagebauten

Quartäre Füllung der Haupttäler

Q	Fluviale Schotter, Bachschuttkegel, Hangschutt

Strukturelemente

Bruch im Allgemeinen

Überschiebung

145 Geologische Karte der Region Walensee, mit eingezeichneten Fundstellen.
Illustration: Nach Pfiffner et al. (2010), vereinfacht und ergänzt

146 Blick nach Westen auf den Walensee. Deutlich erkennbar sind die hohen und steilen Felswände zwischen dem Walensee und der Churfirsten-Leistchamm-Kette. Die Seez mündet in einem Kanal in den Walensee, welcher im Lauf der Seezkorrektion 1855-1865 im Anschluss an die Linthkorrektion angelegt wurde.
Foto: Tektonikarena Sardona

147 Blick nach Norden quer über den Walensee zu den Churfirsten.
Foto: Adrian Pfiffner

148 Blick nach Nordosten schräg über den Walensee. In der Bildmitte der Firzstock, im Mittelgrund die Kette Leistchamm-Churfirsten-Alvier, im Hintergrund der teilweise mit Schnee bedeckte Alpstein.
Foto: Andreas Kürsteiner

verläuft in einer flachen Partie zwischen den steilen Kalkwänden direkt oberhalb Quinten und jenen in der Gipfelflur Churfirsten-Leistchamm. Das 30–100 m mächtige, zurückwitternde Band von Palfris-Mergeln setzt sich fort von Stralrüfi nach Lüsis und Oberschrina und zieht dann weiter von Schwaldis bis Betlis. Eine Klippe (Erosionsrest) der Säntis-Decke findet man auch in der Südwestecke am Kerenzerberg (mit Öhrli-Kalk und Helvetischem Kieselkalk).

In der Nordwestecke des Gebietes sind zwei tektonische Einheiten unter der Säntis-Decke aufgeschlossen. Der Subalpine Flysch besteht aus Sandsteinen und Mergeln, welche im Liegenden der Säntis-Überschiebung mitgerissen und überfahren wurden. Darunter liegt die Subalpine Molasse, welche aus den Schichten der Unteren Süsswassermolasse besteht. In beiden Fällen deutet «Subalpin» auf die tektonische Lage unter den alpinen Decken (im Speziellen hier der helvetischen Decken) hin.

Schliesslich sind nördlich und westlich von Amden Klippen von ultrahelvetischen und penninischen Decken erhalten geblieben. Diese Erosionsreste sind Zeugen eines mehrere Kilometer mächtigen Stapels von penninischen und ostalpinen Decken, welche einst die helvetischen Decken überlagerten und dafür verantwortlich waren, dass die Nebengesteine der Mineralfundstellen auf 150 bis 250 °C aufgeheizt wurden. Die Mineralfundstellen des Walenseegebiets liegen alle innerhalb des Glarner Deckenkomplexes, die Fundstelle Schrina nur knapp unter der Säntis-Decke.

2.1 Schrina

Mineralien
Calcit, Quarz

Nordöstlich Walenstadtberg, längs des Weges von Schrina nach Obersäss, konnte Otto Heule verschiedentlich Quarze finden. Diese kommen sowohl lose als auch aufgewachsen in Kluftrissen der Gesteine der Zementstein-Formation vor. Bei der Mehrheit der Quarze handelt es sich um Einzelkristalle. Manchmal sind aber auch mehrere Kristalle, häufig parallel oder längs angeordnet, verwachsen. Auf grösseren Kristallen ist zuweilen eine kleinere zweite Generation aufgewachsen (Negativ-Zepter). Die Quarze sind durchwegs farblos.

Die Kristalle finden sich einerseits mit normalprismatischem Habitus, häufig als Doppelender ausgebildet und mit Längen bis 3.5 mm. Einzelne Kristalle zeigen Zepterbildung oder, nur selten, Andeutungen von Tessiner-Habitus. Nur wenige Millimeter lange Quärzchen sind teilweise nadelförmig auskristallisiert.

Zudem konnten an dieser Lokalität kurzprismatische Quarz-Doppelender vom Typ «Öhrli-Diamant» gesammelt werden. Bei diesen dominieren die Hauptrhomboederflächen r und z gegenüber den untergeordnet ausgebildeten Prismenflächen m. Die Kristalle sind bis 1.5 cm lang und von hervorragender Transparenz.

149 Links: Quarz-Doppelender, die eine Seite des Kristalls erscheint im prismatischen Habitus, die andere Seite weist eine Andeutung von Tessiner-Habitus auf. Länge: 2.2 cm.

Mitte: Quarz-Kristall vom Typ «Öhrli-Diamant». Länge: 1 cm.

Rechts: Quarz-Doppelender mit Zepterbildung. Länge: 2 cm. Alle Quarze Schrina-Obersäss.
Sammlung: Peter Kürsteiner, Nr. T4-52
Foto: Thomas Schüpbach

Als weiteres Mineral kommt Calcit vor. Er bildet häufig die Aufwachsbasis für die zahlreich vorkommenden Quärzchen. Der Calcit ist milchig-weiss und als Rhomboeder-Kombinationen und als Skalenoeder ausgebildet.

2.2 Steinbruch Lochezen

Mineralien
Arsenopyrit, Calcit, Pararealgar, Pyrit, Quarz, Realgar

Im Steinbruch Lochezen westlich Walenstadt treten in von Kalkbänken durchsetzten Mergelschiefern der Zementstein-Formation mineralführende Klüfte und Calcitadern auf. Diese enthalten die Mineralien Calcit, Realgar und Quarz. Der Calcit ist farblos oder milchig-weiss. Die bis 4 cm grossen Kristalle haben jeweils nur rudimentäre Flächenbegrenzungen. Kleinere Kristalle lassen Rhomboeder- und Prismenflächen erkennen.

150

Der Realgar ist zuweilen in Calcitadern enthalten und blutrot. Das Mineral kommt meist derb und in feinen Schnüren oder Nestern vor. Auskristallisierter Realgar findet sich nur in Form winziger Kriställchen, wobei meist nur einzelne Flächen zu erkennen sind. Dem Licht ausgesetzter Realgar wandelt sich aufgrund eines isochemischen Umwandlungsprozesses in sandigen, orangegelben Pararealgar um. Die Quarz-Kriställchen dieser Lokalität sind nur sehr klein ausgebildet und überaus klar.

Im Gesteinsanschliff sind dispers eingestreute, kugelige Pyrite sowie Anhäufungen von sehr feinkristallinem Arsenopyrit zu erkennen. Pyrit tritt zudem in Hohlräumen von Fossilien auf (Stalder et al. 1973, Brandenberger und Winterhalter 1929).

Funde dieser Lokalität finden sich in Sammlungen zuweilen auch mit der falschen Fundortangabe Steinbruch Unterterzen. Das Gestein vom Steinbruch Lochezen wurde seinerzeit mit Ladekähnen über den Walensee nach Unterterzen transportiert, wo es zur Zementherstellung verwendet wurde. Im Jahr 2001 wurde der Steinbruchbetrieb eingestellt. Auf dem Gelände des ehemaligen Bergwerks betreibt seit 2004 die Geobrugg-Fatzer AG zusammen mit dem Bundesamt für Umwelt das weltweit einzige Testzentrum für Steinschlagnetze.

Koordinaten: 2'740'000, 1'221'500, 430 m ü. M.

Literatur: Bächtiger (1967, S. 655), Brandenberger und Winterhalter (1929, S. 241–246), Stalder et al. (1973, S. 356), Stalder et al. (1998, S. 347), www.sarganserland-walensee.ch/lokalgeschichte/hoehle/hoehle160.htm

150 Abbaugebiet des Steinbruchs Lochezen, am Walensee westlich von Walenstadt gelegen. Abgebaut wurden Kalke der Zementstein-Formation, welche die Felswand auf der Höhe der grossen Öffnung durchzieht. Der Steinbruch war von 1863 – 2001 in Betrieb. Direkt am See liegen die Gebäude der ehemaligen Sammelstellen der im Abbaugebiet gebrochenen Kalke. Rechts (östlich) der Schlucht hinter den Gebäuden befand sich der Eingang zum ehemaligen Militärspital, welches im Zweiten Weltkrieg in den Stollen und Anlagen von Lochezen und Seemühle gebaut wurde. Der Schrägaufzug auf der linken Seite der Gebäude wurde 1956 erstellt und ist heute noch in Betrieb. Am Horizont die Kreidekalke der Churfirsten.
Foto: Paul Gantner

151 Realgar. Steinbruch Lochezen. Breite: 12.5 cm.
Naturmuseum St. Gallen, Nr. M-2739
Foto: Thomas Schüpbach

152 Roter Realgar. Steinbruch Lochezen. Breite Druse: 5 mm.
Sammlung: Peter Kürsteiner, Nr. T2-801
Foto: Thomas Schüpbach

153 Orangegelber, pulveriger Pararealgar neben auskristallisiertem Pyrit. Steinbruch Lochezen. Breite Pararealgar: 5 mm.
Sammlung: Jack Jörimann
Foto: Thomas Schüpbach

2.3 Steinbruch Schnür

Mineralien
Calcit, Realgar

Am Walensee westlich Quinten befindet sich der alte Steinbruch Schnür. Er liegt auf Boden der Gemeinde Amden, ist aber im Besitz der Ortsgemeinde Quinten. Im Jahr 2011 wurde sein Betrieb eingestellt. Aus dem Steinbruch, und zwar aus dem Helvetischen Kieselkalk, stammen Mineralstufen, welche von zahlreichen, rhomboedrisch auskristallisierten Calcit-Kristallen überzogen sind. Die Kristalle sind bis 9 cm gross und hellgrau. Einzelne Rhomboeder weisen neben den grauen Partien auch solche auf, die leicht durchscheinend sind. Die Rhomboeder verschiedener Stufen sind auffallend dünntafelig ausgebildet. In der Sammlung des Naturhistorischen Museums Bern findet sich eine Realgar-Probe mit der offenen Fundortsbezeichnung Quinten.

Koordinaten: 2'732'700, 1'221'700, 430 m ü. M

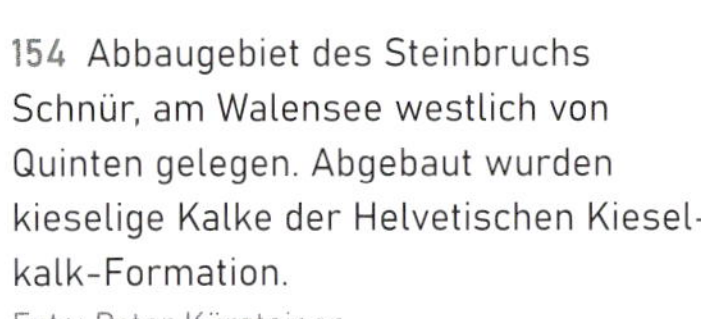

154 Abbaugebiet des Steinbruchs Schnür, am Walensee westlich von Quinten gelegen. Abgebaut wurden kieselige Kalke der Helvetischen Kieselkalk-Formation.
Foto: Peter Kürsteiner

155 Calcit-Stufe mit tafelig ausgebildeten Kristallen. Steinbruch Schnür.
Breite: 8 cm.
Naturmuseum St. Gallen, Nr. M-2149
Foto: Thomas Schüpbach

156 Calcit-Stufe mit rhomboedrischen Kristallen. Steinbruch Schnür.
Breite: 28 cm.
Sammlung: Peter Kürsteiner, Nr. T5-52
Foto: Thomas Schüpbach

2.5 Mühlehorn

Mineralien
Pyrit, Realgar

Auf den Deponien des Nationalstrassen- und Eisenbahnbaus wurden ausgiebige Realgar-Funde gemacht. Die Realgar-führenden Adern kommen in Gesteinen der Zementstein-Formation vor. Diese dürften aus dem Grenzgebiet Mühlehorn-Obstalden stammen. Im Gesteinsanschliff sind eingestreute Pyrite erkennbar in Form hypidiomorpher Kristalle oder kugeliger, teils siebartiger Gebilde. Dies sowohl in der Gangmasse und im Nebengestein als auch im Realgar selbst (Stalder et al. 1973, Allenbach 1961).

Literatur: Allenbach (1961), Bächtiger (1967, S. 655), Stalder et al. (1973, S. 357)

2.6 Murg

Mineralien
Fluorit

Nach Stalder et al. (1973) konnte im Röti-Dolomit bei Murg in kleinen Drusen Fluorit nachgewiesen werden.

Literatur: Stalder et al. (1973, S. 351)

2.4 Kerenzerbergtunnel Autobahn A3

Mineralien
Fluorit

In der Deponie des Aushubmaterials des Kerenzerbergtunnels der Autobahn A3 fanden sich diverse Fluorit-Stufen. Die Deponie befindet sich südöstlich von Gäsi, nahe der Einmündung der Linth in den Walensee. Die Fluorite entsprechen bezüglich Kristallform und Farbe denjenigen der wenige Kilometer südlich gelegenen Lokalität Talalp, Alp Vorder Tal: Das Mineral ist als Kombination Würfel-Rhombendodekaeder ausgebildet mit Kantenlängen von maximal 1.5 cm. Die Oberflächen sind meist matt. Die Farbe der Fluorite ist hell- bis dunkelviolett.

157 Roter Realgar in zentimeterbreiter Calcitader in dunklem, mergeligem Kalk. Steinbruch Schnür. Breite: 5.3 cm.
Naturhistorisches Museum Bern, Nr. B1012
Foto: Thomas Schüpbach

158 Dunkelviolette Fluorit-Stufe. Kerenzerbergtunnel Autobahn A3. Breite: 5.2 cm.
Sammlung: Röbi Tschirky
Foto: Thomas Schüpbach

159 Igelförmiger Calcit. Frattentunnel Autobahn A3. Breite: 7 cm.
Sammlung: Peter Kürsteiner, Nr. T5-101
Foto: Thomas Schüpbach

160 Säulenförmiger Calcit. Frattentunnel Autobahn A3. Breite: 12.5 cm.
Sammlung: Peter Kürsteiner, Nr. T5-101
Foto: Thomas Schüpbach

161 Geologische Karte des Schilstal mit eingezeichneten Fundstellen.
Illustration: Nach Pfiffner et al. (2010), vereinfacht und ergänzt

2.7 Hinterlaui

Mineralien
Malachit

An der alten Walenseestrasse bei Hinterlaui, Quarten, befinden sich zwei alte, verschüttete Stollen im Mels-Sandstein. Spuren von Malachit lassen vermuten, dass die Stollen einst dem Abbau von Kupfererz dienten (Hofmann 1989, Ryf 1965). Es ist nicht ausgeschlossen, dass es sich dabei um das von Stöhr (1865) beschriebene Erzvorkommen bei Unterterzen östlich von Murg handelt.

Koordinaten: 2'736'250, 1'219'408, ca. 420 m ü. M.

Literatur: Hofmann (1989, S. 52), Ryf (1965, S. 70), Stöhr (1865, S. 14)

2.8 Talbach nördlich Hinterlaui

Mineralien
Chalkopyrit, Galenit, Pyrit

Im Talbach nördlich Hinterlaui, Quarten, sind Quarzite der Quarten-Formation anstehend, welche neben Kohlestückchen derben Pyrit, Chalkopyrit und in Spuren Galenit enthalten (Hofmann 1989, Ryf 1965).

Koordinaten: 2'736'578, 1'219'118, 520 m ü. M.

Literatur: Hofmann (1989, S. 53), Ryf (1965, S. 70)

2.9 Frattentunnel Autobahn A3

Mineralien
Calcit

Vom Frattentunnel der Autobahn A3 südlich Unterterzen stammen Stufen mit sinterartigem, feinkristallinem Calcit. Das Muttergestein (Lias-Sedimente) ist jeweils überzogen von winzigen, spitz-skalenoedrischen Kriställchen. Diese sind meist in zahlreichen kleinen Grüppchen igelartig angeordnet. Zudem finden sich auch säulenartig aggregierte Formen, welche im Innern hohl sind. Die Calcite sind weiss oder beige. Es handelt sich um eine rezente Mineralbildung aus an Calciumkarbonat übersättigtem Grundwasser.

3 Schilstal SG

Das Schilstal erstreckt sich in Südwest-Nordost-Richtung zwischen den Bergrücken Hochfinsler-Guscha und Prodkamm. Die Schils mündet bei Flums in die Seez. Im Südwesten wird sie von drei grösseren Bächen gespiesen: dem Furschbach vom Magerrain her, dem Matossabach vom Spitzmeilen her und dem Fansbach vom Wissgandstöckli her. Flumserberg bezeichnet die beidseitigen Hänge im unteren Lauf der Schils.

Geologisch gesehen, gehören die Gesteine des Schilstals zum Glarner Deckenkomplex. Es liegt ein einfacher Bau vor mit einer Sedimentabfolge von Perm, Trias und Lias. Die permischen Gesteine (Verrucano) sind im Talgrund und in den unteren Talflanken aufgeschlossen, während die Triasgesteine weiter oben ein weiträumiges Plateau bilden. Noch höher liegen die Liasgesteine, welche eigentliche Klippen bilden (Guscha-Hochfinsler, Spitzmeilen, Prodkamm). Zusammen mit dem Lias sind lokal auch Doggergesteine anzutreffen. Beide Mineralfundstellen des Schilstals, Alp Prod und Chessisteinchöpf, liegen innerhalb des Glarner Deckenkomplexes.

Mineralfundstellen

3.1 Alp Prod

3.2 Chessisteinchöpf

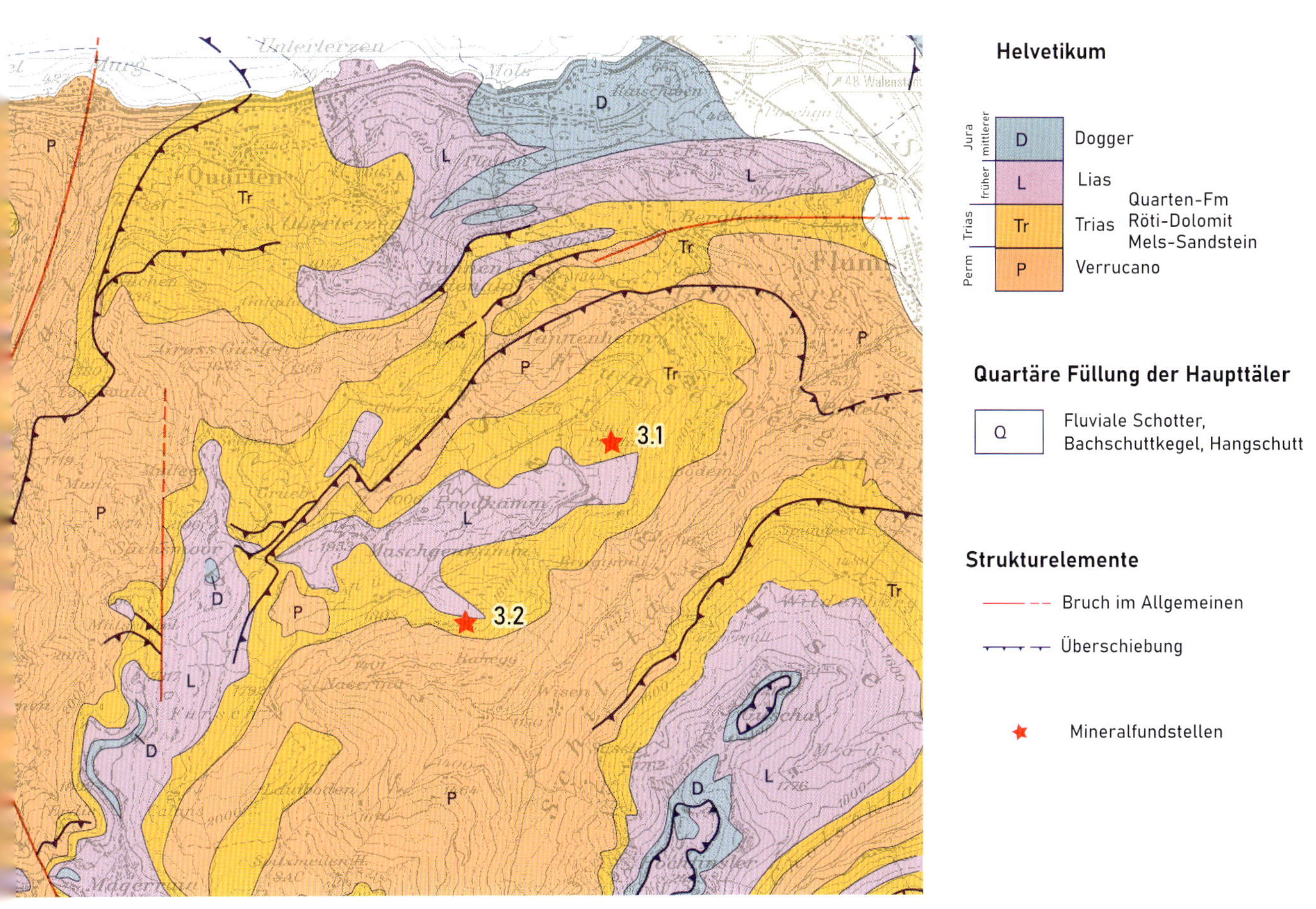

162 Blick nach Norden über das Schilstal, im Hintergrund die Churfirsten. Im Mittelgrund in den unteren Hanglagen gut sichtbar die roten Felsen der Verrucano-Gesteine, darüber die Triasgesteine (das weissliche Band entspricht dem Mels-Sandstein, darüber die gelbliche Röti-Formation mit Gips und Dolomit).
Foto: Tektonikarena Sardona

163 Blick nach Süden über das Schilstal: links der Hochfinsler, ganz im Hintergrund der Ringelspitz. Die steilen bewaldeten Hänge bestehen aus Verrucano. Darüber erkennt man das Plateau von Rinderfans und Schaffans mit Triasgesteinen.
Foto: Peter Kürsteiner

164 Blick nach Süden über das Triasplateau der Alp Fursch: im Hintergrund der Spitzmeilen (links) und der Magerrain (rechts), beides Klippen von Liasgesteinen.
Foto: Peter Kürsteiner

165 Erz-Stufe mit Silber, Azurit und Malachit. Das Silber ist in schwarze Krusten zersetzt; die orangeroten Farbtupfen wurden künstlich aufgetragen. Alp Prod. Breite: 6.4 cm.
Erdwissenschaftliche Sammlungen der Eidgenössischen Technischen Hochschule Zürich, Sammlung Wiser, Nr. 8583
Foto: Thomas Schüpbach

3.1 Alp Prod

Mineralien
Azurit, Chrysokoll, Cuprit, Kupfer, Malachit, Silber

In der Wiser-Sammlung der Eidgenössischen Technischen Hochschule Zürich befindet sich eine Erzprobe mit der Fundortangabe «unterhalb Brod in einer Wiese gefunden», die bereits von Kenngott (1866) erwähnt wird und von Bächtiger (1974a) in der Sammlung wiedergefunden wurde. Es handelt sich um ein Erz-Lesestück, das gemäss Bächtiger

165

vermutlich von einem 400–700 m südlich der Alp Prod befindlichen historischen Erzabbau im Verrucano stammt.

Die Erz-Stufe besteht aus rotbraunem, feinkörnigem Quarzit mit Einschlüssen von gediegen Kupfer und Silber, die miteinander verwachsen sind und undeutliche kristalline Körner oder körnige Aggregate bilden (Bächtiger 1974 a). Als Begleitmineralien sind Cuprit, Azurit, Malachit und Chrysokoll vorhanden.

Koordinaten: 2'740'375, 1'215'540, 1590 m ü. M.

Literatur: Bächtiger (1974 a, S. 17–49), Hofmann (1989, S. 52), Kenngott (1866, S. 408–409), Stalder et al. (1973, S. 380), Stalder et al. (1998, S. 244), Rohstoffinformationssystem Schweiz (RIS): www.map.georessourcen.ethz.ch

3.2 Chessisteinchöpf

Mineralien
Azurit, Bornit, Chalkopyrit, Chalkosin, Hämatit, Jaspis, Malachit

An den Chessisteinchöpf und insbesondere im darunterliegenden Bergsturzmaterial treten im Sandstein der Quarten-Formation (Trias) konkordante Hämatit-Lager auf, welche ebenfalls Kupfer-Sulfide enthalten. Es ist nicht ausgeschlossen, dass in diesem Gebiet auch ein historischer Abbau von Eisen stattgefunden hat (Bächtiger 1974 a, Epprecht 1957). Das Vorkommen wurde von Markus (1967) entdeckt und von Bächtiger (1974 a) genauer untersucht.

Die Eisenvererzung erscheint als Wechsellagerung von weissem und rotem Sandstein mit Lagen von quarzreichem Hämatit («Roteisenstein») unter einer Schicht aus Chlorit-haltigem Gestein. Bächtiger unterscheidet zwischen einer gebänderten Ausbildung mit einer charakteristischen Lagentextur und einem schlierigen Erzgefüge, das ebenfalls eisenhaltigen Jaspis enthält. Die Kupfererze Chalkopyrit und Bornit finden sich vorwiegend im Sandstein unterhalb der Eisenvererzung und werden von Chalkosin, Malachit und Azurit begleitet.

Koordinaten: 2'739'200, 1'213'750, 1600 m ü. M.

Literatur: Bächtiger (1974 a, S. 17–49), Epprecht (1957, S. 225), Hofmann (1989, S. 51–52), Markus (1967), Stalder et al. (1998, S. 244), Rohstoffinformationssystem Schweiz (RIS): www.map.georessourcen.ethz.chT

4 | Weisstannental SG

Das Weisstannental verläuft vom Piz Sardona Richtung Nordost bis nach Mels. Entwässert wird das Tal von der Seez, welche im Nordhang des Piz Sardona entspringt und dann bei Mels einen scharfen Knick Richtung Nordwest ins Seeztal macht. Das Weisstannental wurde im 13. Jahrhundert von Walsern aus dem Rheinwald und Davos besiedelt. Wie an anderen Orten, bebauten die Walser ein alpin anspruchsvolles Gelände, wofür sie spezielle Fähigkeiten entwickelt hatten.

Der hintere Teil des Weisstannentals wird mehrheitlich von den Kalksandsteinen und Mergeln der Blattengrat-Decke des Unterhelvetikums aufgebaut. Diese werden von Sandsteinen der Sardona-Decke überlagert. Zuoberst, etwa am Pizol und beim Ruchen, steht der Verrucano des Glarner Deckenkomplexes an. Diese Verrucano-Gesteine senken sich nach Norden ab, sodass beim Talausgang, bei Langwisen, der Verrucano auch den Talboden bildet. Die Mineralfundstelle Ober Plattnerboden befindet sich im Verrucano des Glarner Deckenkomplexes (Oberhelvetikum), alle anderen Fundstellen des Weisstannentals liegen in der Blattengrat-Decke (Unterhelvetikum).

Mineralfundstellen

4.1 Prechtwand
4.2 Wisenwand
4.3 Fetzenrunswand
4.4 Stierenläger
4.5 Vorsiez
4.6 Ober Plattnerboden

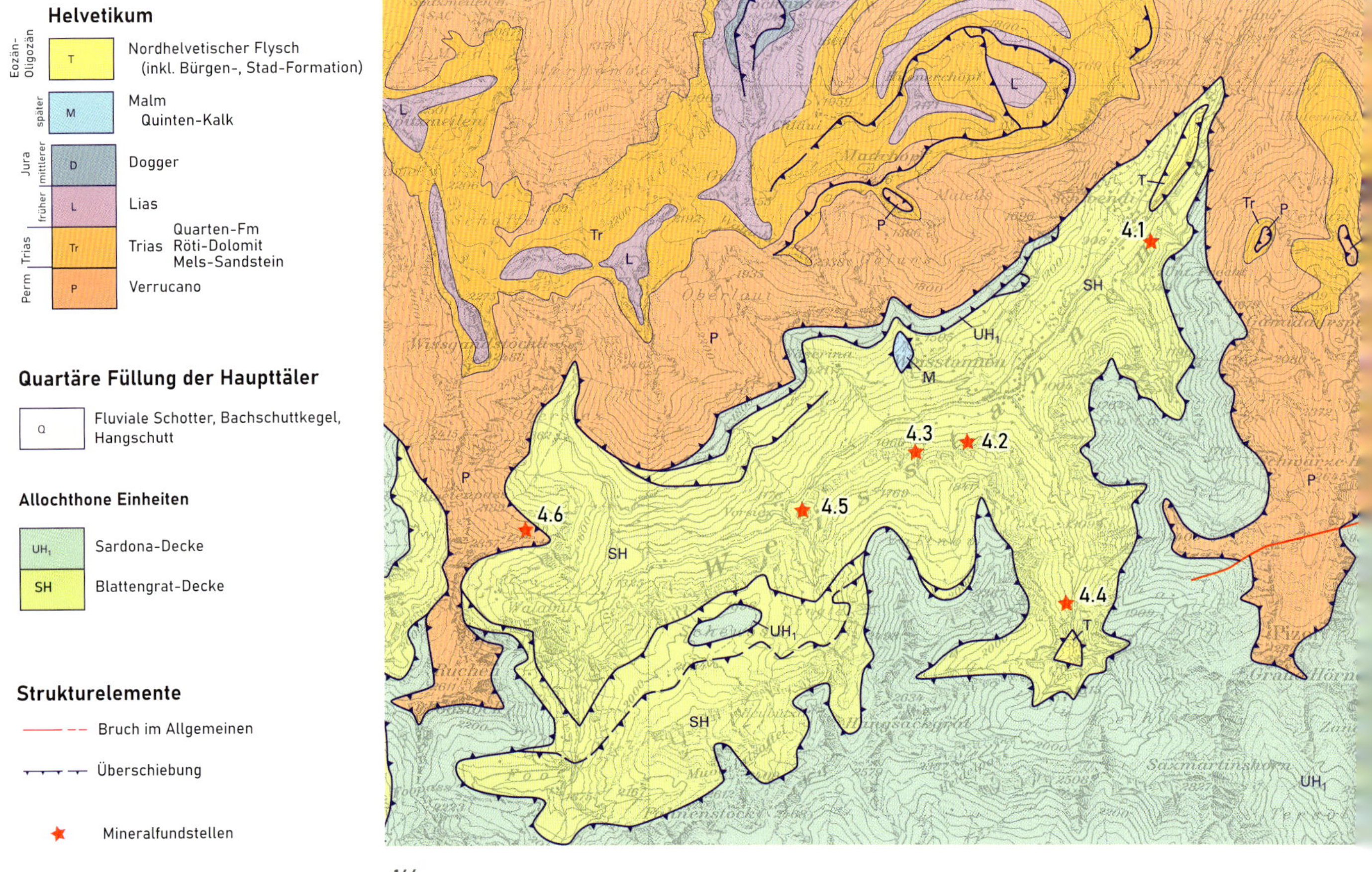

166

166 Geologische Karte des Weisstannentals mit eingezeichneten Fundstellen.
Illustration: Nach Pfiffner et al. (2010), vereinfacht und ergänzt

167 Blick nach Westen ins obere Weisstannental: links der Foostock/Ruchen, rechts das Wissgandstöckli.
Foto: Toni Bürgin

168 Blick talauswärts nach Nordosten durch das untere Weisstannental: ganz im Hintergrund die Drei Schwestern-Kuegrat (FL), links davon Gonzen-Tschuggen und ganz links die Alvierkette.
Foto: Toni Bürgin

169 Das Dörfchen Weisstannen, aus Südwesten betrachtet.
Foto: Peter Kürsteiner

170 Quarz mit Calcit. Wisenwand, Weisstannental.
Breite: 7.2 cm.
Sammlung: Peter Kürsteiner, Nr. T4-219
Foto: Thomas Schüpbach

171 Quarz-Stufe, an der Basis mit tafeligem Calcit.
Fetzenrunswand, Weisstannental.
Höhe: 5 cm.
Sammlung: Röbi Tschirky
Foto: Thomas Schüpbach

172 Calcit-Stufe mit flachrhomboedrischen Kristallen. Prechtwand, Weisstannental.
Breite: 17 cm.
Sammlung: Röbi Tschirky
Foto: Thomas Schüpbach

173 Quarz und als Papierspat ausgebildeter Calcit.
Stierenläger, Weisstannental.
Breite: 14 cm.
Sammlung: Peter Kürsteiner, Nr. T4-123
Foto: Thomas Schüpbach

174 Calcit-Stufe aus Papierspat.
Stierenläger, Weisstannental. Breite: 7 cm.
Sammlung: Röbi Tschirky
Foto: Thomas Schüpbach

172

173

174

4.1 Prechtwand

Mineralien
Calcit

In der Prechtwand östlich Schwendi, Weisstannental, konnte Röbi Tschirky in einer Lehm enthaltenden Kluft Stufen mit flachrhomboedrischen Calcit-Kristallen, in der «Fingernagel-Form», bergen. Die Calcite weisen einen hellgrauen Farbton auf und sind vereinzelt schwach durchscheinend. Die einzelnen Kristalle sind bis 8 cm breit. Zuweilen fanden sich als Schwimmer ausgebildete Calcit-Stufen lose im Lehm: Auf vom Kluft-Nebengestein abgelösten Gesteinsstücken waren rundherum Calcite gewachsen. Beim Nebengestein handelt es sich um Amden-Mergel der Blattengrat-Decke.

4.2 Wisenwand

Mineralien
Calcit, Quarz

Bei der Wisenwand handelt es sich um eine wenig südlich der Lokalität Wisen nahe Weisstannen gelegene Felswand in einem Sandstein der Blattengrat-Decke. In dieser konnte vor Jahren Röbi Tschirky eine Mineralkluft öffnen. Die Quarz-Kristalle sind meist etwa 1, selten bis 1.8 cm lang und farblos bei gutem Oberflächenglanz. Bei den Stufen handelt es sich häufig um rundherum auskristallisierte Aggregate. Dem Quarz ist vielerorts weisser Calcit aufgelagert. Dieser ist als Normalrhomboeder oder in der Form einzelner sowie auch längsverwachsener, flacher Rhomboeder auskristallisiert. Die Kantenlängen einzelner Rhomboeder betragen bis 1 cm.

4.3 Fetzenrunswand

Mineralien
Calcit, Quarz

In der Fetzenrunswand, südwestlich des Dorfes Weisstannen gelegen, öffnete Röbi Tschirky mehrere Klüfte mit den Mineralien Quarz und Calcit. Die Quarze sind bis 6 cm lang, erscheinen im Normaltyp und sind zuweilen plattig ausgebildet. Auch Doppelender, in der Längsrichtung gebogene Kristalle und Schwimmer-Stufen kommen vor. Calcit findet sich in der Form des Papierspats und ist beige. Geologisch gesehen, besteht die Wand aus Mergelkalken und Nummulitenkalk der Blattengrat-Decke.

4.4 Stierenläger

Mineralien
Calcit, Quarz

Röbi Tschirky öffnete bei der Lokalität Stierenläger, Unterlavtina südlich Weisstannen, in Kalksandsteinen der Blattengrat-Decke, eine Kluft mit den Mineralien Quarz und Calcit. Die Quarz-Kristalle sind idiomorph und bis 1.5 cm lang ausgebildet. Sie weisen eine hohe Transparenz und schönen Ober-

flächenglanz auf. Da und dort lässt ein Eisenhydroxid-Überzug die Quarze gelb erscheinen.

Calcit ist in der Form des Papierspats ausgebildet und zeigt einen beigen Farbton. Der Papierspat hat die Quarze teilweise im Wachstum behindert: Zuweilen hat der Calcit das Längenwachstum der Quarze verhindert, so dass diese mit dem Abdruck der Calcit-Tafeln enden. Die Quarz-Kristalle erscheinen dann wie abgeschnitten.

Weiter finden sich überaus schöne, weisse Calcit-Stufen aus Papierspat. Dieser zeigt Übergänge zu flachrhomboedrischem Habitus. Einzelkristalle weisen Breiten bis 6 cm auf.

4.5 Vorsiez

Mineralien
Pyrit

In den Amden-Mergeln der Blattengrat-Decke wenig östlich von Vorsiez konnte Röbi Tschirky mehrere Pyrit-Konkretionen sammeln. Letztere erreichen beachtliche Grössen mit Durchmessern bis 12 cm und sind goldig glänzend.

175 Goldglänzende Pyrit-Konkretion. Vorsiez, Weisstannental. Breite: 12 cm.
Sammlung: Röbi Tschirky
Foto: Thomas Schüpbach

4.6 Ober Plattnerboden

Mineralien
Brannerit, Chalkopyrit, Hämatit, Marthozit (?), Meta-Autunit, Pyrit, Pyrochlor, Uraninit, Uranophan, Vandendriesscheit

Beim Risetengrat/Augstchamm oberhalb Ober Plattnerboden, auf etwa 2000 m ü. M. gelegen, befindet sich in pyroklastischen, vulkanischen Lapilli-Tuffen des Verrucano ein Uran- und Kupfererz-Vorkommen. Die Fundstelle liegt knapp über der Glarner Hauptüberschiebung im Verrucano des Glarner Deckenkomplexes. Im Gelände ist die Urananreicherung an der braunen und gelborangen Verfärbung des Gesteins erkennbar (Burkhard et al. 1985). Diese ist bedingt durch Oxidationsprozesse mit Bildung verschiedener Sekundärmineralien. Die Bestimmung der einzelnen Mineralien wird dadurch erschwert, dass deren Grösse in der Regel unterhalb 1 mm liegt.

Die primäre Vererzung besteht aus einem Mineral der Pyrochlor-Reihe (Tantal-Pyrochlor nach Gilliéron 1988), Uraninit und Brannerit. Häufigste Begleiter sind Chalkopyrit, Pyrit und Hämatit. Zusätzlich sind die sekundären Uran-Mineralien Meta-Autunit, Uranophan und Vandendriesscheit neben einer Mineralphase, welche Ähnlichkeiten mit Marthozit aufweist (Burkhard et al. 1985), vorhanden.

Ein Mineral der Pyrochlor-Reihe mit vermutlich hohem Niob-Anteil tritt in Form spärlich vorkommender brauner bis roter Körner auf. Vandendriesscheit findet sich als orange, glasige Kristalle, teilweise in Rosetten aggregiert, und enthält bis 10 Gewichtsprozent BaO. Angaben nach Burkhard et al. (1985) und Stalder et al. (1998). Letztere bezeichnen den Fundort als Augstchamm beim Ober Plattnerboden.

Koordinaten: 2'738'500, 1'204'300, ca. 2000 m ü. M.

Literatur: Burkhard (1982), Burkhard et al. (1985, S. 335–352), Stalder et al. (1998, S. 83, S. 272, S. 314, S. 418, S. 424 und S. 461), Rohstoffinformationssystem Schweiz (RIS): www.map.georessourcen.ethz.ch

5 Taminatal SG

Das Taminatal erstreckt sich in Nord-Süd-Richtung von Vättis nach Bad Ragaz. Die Tamina fliesst bei Bad Ragaz in den Rhein. Talaufwärts gabelt sich das Taminatal bei Vättis in das Calfeisental nach Westen und in die Kunkels-Talung nach Süden. Die Tamina selbst entspringt in der Westflanke des Piz Sardona und fliesst durch das Calfeisental. Die Kunkels-Talung wird von einem bescheidenen Gewässer, dem Görbsbach, entwässert, ist aber beinahe ein Trockental. Im nördlichen Taminatal hat die Tamina eine tiefe Schlucht in die Sandsteine und Tonsteine des Nordhelvetischen Flyschs und der Bad Ragaz-Decke eingefressen. In dieser Schlucht liegt das Alte Bad Pfäfers, in welchem 36.5 °C warmes Thermalwasser austritt.

Die Geschichte des Alten Bad Pfäfers ist in Anderes (1999) zusammengestellt. Die warme Quelle soll schon um 1240 von einem Klosterjäger entdeckt worden sein. Das Bad in der Schlucht muss schon 1382 in Betrieb gewesen sein. Die damaligen Gäste mussten auf höchst abenteuerlichem Weg über hängende Leitern von Pfäfers ins Tobel absteigen. Das Bad wurde fortlaufend umgebaut und vergrössert. Unter anderem wurde um 1534 ein Holzsteg in der teilweise überhängenden Felswand erstellt. Im Jahr 1630 wurde das Thermalwasser in einem Holzkanal von der Quelle bis zum Ausgang der Schlucht geführt. Somit konnte dort mit dem Bau neuer Gebäude begonnen werden, welche leichter zugänglich waren.

Wie auch in Anderes (1999) ausgeführt, ist das Thermalwasser reich an Magnesium- und Natriumionen; es musste auf seinem Weg Kristallingesteine und Röti-Dolomit passiert haben. Die Sauerstoff- und Deuterium-Isotopenzusammensetzung lässt vermuten, dass das Wasser auf 1800 m ü. M. in den Untergrund versickert. Die Tritium-Analysen des Thermalwassers deuten an, dass das Wasser bis zu seinem Austritt 10–20 Jahre im Felsuntergrund unterwegs ist. Wenn das Wasser am Ort des Versickerns 5–10 °C warm ist, muss es etwa 1000 m tief in den Untergrund gelangen: das heisst, bis auf ein Niveau von 200 m unter Meer, um auf 36.5 °C erwärmt zu werden. Gemäss seismischen Untersuchungen

176 Blick nach Norden auf das Dorf Vättis und auf das Taminatal. Die steilen Talflanken aus Jura- und Kreidekalken beidseits von Vättis laufen nach Norden zusammen und tauchen beim Ausgleichsbecken Mapragg in die Tiefe. Der bewaldete Hang dahinter steht auf einem Felsuntergrund aus weichen Flysch-Gesteinen (Mergel und Kalksandstein).
Foto: Ruedi Homberger

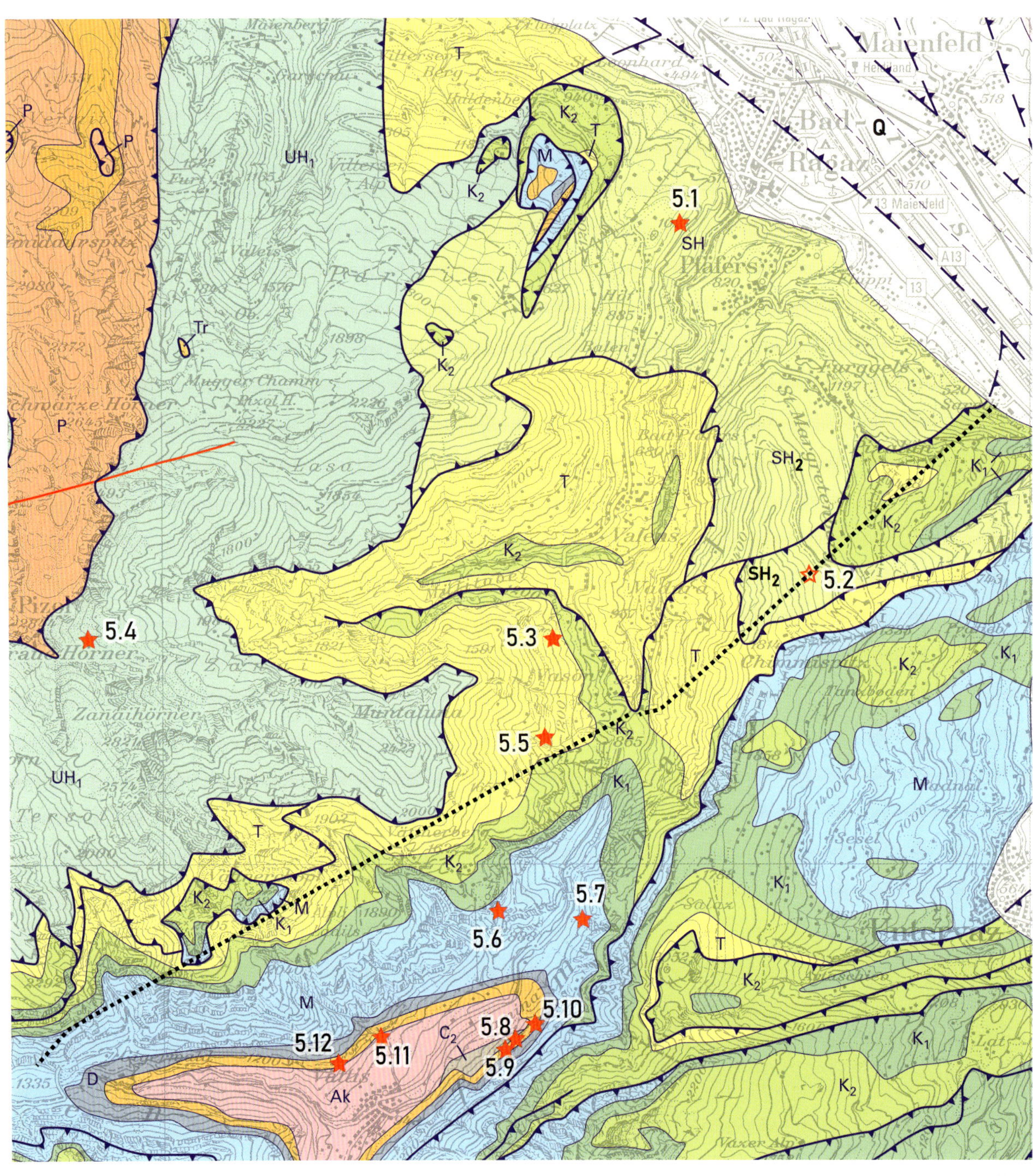

Mineralfundstellen

5.1 Bannwald
5.2 Sarelli-Stollen, Mapragg-Bad Ragaz
5.3 Trappenwand, Vasöner Älpli
5.4 Oberzanai
5.5 Rueboden
5.6 Wolfjos
5.7 Stegwald-St. Peter
5.8 Bergwerk Gnapperchopf
5.9 Chrummlauizugtobel
5.10 Gonscherauswald
5.11 Chrüzbachtobel und Kalkofen
5.12 Steinchöpf

Helvetikum

Sedimenthülle

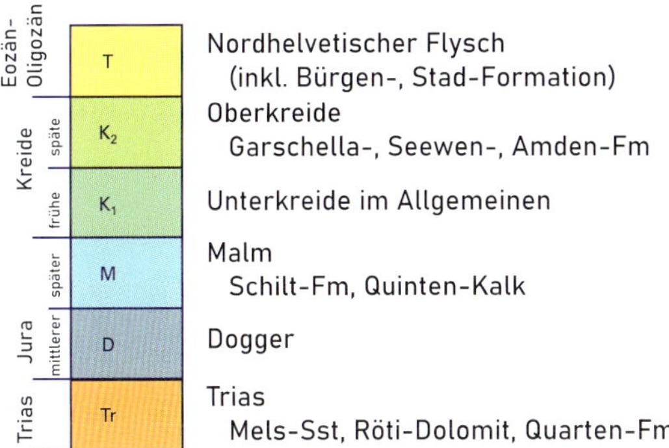

Kristallines Grundgebirge

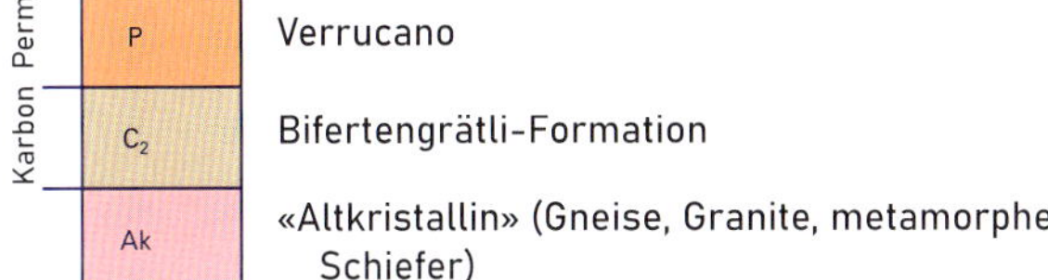

Allochthone Einheiten

Quartäre Füllung der Haupttäler

Strukturelemente

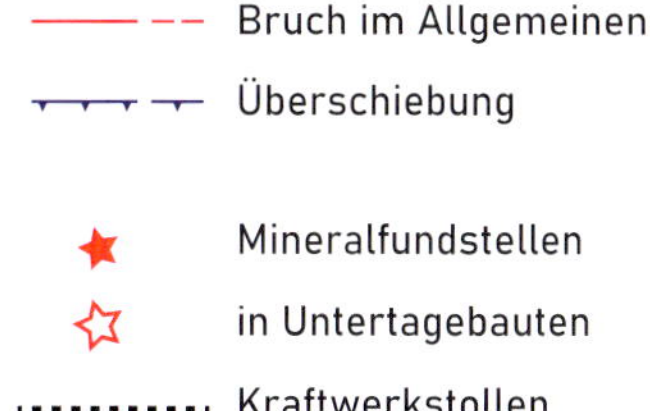

(Pfiffner et al. 1997) ist in dieser Tiefe der Kontakt zwischen Kristallingesteinen des Aar-Massivs und dessen mesozoischer Bedeckung (mit Röti-Dolomit) zu erwarten. Dies bedeutet, dass das Thermalwasser aus dem Einzugsgebiet des Taminatals stammen dürfte.

Der geologische Bau des Taminatals ist eng verknüpft mit der Morphologie der Talflanken. Die Gesteinseinheiten im Tal selber gehören alle zum Unterhelvetikum. Bei Vättis treten die ältesten Gesteine zutage. Es sind dies Kristallingesteine, die altersmässig ins Paläozoikum zu stellen sind und über 400 Millionen Jahre alt sind. Diese Gesteine werden von Sedimenten der Trias, des Jura und der Kreide überlagert. Besonders mächtig sind der Quinten-Kalk (Malm) und die Kalke der Unterkreide. Beide sind verwitterungsresistent und führen deshalb zur Bildung hoher Felswände. Demgegenüber werden die jüngeren Sandsteine und Tonsteine des Nordhelvetischen Flyschs und der Bad Ragaz-Decke durch das fliessende Wasser bevorzugt abgetragen und neigen zur Bildung von tiefen Runsen und Schluchten.

Im Nordwesten überlagert Verrucano die Sardona-Decke. Der Verrucano gehört zum Glarner Deckenkomplex (Oberhelvetikum), die Sardona-Decke zum Unterhelvetikum. Der Kontakt dazwischen entspricht der Glarner Hauptüberschiebung. Kleinere Klippen von Malm- und Kreidegesteinen südwestlich von Bad Ragaz sind Gesteinsfetzen, die längs der Glarner Hauptüberschiebung mitgerissen wurden.

Die Beschreibungen der Mineralfundstellen wurden weitgehend aus Kürsteiner et al. (2015 a und b) übernommen. Die Fundstellen Bannwald, Sarelli-Stollen, Trappenwand, Oberzanai und Rueboden sind alle innerhalb der jüngeren Sedimentgesteine (Oberkreide bis Eozän) gelegen. Die übrigen Fundstellen finden sich in Sedimenten der Trias und des Malms, mit Ausnahme der Fundstelle Chrüzbachtobel, welche im Kristallin liegt.

177 Geologische Karte des Taminatals, mit eingezeichneten Fundstellen.
Illustration: Nach Pfiffner et al. (2010), vereinfacht und ergänzt

178 Blick nach Westen ins Mülitobel, ein Seitental des Taminatals: am Horizont links die Zanaihörner, in der Mitte hinten der Pizol, gegen rechts die Wildseehörner und ganz rechts die Schwarzen Hörner. Bei den Wildseehörnern und beim Pizol sieht man die scharfe Grenze zwischen dem Verrucano der Gipfelpartien und der Sandstein-Tonstein-Abfolge in den durchfurchten Hängen und Schluchten darunter.
Foto: Ruedi Homberger

179 Blick nach Süden ins Taminatal, ein sogenanntes Hängetal. Der Talboden des Taminatals ist höher gelegen als jener des Rheintals. In die Stufe zwischen den beiden Talböden hat sich die Tamina eine Schlucht gegraben. Hinter Bad Ragaz sind die felsigen Schluchtwände gut zu erkennen.
Foto: Peter Kürsteiner

5.1 Bannwald

Mineralien
Calcit, Quarz

Vom Bannwald, an der alten Strasse von Bad Ragaz nach Valens gelegen, stammt eine Stufe, welche sowohl an der Oberseite als auch an der Unterseite mit Calcit belegt ist. Auffallend ist, dass auf der einen Seite die Kristalle als Normal-Rhomboeder bis 2 cm ausgebildet sind, während diese auf der gegenüberliegenden Seite als flache Rhomboeder, in der sogenannten «Fingernagel-Form», auskristallisiert sind. Letztere messen maximal 1.5 cm. Der Calcit weist einen hellgrauen bis milchigen Farbton auf.

Ebenfalls vom Bannwald stammt eine Stufe mit milchig-weissen, teilweise auch transparenten Calcit-Rhomboedern mit Kristallbreiten bis 1.8 cm. Zudem ist die Stufe mit feinen, bis 1.2 cm langen, idiomorphen Quarz-Kristallen überzogen. Die Quarze sind völlig transparent und besitzen einen schönen Oberflächenglanz.

180 Calcit, als Normal-Rhomboeder auskristallisiert. Bannwald, Bad Ragaz. Breite: 7.3 cm.
Sammlung: Peter Kürsteiner, Nr. T5-66
Foto: Thomas Schüpbach

181 Calcit, als Normal-Rhomboeder auskristallisiert, sowie feine Quarz-Kristalle. Bannwald, Bad Ragaz. Höhe 10 cm.
Sammlung: Peter Kürsteiner, Nr. T5-80
Foto: Thomas Schüpbach

180

181

5.2 Sarelli-Stollen, Mapragg-Bad Ragaz

Mineralien
Calcit

Beim sogenannten Sarelli-Stollen handelt es sich um einen Druckstollen, welcher vom im Taminatal gelegenen Mapraggsee (einem Ausgleichsbecken) zur Kraftwerkzentrale Sarelli südlich Bad Ragaz führt. Aus diesem Stollen gelangten Calcite in die Sammlungen, so im Jahre 1976 durch Remo Bettinaglio. Der Calcit ist flachrhomboedrisch, in der sogenannten «Fingernagel-Form», auskristallisiert. Die Kristalle sind bis 4 cm breit und hellgrau gefärbt. Verschiedene Calcite weisen sowohl hellere als auch dunklere Farbzonen auf. Auffallend ist eine deutliche Riefung der Kristallflächen.

5.3 Trappenwand, Vasöner Älpli

Mineralien
Albit, Brookit, Calcit, Quarz, Rutil

In der Trappenwand (Lokalität ist auf der Landkarte nicht eingetragen) unterhalb des Vasöner Älplis entdeckte Karl Kühne in eozänen Sandsteinen eine senkrecht verlaufende, schmale Gesteinsspalte, deren Wände mit Calcit ausgekleidet sind. Das Mineral ist in der flachrhomboedrischen Form (sogenannte «Fingernagel-Form») mit bis 4.5 cm langen Kristallen ausgebildet. Eine Flächenriefung der Kristalle ist gut erkennbar. Der Calcit hat sich teilweise als flache Kristallplatten ohne Muttergestein von den Kluftwänden abgelöst. Er ist weiss bis farblos mit meist matter Oberfläche.

Im Tobel unterhalb der Trappenwand entdeckte derselbe Strahler in den 1970er-Jahren einen mehrere Mineralarten enthaltenden, grossen Sturzblock aus grauem Quarzit, bei dem es sich wahrscheinlich um eozänen Sandstein handelt. In einem Kluftriss desselben fand sich die für das Taminatal seltene Mineralparagenese Quarz, Brookit und Rutil. Als weitere Begleitmineralien treten winziger, tafeliger Albit und einzelne, rhomboedrische Calcitkristalle auf.

Die Quarzkristalle sind bis 3 cm lang und zu kleinen Plättchen und Grüppchen aggregiert. An

182

183

184

182 Flachrhomboedrischer Calcit in der sogenannten «Fingernagel-Form». Sarelli-Stollen, Mapragg-Bad Ragaz. Breite: 6.7 cm.
Sammlung: Peter Kürsteiner, Nr. T5-95
Foto: Thomas Schüpbach

183 Stufe mit flachrhomboedrischem Calcit in der sogenannten «Fingernagel-Form». Trappenwand. Breite: 13 cm.
Sammlung: Peter Kürsteiner, Nr. T5-65
Foto: Thomas Schüpbach

184 Rutil-Nadeln auf Quarz. Trappenwand. Bildbreite: 9 mm.
Sammlung: Peter Kürsteiner, Nr. T4-634
Foto: Thomas Schüpbach

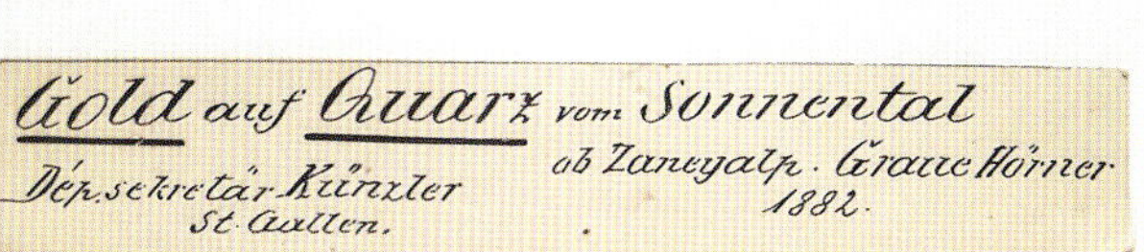

der Basis der Quarze sowie als Einschluss kommt auf einer Stufe ein braun-schwarzes, faseriges Mineral vor, bei welchem es sich um Rutil handelt. Dem Quarz ist zuweilen Brookit aufgelagert oder auch in diesem eingeschlossen. Die Brookite sind von rotbrauner Farbe, haben einen starken Oberflächenglanz und sind bis 3 mm lang. Sie zeigen häufig die für das Mineral typische Sanduhr-Struktur.

Literatur: Kürsteiner et al. (2015 a, S. 26–27)

5.4 Oberzanai

Mineralien
Gold, Hämatit, Pyrit, Quarz

In der Sammlung des Naturmuseums St. Gallen wird eine Mineralstufe mit der Bezeichnung «Gold auf Quarz vom Sonnental ob Zaneyalp. Graue Hörner; Dép. Sekretär Künzler St. Gallen, 1882» aufbewahrt (Naturmuseum St. Gallen, Nr. M-26). Das Sunnental befindet sich an der Ostflanke der Zanaihörner, die in der südöstlichen Verlängerung des Pizols liegen. Geologisch gehört das Gebiet zur Sardona-Decke, welche hier vorwiegend aus Tonstein, Mergel und Sandstein oder Quarzit besteht.

Bei der Mineralstufe handelt sich um ein Stück weissen Gangquarzes mit Einschlüssen von rostig verwittertem Pyrit und einzelnen, mit rotem Hämatit belegten Bruch- und Scherflächen. Auf einer der

185 Brookit mit Sanduhr-Struktur auf Quarz. Trappenwand. Länge Brookit: 1.5 mm.
Sammlung: Peter Kürsteiner, Nr. T4-806
Foto: Thomas Schüpbach

186 Gediegen Gold auf Gangquarz. Oberzanai. Bildbreite: 1 cm.
Naturmuseum St. Gallen, Nr. M-26
Foto: Thomas Schüpbach

187 Alte Sammlungsetikette aus dem Jahr 1882 der Gold-Stufe von Abbildung Nr. 186.
Foto: Peter Kürsteiner

Scherflächen und einem kleinen, mit winzigen Quarzkristallen ausgekleidetem Hohlraum sind feine Überzüge und blechförmige Aggregate von gediegenem Gold erkennbar. Die Goldaggregate erreichen eine maximale Grösse von rund 2 mm.

Die tiefrote Farbe des Hämatits deutet darauf hin, dass die Mineralprobe mit einiger Wahrscheinlichkeit aus dem Verrucano des Glarner Deckenkomplexes stammt. Im Sonnental stehen aber ausschliesslich Quarzite und Tonschiefer der Sardona-Decke an. Entlang der Zanaihörner sind Gesteine des Verrucano erst oberhalb von 2700 m ü. M. vorhanden. Es wird deshalb vermutet, dass die goldhaltige Erzprobe nicht vom Sunnental selbst, sondern eher vom nördlich gelegenen Talkessel oberhalb Oberzanai stammt und es sich dabei um einen Fund in einem Sturz- oder Findlingsblock handelt.

Literatur: Kürsteiner et al. (2015 a, S. 27-28), Soom und Kürsteiner (2018, S. 1-3)

5.5 Rueboden

Mineralien
Calcit

Vor Jahren wurde der Bergweg vom Rueboden, welcher sich westlich oberhalb des Mapraggsees befindet, zum Maiensäss Bachberg neu erstellt. In der freigelegten Böschung wurde dabei ein schmaler Riss angefahren, aus welchem schöne Calcite in der sogenannten «Fingernagel-Form» geborgen werden konnten. Die Kristalle sind 1–2 cm breit, jeweils dem Muttergestein aufgewachsen und von gelblicher Farbe. Beim Nebengestein handelt es sich um Sandsteine des Nordhelvetischen Flyschs.

Literatur: Kürsteiner et al. (2015 a, S. 28)

5.6 Wolfjos

Mineralien
Calcit

Seit Langem bekannt sind Calcitfunde aus dem Gebiet Wolfjos, welches sich auf der linken Talseite nordöstlich von Vättis befindet. Die Hauptfundstellen liegen bei der Lokalität Rüsli unterhalb sowie auch oberhalb des ehemaligen Bergwegs, der zum Vättnerberg führt. Auch im grossen Felskopf oberhalb des heutigen Bergwegs kommen Calcite vor. Bei den Fundstellen handelt es sich um grosse Hohlräume im Quinten-Kalk. Aus diesen konnten sowohl kleinere als auch grosse bis sehr grosse Einzelkristalle und Gruppen geborgen werden.

Der Calcit kommt in der Skalenoeder-Form wie auch als sogenannter «Trauben-Calcit» ausgebildet vor. Es finden sich ganze Platten parallel verwachsener, spitzskalenoedrischer Kristalle. Diese sind bis 8 cm lang, wobei lediglich deren Spitzen vorstehen. Einzelne, nicht verwachsene Skalenoeder können Längen bis 45 cm erreichen. Zudem finden sich, in teilweise beachtlichen Grössen, sogenannte «Artischocken-Calcite»: Die Oberflächen solcher Kristalle sind nicht glatt ausgebildet, sondern von zahlreichen Teilindividuen belegt, deren kristallografische Orientierung vom Hauptkristall leicht divergiert (Sprossenwachstum). Dadurch kommt eine artischockenähnliche Ausbildung der Kristalle zustande.

Die «Trauben-Calcite» bestehen aus einem skalenoedrischen Mutterkristall, auf dessen Oberfläche zahlreiche kleinere Individuen mit gleicher kristallografischer Orientierung aufgewachsen sind, deren Skalenoeder-Spitzen mit einem flachen Rhomboeder abgestumpft sind.

Skalenoedrisch ausgebildete Calcite und «Trauben-Calcite» kommen durchwegs räumlich getrennt vor. Frei ausgebildete Kristallstufen, sogenannte Schwimmer-Stufen, sind nur selten; am ehesten sind sie bei den «Trauben-Calciten» zu beobachten. Das Mineral kommt weiss, gelblich, rötlich und bräunlich vor. Eine Braunfärbung in der Randzone der Calcite ist nach Weibel (1966 a) auf eine Eisenhydroxid-Abscheidung zurückzuführen. Die Calcite sind jeweils von trockenem Lehm um-

188 Mineralfundstelle Wolfjos mit Strahler Karl Kühne. Der Calcit tritt in einzelnen, mit Lehm gefüllten Hohlräumen im Kalkstein der Quinten-Formation auf.
Foto: Anonyme Aufnahme um 1994

189 «Artischocken-Calcit». Wolfjos. Höhe: 17 cm.
Sammlung: Peter Kürsteiner, Nr. T5-51
Foto: Thomas Schüpbach

190 Skalenoedrischer Calcit mit braunen Überzügen aus Eisenhydroxid. Wolfjos. Breite: 10 cm.
Sammlung: Peter Kürsteiner, Nr. T5-69A
Foto: Thomas Schüpbach

191 «Trauben-Calcit» mit gelben Überzügen aus Eisenhydroxid. Wolfjos. Breite: 10 cm.
Sammlung: Peter Kürsteiner, Nr. T5-51
Foto: Thomas Schüpbach

192 Skalenoedrischer Calcit mit rötlich-braunen Überzügen aus Eisenhydroxid. Rüsli. Breite: 9 cm.
Sammlung: Peter Kürsteiner, Nr. T5-89
Foto: Thomas Schüpbach

geben und dadurch vor Verwitterung geschützt. Vereinzelt sind sie aber auch von einer festen Kalkschicht überzogen.

Auch in der näheren Umgebung von Rüsli-Wolfjos kommen Klüfte mit Calcit vor. Dieser ist dort jeweils skalenoedrisch auskristallisiert.

Literatur: Eggenberger (1975, S. 473–477; 1977, S. 348–354), Kürsteiner et al. (2015 a, S. 28–29), Stalder et al. (1973, S. 342), Weibel (1966 a, S. 134)

5.7 Stegwald–St. Peter

Mineralien
Calcit

Aus dem Gebiet Stegwald-St. Peter auf der rechten Seite der Tamina befinden sich in verschiedenen Sammlungen Calcit-Stufen. Diese wurden aus Klüften in den Malmkalken (Quinten-Kalk und eventuell Tros-Kalk) gewonnen.

Das Naturmuseum St. Gallen besitzt eine überaus schöne, weisse Stufe bestehend aus unzähligen skalenoedrisch ausgebildeten Calciten. Diese ist mit der Fundortangabe St. Peter bezeichnet.

Verschiedene Strahler haben im Gebiet Stegwald-St. Peter Calcite geborgen. Diese sind durchwegs als Skalenoeder auskristallisiert, deren Spitze mit einem flachen Rhomboeder abgestumpft ist. Es kommen Einzelkristalle bis 20 cm Länge vor; diese sind hellgrau-weiss und haben eine matte Oberfläche. Zudem fanden sich Klüfte mit Calcit-Stufen, die rasenförmig von bis 3 cm langen Skalenoedern überzogen sind. Einer ersten Calcit-Generation sind zuweilen als Doppelender ausgebildete, kleinere Kristalle einer zweiten Generation aufgelagert. Das Mineral ist gelblich-weiss.

Weiter finden sich in alten Sammlungen Stufen mit der eher ungenauen Fundortangabe «Vättiser Calanda». Diesen Stufen sind rasenförmig Calcit-Skalenoeder bis 5 cm Länge aufgewachsen. Die Kristalle sind farblos bis weiss oder infolge eines Eisenhydroxidüberzugs hellgelb gefärbt. Zuweilen haben sie einen starken Oberflächenglanz.

Literatur: Kürsteiner et al. (2015 a, S. 30)

193 Calcit-Stufe. St. Peter. Breite: 21.5 cm.
Naturmuseum St. Gallen, Nr. M-2244
Foto: Thomas Schüpbach

194 Skalenoedrischer Calcit mit abgestumpfter Kristallspitze. «Vättiser Calanda».
Breite: 12 cm.
Sammlung: Peter Kürsteiner, Nr. T5-55
Foto: Thomas Schüpbach

195 Mineralstufe, überzogen mit skalenoedrisch auskristallisierten Calcit-Kristallen. Diesen sind da und dort doppelseitig ausgebildete Calcite aufgewachsen. Stegwald, St. Peter. Höhe: 13 cm.
Sammlung: Peter Kürsteiner, Nr. T5-58
Foto: Thomas Schüpbach

5.8 Bergwerk Gnapperchopf

Mineralien
Arsenopyrit (?), Azurit, Boulangerit (?), Brochantit, Calcit, Cerussit, Chalkopyrit, Chalkosin, Cobaltit, Covellin, Dolomit, Fluorit, Galenit, Gold, Malachit, Muskovit, Pyrit, Quarz, Siderit, Tetraedrit, Wulfenit

Gnapperchopf wird ein markanter Felskopf genannt, der sich auf der rechten Talseite unterhalb von Vättis auf circa 1100 m ü. M. befindet und im Nordosten an das Gnapperchopftöbeli grenzt. Auf der heutigen Landeskarte ist die Lokalitätsbezeichnung Gnapperchopftöbeli eingetragen, nicht hingegen jene des Gnapperchopfs. Auf den alten Karten hingegen erscheint der Name, und in der geologischen Karte von Piperoff (1897) ist auch die Lokalität des Bergwerks eingezeichnet.

Der Gnapperchopf ist aus Röti-Dolomit aufgebaut, der über einer Schicht aus Mels-Sandstein ansteht. Der Röti-Dolomit taucht gegen Norden und Süden ab und bildet eine Faltenstruktur, in deren Gewölbescheitel das ehemalige Bergwerk Gnapperchopf liegt. In diesem wurde bis in die Mitte des 19. Jahrhunderts mit mehreren Unterbrüchen nach Kupfererzen und silberhaltigem Fahlerz geschürft. Die Stollen wurden im Röti-Dolomit angelegt, der in diesem Bereich stark verschiefert ist. Das Gestein streicht N095°E und fällt mit 57° gegen Norden ein (Cadisch 1939). Die Stätte ist Teil des Geoparks Sardona.

193

194

195

Geschichte des Bergbaus am Gnapperchopf

Wie die Lokalitätsbezeichnung erraten lässt, wurde in diesem Gebiet früher Bergbau betrieben. Der alte Erzabbau ist auch in der Sagenwelt des Taminatals überliefert (Zimmermann 2006). Der Abbau konzentrierte sich auf das Bergwerk am Gnapperchopf, daneben wurde ebenfalls an der Lokalität Silberegg südwestlich von Vättis nach Erz geschürft. Bereits im 18. Jahrhundert finden sich Hinweise, dass ein gewisser Matthias Schreiber, Bürger von Basel, am 18. August 1713 dem Abt Bonifazius II. zu Pfäfers ein Gesuch gestellt hatte, bei Vättis (vermutlich am Gnapperchopf) ein Bergwerk errichten zu dürfen (Nigg 1934). Der Bergbau war aber nur von kurzer Dauer, weil am Ende des gleichen Jahres Johann Rudolf Krämer, Hauptmann und ebenfalls von Basel, sich beim Abt beklagte, dass er von Schreiber betrogen worden sei und dass dieser ihm das wenige Geld, das ihm vom achtundzwanzigjährigen Dienst geblieben sei, geraubt habe.

Um 1820 wurde der Bergbau am Gnapperchopf wieder aufgenommen. Es wurde unterhalb des Bergwerks ein Holzhaus errichtet. Das zerkleinerte Erz brachte man mit Schlitten zu Tale und von dort mit dem Wagen nach Garschleiren, wo es sortiert und zum Versand hergerichtet wurde (Zimmermann 1990). Die gesamten Arbeiten standen unter der Aufsicht eines Herrn Steiger, der als fauler Kerl bekannt und häufiger in der Wirtschaft zur Tanne als in den Bergwerken anzutreffen war. Auch diese Periode endete mit einem Misserfolg, und das Haus auf dem Gnapperchopf zerfiel zusehends.

Nach Theobald (1856) treten in quarzreichem Dolomit auf dem Weg von Vättis nach Sattel viele schöne Bergkristalle auf. In Quarzgängen sind die Mineralien Fahlerz, Azurit, Malachit, Chalkopyrit und etwas Galenit vorhanden, welche ehemals ausgebeutet wurden und deren Grube damals bereits verlassen war. Zweifelsohne handelt es sich dabei um die Erzgruben am Gnapperchopf. Wenige Jahre später berichtet Deicke (1859a, 1859b), dass früher bei Vättis Kupfererze mit etwas Galenit ausgebeutet und die Gruben aus Mangel an ergiebigen Erzen aufgegeben worden seien, wobei das Gold immer nur in kleinen Partien spärlich vorgekommen sei.

Die wahrscheinlich intensivste Abbauperiode fand von 1860–1866 statt, obgleich damals Deicke (1862) einen wirtschaftlich erfolgreichen Abbau infrage stellte. Nach diesem Autor finden sich bei Vättis Malachit, Bornit und Chalkopyrit, die aber nur nesterweise oder so zerstreut im Muttergestein vorhanden sind, dass die Ausbeute nicht lohnend sein könne. 1860–1861 wurde das Bergwerk mit zehn Personen betrieben (Piperoff 1897). Die Arbeiten wurden seinerzeit von einem Obersteiger namens Summermatter aus dem Wallis geleitet. Es wurde in drei Schichten gearbeitet. Das gewonnene Kupfer- und Silbererz wurde zur Verhüttung nach Deutschland gebracht. Der vorerst erfolgversprechende Abbau fand ein abruptes Ende, indem der Kassier durchbrannte und die Arbeiter dadurch ihren Lohn verloren. Von dieser Abbauphase gelangten Erzproben ins damalige Polytechnikum Zürich, wo Professor Pompejus Alexander Bolley eine chemische Analyse durchführte (Bolley 1861). Die Analysen wurden an mehreren Gesteinsproben mit «Kupfererzen vom Calanda» ohne genauere Herkunftsangaben vorgenommen. Aus der Beschreibung des Probenmaterials kann aber angenommen werden, dass sie vom Bergwerk Gnapperchopf stammen. Die chemische Bestimmung ergab, dass das Erz im Mittel 9.5 % Kupfer und nur 0.1 % Silber enthält.

Bergwerksanlagen

Cadisch (1939) stellte fest, dass zwischen 1178 und 1199 m ü. M. ursprünglich vier Stollen vorgetrieben worden waren. Er macht zu den Stollen nähere Angaben: *Der unterste der vier Stollen, die im Hang schief übereinander liegen, ist zugefallen. Die drei anderen Stollen sind deutlich auf Quarzadern angesetzt, die durchschnittlich einige Dezimeter stark sind. Beim obersten Stolleneingang sind zwei Quarzadern sichtbar, von denen die obere circa 1 dm, die untere 1–5 dm stark ist. Letztere führt sulfidisches und karbonatisches Erz. Stollen 3 ist noch befahrbar. Er wurde zunächst 10 m in Richtung N110°E vorgetrieben. Unmittelbar hinter dem Mundloch kommt man an einem wassererfüllten Gesenk vorbei, das möglicherweise nach Stollen 1 hinab ging. Stollen 3 fährt dann bei 8 m unter dem Mundloch 2 vorbei, mit dem früher Verbindung bestand, dann wendet er nach Richtung N135°E (8 m) und weitere*

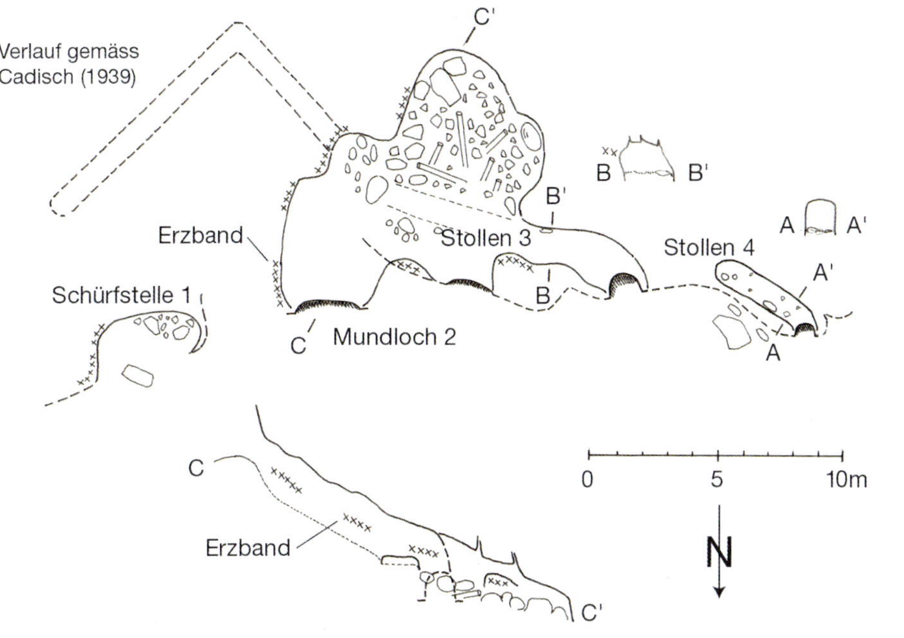

196

10 m sind in Richtung N047°E aufgefahren. Die gesamte Stollenlänge beträgt somit nur 28 m. An Ort und Stelle sind jetzt ohne Sprengarbeit keine guten Erzproben mehr zu finden.

Heute ist der Stollen Nr. 3 nur noch auf einer Länge von 10 m begehbar. Die von Cadisch beschriebene Verlängerung ist verschüttet, hingegen besteht vom ehemaligen Stollen Nr. 2 eine durchgehende Verbindung, wodurch an zwei Stellen von oben das Tageslicht zutritt. Der am höchsten gelegene Stollen Nr. 4 ist ebenfalls verschüttet und zeigt eher das Aussehen eines oberflächennahen Schürfschlitzes.

Die erzführenden Quarz- und Karbonatadern sind im hinteren, heute noch zugänglichen Bereich der Stollen Nr. 2 und 3 aufgeschlossen. Sie streichen Nordwest-Südost und fallen mit 20–50° gegen Südwesten ein (Fallazimut N220°E). Es handelt sich um einzelne, in der Gangart eingesprengte Erzkörner sowie nestartige Ansammlungen von Erzmineralien, die von Malachit und Azurit begleitet werden.

Unterhalb des Bergwerks befindet sich im Röti-Dolomit bei Koordinaten 2'754'220, 1'198'310, 1120 m ü. M. ein rund 30 m langer Schürfgraben, in welchem quer zur Schichtung verlaufende Quarzgänge vorhanden sind, die etwas Galenit führen (Hofmann 1989).

197

196 Plan des Bergwerks Gnapperchopf. Nummerierung der Stollen nach Cadisch (1939).
Aufnahme: Michael Soom

197 Erzführende Quarz- und Karbonatader im Röti-Dolomit mit den Sekundärmineralien Azurit (blau) und Malachit (grün). Bergwerk Gnapperchopf.
Foto: Michael Soom

Mineralien

Im Bergwerk Gnapperchopf sind die in den Quarz- und Karbonat-Gängen eingeschlossenen Sulfide und ihre Sekundarmineralien von besonderem mineralogischem Interesse. Als Silber- und Bleierze kommen hauptsächlich Tetraedrit (Fahlerz) und Galenit vor. Cadisch (1939) erwähnt die folgenden Mineralarten: Fahlerz, Galenit, Chalkosin, Chalkopyrit, Covellin, Malachit und Azurit. Die Gangart besteht aus Quarz, Dolomit und Calcit. Hügi (1941) beschreibt zudem Arsenopyrit, was aber anhand der neuen Erzanschliffe nicht bestätigt werden konnte. Gemäss Cabalzar (1977) sind zudem Brochantit, Cerussit, Fluorit und Wulfenit vorhanden.

Tetraedrit und Galenit treten in der Form derber Massen auf, welche in einem weissen, milchigen Quarzband eingesprengt sind, das stellenweise Dolomit und Nebengesteinsbruchstücke enthält. In kleinen Hohlräumen finden sich einzelne, klare Quarz-Kristalle, welche teilweise im Dauphiné-Habitus ausgebildet sind und selten länger als 1 cm sind. Die Mineralart Dolomit ist in derber Ausbildung sowie in der Form sattelförmig verbogener, hellbrauner Aggregate vertreten. Daneben kommen bis 5 mm grosse Aggregate von feinschuppigem Muskovit vor.

198 Typische Erzprobe mit Tetraedrit (metallisch grau) in weissem Gangquarz und den Sekundärmineralien Azurit und Malachit. Bergwerk Gnapperchopf. Breite: 8 cm.
Sammlung: Peter Kürsteiner, Nr. T2-41
Foto: Thomas Schüpbach

199 Galenit, in weissem Gangquarz eingeschlossen, und Spuren von grünem Malachit. Bergwerk Gnapperchopf. Bildbreite: 5.5 cm.
Sammlung: Peter Kürsteiner, Nr. T2-124
Foto: Thomas Schüpbach

200 Blaue Azurit-Kristalle auf weissem Gangquarz. Bergwerk Gnapperchopf. Länge der Kristalle: bis 1.5 mm.
Sammlung: Peter Kürsteiner, Nr. T5-653A
Foto: Thomas Schüpbach

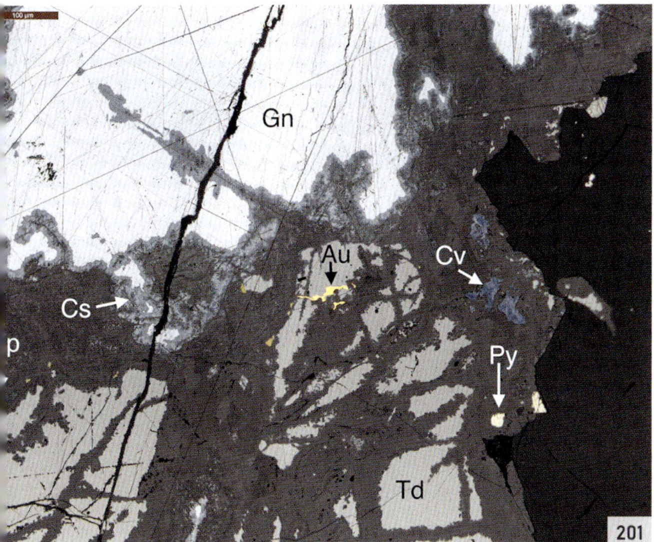

201 Erzmikroskopische Aufnahme von Erz mit Galenit Gn, Tetraedrit Td, Chalkosin Cs, Gold Au, Chalkopyrit Cp, Pyrit Py. Mittelgrau ist ein Gemenge verschiedener Verwitterungsmineralien, fast schwarz ist Quarz. Galenit und Tetraedrit sind stark korrodiert. Bergwerk Gnapperchopf.
Sammlung: Peter Kürsteiner, ohne Nummer
Foto: Beda Hofmann

202 Backscatter-Rasterelektronenmikroskop-Aufnahme von Cobaltit (deutlich zoniert) als Einschluss in Tetraedrit. Das eingesetzte Farbbild ist eine auflichtmikroskopische Aufnahme desselben Cobaltits. Hell erscheinende Risse im Tetraedrit sind mit bleireichen Sekundärmineralien gefüllt. Bergwerk Gnapperchopf.
Sammlung: Peter Kürsteiner, ohne Nummer
Aufnahmen: Nicolas Greber/Beda Hofmann

Tetraedrit ist an seiner grau-schwarzen Farbe und dem metallischen Glanz erkennbar. Die einzelnen Erzkörner und Mineralaggregate erreichen selten einen Durchmesser von mehr als 2 cm. Sie sind teilweise mit Galenit verwachsen. Neue Analysen der mineralogischen Beschaffenheit des Fahlerzes wurden durch Beda Hofmann, Institut für Geologie der Universität Bern, durchgeführt (Kürsteiner et al. 2015 b). Als primäre Erzmineralien konnten als Hauptbestandteile Tetraedrit (Antimonfahlerz) und Galenit, daneben in bescheideneren Mengen Chalkopyrit, Pyrit, gediegen Gold und Cobaltit festgestellt werden. Tetraedrit ist homogen und zeigt eine mittlere Zusammensetzung entsprechend $Cu_{9.61}Ag_{0.22}Zn_{1.18}Fe_{0.87}Sb_{3.10}As_{1.09}S_{13}$ (Mittel von zwölf Punktanalysen mittels energiedispersiver Elektronenstrahl-Mikroanalytik, Rasterelektronenmikroskop des Instituts für Geologie der Universität Bern). Der mittlere Silbergehalt beträgt 1.5 Gewichtsprozent.

Überraschend war der Nachweis des bisher von der Fundstelle nicht als eigenständige Mineralart beschriebenen Goldes. Eine weiterführende Recherche ergab aber, dass bereits Hügi und Meier (1949) an einer Erzprobe vom Gnapperchopf das Element Gold mittels Emissionsspektroskopie semiquantitativ nachweisen konnten und ebenfalls Audétat (1995) Einschlüsse von Gold in Fahlerz von dieser Lokalität beschreibt. Das neu analysierte Gold ist silberarm (3–5 Gewichtsprozent Ag) und tritt in Körnern mit bis 70 Mikrometer maximaler Dimension vorwiegend in Assoziation mit Tetraedrit und Chalkopyrit auf. Gold wurde in drei von sieben untersuchten Schliffen nachgewiesen. Anhand der Schlifffläche, Kornanzahl und Korngrösse kann der Goldgehalt der untersuchten Proben grob auf 10–20 ppm (Gramm Gold pro Tonne Gestein) abgeschätzt werden.

Pyrit tritt untergeordnet auf zahlreichen Erz-Stufen in der Form würfeliger Kristalle auf, die im Gangquarz eingeschlossen sind und deren Kantenlänge in der Regel weniger als 3 mm beträgt. Daneben kommen ebenfalls in geringen Mengen Chalkopyrit und Cobaltit (Atomverhältnis Co:Ni:Fe circa 3:2:1) als idiomorphe, zonierte Kristalle bis circa 50 Mikrometer Grösse als Einschluss in Tetraedrit vor. In den untersuchten Schliffen kommen die Erzmineralaggregate als Einschlüsse in Quarz vor, teils auch assoziiert mit Dolomit und feinschuppigem Muskovit.

Im Quarz oder im Fluorit eingeschlossen, teilweise mit Phantombildung, findet sich zuweilen neben Galenit auch ein nadelförmiges Erzmineral, bei dem es sich allenfalls um Boulangerit handelt (Cabalzar 1977).

Vor allem Tetraedrit und Galenit sind durch die Oberflächenverwitterung stark korrodiert. An der Oberfläche des Galenits bildeten sich sekundär zementativer Chalkosin und Covellin. Diese Mineralphasen mit der Zusammensetzung $Cu_{1-2}S$ bildeten sich durch die Reaktion von durch Verwitterung gelösten Kupferionen mit den primären Sulfidmineralien.

203 Quarz in der prismatischen Form mit zahlreichen Kristallkeimlingen. Gnapperchopf. Breite: 9.5 cm.
Sammlung: Peter Kürsteiner, Nr. T4-154
Foto: Thomas Schüpbach

204 Quarz in der prismatischen Form, an der Basis mit braunem Dolomit. Gnapperchopf. Breite: 17.5 cm.
Sammlung: Peter Kürsteiner, Nr. T4-153
Foto: Thomas Schüpbach

205 Quarz-Stufe mit braunem, sattelförmigem Aggregat aus Dolomit. Gnapperchopf. Breite: 5.6 cm.
Sammlung: Peter Kürsteiner, Nr. T5-310
Foto: Thomas Schüpbach

206 Weisser, tafeliger Albit, begleitet von Quarz und braunem Eisenkarbonat. Gnapperchopf. Breite: 2.9 cm.
Naturhistorisches Museum Basel, Nr. 29261
Foto: Thomas Schüpbach

206

Als weitere sekundäre Mineralien wurden die Oxidationsprodukte Malachit und Azurit röntgendiffraktometrisch nachgewiesen. Malachit bildet grüne Krusten und Überzüge oder faserige Aggregate ohne erkennbare Kristallformen. Azurit tritt in der gleichen Ausbildung auf, erscheint selten auch in der Form tafeliger Kristalle, welche in kleinen Hohlräumen des Quarzbandes eingebettet sind.

Gesichert ist auch das Vorhandensein von Cerussit anhand von EDS-Analysen mit dominant Pb-C-O. EDS-Analysen und elektronenmikroskopische Aufnahmen im Backscatter-Modus (BSE) zeigen das Vorhandensein von feinkörnigen Assoziationen sekundärer Mineralphasen mit den Elementen Pb-Cu-Sb-S-C. In den Randbereichen des Galenits und Tetraedrits treten zudem selten wenige Millimeter grosse Körner von orange-braunem, derbem Wulfenit auf. Beim Brochantit, einem sekundär gebildeten Mineral, handelt es sich um kleine, intensiv grüne Plättchen (Cabalzar 1977).

Im Röti-Dolomit unmittelbar oberhalb des Hauptstollens des Bergwerks – noch in Kontakt zu diesem, aber räumlich getrennt – konnten von Karl Kühne in mehreren engen, schräg stehenden Klüften Quarze ausgebeutet werden. Diese Klüfte streichen Nordwest-Südost und fallen mit 60° gegen Südwesten ein (Fallazimut N240°E). Es fanden sich meist Stufen und Kristall-Aggregate, Einzelkristalle waren selten. Die Kristalle sind farblos, haben einen starken Oberflächenglanz und sind bis 4 cm lang. Zuweilen kamen Stufen mit mehreren Quarzgenerationen vor: eine frühere Kristallbildung im prismatischen Habitus, auf deren Oberseite am Ende des Wachstums zahlreiche Quarzkeimlinge abgelagert wurden, und eine spätere Bildung aus schlankprismatisch-nadeligem Quarz im Muzo-Habitus.

Auch in der weiteren Umgebung des Gnapperchopfs kommen an verschiedenen Stellen Quarzgänge vor, die ebenfalls Klüfte enthalten. In diesen Quarzgängen finden sich Klüfte mit glasklaren Bergkristallen, welche von verschiedenen Strahlern über Jahre ausgebeutet wurden. Der Bergkristall ist meist im prismatischen Habitus, seltener im Dauphiné-Habitus ausgebildet. Nach Stalder et al. (1973) enthielten die Klüfte zuweilen auch Galenit.

In der Sammlung des Naturhistorischen Museums Basel finden sich zwei kleine Stufen (Nr. 29261) mit der allgemeinen Fundortangabe Gnapperchopf. Diese stammen vermutlich aus Klüften des benachbarten Vättner-Kristallins. Die Stufen bestehen neben glasklaren, schlankprismatischen Quarzen und verwittertem Eisenkarbonat aus tafeligen Albit-Kristallen mit Längen bis 5 mm. Die Sammlung des Musée cantonal de géologie Lausanne enthält Proben mit stark verwittertem Siderit mit der Fundortangabe Gnapperchopf. Das Mineral ist tafelig ausgebildet, mit Kristallbreiten bis 8 mm.

Koordinaten: 2'754'300, 1'198'250, 1178-1199 m ü. M.

Literatur: Bolley (1861, S. 95), Cabalzar (1977, S. 328-333), Cadisch (1939, S. 1-20), Deicke (1859 a, S. 178-179; 1859 b, S. 15; 1862, S. 90-112), Hofmann (1989, S. 52), Hügi (1941, S. 80), Hügi und Meier (1949, S. 283-285), Krähenbühl (1980, S. 9-11; 1998, S. 8-11; 2006, S. 2-7), Kürsteiner et al. (2015 b, S. 13-18), Nigg (1934, S. 70-73), Piperoff (1897, S. 62), Schmidt (1920), Soom und Kürsteiner (2018, S. 1-3), Stalder et al. (1973, S. 347), Theobald (1856; S. 39), Zimmermann (2006, S. 2-7), www.bergbau-gr.ch/wordpress/?page_id=473

5.9 Chrummlauizugtobel

Mineralien
Dolomit, Galenit, Gold, Malachit, Quarz, Tetraedrit

Circa 250 m südwestlich des Bergwerks Gnapperchopf gegen das Chrummlauizugtobel hin befindet sich in der Fortsetzung des Röti-Dolomit-Zuges im steilen, unwegsamen Gelände auf rund 1200 m ü. M. ein weiterer Sondierstollen, der ebenfalls von Cadisch (1939) erwähnt wird. Der Stollen verläuft an der Basis des Röti-Dolomits. Cadisch beschreibt in dessen Nähe unregelmässige, annähernd senkrecht verlaufende Quarzadern (…), die spärlich sulfidisches und karbonatisches Erz führen. Der Stollen wurde in östlicher Richtung vorgetrieben (N115°E) und weist eine Länge von 18 m auf. Beim Stollenmundloch finden sich Gesteinsbruchstücke mit Tetraedrit und Malachit. In der Umgebung des Stollens treten im Röti-Dolomit kleine Klüfte mit Quarz auf.

207 Gold-Aggregat in Galenit (metallisch grau, teilweise in hellbeigen Cerussit umgewandelt) und Quarz. Stollen nahe des Chrummlauizugtobels.
Sammlung: Peter Kürsteiner, Nr. T1-23
Foto: Multifokus-Digitalaufnahme Keyence, Beda Hofmann

208 Würfelförmiger Pyrit, eingesprengt in Quartenschiefer. Gonscherauswald. Breite der Mineralprobe: 8 cm.
Sammlung: Peter Kürsteiner, Nr. T2-225
Foto: Thomas Schüpbach

209 Pyrit-Pentagondodekaeder. Gonscherauswald. Durchmesser: 6 mm.
Sammlung: Peter Kürsteiner, Nr. T2-217
Foto: Thomas Schüpbach

210 Steilstehende Kluft mit Quarzband im Gneis des Fensters von Vättis. Kalkofen, Chrüzbachtobel.
Foto: Michael Soom

Aus einer kleineren Kluft oberhalb des Stollens konnte Karl Kühne eine grössere Anzahl Mineralstufen bergen. Die Mineralstufen lagen von den Kluftwänden losgelöst im Kluftraum. Die Quarze sind farblos bis weiss und weisen Längen bis 10 cm auf. Auch Doppelender und Kristalle im Dauphiné-Habitus kamen vor. Als weiteres Mineral fand sich Dolomit in sattelförmig gebogener Ausbildung. Dieser ist zu kleineren und grösseren Grüppchen aggregiert oder erscheint rasenartig dem Quarz aufgelagert. Der Dolomit ist von beige-brauner Farbe; die Aggregate erreichen eine Grösse von bis zu 2 cm.

An einer Mineralstufe aus derbem Gangquarz mit einzelnen, millimeterlangen Quarzkristallen und Einschlüssen von Galenit wurde zudem ein 0.4 mm langes Aggregat von frei auskristallisiertem Gold entdeckt, das randlich mit Galenit verwachsen ist (Kürsteiner et al. 2015 b). Es handelt sich dabei nach deren Kenntnissen um den Erstfund von frei auskristallisiertem Gold aus diesem Gebiet. Die Mineralstufe stammt gemäss Mitteilung von Karl Kühne aus der Umgebung des Stollens im Chrummlauizugtobel.

210

Koordinaten: 2'754'190, 1'198'080, ca. 1200 m ü. M.

Literatur: Cadisch (1939, S. 1-20), Kürsteiner et al. (2015 b, S. 13-18), Soom und Kürsteiner (2018, S. 1-3)

5.10 Gonscherauswald

Mineralien
Pyrit

Im unteren Teil des Gonscherauswaldes befindet sich ein aus Röti-Dolomit und rötlichen Tonschiefern der Quarten-Formation bestehender Felskopf. In den Tonschiefern und untergeordnet darin eingelagerten Quarzsandsteinen treten zahlreiche Pyrit-Kristalle auf. Der Pyrit ist meist würfelförmig ausgebildet, selten finden sich Kristalle in der Form des Pentagondodekaeders. Die Kristalle haben Kantenlängen bis 1 cm, die Oberflächen sind meist oxydiert und daher braun. Bereits Theobald (1856) erwähnt aus diesem Gebiet über dem Röti-Dolomit anstehende grüne, gelbe, graue und rote Schiefer mit Schwefelkies (Pyrit).

Literatur: Kürsteiner et al. (2015 b, S. 19), Theobald (1856, S. 40)

5.11 Chrüzbachtobel und Kalkofen

Mineralien
Calcit, Cerussit, Chalkopyrit, Galenit, Pyrit, Quarz

Beim Chrüzbachtobel stehen Kristallingesteine (Syenite, Muskovitgneise und Ganggesteine) des Fensters von Vättis an (Hügi 1941), welche diskordant von Quarzsandstein und Röti-Dolomit überlagert werden. Der Kontakt vom Kristallin mit den überlagernden Sedimentgesteinen liegt auf rund 1100 m ü. M. (Hügi 1941). Das Chrüzbachtobel ist schon lange als Fundlokalität von Quarz bekannt. Die Funde konzentrieren sich auf den Ausgang des Chrüzbachtobels – diese Lokalität wird von den Einheimischen Kalkofen genannt (auf der Landeskarte nicht angegeben) – und den höher gelegenen Bereich des Tobels.

211 Japaner-Zwilling. Chrüzbachtobel. Breite: 3.8 cm.
Naturhistorisches Museum Bern, Nr. A8203
Foto: Thomas Schüpbach

212 Quarz-Stufe, sowohl mit normal- als auch mit schlankprismatisch ausgebildeten Kristallen mit feinem Limonit-Überzug. Mehrere Kristalle weisen Dauphiné-Flächen auf. Chrüzbachtobel. Breite: 16 cm.
Sammlung: Peter Kürsteiner, Nr. T4-95
Foto: Thomas Schüpbach

213 Quarz-Stufe mit schlankprismatischen Kristallformen. Kalkofen. Breite: 13.5 cm.
Sammlung: Peter Kürsteiner, Nr. T4-75A
Foto: Thomas Schüpbach

214 Quarz-Stufe mit schlankprismatischen bis nadeligen Kristallformen mit Überzügen aus Eisenhydroxid. Chrüzbachtobel. Breite: 8.2 cm.
Naturmuseum St. Gallen, Nr. M-2185
Foto: Thomas Schüpbach

215 Bergkristalle vom Chrüzbachtobel: links langgestreckter Kristall mit steilen Rhomboedern, daneben Zweispitzer mit unterschiedlich ausgebildeten Spitzen.
Illustration: Nach Stalder et al. (1973)

216 Quarz mit Muzo-Habitus.
Illustration: Nach Rykart (1995)

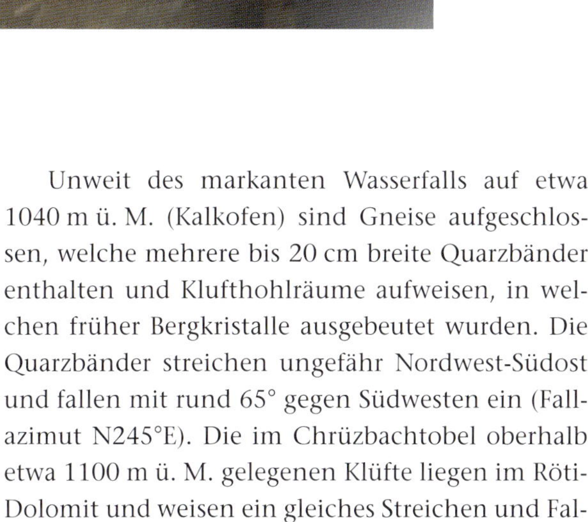

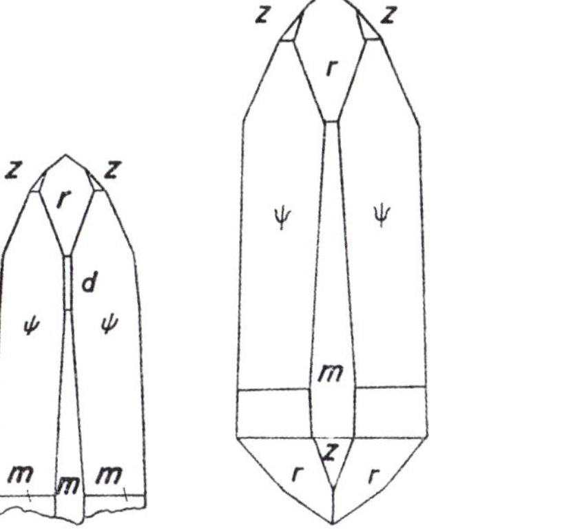

215

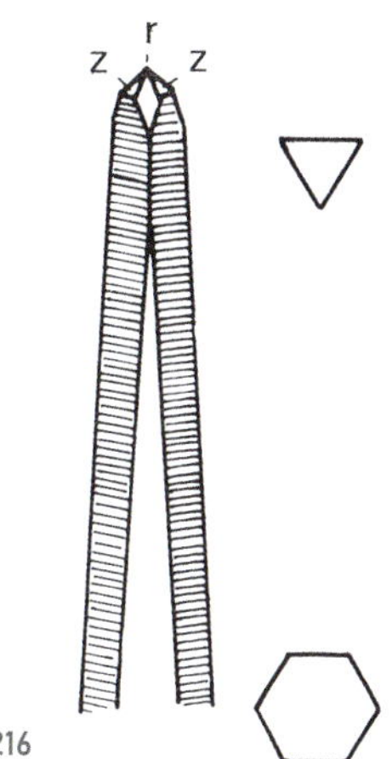

216

Unweit des markanten Wasserfalls auf etwa 1040 m ü. M. (Kalkofen) sind Gneise aufgeschlossen, welche mehrere bis 20 cm breite Quarzbänder enthalten und Klufthohlräume aufweisen, in welchen früher Bergkristalle ausgebeutet wurden. Die Quarzbänder streichen ungefähr Nordwest-Südost und fallen mit rund 65° gegen Südwesten ein (Fallazimut N245°E). Die im Chrüzbachtobel oberhalb etwa 1100 m ü. M. gelegenen Klüfte liegen im Röti-Dolomit und weisen ein gleiches Streichen und Fallen auf wie diejenigen beim Kalkofen.

In der Literatur werden verschiedene Angaben zu Mineralfunden dieses Gebietes angegeben, ohne genaue Unterscheidung Kalkofen oder höher gelegener Teil. Weibel (1963) beschreibt durch Eisenhydroxid gelb gefärbte Quarz-Stufen. Die Quarzkistalle sind meist im Dauphiné-Habitus ausgebildet. Es handelt sich bei diesen um Lamellenquarze mit erhöhtem Spurenelementgehalt, die unter dem Polarisationsmikroskop einen Aufbau aus optisch zweiachsigen Lamellen erkennen lassen. In Bambauer (1961) sind die Werte von Spurenanalysen solcher Quarze von Vättis aufgeführt: Pro 1 Million Silizium-Atome wurden 300 Aluminium-Atome, 125 Lithium-Atome, 25 Natrium-Atome und 130 Wasserstoff-Atome gemessen.

Die Quarze des Chrüzbachtobels weisen bei trigonaler Symmetrie eine langnadelige Ausbildung mit sehr steilstehendem Rhomboeder r als Endbegrenzung auf. Stalder et al. (1973) erwähnen zur besonderen Kristallform dieser Lokalität: Eine äusserst feine, regelmässige Streifung erweckt den Eindruck, dass diese Form eher von Pseudocharakter ist und aus alternierendem Prisma und Normalrhomboeder zusammengesetzt ist. Ganz merkwürdig sind die zahlreichen Zweispitzer, deren eines Ende dem beschriebenen Typus entspricht, während das andere durchaus normal ist, der Kristall somit trigonal-hemimorphe Symmetrie zeigt.

Aus dem Chrüzbachtobel erwähnt Rykart (1979) Quarze mit Muzo-Habitus: Für diese Kristalle charakteristisch ist der an der Kristallwurzel sechsseitige Prismen-Querschnitt, der unterhalb der Kristallspitze nur noch dreiseitig oder nahezu dreiseitig ist. Zur Spitze hin verbreitern sich die Flächen unter dem Rhomboeder z, währenddem die Flächen unter dem Rhomboeder r schmaler werden und zur Kristallspitze hin vollständig oder nahezu vollständig verschwinden.

An derselben Lokalität gelang H. Vetsch im Jahr 1972 der Fund eines nach dem Japaner-Gesetz verzwillingten Bergkristalls (Vetsch 1975). Dieser Autor beutete eine Kluft im Röti-Dolomit aus, die ne-

217 Quarz mit prismatischem Habitus sowie schneeweisse, sattelförmige Aggregate aus Dolomit. Chrüzbachtobel. Breite: 13 cm.
Naturmuseum St. Gallen, Nr. M-2194
Foto: Thomas Schüpbach

218 Weisse, rhomboedrische, leicht sattelförmige Dolomit-Kristalle neben Quarz. Chrüzbachtobel. Breite: 14.5 cm.
Naturmuseum St. Gallen, Nr. M-2192
Foto: Thomas Schüpbach

219 Weisse, rhomboedrische, leicht sattelförmige Dolomit-Kristalle neben Quarz. Chrüzbachtobel. Breite: 12.5 cm.
Naturmuseum St. Gallen, Nr. M-2193
Foto: Thomas Schüpbach

220 Stufe mit braunen Siderit-Kristallen. Kalkofen. Breite: 6 cm.
Sammlung: Röbi Tschirky
Foto: Thomas Schüpbach

221 Dunkelgrauer, oberflächlich verwitterter Galenit auf Quarz. Chrüzbachtobel. Fund: Walter Cabalzar, 1968. Bildbreite: 2.4 cm.
Musée cantonal de géologie Lausanne, Nr. 094983
Foto: Thomas Schüpbach

222 Winzige bräunliche Cerussit-Kristalle auf Galenit. Chrüzbachtobel. Bildbreite: 9 mm.
Sammlung: Peter Kürsteiner, Nr. T2-123
Foto: Thomas Schüpbach

223 Stufe mit gelbbraunen, rhombenförmigen Dolomit-Kristallen. Steinchöpf. Breite: 5.7 cm.
Sammlung: Röbi Tschirky
Foto: Thomas Schüpbach

221

222

223

ben Quarz im Dauphiné-Habitus noch etwas Calcit enthielt. An der Kluftdecke befand sich milchiger Quarz mit Spitzen bis zu 5 cm Durchmesser und 15 cm Länge.

Die Stufe, welche den Japaner-Zwilling trägt, befindet sich heute in der Sammlung des Naturhistorischen Museums Bern. Die beiden Zwillingskristalle erreichen eine Länge von maximal 4 cm.

Ebenfalls in Klüften des Röti-Dolomits gelang Jakob Stieger ein Fund von Bergkristallen, die von weissen, sattelförmigen Dolomit-Aggregaten und von einem weissen Schichtsilikat (feinschuppiger Muskovit) begleitet werden. Entsprechendes Fundmaterial wird in der Sammlung des Naturmuseums St. Gallen (Naturmuseum St. Gallen, Nr. M-2193) aufbewahrt. Röbi Tschirky konnte bei der Lokalität Kalkofen zusammen mit Quarz bräunlichen Siderit bergen. Dieser ist flachrhomboedrisch ausgebildet mit Kristallbreiten bis 1.3 cm.

Die Klüfte des Chrüzbachtobels enthalten nach Weibel (1963) auch wenig Pyrit und Chalkopyrit. Zusätzlich findet sich etwas Galenit, welcher auch als korrodierte idiomorphe Kristalle erscheint. Als Begleitmineral treten zudem winzige Kristalle aus bräunlichem Cerussit auf.

Literatur: Kürsteiner et al. (2015 b, S. 19-22), Parker (1963, S. 69), Stalder et al. (1973, S. 346-347), Vetsch (1975, S. 404-406), Weibel (1963, S. 479-483; 1966 b, S. 43-47)

5.12 Steinchöpf

Mineralien
Dolomit, Quarz

Karl Kühne konnte bei der Lokalität Steinchöpf nördlich Vättis Klüfte mit farblosen, hochglänzenden Bergkristallen ausbeuten. Die bis 3 cm langen Kristalle, oft igelförmig gewachsen, lagen frei im Lehm. Der Fundort liegt im Röti-Dolomit, welcher über dem Kristallin von Vättis folgt.

Im selben Gebiet fand Röbi Tschirky eine Kluft mit Quarz, welcher von Dolomit begleitet wird. Die Bergkristalle sind bis 2 cm lang und farblos oder weiss. Der Dolomit ist rhombenförmig ausgebildet mit Kristallbreiten bis 1 cm. Seine Farbe ist gelbbraun.

6 Calfeisental SG

Das Calfeisental erstreckt sich in Ost-West-Richtung vom Piz Sardona nach Vättis. Der obere, westliche Teil des Tals besitzt sanfte Hänge, die gegen oben sehr steil werden. Steile Felspartien markieren die Grate der Bergketten im Norden (Fahnenstock – Hangsackgrat) und im Süden (Trinserhorn-Tristelhorn-Ringelspitz). Im unteren, östlichen Teil des Tals, namentlich beidseits des Gigerwaldsees, weisen die unteren Talflanken hohe Felswände auf. Auch die oberen Hänge sind extrem steil. So ist es nicht verwunderlich, dass die frühen Forscher beim Anblick des Calfeisentals von Vättis her dieses als Spaltental interpretierten (vallées d'écartement von d'Omalius d'Halloy 1843), also Täler, die durch ein Auseinanderreissen der Erdkruste entstanden sind.

In den 1970er-Jahren wurde die Tamina bei Gigerwald von den Kraftwerken Sarganserland (heute Axpo) gestaut. Zusätzliches Wasser wird vom Weisstannental und von Tersäli her durch Stollen zugeführt. Mit einem weiteren Stollen wird das Wasser von Gigerwald nach Rueboden und von dort in der Druckleitung zur Zentrale Mapragg geführt. Von Mapragg aus führt ein weiterer Stollen Richtung Nordost zur Zentrale Sarelli.

Geologisch gesehen, ist das Tal zweigeteilt. Im hinteren Teil besteht der Felsuntergrund aus Sandsteinen (zum Teil Quarzite) und Tonsteinen der Sardona-Decke. Der ganzen Gesteinsabfolge fehlt ein dominanter harter oder weicher Leithorizont. Verwitterung und Abtrag laufen deshalb auf einem beinahe homogenen Felsuntergrund ab. Da sich das oberflächlich abfliessende Regenwasser im unteren Teil des Hanges sammelt und daher dort mehr Wasser abfliesst, kann im unteren Hangbereich mehr Schutt transportiert werden. Dieser Schutt sammelt sich dann und lässt den Hangfuss zusehends flacher werden. Das Resultat ist ein konkaver Hang – oben steil und unten flach – wie er im Calfeisental vorliegt.

Im unteren Teil des Calfeisentals bauen die Jura- und Kreidekalke des Unterhelvetikums die steilen hohen Felswände. Bei Gigerwald ist der Untergrund dieser Kalke aufgeschlossen. Es sind die Sedimente der Trias, des Lias sowie des Doggers und ganz unten das Kristallin des Fensters von Vättis. Die Nordflanke flacht oben in den Mergeln der Stad-Formation ab. Diese Mergel fehlen auf der Südflanke, weshalb diese bis zuoberst durchgehend Felswände aufweist. Beim genaueren Betrachten der geologischen Karte kann man erkennen, dass in dieser Südflanke die Jura- und Kreidekalke mehrfach übereinandergestapelt sind.

Das Calfeisental zeichnet sich auch durch mehrere Klippen von Verrucano in den Gipfelregionen der höheren Berge im Westen und im Süden aus: Piz Sardona, Trinserhorn/Piz Dolf, Tristelhorn/Piz da Sterls und Ringelspitz/Piz Barghis. Diese Klippen sind Erosionsreste einer gewaltigen Decke, welche vom Vorderrheintal bis an den Walensee reichte. Es handelt sich dabei um den Glarner Deckenkomplex, der aus einem ein Kilometer dicken Verrucano-Paket besteht, welches von den Sedimenten der Trias, des Juras und der Kreide überlagert wird. In den Klippen ist nur noch die unterste Schicht des Deckenkomplexes, der Verrucano, erhalten geblieben.

Die Beschreibung der Mineralfundstellen im Calfeisental wurde weitgehend aus Kürsteiner und Soom (2016) übernommen. Alle Fundstellen befinden sich im Unterhelvetikum. Die tiefergelegenen Fundstellen liegen in Sedimenten des Unterhelvetikums, welche altersmässig von der Trias bis in die Kreide reichen. Die höhergelegenen Fundstellen Tersol bis Sardona-Hütte SAC stammen aus der Sardona-Decke.

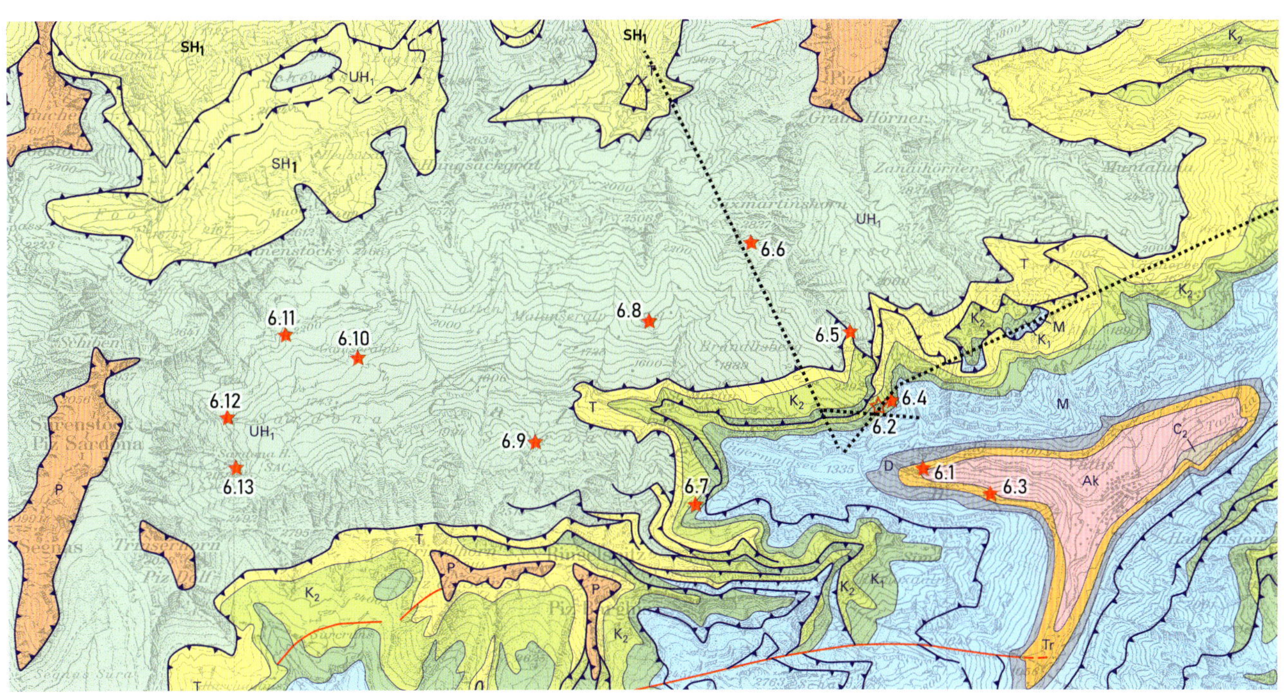

224

Helvetikum

Sedimenthülle

Eozän-Oligozän	T	Nordhelvetischer Flysch (inkl. Bürgen-, Stad-Formation)	
Kreide, späte	K_2	Oberkreide Garschella-, Seewen-, Amden-Fm	
Kreide, frühe	K_1	Unterkreide im Allgemeinen	
Jura, später	M	Malm Schilt-Fm, Quinten-Kalk	
Jura, mittlerer	D	Dogger	
Trias	Tr	Trias	Quarten-Fm Röti-Dolomit Mels-Sandstein

Kristallines Grundgebirge

Perm	P	Verrucano
Karbon	C_2	Bifertengrätli-Formation
	Ak	«Altkristallin» (Gneise, Granite, metamorphe Schiefer)

Allochthone Einheiten

UH_1	Sardona-Decke
SH_1	Blattengrat-Decke

Strukturelemente

- Bruch im Allgemeinen
- Überschiebung
- Mineralfundstellen
- in Untertagebauten
- Kraftwerkstollen

Mineralfundstellen

6.1 Gigerwald
6.2 Kraftwerkstollen Gigerwald-Tersolbach
6.3 Lutererzug
6.4 Gigerwaldspitz
6.5 Tersol
6.6 Marchtal-Sazmartinshorn
6.7 Alp Panära
6.8 Stockboden
6.9 Schräa
6.10 Gamserälpli
6.11 Marchtal nördlich Sardona-Alp
6.12 Sardona-Alp
6.13 Sardonahütte SAC

224 Geologische Karte des Calfeisentals mit eingezeichneten Fundstellen.
Illustration: Nach Pfiffner et al. (2010), vereinfacht und ergänzt

225

226

227

6.1 Gigerwald

Mineralien
Albit, Azurit, Calcit, Chalkopyrit, Dolomit, Galenit, Malachit, Quarz, Sphalerit, Tetraedrit

Bei der Lokalität Gigerwald, dem Gebiet östlich des Gigerwaldsees, konnten die wohl grössten und schönsten Quarze des Calfeisentals gefunden werden. Eine grosse, sehr ergiebige Kluft befindet sich nahe der Alp Gigerwald in der steilen, aus Röti-Dolomit bestehenden Felswand entlang des Bachlaufs der Tamina. Diese wurde hauptsächlich durch die Gebrüder Kleiner ausgebeutet. Sie enthielt Quarz und vereinzelt zusätzlich Calcit. Auch andere Strahler konnten in diesem Gebiet mehrere Klüfte mit hervorragenden Funden öffnen.

Der Quarz kommt im Fundgebiet Gigerwald im prismatischen Habitus wie auch im Dauphiné-Habitus vor. Doppelender und Fadenquarze sind selten. Die Kristalle weisen Längen bis 13 cm auf. Bei einzelnen Stufen zeigen die Prismenflächen Ätzgrübchen. Zusätzlich konnten an dieser Lokalität Stufen mit äusserst filigranen Bergkristallen, Nadelquarz entsprechend, gesammelt werden. Zuweilen ist den Quarzen eine zweite Generation aufgewachsen. Die Quarze haben einen schönen Oberflächenglanz. Sie kommen völlig transparent oder auch weiss vor. Vereinzelt sind den Bergkristallen kleine, weisse Calcit-Skalenoeder aufgelagert. Diese teilweise auch als Doppelender ausgebildeten Calcite sind bis 4.5 cm lang. Albit findet sich als tafelig ausgebildete, weisse Kristalle mit Kantenlängen bis 1 cm.

In neuerem Fundgut aus der Gigerwaldschlucht von Röbi Tschirky konnten neben Quarz und Calcit sowie spärlichen, dem Quarz aufgelagerten kleinen, beigen Dolomit-Kristallen die Erzmineralien Chalkopyrit, Sphalerit, Galenit und Tetraedrit nachgewiesen werden. Röntgenfluoreszenzanalysen aus

225 Blick nach Westen ins Calfeisental. Beidseits des Gigerwaldsees sind die hohen Felswände aus Jura- und Kreidekalken zu erkennen. Im Bildhintergrund sichtbar sind die vegetationsbedeckten Talflanken, welche gegen oben in steile, felsige Hänge überleiten.
Foto: Ruedi Homberger

226 Blick nach Westen ins obere Calfeisental mit der Sardonaalp. Links der Piz Dolf/Trinserhorn, rechts der Piz Sardona.
Foto: Toni Bürgin

227 Blick nach Osten talauswärts durchs untere Calfeisental. Die grasbedeckten Alpweiden auf den Flysch-Gesteinen der Sardona-Decke (links im Bild) stehen in Kontrast zu den hohen Kalkfelswänden über dem Gigerwaldsee.
Foto: Toni Bürgin

228

228 Quarz-Stufe mit aufgewachsenen Calcit-Skalenoedern. Gigerwald. Höhe: 30 cm.
Sammlung: Peter Kürsteiner, Nr. T4-242
Foto: Thomas Schüpbach

229 Weisse, skalenoedrisch ausgebildete Calcit-Kristalle auf Quarz. Gigerwald. Bildbreite: 16 cm.
Sammlung: Peter Kürsteiner, Nr. T4-242
Foto: Thomas Schüpbach

230 Quarz-Stufe. Gigerwald. Bildbreite: 7.5 cm.
Sammlung: Peter Kürsteiner, Nr. T4-171
Foto: Thomas Schüpbach

231 Quarz-Stufe mit dünnprismatischen Kristallen. Diese weisen gehäuft Dauphiné-Habitus auf und tragen zuweilen eine zweite Quarz-Generation. Gigerwald. Höhe: 13 cm.
Sammlung: Röbi Tschirky
Foto: Thomas Schüpbach

232 Quarz-Stufe mit schlankprismatischer Form und mit Dauphiné-Habitus sowie skalenoedrischer Calcit. Gigerwald. Länge grösster Kristall: 7 cm.
Naturmuseum St. Gallen, Nr. M-2169
Foto: Thomas Schüpbach

dem Jahr 2019 von Beda Hofmann, Institut für Geologie der Universität Bern, zeigen, dass der Sphalerit reich an Cadmium und arm an Eisen ist. Der Galenit weist einen Silbergehalt von etwa 1% auf; beim Fahlerz handelt es sich um die antimonreiche und arsenarme Varietät Tetraedrit. Als weitere Begleitmineralien treten Azurit und Malachit auf.

Literatur: Eggenberger (1975, S. 473–477), Kürsteiner und Soom (2016, S. 6–8)

233 Erz-Stufe mit goldig glänzendem Chalkopyrit und dunkelbraunem Sphalerit sowie wenig Pyrit und Galenit. Gigerwald. Breite: 5.7 cm.
Sammlung: Röbi Tschirky
Foto: Thomas Schüpbach

234 Metallisch glänzender Galenit, eingeschlossen in Gangquarz. Gigerwald. Breite: 1 cm.
Sammlung: Röbi Tschirky
Foto: Thomas Schüpbach

235 Calcit-Stufe. Kraftwerkstollen Gigerwald. Breite: 70 cm.
Naturmuseum St. Gallen, Nr. M-2500
Foto: Toni Bürgin

236 Calcit-Stufe. Kraftwerkstollen Gigerwald. Höhe: 44 cm.
Naturmuseum St. Gallen, Nr. M-2551
Foto: Toni Bürgin

6.2 Kraftwerkstollen Gigerwald-Tersolbach

Mineralien
Calcit

Aus dem Calfeisental stammen auch bedeutende Calcitfunde. In den Jahren um 1970 wurde anlässlich des Kraftwerkbaus bei Gigerwald im Zuleitungsstollen Tersolbach (Tersäli)-Gigerwaldsee 400 m im Bergesinnern eine etwa zimmergrosse Calcit-Kluft angefahren, deren Nebengestein aus Kalk der Quinten-Formation besteht. Die Kluftwände waren von Tausenden von Calcit-Kristallen übersät. Vielerorts waren die Kristalle von schützendem Lehm überzogen und dadurch sehr gut erhalten. Die Kluft, welche hauptsächlich durch die Gebrüder Rupp aus Valens ausgebeutet wurde, lieferte Calcit-Stufen in hervorragender Qualität und mit teilweise beachtlichen Grössen mit Breiten bis 1 m (Eggenberger 1976 und 1977).

235

236

237 Skalenoedrischer Calcit mit gelbem Farbton. Kraftwerkstollen Gigerwald. Breite: 27 cm.
Sammlung: Peter Kürsteiner, Nr. T5-57
Foto: Thomas Schüpbach

238 Stufe mit skalenoedrisch ausgebildeten Calcit-Kristallen. Kraftwerkstollen Gigerwald. Breite: 10 cm.
Sammlung: Peter Kürsteiner, Nr. T5-60
Foto: Thomas Schüpbach

239 Verwachsung zweier skalenoedrischer Calcitkristalle mit resultierendem schwalbenschwanzartigem Aussehen. Kraftwerkstollen Gigerwald. Kristalllängen: 9 cm.
Sammlung: Peter Kürsteiner, Nr. T5-90
Foto: Thomas Schüpbach

Das Mineral ist durchwegs als Skalenoeder ausgebildet mit Kristalllängen bis 1 cm. Nur selten konnten Stufen geborgen werden, bei denen die Kristalle von einer zweiten Calcit-Generation mit Kristalllängen von wenigen mm überzogen sind. Einzelne der Stufen können – allerdings sehr selten – eine Verwachsung zweier Skalenoeder tragen mit daraus resultierendem schwalbenschwanzartigem Aussehen. Die Calcite sind in der Regel weiss bis hellbeige, jedoch häufig von einer feinen Schicht Eisenhydroxid überzogen, was ihnen einen zarten gelblichen Farbton verleiht. Dieser gelbe Farbton kann an den verschiedenen Skalenoedern einer Stufe variieren. Auch Kristalle mit fast schwarzen Spitzen kommen vor. Im Naturmuseum St. Gallen ist eine wunderschöne Calcit-Stufe dieser Lokalität von rund 1 m Breite ausgestellt, welche von Hunderten von Skalenoedern überzogen ist.

Literatur: Eggenberger (1975, S. 473-477; 1977, S. 348-354), Kürsteiner und Soom (2016, S. 8-9)

6.3 Lutererzug

Mineralien
Quarz

Vom Lutererzug südlich der Alp Gigerwald stammen Quarze in verschiedenen Kristallformen, welche Röbi Tschirky in mehreren Klüften des Röti-Dolomits sammeln konnte. Neben dem Normaltyp fanden sich gehäuft plattige Quarze sowie solche im Muzo-Habitus. Doppelender waren häufig. Speziell war der Fund eines Bergkristalls, der im Tessiner-Habitus ausgebildet ist. Die Kristalloberflächen sind zuweilen von winzigen Kristallkeimen bedeckt. Die Kristalle sind bis 8 cm lang und meist völlig transparent. Auch Quarze mit weissen Partien konnten beobachtet werden. Zudem fanden sich, allerdings nur selten, Quarze mit deutlich sichtbarer Phantombildung: Eine erste, weisse Kristallbildung wurde später von farblosem Quarz überwachsen. Zuweilen weisen die Quarze einen schönen, gelblichen Eisenhydroxidüberzug auf.

Literatur: Kürsteiner und Soom (2016, S. 9)

240 Quarz im Muzo-Habitus. Lutererzug. Breite: 4.5 cm.
Sammlung: Peter Kürsteiner, Nr. T4-140A
Foto: Thomas Schüpbach

241 Grosser, plattig ausgebildeter Quarz mit seitlich aufgewachsenen Kristallen. Lutererzug. Höhe: 8.2 cm.
Sammlung: Röbi Tschirky
Foto: Thomas Schüpbach

6.4 Gigerwaldspitz

Mineralien
Calcit

An der gegen Südosten steil abfallenden Bergflanke des Gigerwaldspitzes befinden sich im Öhrli-Kalk auf circa 1600 m ü. M. zwei kleinere Höhlen, welche von Gigerwald aus gut zu erkennen sind. Etwas weiter rechts und wenig höher liegt eine dritte Höhle, welche vollständig trocken ist. In ihrem Inneren führt ein vermutlich durch Karstprozesse gebildeter Schacht mit einem Durchmesser von rund 60–100 cm senkrecht aufwärts. Der obere Schachteingang liegt einige Meter höher. Die Wände des Schachts sind ringsum mit grauen und gelben Calciten ausgekleidet. Es handelt sich durchwegs um Skalenoeder. Es fanden sich bis 7 cm breite Stufen, bestehend aus zahlreichen, miteinander verwachsenen Kristallen, deren Basis stark verjüngt ist. Die Skalenoeder weisen eine deutliche Farbzonierung auf; an der Basis sind sie gelblich-weiss, gegen die Spitzen der Kristalle hellgrau oder graublau.

Literatur: Kürsteiner und Soom (2016, S. 9)

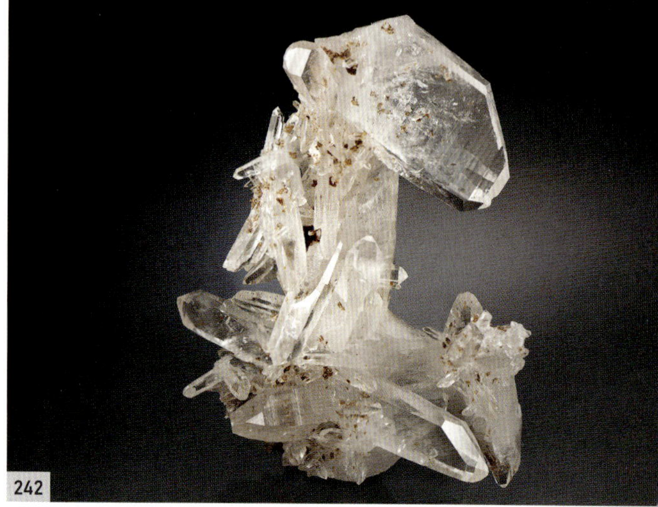

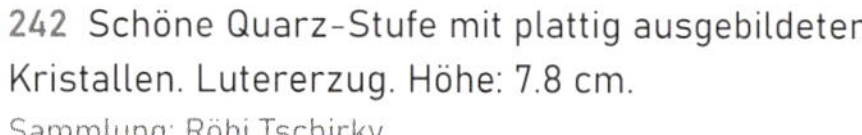

242 Schöne Quarz-Stufe mit plattig ausgebildeten Kristallen. Lutererzug. Höhe: 7.8 cm.
Sammlung: Röbi Tschirky
Foto: Thomas Schüpbach

243 Einer Quarz-Stufe ist ein einzelner Kristall (Bildmitte) aufgewachsen, dessen Form gegen die Spitze hin verjüngt ist. Lutererzug. Höhe: 6 cm.
Sammlung: Röbi Tschirky
Foto: Thomas Schüpbach

244 Skalenoedrischer Calcit mit grauen Einschlüssen und verjüngter, radialstrahliger Basis. Gigerwaldspitz. Höhe: 6 cm.
Sammlung: Peter Kürsteiner, Nr. T5-94
Foto: Thomas Schüpbach

6.5 Tersol

Mineralien
Albit, Calcit, Pyrit, Quarz

Im Gebiet Tersol konnte Karl Kühne an verschiedenen Lokalitäten Mineralien finden. Im Quarzit der Sardona-Decke in den Felsköpfen nördlich und südlich von Schönplanggen konnte er zwischen 2250 und 2350 m ü. M. mehrere Klüfte ausbeuten, darunter auch eine besonders ergiebige. Den Hohlraum dieser Kluft durchziehen mehrere dünne, horizontal verlaufende Gesteinsbänke, auf welchen gegen oben und unten Quarze gewachsen sind. Im Kluft-Hohlraum lagen zahlreiche lose Quarzgrüppchen, teils als Fadenquarz ausgebildet. Die Kristalle sind bis 2 cm lang und meist farblos; weisse sowie durch Eisenhydroxidüberzug gelb gefärbte Quarze kamen auch vor. Die Kristalle zeigen häufig gross entwickelte Bipyramidenflächen s und einseitig angeätzte Oberflächen. In der Kluft fand sich zudem ein loser Kristall mit einer Länge von 8 cm.

Im selben Gebiet treten in schmalen Kluftrissen Bergkristalle im prismatischen Habitus mit starkem Oberflächenglanz auf. Die Quarze sind bis 1.5 cm lang, äusserst schlank und haben meist Schiefereinschlüsse. Igelförmige Kristallaggregate sind nicht selten. Auf der Unterseite einzelner Mineralstufen finden sich millimetergrosse, tafelige Albit-Kristalle.

Vom Oberen Schafsäss auf der linken Talseite, auf rund 2400 m ü. M., stammen aus schmalen Kluftrissen in senkrecht verlaufenden Quarzbändern farblose, bis 3 cm lange Bergkristalle im prismatischen Habitus mit schönem Glanz. Auch Quarze mit Phantombildung konnten gesammelt werden.

Auch Calcite konnten im Gebiet Tersol an verschiedenen Stellen gefunden werden. Von der Lokalität Unter-Tros, unweit des Weges von Gigerwald nach Tersol, stammen aus einer mit Lehm gefüllten Kluft (1.5 m tief, 60 cm hoch, 30 cm breit) in Gesteinen der Seewen-Formation sogenannte «Trauben-Calcite». Diese sind durchwegs gelb.

In einer benachbarten Kluft desselben Calcitbandes fanden sich ausschliesslich skalenoedrisch ausgebildete Calcite. Die Calcite sind direkt dem derben Calcitband aufgewachsen. Es kommen zwei Generationen vor: einzelne liegende, doppelseitig

245 Quarz. Schönplanggen, Tersol. Breite: 7 cm.
Sammlung: Peter Kürsteiner, Nr. T4-149
Foto: Thomas Schüpbach

246 Skalenoedrischer Calcit mit dunkelbraunen Überzügen aus Eisenhydroxid. Unter-Tros, Tersol. Breite: 5 cm.
Sammlung: Peter Kürsteiner, Nr. T5-87
Foto: Thomas Schüpbach

ausgebildete Skalenoeder mit Längen bis 4 cm sowie zahlreiche rasenartig gewachsene kleine Skalenoeder mit Längen von wenigen Millimetern. Sämtliche Calcite sind infolge Eisenhydroxidüberzugs rötlichbraun gefärbt und an ihrer Oberfläche meist korrodiert. Die Fundstelle ist heute von Gehängeschutt bedeckt und nicht mehr aufzufinden.

Weiter konnte in den 1950er-Jahren bei der Lokalität Grosser Stollen südlich des Gigerwaldspitzes eine Kluft während Jahren ausgebeutet werden. Im Lehm des Klufthohlraums fanden sich überaus viele Einzelkristalle und Calcit-Gruppen. Die Kristalle sind skalenoedrisch ausgebildet mit Kristalllängen bis 15 cm. Grosse Calcite sind durchwegs gelb gefärbt, während kleinere Exemplare auf der einen Seite weiss bis gelblich und auf der anderen Seite mehrheitlich grau sind. Die Kluft befindet sich nach Oberholzer (1920) wahrscheinlich in Gesteinen der Seewen-Formation.

Beim Leiterlichopf oberhalb der Lokalität Tal finden sich in den Gesteinen nicht selten kugelförmige Aggregate von Pyrit, welche unregelmässig im Gestein eingebettet sind. Deren Durchmesser beträgt meist 3–4, selten bis 6 cm. Eine grössere Anzahl solcher Pyritkugeln konnte anlässlich eines Wegbaus Anfangs der 1950er-Jahre gesammelt werden. Die Pyritkugeln weisen meist oxidierte Oberflächen auf und sind daher braun gefärbt.

Literatur: Kürsteiner und Soom (2016, S. 9-11)

6.6 Marchtal-Sazmartinshorn

Mineralien
Quarz

Das Marchtal liegt oberhalb der Alp Brändlisberg und verläuft zum Sazmartinshorn. Der Felsuntergrund besteht aus Gesteinen der Sardona-Decke. In den Felsen unterhalb vom Rot Plättli, zwischen 2500 und 2600 m ü. M., konnten von Karl Kühne einst einige kleinere Quarz-Stufen geborgen werden. Nur wenige der Kristalle waren transparent und von guter Qualität. Die meisten Quarze wiesen Wachstumsstörungen auf. Die Spitzen der Kristalle waren nicht auskristallisiert; gegen oben wiesen die Quarze lediglich angeätzte Flächen auf.

247

248

249

Vom obersten Grataufschwung des Südgrats zum Sazmartinshorn stammt ein kleinerer Fund desselben Strahlers von hochglänzenden, kleinen Bergkristallen.

Literatur: Kürsteiner und Soom (2016, S. 11)

6.7 Panäraalp

Mineralien
Calcit

In den Jahren 1951 bis 1963 wurde auf der Panäraalp, welche sich südlich des Gigerwaldsees befindet, durch die damaligen Alpbesitzer eine grosse Calcit-Kluft ausgebeutet. Die Mineralfundstelle befindet sich unterhalb der oberen Hütte in Kreidekalken und lieferte gelblich-weisse, skalenoedrisch ausgebildete Calcite. Im Drachenlochmuseum (Ortsmuseum) von Vättis ist neben weiteren Mineralstufen aus dem Taminatal und dem Calfeisental auch eine Calcit-Stufe der Panäraalp ausgestellt.

Literatur: Kürsteiner und Soom (2016, S. 11)

6.8 Stockboden

Mineralien
Quarz

Nordwestlich des Weilers St. Martin befindet sich die Alp Stockboden. In den oberhalb der Alp gelegenen, Bärenchöpf genannten Felsen konnte Karl Kühne früher aus schmalen, meist horizontal verlaufenden Kluftrissen Quarze ausbeuten. Die Klüfte treten im Flyschsandstein der Sardona-Decke auf.

Der Quarz kommt meist im prismatischen Habitus vor, vereinzelt fand sich auch solcher im Dauphiné-Habitus. Die Quarzkristalle zeigen unter den Rhomboederflächen r und z oft die Bipyramidenfläche s und die Trapezoederfläche x. Bei mehreren Stufen sind die Prismenflächen mit feinen Ätzgrübchen belegt, was auf eine Anätzung der Kristalloberfläche am Ende der Mineralbildung hinweist. Auch meisselförmige und nadelförmige Quarze kamen vor. Die Kristalle sind bis 5 cm lang und häufig zu kleinen Quarzgrüppchen von bis 6 cm Breite aggregiert. Das Mineral ist farblos und ohne jegliche Trübung vollkommen transparent oder zuweilen infolge Schiefereinschluss gräulich. Typisch für die Kristalle dieser Lokalität ist ihr starker Oberflächenglanz.

Literatur: Kürsteiner und Soom (2016, S. 12), Stalder et al. (1973, S. 343)

6.9 Schräa

Mineralien
Quarz

Von Schräa, auf der rechten Talseite westlich des Weilers St. Martin gelegen, finden sich in alten Sammlungen kleinere und grössere Quarz-Stufen. Diese stammen aus Klüften, welche in den Gesteinen der Sardona-Decke auftreten. Das Mineral kommt schlankprismatisch bis nadelig wie auch mit Dauphiné-Habitus vor. Auch faden- und plattenförmig verzerrte Quarze wurden beobachtet. Der Quarz ist farblos oder infolge Tonschiefereinschluss dunkelgrau gefärbt. Zuweilen ist eine deutliche Phantombildung zu erkennen.

Literatur: Kürsteiner und Soom (2016, S. 12), Stalder et al. (1973, S. 343)

247 Pyritkugel. Leiterlichopf, Tersol. Durchmesser: 3.7 cm.
Sammlung: Peter Kürsteiner, Nr. T2-224
Foto: Thomas Schüpbach

248 Quarz-Stufe mit zweiter Generation. Stockboden. Höhe: 7 cm.
Sammlung: Peter Kürsteiner, Nr. T4-126
Foto: Thomas Schüpbach

249 Quarz-Stufe mit phantomartigen Einschlüssen aus Tonschiefer. Alp Schräa. Breite: 6 cm.
Sammlung: Peter Kürsteiner, Nr. T4-236
Foto: Thomas Schüpbach

6.10 Gamserälpli

Mineralien
Quarz

Das Gamserälpli befindet sich nordöstlich der Sardona-Alp. In den Felsköpfen westlich vom Gamserälpli-Obersäss sowie in denjenigen zwischen Untersäss und Obersäss verlaufen im dort anstehenden Sardona-Quarzit auf rund 2000 m ü. M. schmale, senkrecht stehende Risse. Aus diesen Rissen stammen kleine Quarzgrüppchen. Auch sogenannte Schwimmer kamen vor. Es kann zwischen einer früheren, wegen zahlreicher Einschlüsse an der Basis stellenweise weissen, normalprismatischen Quarzgeneration und einer späteren, schlankprismatischen Form, meist mit Dauphiné-Habitus, unterschieden werden. Die farblosen Kristalle zeigen einen hohen Oberflächenglanz; sie sind bis 3 cm lang. Die Bipyramidenfläche s ist oft gross entwickelt. Auf den Prismenflächen sind abwechslungsweise feine Ätzgruben erkennbar.

Auch an der Südseite des Fahnenstocks konnten im anstehenden Fels wie auch aus losen Felsblöcken Quarze gesammelt werden. Die Kristalle stammen aus mehreren schmalen Kluftrissen. Es fanden sich Einzelkristalle von meist 1–2 cm Länge sowie kleine Quarzstüfchen.

Literatur: Kürsteiner und Soom (2016, S. 12-13)

250 Quarzspitze mit deutlich ausgebildeter Bipyramidenfläche s. Gamserälpli. Länge des Kristalls: 5 cm.
Sammlung: Peter Kürsteiner, Nr. T4-170
Foto: Thomas Schüpbach

251 Fadenquarz. Sardona-Alp. Höhe: 5 cm.
Sammlung: Peter Kürsteiner, Nr. T4-131
Foto: Thomas Schüpbach

252 Quarz-Stufe. Sardona-Alp. Breite: 12.5 cm.
Sammlung: Peter Kürsteiner, Nr. T4-238
Foto: Thomas Schüpbach

252

6.11 Marchtal nördlich Sardona-Alp

Mineralien
Quarz

Bei der Lokalität Marchtal nördlich der Sardona-Alp konnte Kurt Bächtiger an verschiedenen Stellen bis 3 cm lange, völlig transparente Quarze sammeln. Diese weisen nicht selten s- und x-Flächen auf. Vereinzelt sind Kristalle mit abgeplattetem Habitus sowie solche mit Phantombildung anzutreffen. Die Kristallflächen enthalten zuweilen Abdrücke von weggelöstem Calcit.

Literatur: Kürsteiner und Soom (2016, S. 13), Stalder et al. (1973, S. 343)

6.12 Sardona-Alp

Mineralien
Quarz

Von der Sardona-Alp sind verschiedene Quarzfunde bekannt. Die Kristalle kommen im prismatischen Habitus vor und sind teilweise als Nadelquarz und auch als meisselförmige Quarze mit Fadenbildung gewachsen. Im Sardona-Quarzit der Felsköpfe unterhalb der Trosegg konnten früher schlanke, bis 2 cm lange Quarze im prismatischen Habitus gesammelt werden. Diese sind farblos. Als weiteres Fundgebiet ist die Gegend bei Chluftboden zu erwähnen – hier weist bereits der Flurname auf schon seit Langem bekannte Klüfte hin.

Literatur: Kürsteiner und Soom (2016, S. 13)

6.13 Sardonahütte SAC

Mineralien
Chlorit, Quarz

Aus der Umgebung der Sardonahütte SAC stammen neben Quarz-Kristallen in gewöhnlicher Ausbildung solche mit starker Abplattung nach einem Flächenpaar des hexagonalen Prismas, bei gleichzeitiger Verwachsung mehrerer Kristalle auf der Schmalseite. Auch Phantombildung aus graugrünem, wolkigem Chlorit konnte beobachtet werden. Negative Abdrücke auf den Kristallflächen der Quarze weisen auf weggelösten Calcit hin.

Vom Schafälpli stammt ein 5 cm langer, meisselförmiger Quarz mit Fadenbildung. Von der gleichen Fundlokalität befindet sich ein Fadenquarzaggregat mit Chlorit-Einschlüssen in der Sammlung des Naturmuseums St. Gallen (Naturmuseum St. Gallen, Nr. M-2325). Funde konnten auch in den Felsrippen unterhalb des Chli-Gletschers sowie beim Böseggli westlich der Sardonahütte SAC gemacht werden.

Literatur: Kürsteiner und Soom (2016, S. 14), Stalder et al. (1973, S. 343)

7 | Churer Rheintal GR

Das Churer Rheintal macht bei Chur einen weitläufigen Bogen. Vom Zusammenfluss des Hinterrheins und des Vorderrheins bei Reichenau bis nach Chur und weiter nach Landquart besteht ein ebener Talgrund, der 1–2 km breit ist. Der Rhein fliesst auf der linken Seite dieses Talgrunds. Dies, weil Schuttfächer, welche die Nebenflüsse Plessur und Landquart sowie kleinere Bäche aus den Berghängen auf der rechten Talseite aufbauten, den Rhein auf die linke Talseite drängten. Die Felsoberfläche des Rheintals liegt mehrere Hundert Meter unter dem Talgrund, etwa auf Meereshöhe. Die Gletscher der letzten Eiszeit hatten das Tal zu einem Trog ausgeweitet und vertieft. Beim Abschmelzen der Eismassen sammelten sich dann Sand und Lehm an und füllten den Trog auf.

Zwei grosse Bergstürze gaben dem Talgrund ein besonderes Gepräge: Die Trümmermassen der Bergstürze besitzen eine bucklige Oberfläche und ragen aus dem Talboden heraus. Der Taminser Bergsturz baute bei Reichenau einen Riegel quer über das Tal und staute den Hinterrhein wie auch den Vorderrhein zu einem See. Der Flimser Bergsturz verfrachtete seinen Trümmerstrom im Vorderrheintal bis nach Bonaduz und verflüssigte dabei den wassergesättigten Sand und Lehm der Trogfüllung. Die verflüssigte Masse floss als Brei dem Hinterrhein entlang nach Süden bis Thusis. Bei Reichenau schlug sie eine Bresche in den Riegel des Taminser Bergsturzes und transportierte Blöcke des Trümmerstroms nach Domat/Ems, Felsberg und Chur. Zahlreiche Blöcke blieben im Talgrund als Hügel (rätoromanisch: Tuma) liegen und bauen heute die berühmte Tuma-Landschaft von Domat/Ems auf.

Geologisch gesehen, sind die Gesteine des Felsuntergrundes der beiden Talseiten sehr unterschiedlich. Auf der rechten Talseite dominieren Tonstein, dünnbankige Sandsteine und Kalksandsteine. Diese Gesteine neigen dazu, vom abfliessenden Oberflächenwasser in Rinnen und Runsen zerfurcht zu werden. Die Gesteinsserie gehört zum Penninikum.

Auf der linken Talseite dominieren demgegenüber massive, dickbankige Kalkgesteine, welche die Tendenz haben, hohe Felswände zu bilden. Aus diesen Kalken sind auch die oben erwähnten Bergstürze niedergegangen. Altersmässig sind es Jurakalke (hauptsächlich Quinten-Kalk) und Kreidekalke. Durch diese Kalke verlaufen mehrere Überschiebungen. Diese Überschiebungen stapelten die Kalkpakete aufeinander, sodass im Calanda-Massiv eine Gesamtmächtigkeit der Kalke von etwa 3000 m vorliegt. Die Gesteinsserie gehört zum Unterhelvetikum. Beim Ringelspitz und beim Pizol sind Klippen von Verrucano zu erkennen, welche zum Oberhelvetikum gehören. Die Glarner Hauptüberschiebung, die hier Unter- und Oberhelvetikum trennt, taucht nach Süden und Osten ins Rheintal ab, bleibt unter der Talfüllung aber verborgen.

253

253 Blick nach Norden über Domat/Ems und das Churer Rheintal. Links die Talung des Kunkelspasses, dahinter die Panärahörner. In der Mitte der schneebedeckte Grat des Taminser Calanda und rechts davon der spitze Gipfel des Felsberger Calanda.
Foto: Adrian Pfiffner

254 Blick nach Osten längs des Rheintals von Tamins nach Chur. Die Geländerücken beidseits des Rheins am unteren Bildrand sind Trümmermassen des Taminser Bergsturzes und bilden einen Riegel quer über das Tal. Der Impakt des späteren Flimser Bergsturzes schlug eine Bresche in diesen Riegel und schwemmte die Trümmer talabwärts. Die Hügel im Dorf Domat/Ems, die sogenannten Tumas, sind Teile dieses Trümmerstroms.
Foto: VBS

255 Blick vom Fläscherberg nach Süd-Südosten in die Bündner Herrschaft. Im Vordergrund das Dorf Fläsch. Im Mittelgrund die auf einem grossen Schuttfächer liegenden Dörfer Igis-Landquart und Zizers.
Foto: Peter Kürsteiner

256 Blick nach Nord-Nordwesten quer über das Rheintal auf das Gebirgsmassiv des Ringelspitz/Piz Barghis. Am linken Bildrand die Ortschaft Reichenau. Der Felszirkus mit dem Säsagit ist die Abrisskante des Taminser Bergsturzes.
Foto: Adrian Pfiffner

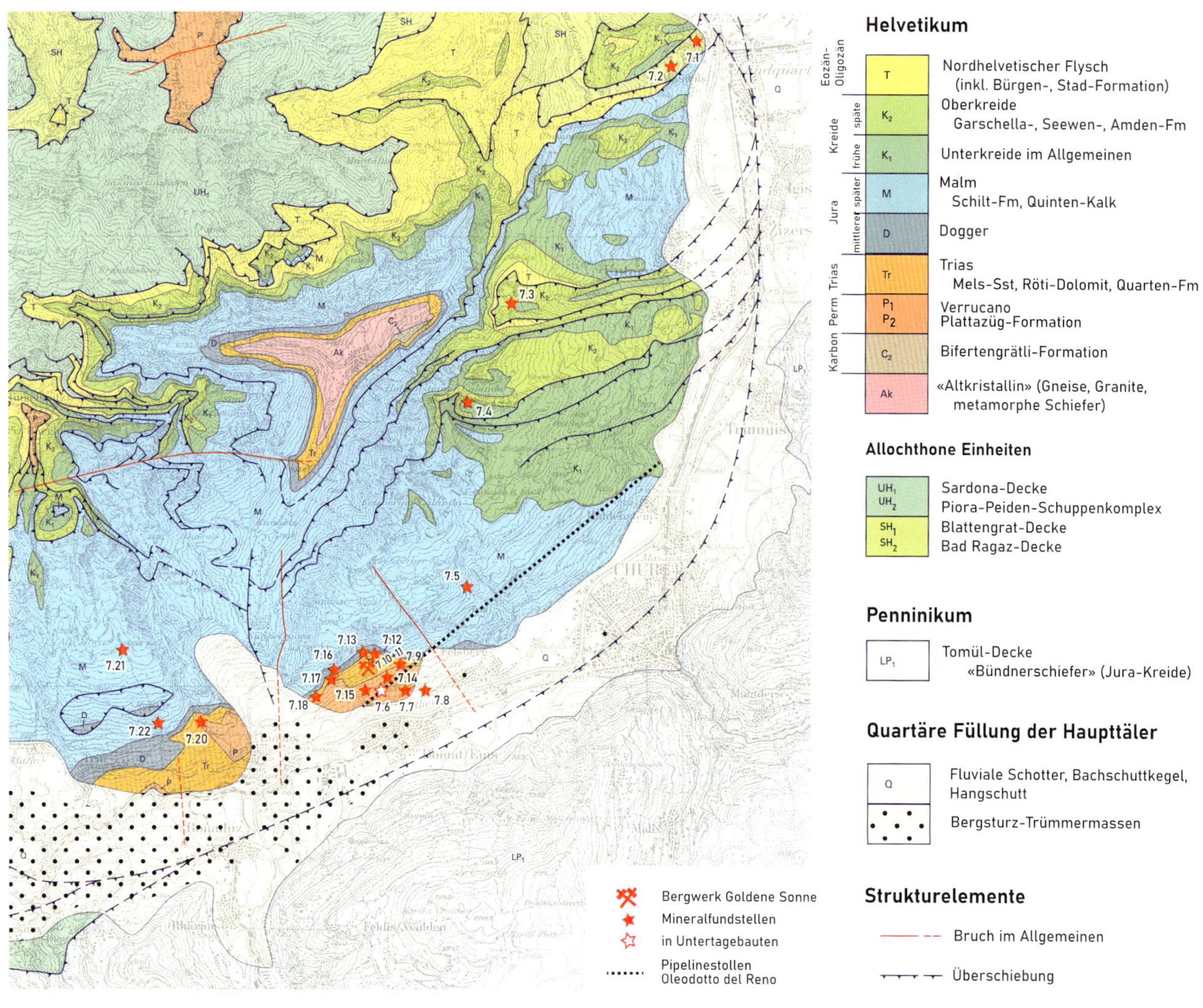

257

Mineralfundstellen:

7.1 Schulhaus Mastrils
7.2 Frettis bei Mastrils
7.3 Grube Calannaluz, Untervazer Calanda
7.4 Hinter Tal, Haldensteiner Calanda
7.5 Chlitobel
7.6 Pipelinestollen Felsberg
7.7 Steinbruch Zarazass
7.8 Hoharai bei Felsberg
7.9 Chupfergrüebli und Umgebung
7.10 Goldene Sonne: Obere Grube
7.11 Goldene Sonne: Mittlere Grube
7.12 Goldene Sonne, nordöstlich der Mittleren Grube
7.13 Umgebung Goldene Sonne
7.14 Buechwald
7.15 Plattazüg
7.16 Taminser Grüebli
7.17 Taminser Calanda, unterhalb Silberegg
7.18 Crapnerstein bei Tamins
7.19 Taminserköpfli
7.20 Lawoitobel
7.21 Val Maliens
7.22 Maliens

257 Geologische Karte des Churer Rheintals mit eingezeichneten Mineralfundstellen. Die Lage der Fundstelle Taminserköpfli ist nicht bekannt und wurde daher in der Karte nicht eingezeichnet. Illustration: Nach Pfiffner et al. (2010), vereinfacht und ergänzt

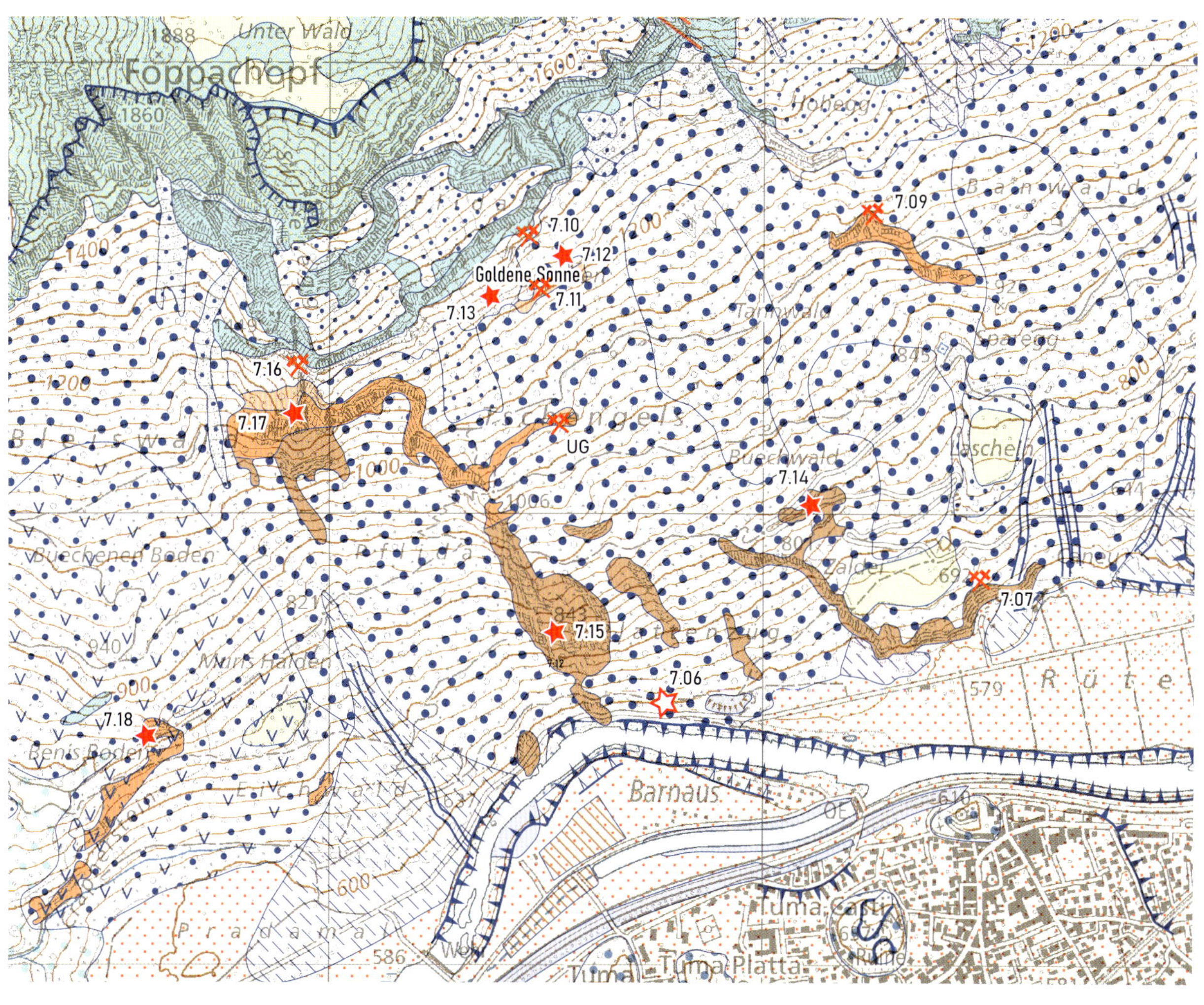

258

Anstehender Fels

- «Oberer Quinten-Kalk»
- «Mergelband»
- «Unterer Quinten-Kalk»
- Schilt-Formation
- Bommerstein- und Reischiben-Formation (Dogger)
- Quarten-Formation
- Röti-Dolomit
- Mels-Sandstein
- Plattazüg-Formation

- Gruben, Bergwerke
- Mineralfundstellen (im Pipelinestollen)

Quartär

- Künstliche Auffüllung, Aufschüttung
- Künstlich verändertes Gelände
- Schwemmfächer, Bachschuttkegel
- Hangschuttkegel / Hangschutt / Blockschutt
- Fels- bzw. Bergsturzablagerung
- Sackungsmasse (mit Darstellung der betroffenen Formation)
- Spätglaziale Schwemmebene
- Ransun Schwemmfächer
- Verschwemmte Taminser Bergsturztrümmer (Tumas)
- Taminser Bergsturzmasse (Quinten-Kalk-Blöcke)
- Letzteiszeitliche Moräne (Till)
- Verkitteter geschichteter Hangschutt (Pleistozän)

258 Übersichtskarte der Mineralfundstellen im Calanda-Gebiet
Illustration: Adrian Pfiffner, ergänzt nach Pfiffner und Wyss (im Druck)

259

260

Die Mineralfundstellen sind weitgehend auf die linke Seite des Rheintals beschränkt und weisen im Gebiet nördlich Domat/Ems eine Häufung auf. Diese Fundstellen liegen in älteren Gesteinsserien, in permischen Vulkaniten (Plattazüg-Formation) sowie Trias- und Doggersedimenten. Speziell zu erwähnen sind Goldfunde im Calanda-Gebiet. Die weiter nördlich gelegenen Mineralfundstellen (Mastrils bis Haldensteiner Calanda) stammen aus Kreidesedimenten, die ganz im Westen gelegenen (Val Maliens und Maliens) aus Malm-Kalken.

7.1 Schulhaus Mastrils

Mineralien
Calcit, Quarz

Beim Bau des Schulhauses an der Dalavostrasse 2 in Mastrils wurden im Jahr 1995 Mergel und Sandstein der Bad Ragaz-Decke freigelegt. In schmalen Klüften konnte Thomas Schüpbach Quarze und Calcite bergen. Die Quarze kommen in der Normalform mit Grössen bis 2 cm vor und sind durchscheinend. Der Calcit erscheint als Verwachsung mehrerer flacher Rhomboeder mit Kristalllängen bis 3 cm und ist weiss bis durchscheinend.

7.2 Frettis bei Mastrils

Mineralien
Albit, Brookit, Calcit, Quarz

Max Bosshard entdeckte im Jahr 1964 bei der Lokalität Frettis südwestlich Mastrils eine durch Strassenbau freigelegte Mineralkluft. Diese befindet sich in Mergel und Sandstein der Bad-Ragaz-Decke. Die Paragenese lautet: Calcit, Quarz, Albit und Brookit. Calcit ist das in der Kluft am häufigsten vorkommende Mineral. Er tritt als Papierspat in parallelen Aggregaten von bis 5 cm Dicke und 15 cm Länge auf. Oft sind in Hohlräumen dieser Aggregate wenige Millimeter grosse, klare und idiomorphe Quarz-Kristalle zu erkennen. Quarz findet sich als bis 2 cm dicke, weisse Adern sowie als idiomorphe, bis 1 cm lange Kristalle. Diese kommen sowohl farblos durchscheinend als auch milchig weiss vor. Zuweilen tragen die Quarze einen Überzug aus Limonit oder Tonpartikeln. Das Mineral kommt grösstenteils im prismatischen Habitus vor, nur wenige Kristalle zeigen Andeutungen von Dauphiné-Flächen. Verschiedene Quarze enthalten Hohlformen; der hier ursprünglich vorhandene Papierspat wurde nachträglich wieder aufgelöst. Albit konnte in der Form zweier lediglich 2 mm grossen und verzwillingten Kristalle nachgewiesen werden.

Als interessantestes Mineral enthielt die Kluft insgesamt vier braunrote, 2–4 mm breite Brookit-Kristalle. Die Kristalle sind am Rand leicht durchscheinend und besitzen auf den Kristallflächen, parallel zur c-Achse, eine deutliche vertikale Riefung. Die beiden grösseren Brookite sind in Quarz eingewachsen. Nach Bächtiger (1965 a) wurden die Mineralien in der Reihenfolge Calcit-Albit-Brookit-Quarz gebildet.

Literatur: Bächtiger (1965 a, S. 139-152), Stalder et al. (1973, S. 353-354)

7.3 Grube bei Calannaluz, Untervazer Calanda

Mineralien
Chalkopyrit, Fahlerz, Galenit, Kupfererze (nicht bestimmt)

Nach Bosshard (1890) wurde vor alter Zeit in einer Grube bei Calannaluz nach Kupfer geschürft. Diese befindet sich auf der Nordseite des Berger Calanda, unweit der Alp Salaz. Die heute fast ganz zerfallene Grube befindet sich auf Untervazer Gebiet in den Gesteinsschichten des Kreidekalks. Im Kalk finden sich in Quarzgängen Fahlerz, Chalkopyrit und andere Kupfererze sowie wenig Galenit.

Literatur: Bosshard (1890, S. 341-357)

7.4 Hinter Tal, Haldensteiner Calanda

Mineralien
Adular, Anatas, Apatit, Aragonit, Brookit, Calcit, Chlorit, Hämatit, Illit, Ilmenit, Limonit, Muskovit, Pyrit, Quarz

An der östlichen Bergflanke des Haldensteiner Calanda erstreckt sich oberhalb von 2000 m ü. M. das Hinter Tal. Im Felskessel liegt eine Kreideabfolge vor: unten Helvetischer Kieselkalk, gefolgt von Schrattenkalk- und Garschella-Formation sowie zuoberst Seewen-Kalk. Aus diesem Gebiet hat Cabalzar (1977) unter der Bezeichnung «Untervazer Calanda» die folgende, spezielle Mineralparagenese beschrieben: Quarz, teilweise mit Negativformen von aufgelöstem Calcit, weiter rhomboedrisch ausgebildete Calcit-Kristalle, Adular sowie spärlicher Chlorit. Dieser ist gelegentlich mit Muskovit zu einer hellgrünen Masse vermengt und teilweise im Quarz eingeschlossen, sodass bei letzterem Phantombildung beobachtet werden kann. Als weitere Mineralart kommt rosafarbener Apatit in hexagonalen, tafeligen Kristallen von bis 5 mm Grösse vor.

261

259 Quarz neben flachrhomboedrischem Calcit. Schulhaus Mastrils. Breite: 7.2 cm.
Sammlung: Thomas Schüpbach
Foto: Thomas Schüpbach

260 Brookit-Kristall, aufgewachsen auf Quarz. Frettis, Mastrils. Länge Brookit: 7 mm.
Sammlung: Richard Meyer
Foto: Thomas Schüpbach

261 Klufthohlraum am unteren Ende eines stark geklüfteten Quarzbandes in Sandsteinen der Garschella-Formation. Hinter Tal, Haldensteiner Calanda.
Foto: Richard Meyer

262 Quarzgruppe: Auf derselben Stufe finden sich Quarze im Normalhabitus und solche mit Dauphiné-Habitus. Hinter Tal, Haldensteiner Calanda. Breite: 7.6 cm.
Sammlung: Richard Meyer
Foto: Thomas Schüpbach

263 Anatas neben kleinen Quarz-Kriställchen auf Muttergestein. Hinter Tal, Haldensteiner Calanda. Länge Anatas: 4 mm.
Sammlung: Richard Meyer
Foto: Thomas Schüpbach

264 Igelförmiges Aggregat aus metallisch glänzenden Anatas-Kristallen. Hinter Tal, Haldensteiner Calanda. Bildbreite: 3 mm.
Sammlung: Richard Meyer
Foto: Remo Zanelli

Im gleichen Gebiet beuteten Max Bosshard und später auch andere Strahler in glaukonitischen Sandsteinen der Garschella-Formation verschiedene Mineralklüfte mit reichhaltiger Paragenese aus: Quarz, Calcit, Adular, Anatas, Brookit, Apatit, Chlorit und wenig Muskovit. Die bis 10 cm langen Quarze sind farblos durchsichtig oder aber, hauptsächlich die grösseren Kristalle, milchigtrüb. Vereinzelt besitzen sie eine leichte Rauchfärbung oder weisen gelbbraune Limonitüberzüge auf. Ihr Habitus ist mannigfaltig: Vorherrschen eines Rhomboeders, Abplattung nach dem Prisma (mit zwei extrem grossen Rhomboederflächen) sowie die Normalform. Teilweise sind die Quarze mit Chlorit bedeckt oder durch Calcit wachstumsbehindert und matt.

Calcit kommt meist derb, zuweilen aber auch als Papierspat vor. Der Adular zeigt die pseudorhomboedrische Ausbildung, tritt als Einzelkristall oder als verzwillingte Gruppen auf und ist porzellanweiss.

In schmalen Kluftrissen im braun verwitterten Sandstein treten zudem verschiedene Titanoxide

auf. Cabalzar (1977) beschreibt dipyramidalen Anatas von dunkelblauer bis schwarzer Farbe in Grössen bis 3 mm. Die Anatas-Kristalle zeigen die normale Bipyramide mit kleinem Basispinakoid.

Daneben kommen spärlich Brookit mit deutlicher «Sanduhr-Struktur» sowie sehr kleine Rutil-Kristalle vor, welche meist in Quarz eingeschlossen sind. Das Mineral Brookit tritt in zwei Farbvarietäten auf: eine vermutlich ältere Generation ist direkt dem Muttergestein aufgewachsen, feurig rotbraun und mit perlschnurartigen Zonen. Blutrote Brookite, die mit Chlorit überzogenen Quarzen aufgewachsen sind, dürften jünger sein. Die Brookit-Kristalle erreichen Grössen von bis 1 cm. Auf einzelnen Mineralstufen ist erkennbar, dass die Anatas-Kristalle tafelige Aggregate bilden und es sich um Pseudomorphosen von Anatas nach Brookit handelt.

Apatit tritt in rosa Farbton auf und bildet einen schönen Kontrast zu den farblosen Quarzen und den porzellanweissen Adular-Kristallen. Die Apatite erreichen Grössen bis 8 mm (Meyer 2017 und Stalder et al. 1973). Weitere Begleitmineralien sind ku-

265 Brookit mit braunem Limonit. Hinter Tal, Haldensteiner Calanda. Fund: Walter Cabalzar, 1983. Kristalllänge: 9 mm.
Musée cantonal de géologie Lausanne, Nr. 094984
Foto: Thomas Schüpbach

266 Hohlraum im Gangquarz mit einzelnen tafeligen, braunen Brookit-Kristallen. Hinter Tal, Haldensteiner Calanda. Bildbreite: 1.8 cm.
Sammlung: Ueli Eggenberger
Foto: Ueli Eggenberger

267 Quarz mit rosafarbenem Apatit und porzellanweissem Adular. Hinter Tal, Haldensteiner Calanda. Breite: 16 cm.
Sammlung: Richard Meyer
Foto: Thomas Schüpbach

bisch auskristallisierter Pyrit, Hämatit und Ilmenit (Cabalzar 1977). Aragonit erscheint in der Form kugeliger, weisser Aggregate. Muskovit-Illit findet sich als pulverige, weisse Kluftfüllung in Gangquarz; nachgewiesen mittels XRD-Analyse (XRD NM 5584, 14.02.2022) durch Nicolas Meisser, Musée cantonal de géologie Lausanne.

Im Musée cantonal de géologie Lausanne findet sich eine von Walter Cabalzar aufgesammelte Probe mit weissen, pulverigen Aggregaten aus Illit. Dieser wird von Adular und Limonit begleitet. Graeser et al. (1979) berichten über einen Fund von feinkristallinen Spätausscheidungen von wechsellagerndem Illit/Montmorillonit (früheres Synonym für Smektit) aus alpinen Zerrklüften der Gegend des Calanda, ohne eine nähere Fundortangabe aufzuführen. Das Untersuchungsmaterial wurde auch von Walter Cabalzar gesammelt und dürfte vermutlich ebenfalls von Hinter Tal stammen.

Literatur: Bächtiger (1966 a, S. 148-149), Cabalzar (1977, S. 328-333), Graeser et al. (1979, S. 147), Meyer (2017, S. 16-20), Stalder et al. (1973, S. 353), Stalder et al. (1998, S. 377)

268 Pulverige, weisse Kluftfüllung aus Muskovit-Illit in Gangquarz. Hinter Tal, Haldensteiner Calanda. Fund: Thomas Mumenthaler. Bildbreite: 8 mm.
Musée cantonal de géologie Lausanne, Nr. 094985
Foto: Thomas Schüpbach

269 Weisse Aggregate aus Illit mit millimetergrossem, grünlichgrauem Adular und braunem Limonit. Hinter Tal, Haldensteiner Calanda. Fund: Walter Cabalzar, 1975. Bildbreite: 6 mm.
Musée cantonal de géologie Lausanne, Nr. 094986
Foto: Thomas Schüpbach

270 Rosa Apatit auf farblosem Quarz mit porzellanweissem Adular. Detailaufnahme der Mineralstufe von Abbildung Nr. 267. Bildbreite: 3.2 cm.
Foto: Thomas Schüpbach

7.5 Chlitobel

Mineralien
Azurit, Calcit, Fahlerz, Malachit, Mimetesit, Oxyplumboroméit, Quarz, Robinsonit, Tirolit, Zinkenit

Im Chlitobel unterhalb des Felsberger Älpli finden sich in den Felsen des Malmkalks schwach vererzte, hydrothermale Quarz-Karbonat-Gänge. Quarz ist das vorherrschende Mineral. Er kommt in mehreren Ausbildungsformen vor: 70 % der Quarze sind im trigonalen Habitus, 20 % im Dauphiné-Habitus und 10 % im Muzo-Habitus ausgebildet. Diese Form ist zuweilen auch als Nadelquarz auskristallisiert. Im Chlitobel konnten zudem einige als Japaner-Zwilling ausgebildete, bis 5 cm lange Quarze sowie Sprossenquarze gefunden werden. Die verschiedenen Formen sowie die Genese der Quarze werden ausführlich in Audétat (1995) behandelt.

In den Zerrklüften konnten neben Quarz auch die Mineralien Zinkenit und sehr selten Robinsonit festgestellt werden. Zinkenit konnte in der Schweiz erstmals an dieser Lokalität nachgewiesen werden. Er ist hier meist in der Form metallischer, feiner Nadeln unregelmässig verteilt oder auch oft büschelartig im Quarz eingeschlossen. Bei einzelnen Kristallen sind die Nadeln auch entlang der Kanten der Quarze, und zwar senkrecht zur Hauptachse derselben orientiert, gewachsen. Auch durch Einschlüsse von Zinkenit hervorgerufene Phantom- und Fadenbildungen der Quarz-Kristalle konnten beobachtet werden. Zuweilen treten im Quarz auch Hohlformen auf; bei diesen Kristallen wurde der Zinkenit nachträglich aufgelöst. Zinkenit-Nadeln, welche

271 Quarz-Stufe mit Zinkenit-Einschluss und hellbraunem Oxyplumboroméit. Chlitobel. Breite: 7 cm.
Naturhistorisches Museum Bern, Nr. 41993
Foto: Thomas Schüpbach

272 In verschiedenen Quarzen sind schwarze Zinkenit-Nadeln eingeschlossen. Detailaufnahme der Mineralstufe von Abbildung Nr. 271. Bildbreite: 4.5 cm.
Foto: Thomas Schüpbach

nicht von Quarz umschlossen sind, wurden infolge Oxidation durchwegs in stengelige oder pulverförmige Pseudomorphosen von Oxyplumboroméit (ursprünglich fälschlicherweise als Stibiconit bestimmt) umgewandelt. Der Oxyplumboroméit kommt hellgelb bis hellorange vor.

Nähere Angaben zur Bestimmung sind in Graeser et al. (1979) aufgeführt. Weiterführende Angaben zur Ausbildung und Orientierung der Zinkenite im Quarz sowie zu den Bildungsbedingungen finden sich in Audétat (1994 und 1995). Als weitere Mineralart kommt Calcit vor. Dieser ist als Skalenoeder mit Längen bis 10 cm auskristallisiert. Er ist weiss und teilweise leicht durchscheinend.

Im gleichen Gebiet finden sich von Walter Cabalzar ausgebeutete Klüfte mit Quarz, Zinkenit, Oxyplumboroméit, Fahlerz, Tirolit, Azurit, Malachit und Mimetesit. Beim Nebengestein handelt es sich um Quarzit und um Röti-Dolomit. Der Tirolit ist als rosettenförmige Aggregate von grünblauer Farbe ausgebildet. Mimetesit erscheint als schwefelgelbe, hochglänzende, prismatische Kristalle mit Grössen kleiner als 1 mm. Belegmaterial findet sich im Musée cantonal de géologie Lausanne.

Literatur: Audétat (1994, S. 1-8; 1995, S. 21-23 und S. 39-45), Graeser et al. (1979, S. 146-147; 1981, S. 446-447), Stalder et al. (1998, S. 439-440)

273 Quarz mit eingeschlossenem Zinkenit. Chlitobel. Fund: Josef Gisler, um 1980. Kristalllängen: bis 2.3 cm.
Naturhistorisches Museum Bern, Nr. B1758
Foto: Thomas Schüpbach

274 Phantomartige, nadelige Einschlüsse von Zinkenit in Quarz. Chlitobel. Fund: Josef Gisler, 1981. Länge Quarze: bis 5 cm.
Naturhistorisches Museum Basel, Nr. 27356
Foto: Thomas Schüpbach

275 Faserige, gelbgraue Aggregate von Oxyplumboroméit auf Quarz. Chlitobel. Bildbreite: 8 mm.
Naturhistorisches Museum Basel, Nr. 49188
Foto: Thomas Schüpbach

276 Hellbrauner, stengeliger Oxyplumboroméit pseudomorph nach Zinkenit auf Quarz sowie schwarzer Zinkenit als Einschluss. Chlitobel. Bildbreite: 8 mm.
Naturmuseum St. Gallen, Nr. M-2550
Foto: Thomas Schüpbach

277 Winzige, schwefelgelbe, prismatische Mimetesit-Kristalle. Chlitobel. Fund: Walter Cabalzar, 1989. Bildbreite: 4 mm.
Musée cantonal de géologie Lausanne, Nr. 094987
Foto: Thomas Schüpbach

275 276 277

7.6 Pipelinestollen Felsberg

Mineralien
Albit, Calcit, Chlorit, Dravit (Turmalin), Epidot, Hämatit, Quarz (Blauquarz)

Beim Bau des Pipelinestollens der Oleodotto del Reno SA im Jahr 1960, welcher vom Fuss der Plattazüg (Gemeindegrenze Tamins-Felsberg) im Untergrund von Felsberg nach Oldis (Haldenstein) führt, wurden in den permischen Vulkaniten der Plattazüg-Formation verschiedene Mineralklüfte ausgebeutet. Der Pipelinestollen durchfährt Spilite und Keratophyre, welche teilweise Mandelstrukturen (sekundär gefüllte vulkanische Gasblasen) aufweisen. Spilite sind hydrothermal umgewandelte Basalte; durch den Einfluss von Meerwasser wurde Natrium zugeführt, sodass typischerweise der Feldspat als Albit vorliegt. Daneben sind Chlorit und Epidot zu verzeichnen. Keratophyr ist ein hydrothermal umgewandelter saurer Vulkanit, welcher neben Feldspat (häufig Albit) auch Quarz enthält.

Als auffälligstes Mineral treten hier bis 20 cm lange Aggregate von berglederartig verfilztem, asbestförmigem Turmalin auf. Bei diesem handelt es sich um die Varietät Dravit (Stalder et al. 1973). Die Turmalinfasern sind lichtgrau, mit leicht bläulichem Stich. Der asbestförmige Turmalin ist oft auf Calcit (Papierspat mit Durchmessern von mehr als 10 cm) oder auf Quarz aufgewachsen oder in Quarz eingeschlossen. Letztere erscheinen dann als Blauquarz.

Quarz ist jeweils prismatisch ausgebildet und farblos. Nicht selten ist diesem Chlorit aufgelagert oder eingeschlossen. Die Quarze zeigen zuweilen durch Papierspat hervorgerufene Wachstumsbehinderungen: Solche Kristalle konnten teilweise in der Länge nicht mehr weiterwachsen, sie wirken dabei schräg zur Längsrichtung «abgeschnitten».

Als weiteres Begleitmineral tritt metallisch glänzender Hämatit auf. Er findet sich sowohl blättrig ausgebildet auf Quarz als auch leicht rötlich in schuppiger Ausbildung zusammen mit grünem Chlorit im Papierspat eingeschlossen. Auch rhomboedrisch ausgebildete Calcite konnten beobachtet werden. Zusätzlich tritt Albit auf.

Literatur: Bächtiger (1965 a, S. 144-146), Dietrich, de Quervain und Nissen (1966, S. 695-697), Pfiffner (1972 a, S. 9-17; 1972 b, S. 556), Stalder et al. (1973, S. 354), Stalder et al. (1998, S. 470)

278 Eingang des Pipelinestollen Felsberg gegenüber Domat/Ems. Das Mundloch befindet sich in den vulkanischen Gesteinen (Prasinit) der Plattazüg-Formation.
Foto: Peter Kürsteiner

279 Faseriger, asbestförmiger Turmalin (Dravit). Pipelinestollen Felsberg. Höhe: 9 cm.
Naturhistorisches Museum Bern, Nr. A4386
Foto: Thomas Schüpbach

280 Quarz mit eingeschlossenem und aufgewachsenem Chlorit. Pipelinestollen Felsberg. Fund: Jakob Stieger, 1964. Höhe: 7 cm.
Bündner Naturmuseum, Nr. 385
Foto: Thomas Schüpbach

281 Dunkelgrüner, krümelig ausgebildeter Chlorit-Einschluss in Quarz. Detailaufnahme der Mineralstufe von Abbildung Nr. 280. Bildbreite: 2.6 cm.
Foto: Thomas Schüpbach

282 Calcit in der Form von Papierspat. Pipelinestollen Felsberg. Breite: 15 cm.
Naturhistorisches Museum Bern, Nr. A4385
Foto: Thomas Schüpbach

283 Blättrig ausgebildeter Hämatit. Pipelinestollen Felsberg. Fund: Jakob Stieger, 1964. Bildbreite: 1.2 cm.
Bündner Naturmuseum, Nr. 389
Foto: Thomas Schüpbach

282

283

7.7 Steinbruch Zarazass

Mineralien
Adular, Albit, Azurit, Bornit, Calcit, Chalkopyrit, Chalkosin, Chlorit (Klinochlor), Dolomit, Dravit (Turmalin), Duftit, Epidot, Galenit, Hämatit, Malachit, Mottramit, Pyrit, Quarz, Titanit, Wulfenit

Im Steinbruch Zarazass werden Vulkanite der Plattazüg-Formation abgebaut, welche als Beimengung für die Produktion von Steinwolle von der Firma Flumroc AG in Flums verwendet werden. Steinwolle wird für Isolationen gebraucht. Hergestellt wird sie aus geschmolzenem Stein und rezyklierten Baustellenabfällen. Da der offene Steinbruch zu gross zu werden drohte, verlangte die Gemeinde Felsberg, dass der weitere Abbau in einem Stollen zu erfolgen habe. Dieser Stollen ist mittlerweile über 100 m lang.

In Quarzadern und Quarzlinsen innerhalb dieser Vulkanite konnten verschiedene Mineralien nachgewiesen werden: Quarz, asbestförmiger Turmalin (Dravit), porzellanweisser Adular, Hämatit als Anflug sowie auch als wenige Millimeter dicke Adern, Titanit, Chalkopyrit, Malachit, Pyrit, Chlorit, Calcit in der Form des Papierspats, Albit, Dolomit, Epidot (Cabalzar 1989, Bächtiger 1965 b). Im Musée cantonal de géologie Lausanne finden sich zudem Proben von Galenit, Wulfenit und Klinochlor.

Chalkopyrit tritt in der Form zentimetergrosser Nester eingeschlossen in derbem Quarz auf und ist randlich in Bornit, Chalkosin und Malachit umgewandelt. Calcit fand sich auch als Skalenoeder auskristallisiert, zuweilen mit Phantombildung. Die durchscheinenden, fast farblosen Kristalle sind bis 2.5 cm lang und weisen vereinzelt eine Kappenbildung auf. Die Oberflächen der früheren Calcit-Generation ist jeweils aufgeraut.

Nach Stalder et al. (1973) kamen im Jahr 1953 verschiedene Mineralstufen mit der allgemeinen Fundortbezeichnung «Calanda» in die Sammlungen. Diese Funde dürften vermutlich ebenfalls vom Steinbruch Zarazass stammen. Deren Mineralparagenese lautet: Calcit, Quarz, Titanit. Beim Calcit handelt es sich um meist kleinere, glänzende Kristalle, deren Habitus von einem Skalenoeder und dem relativ gross entwickelten Basispinakoid beherrscht wird. Daneben kommt Quarz in klaren, mit s- und x-Flächen versehenen Kristallen vor, welche teilweise stark mit Chlorit überzogen sind. Den Stufen sind vereinzelt Titanit-Kristalle aufgewachsen.

Aus der Sammlung von Walter Cabalzar wird im Musée cantonal de géologie Lausanne eine Mineralstufe aufbewahrt (Coll. Nr. 094979), auf welcher das

284 Steinbruch Zarazass mit dem Eingangstor zum unterirdischen Abbau.
Foto: Peter Kürsteiner

285 Quarz-Stufe mit Wachstumsbehinderung durch Papierspat: Verschiedene Kristallspitzen scheinen wie abgeschnitten. Steinbruch Zarazass. Fund: Jakob Stieger. Bildbreite: 9.5 cm.
Naturhistorisches Museum Bern, Nr. A303
Foto: Thomas Schüpbach

286 Bunt angelaufener Chalkopyrit, grüner Malachit und heller Quarz. Steinbruch Zarazass. Breite: 4 cm.
Sammlung: Thomas Schüpbach
Foto: Thomas Schüpbach

287 Quarz mit metallisch glänzendem Hämatitüberzug. Steinbruch Zarazass.
Fund: Walter Cabalzar, 1994. Länge: 7.7 cm.
Musée cantonal de géologie Lausanne, Nr. 098988
Foto: Thomas Schüpbach

288

289

290

291

288 Messinggelber Chalkopyrit und grüner Malachit in Gangart aus weissem Calcit und grüngrauem Chlorit. Steinbruch Zarazass. Fund: Josef Brändle, um 1967. Bildbreite: 8 cm.
Naturhistorisches Museum Bern, Nr. 32267
Foto: Thomas Schüpbach

289 Chalkopyrit. Steinbruch Zarazass. Breite: 3.4 cm.
Naturmuseum St. Gallen, Nr. M-2539
Foto: Thomas Schüpbach

290 Metallisch glänzender Hämatit und Chalkopyrit neben Quarz. Steinbruch Zarazass. Breite: 5.5 cm.
Sammlung: Thomas Schüpbach
Foto: Thomas Schüpbach

291 Skalenoedrisch ausgebildeter Calcit mit Phantom- und Kappenbildung. Steinbruch Zarazass. Kristalllängen: bis 2.5 cm.
Sammlung: Thomas Schüpbach
Foto: Thomas Schüpbach

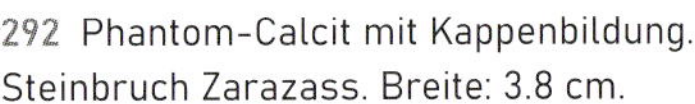

292 Phantom-Calcit mit Kappenbildung. Steinbruch Zarazass. Breite: 3.8 cm.
Sammlung: Thomas Schüpbach
Foto: Thomas Schüpbach

293 Porzellanweisser Adular und Vertiefungen von weggelöstem Papierspat. Steinbruch Zarazass. Fund: Jakob Stieger, um 1968. Bildbreite: 4.5 cm.
Naturhistorisches Museum Bern, Nr. A7377
Foto: Thomas Schüpbach

294 Blassgelbe, verzwillingte Kriställchen aus Titanit auf Chlorit. Steinbruch Zarazass. Breite Titanit: bis 0.4 mm.
Erdwissenschaftliche Sammlungen der Eidgenössischen Technischen Hochschule Zürich, Sammlung Wiser, Nr. 195958
Foto: Thomas Schüpbach

295 Grasgrüne, kugelige Aggregate aus Mottramit mit grünem Malachit auf Hämatit. Steinbruch Zarazass. Fund: Walter Cabalzar. Bildbreite: 2.3 mm.
Musée cantonal de géologie Lausanne, Nr. 094979
Foto: Thomas Schüpbach

296 Braungrauer Dogger-Kalk mit Gold in Calcit- und Quarzadern. Hoharai, Fund in Weinbergmauer, 1909. Breite: 20 cm.
Bündner Naturmuseum, ohne Nummer
Foto: Thomas Schüpbach

297 Detailaufnahme der Goldstufe von Abbildung Nr. 296. Bildbreite: 3 cm.
Foto: Thomas Schüpbach

296

297

seltene Sekundärmineral Mottramit in der Form von kleiner als 0.5 mm grossen, grasgrünen, kugeligen Aggregaten nachgewiesen werden konnte (Mitteilung Nicolas Meisser, 2022; Bestimmung Stefan Ansermet XRD AS 1494 und EDXS AS 28/77). Das Mineral ist eng mit Duftit verwachsen und tritt zusammen mit Hämatit, Adular, Malachit und Azurit auf. Die Probe stammt aus einem «Steinbruch 2 km W von Felsberg», wobei es sich mit grosser Wahrscheinlichkeit um den Steinbruch Zarazass handeln dürfte.

Koordinaten: 2'753'500, 1'189'800, 600 m ü. M.

Literatur: Bächtiger (1965 a, S. 144-146), Cabalzar (1989, S. 231-237), Cadisch (1939, S. 6), Dietrich, de Quervain und Nissen (1966, S. 695-697), Stalder et al. (1973, S. 353 und S. 355), Stalder et al. (1998, S. 470)

7.8 Hoharai bei Felsberg

Mineralien
Arsenopyrit, Calcit, Gold, Pyrit, Quarz

Beim Ausbessern von Rebbergmauern beim Gut Hoharai westlich von Alt-Felsberg fand der Grundeigentümer im Sommer 1909 zwei Blöcke aus Kalkschiefer der «Doggerformation», in welchen er neben Pyrit auch Gold zu erkennen glaubte (Tarnuzzer 1910). Seine Vermutung wurde von der Direktion der Naturhistorischen Sammlung des Rätischen Museums in Chur bestätigt. Das Gold trat in der Form oktaedrischer Kristalle, aber auch als Blech, Klümpchen und Körner in Adern aus Quarz und Calcit auf. Als Begleitmineralien waren wie beim Bergwerk Goldene Sonne Pyrit und Arsenopyrit vorhanden. Von diesem Fund gelangte je eine Stufe in die Sammlungen der Naturhistorischen Museen von Chur und Basel. Die genaue Herkunft der beiden Gesteinsblöcke konnte nicht mehr rekonstruiert werden. Tarnuzzer (1910) kam zum Schluss, dass diese nicht vom obersten Stollen des Bergwerks Goldene Sonne, sondern von einem weiter im Osten befindlichen Abrissgebiet oberhalb von Caneu stammen könnten.

Koordinaten: 2'754'070, 1'189'130, 575 m ü. M.

Literatur: Bächtiger (2000 a, S. 16), Tarnuzzer (1910, S. 198-199)

7.9 Chupfergrüebli und Umgebung

Mineralien
Akanthit, Azurit, Boulangerit (unsichere Bestimmung), Bournonit, Calcit, Cerussit, Dolomit, Fahlerz, Fluorit, Galenit, Gold, Malachit, Oxyplumboroméit, Pyrit, Quarz, Scheelit, Silber, Sphalerit, Tenorit, Wulfenit, Zinkenit

Oberhalb des Lascheintobels (früher auch als Quellentobel bezeichnet) befindet sich im Röti-Dolomit der circa 9 m lange Schürfstollen Chupfergrüebli. In diesem Stollen und dessen Umgebung konnte eine vielfältige Mineralparagenese nachgewiesen werden. Im Gestein treten Adern und schmale, steil stehende Gänge mit Quarz, Dolomit, Calcit und Fluorit auf. Diese Mineralien finden sich auch in Hohlräumen frei auskristallisiert. Der hauptsächlich vor-

298 Farbloser Fluorit. Chupfergrüebli.
Breite: 2.6 cm.
Sammlung: Thomas Schüpbach
Foto: Thomas Schüpbach

299 Orangebraune Scheelit-Kristalle. Umgebung Chupfergrüebli. Fund: Ignaz Derungs. Breite: 2 cm.
Privatsammlung
Foto: Thomas Schüpbach

300 Gediegenes Berggold neben grünem Malachit. Chupfergrüebli. Fund: Josef Brändle, um 1965. Breite Gold: 0.1 mm.
Naturhistorisches Museum Bern, Nr. B2056
Foto: Thomas Schüpbach

301 Gelbe, tafelige Wulfenit-Kriställchen neben grünem Malachit. Chupfergrüebli. Fund: Josef Brändle, um 1965. Bildbreite: 1.9 mm.
Naturhistorisches Museum Bern, Nr. B2058
Foto: Thomas Schüpbach

302 Scheelit-Kristalle neben Quarz. Umgebung Chupfergrüebli. Breite: 3.7 cm.
Sammlung: Ignaz Derungs
Foto: Thomas Schüpbach

303 Probe mit dunkelgrauem Fahlerz, grünem Malachit und blauem Azurit, eingeschlossen in derbem Gangquarz. Chupfergrüebli. Bildbreite: 4.9 cm.
Bündner Naturmuseum, Nr. 2128
Foto: Thomas Schüpbach

302

303

304

305

306

kommende Quarz erscheint in klaren, langprismatischen Kristallen, welche zuweilen Dauphiné-Habitus aufweisen. Die Gangmasse führt in geringen Mengen Fahlerz und Boulangerit. Auf Fahlerz und auf Quarzskeletten lässt sich gediegenes Gold in kleinsten Dendriten und Flittern feststellen. Bereits in früheren Zeiten wurden im Lascheintobel «einige Stückchen Gold» gefunden (Theobald 1856). Gold tritt auch in der Form winziger, zackig begrenzter Aggregate zusammen mit den Sekundärmineralien Azurit und Malachit auf. Als zusätzliche Sekundärmineralien finden sich durchsichtige oder intensiv gelbe, tafelige Wulfenit-Kriställchen von bis 1 mm Grösse sowie Cerussit.

Cabalzar (1977) erwähnt zudem weitere Mineralnachweise von dieser Lokalität: Scheelit, Galenit, Sphalerit und Pyrit sowie in Quarz eingeschlossenen Galenit und fraglichen Boulangerit. In späteren Jahren fand Ignaz Derungs in der näheren Umgebung des Chupfergrüebli mehrere Scheelite, die zu den schönsten dieser Mineralart im Calanda-Gebiet zählen. Diese werden von Quarz begleitet.

Audétat (1995) erwähnt als Neufund für das Calanda-Gebiet Tenorit. Dieser kommt in Form millimetergrosser Einzelkristalle oder Rosetten in Ritzen innerhalb des Quarzganges des Chupfergrüebli vor. Zudem erscheint Galenit als kleine, gerundete Einschlüsse in Fluorit.

Nadelförmige, metallische Einschlüsse in Quarzkristallen vom Chupfergrüebli konnte Nicolas Meisser, Musée cantonal de géologie Lausanne, als Zinkenit bestimmen (XRD NM 5593, 08.03.2022). Ebenfalls mittels Röntgendiffraktometrie (XRD NM 5582, 11.02.2022) konnte Nicolas Meisser prismatische Kristalle als Oxyplumboroméit pseudomorph nach Bournonit bestimmen. Im Weiteren findet sich dendritisch ausgebildetes Silber auf Bruchflächen von Quarz. Silber ist teilweise oberflächlich in bleigrauen Akanthit umgewandelt und wird von Fahlerz begleitet.

Aus der Umgebung des Chupfergrüebli stammt der erste, im Calanda-Gebiet gefundene Japaner-Zwilling (Cabalzar 1994). Eine Erzstufe, welche sich im Musée cantonal de géologie Lausanne befindet und aus einem dem Fahlerz ähnlichen Mineral besteht, das manchmal in prismatischen, gerillten Kristallen auftritt, wurde mittels XRD-Analysen als Bournonit bestimmt (Mitteilung Nicolas Meisser, 2022).

Koordinaten: 2'753'230, 1'190'650, 1080 m ü. M.

Literatur: Audétat (1995, S. 29-32), Cabalzar (1977, S. 328-333; 1994, S. 15-18), Cadisch (1939, S. 14), Soom und Kürsteiner (2018, S. 1-3), Stalder et al. (1973, S. 356), Stalder et al. (1998, S. 433), Theobald (1856, S. 19), www.bergbau-gr.ch/wordpress/?page_id=429

304 Aggregat parallel verwachsener Scheelit-Kristalle. Umgebung Chupfergrüebli. Fund: Ignaz Derungs. Höhe: 3.4 cm.
Sammlung: Peter Kürsteiner, Nr. T7-152
Foto: Thomas Schüpbach

305 Quarz mit nadelförmigen, metallischen Einschlüssen von Zinkenit, tafeliger, gelber Wulfenit und Oxyplumboroméit pseudomorph nach Bournonit (prismatischer Kristall) auf hellbraunem Dolomit. Chupfergrüebli. Fund: Walter Cabalzar, vor 1978. Bildbreite: 8 mm.
Musée cantonal de géologie Lausanne, Nr. 094990
Foto: Thomas Schüpbach

306 Dendritisch ausgebildetes, gediegenes Silber mit Fahlerz auf Quarz. Chupfergrüebli. Fund: Walter Cabalzar. Bildbreite: 3 mm.
Musée cantonal de géologie Lausanne, Nr. 094989
Foto: Thomas Schüpbach

Gebiet Goldene Sonne

In der steilen und von Blockschutt und Felsstürzen geprägten Bergflanke des Calanda, auf Gebiet der Gemeinde Felsberg, befindet sich das Bergwerk Goldene Sonne, in welchem vorwiegend im 19. Jahrhundert nach Gold gegraben wurde. Die Abbautätigkeit wird durch mehrere alte Gruben zwischen 1040 und 1290 m ü. M. dokumentiert, wobei sich die Goldfunde auf die oberste Grube beschränken. Das Gold kommt in frei kristallisierter Ausbildung vor, hat bereits früh das Interesse der Mineralogen geweckt und Eingang in zahlreiche Sammlungen gefunden.

Von den diversen Gruben, die zur Goldgewinnung am Calanda angelegt wurden, ist nach Cadisch (1939) einzig jene der Goldenen Sonne als eigentliches Bergwerk zu bezeichnen («Miniaturbergwerk» in seinen Worten). Im engeren Umfeld des Bergwerks sind heute noch zwei weitere, tiefer liegende Gruben zugänglich. Die drei Gruben (Obere, Mittlere und Untere Grube) liegen quasi in der Falllinie des Hangs untereinander. Ihre Koordinaten- und Höhenangaben (übernommen aus Brunner und Buhlke, 2018) lauten wie folgt:

- **Obere Grube**
  2'752'450, 1'190'606, 1287 m ü. M.
- **Mittlere Grube**
  2'752'482, 1'190'500, 1206 m ü. M.
- **Untere Grube**
  2'752'539, 1'190'200, 1041 m ü. M.

Für ihre Lokalitätsbezeichnungen erschienen in der Literatur immer wieder neue Namen. Dies bedarf einer Klärung: Der Flurname «Goldene Sonne» existiert auf der alten Siegfriedkarte, wird aber auf der Landeskarte der Schweiz, auf welcher an jener Stelle der Flurname «Goldgruoben» eingefügt ist, nicht mehr verwendet. Cadisch (1939) erwähnt, dass das Bergwerk zur Goldenen Sonne unter der Felswand von Flida angelegt wurde. Der Flurname Flida wurde später fälschlicherweise als «Fliden» für die Lokalität des Bergwerks gebraucht («Grube Fliden»). An dieser Stelle wird nun systematisch die ursprüngliche Bezeichnung «Goldene Sonne» verwendet.

Ein weiterer Flurname, der als Lokalitätsbezeichnung in der Literatur verwendet wird, ist «Tschengels». Dieser wurde, ebenso fälschlicherweise, für die Mittlere Grube verwendet – der Name würde jedoch eher zur Unteren Grube passen. Um Verwechslungen zu vermeiden, werden nachstehend die Begriffe Obere, Mittlere und Untere Grube verwendet.

Geschichte des Bergbaus in der Goldenen Sonne

Die frühesten, in Schriften dokumentierten Bergbauspuren dürften bis ins 16. Jahrhundert zurückgehen. So erwähnt der Bergrichter Gadmer aus Davos in seinem Grubenverzeichnis 1588–1618 im Gebiet der Gemeinde Felsberg («Fältschberg») nicht

weniger als sechs Gruben (Brügger 1866). Es wird vermutet, dass der Bergbau neben Magnetit und Pyrit auch Edelmetallen wie Gold galt (Brunner und Buhlke 2018, Bächtiger 1968). Einzelne, geschrämmte Streckenabschnitte in der Oberen Grube könnten Zeugen dieser frühen Abbautätigkeit sein (Bächtiger 1968).

Bei der Befestigung der Rheinbrücke von Felsberg in den Jahren 1803–1805 wurden für Wuhrarbeiten grosse, vom Calanda niedergestürzte Blöcke gesprengt. Der Bauer Vinzenz Schneller aus Felsberg entdeckte auf seinem Grundstück am Rheinufer in den Gesteinstrümmern etwas Glänzendes, bei dem es sich nicht um Pyrit handeln konnte. Er brachte seinen Fund nach Chur, wo der Apotheker Capeller zum Schluss kam, dass es sich dabei um reines Gold handle und Schneller angeblich 70 Gulden dafür bezahlte (Walkmeister 1889, Deicke 1859 a). Sofort wurde nach weiterem, goldhaltigem Erz gesucht, aber es gelang nicht, die im Rhein versenkten Steine wieder zu heben.

In der Folge machten sich verschiedene Personen auf die Suche nach der Abrissstelle der goldhaltigen Blöcke in den steilen Abhängen des Calanda. Der Bergmann Heinrich Schopfer von St. Gallen (nach anderen Quellen der Apotheker Capeller) wurde auf der Höhe des nördlichen der beiden obersten Stollen fündig, wo sie Gold eingesprengt im anstehenden Gestein fanden (Bosshard 1890).

Um 1809 gründete der Apotheker Capeller zusammen mit anderen Herren aus Chur einen Bergwerkverein, dessen Leiter der ehemalige Landschuster Hitz von Churwalden war. Der Bergwerkverein erstellte mit sechs Arbeitern den obersten, nördlichen, horizontal verlaufenden Stollen (Obere Grube). Der Oberbergmeister und Fürstliche Fürstenbergische Bergrat Carl Joseph Selb von Wolfach besuchte das Bergwerk 1810 sowie 1811 und kam zum Schluss, dass die Ausbeutung rentabel sei, falls diese richtig ausgeführt würde (Selb 1812).

Das von den Arbeitern geförderte Gestein wurde vorerst über die Halde geschüttet, bis einem Förderburschen im weggeworfenen Material «Katzengold» auffiel und er dieses dem in Tamins wohnenden Steiger brachte, der es als gediegenes Gold bestimmte. Daraufhin wurde der Vortrieb vorüberge-

307 Blick nach Norden auf den Taminser Calanda. Angeschrieben sind die Lokalitäten Flida, Goldene Sonne und Tschengels.
Foto: Adrian Pfiffner

308 Dublone aus Gold des Bergwerks Goldene Sonne, datiert 1813. Durchmesser: 22.7 mm.
Bündner Naturmuseum, Nr. 407
Foto: Thomas Schüpbach

hend eingestellt und in der Halde nach weiterem Gold gesucht.

Anschliessend wurde im Stollen weitergearbeitet und tatsächlich Gold gefördert. Das Gold soll im Hauptgang auf einer Länge von 150 Fuss (45 m) gefunden worden sein. Westlich des Stollens, gegen Tamins hin, wurden ein Haus für die Arbeiter und ein mit Wasser betriebenes Pochwerk errichtet. Gleichzeitig wurde von Felsberg ein Knappenweg angelegt, der in etwa 1.5 Stunden zum Bergwerk Goldene Sonne führte. Das Gold wurde vom Erzkonzentrat mit dem Gebrauch von Quecksilber und unter Anwendung des Amalgamationsverfahrens herausgelöst. Die grösste, damals gefundene Stufe soll 8 Loth (124.8 g) gewogen und aus über 23-karätigem Gold bestanden haben (Bosshard 1890).

Im Jahr 1813 wurden aus Gold des Bergwerks Goldene Sonne 72 Bündner Dublonen à 16 alte Schweizerfranken geschlagen. Diese zeigten die Wappen der Bünde und wiesen ein Gewicht von je 7.6 Gramm auf. Der Erfolg in klingender Münze war Ansporn, weiter nach Gold zu graben, wobei man aber den Erzgang, der schiefwinklig zum Stollen verlief, verlor. Die Arbeiter gruben tatkräftig im tauben Gestein weiter, das leichter abbaubar war als der harte Quarzgang, weil sie im Akkord entlöhnt wurden (Bosshard 1890). Auch zwei Seitenstollen und ein senkrechter Schacht brachten nicht den erwünschten Erfolg.

Daraufhin wurde eine Somnambule (Schlafwandlerin) aus Strassburg zu Rate gezogen, welche 180–240 m tiefer am Berghang Gold prophezeite. Nachdem im Schacht in einer Tiefe von 14 Klafter (25 m) noch kein goldhaltiges Erz gefunden wurde, gab die Somnambule an, der Schacht müsse um weitere 14 Klafter vertieft werden (Tarnuzzer 1910). Dies erwies sich aber als nicht durchführbar (Walkmeister 1889, Deicke 1859 a).

Nach diesem Misserfolg wurde Rat bei der Frau des Bergverwalters Hitz gesucht, welche das Amt einer Hellseherin wahrnahm und eine weiter unten, auf 1040 m ü. M. gelegene Stelle auf Tschengels bezeichnete (Brunner und Buhlke 2018, Bosshard 1889). An dieser Stelle wurde ein etwa 120 m langer Stollen vorgetrieben (Untere Grube) und fast zuhinterst im Stollen ein 17 Klafter (25 m) abgeteufter Schacht ausgehoben. Aber es ergaben sich keine weiteren Goldfunde. Auch zwei zusätzlich oben beim Bergwerk Goldene Sonne erstellte Stollen, mit welchen man den Erzgang wieder zu finden hoffte, blieben ohne Erfolg. Einer dieser Stollen wurde gegen Südwesten vorgetrieben und erreichte eine

309 Bergwerk Goldene Sonne. Eingang zur «Neuen Gruob» mit Knappenhaus.
Illustration: Aus Bosshard (1890)

Länge von 45 m. Gegen Ende der 1820er-Jahre wurde der Betrieb eingestellt, weil sich kein wirtschaftlicher Erfolg abzeichnete.

Im Jahr 1843 ereignete sich oberhalb von Felsberg ein Felssturz, der offenbar goldhaltiges Gestein mit sich führte und den Churer Sattlermeister Ulrich Anton Sprecher dazu brachte, nach weiterem Gold zu suchen (Fravi 1978). Im Herbst 1856 übernahm Sprecher die verlassenen Gruben und schloss mit der Gemeinde Felsberg einen neuen Pachtvertrag auf 20 Jahre ab. Absicht war, in den obersten Stollen die Fortsetzung der Goldvererzung zu finden. Es gelang Sprecher, einige schöne Gold-Stufen zu finden, welche an der Schweizerischen Industrieausstellung 1857 in Bern ausgestellt wurden, um Käufer für das Bergwerk zu finden. Im Festführer der Schweizerischen Industrieausstellung 1857 findet sich die folgende Eintragung: *Warum die Felsberger ihre alte Heimat trotz der drohenden Gefahr, verschüttet zu werden, nicht verlassen wollen, ist uns nun auch klar geworden, da M. Oberföll, Bergmann daselbst, Golderze vom Calanda im Werthe von 400 Franken vor unseren Augen glänzen lässt.*

Beim Eingang des zweitobersten Stollens («Neue Gruob», der Eingang ist heute verschüttet) wurden auf einer kleinen Terrasse ein Scheidhaus mit Wohnraum für die Arbeiter mit einem kleinen Pochwerk und mit einem Röst- und Schmelzofen erstellt, von welchen im Mai 1889 noch Ruinen zu erkennen waren (Bosshard 1890).

Trotz des anfänglichen Erfolges erlitt Sprecher während seiner Mitarbeit in den Folgejahren grosse Verluste (Fravi 1978). Die Abbaubewilligung ging 1859 an Albert Stecher in Chur über. Bis Anfang der 1860er-Jahre wurde der Bergwerksbetrieb fortgesetzt, jedoch mit so geringen Kräften, dass die Ergebnisse unbedeutend waren (Theobald 1862). Die Arbeiten standen unter der Leitung des Steigers M. Oberföll. Der Bergbau wurde mit fünf Arbeitern und drei Frauen betrieben, zeitweise aber auch nur mit zwei Arbeitern. Man schürfte in den obersten Stollen und konnte den Erzgang in einem kurzen, aufwärts führenden Schacht wieder erschliessen (Bosshard 1890). Das Gestein wurde herausgesprengt und in Säcken zur Scheidehütte getragen, wo Frauen es in nussgrosse Stücke zerkleinerten. Grössere Stufen mit sichtbarem Erz wurden ausgeschieden.

Mit kleineren Erzkörnern durchsetzte Gangart wurde auf dem Pochwerk fein zerstossen, geschlämmt, geröstet und dadurch von Schwefel und Arsen befreit. Anschliessend wurde der Erzschlamm mit Blei verschmolzen und das im Blei gelöste Gold durch «Abtreiben» angereichert, indem das unedlere Metall verbrannt wurde. An einer Durchschnittsprobe von 50 Kilogramm Pochmasse wurde ein Goldgehalt von 828.5 Milligramm bestimmt, was einem Anteil von 16.6 Gramm Gold pro Tonne Gestein entspricht.

Im Jahr 1861 wurde der Bergwerksbetrieb erneut mit einem grossen Verlust eingestellt (Bosshard 1890). Das Bergwerk wurde anschliessend mehrmals verpachtet, ohne dass ein weiterer Abbau stattfand.

Gegen Ende des 19. Jahrhunderts sicherte sich der damalige eidgenössische Bergwerksinspektor J.B. Rocco die Abbaurechte und verfasste einen Bericht zur Gründung einer «Calanda-Gold-Schurfgesellschaft» (Rocco 1899), welche aber infolge fehlender finanzieller Mittel nicht zustande kam.

Im Jahr 1925 erhielt der Geologe Joos Cadisch von der Geotechnischen Kommission der Schweizerischen Naturforschenden Gesellschaft den Auftrag, die Lagerstätte des Bergwerks Goldene Sonne zu untersuchen. Er führte mehrere Geländebegehungen durch und nahm einen Plan der Oberen Grube auf (Cadisch 1939).

Im Januar 1960 wurde der Strahler und Mineraliensammler Jakob Stieger im obersten Stollen des Bergwerks Goldene Sonne nach vielen Jahren Suchens wieder fündig. Nach eingehenden Literaturrecherchen und ausgiebigen Schürfarbeiten gelang es ihm, circa 40 grössere und kleinere Gold-Stufen zu bergen (Stieger 1963). Darunter fand sich eine 5 x 3 x 2 cm grosse Stufe aus Berggold, welche nach Einschätzung von Kurt Bächtiger (1967) damals zu den schönsten Exemplaren von Westeuropa zählte.

Angeregt durch die spektakulären, neuen Goldfunde des Strahlers Jakob Stieger, unternahm Kurt Bächtiger von der Eidgenössischen Technischen Hochschule Zürich in Absprache mit der Geotechnischen Kommission umfangreiche mineralogische

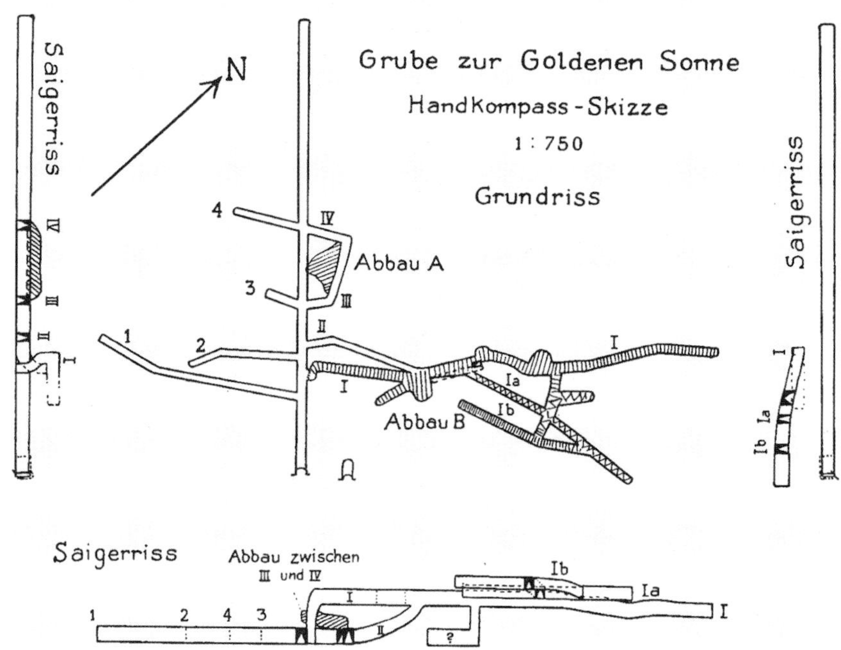

310 Planskizze des Bergwerks Goldene Sonne.
Illustration: Aus Cadisch (1939)

311 Geologischer Profilschnitt durch die Plattazüg und die drei heute zugänglichen Gruben im Gebiet Goldene Sonne.
Illustration: Nach Pfiffner (1972 a), umgezeichnet und ergänzt

310

und geochemische Abklärungen, über welche er in zahlreichen kleineren Publikationen zwischen 1967 und seinem Tod 1989 berichtete. Im Rahmen seiner Untersuchungen wurde mit einer exakten Vermessung des Bergwerks begonnen, wobei er von Rudolf Glutz, ehemals Eidgenössische Technische Hochschule Zürich, unterstützt wurde (Brunner und Buhlke 2018). Im Weiteren gelang Kurt Bächtiger zusammen mit den Strahlern Gottfried Rüdlinger und Walter Cabalzar der Nachweis des wolframhaltigen Minerals Scheelit, das sowohl als Imprägnation und in der Form von Adern im Nebengestein wie auch als Kluftmineral in der Umgebung der Mittleren Grube auftritt (Bächtiger et al. 1972). Der Scheelit findet sich vorwiegend in Klüften der Quarten-Serie und untergeordnet in jenen der Echinodermen-Brekzie (Bächtiger 1974 b).

Im Jahr 2009 wurden die Gold- und Wolframvererzungen in der Umgebung des Bergwerks Goldene Sonne anlässlich der Bachelorarbeit von Michael Josuran weiter untersucht (Josuran 2009). Mittels eines Metalldetektors wurden in einer Calcit-Quarz-Ader im Ostteil der Oberen Grube zwei Gold-Stufen mit einem Durchmesser bis 4.5 cm geborgen. Analysen an Bodenproben ergaben eine generelle Zunahme des Gehaltes an Gold und Wolfram unterhalb der Oberen Grube, wobei verschiedene Prozesse wie Verwitterung, Transport durch Lawinen und Steinschlag, Abschwemmung des Bodenmaterials und alte Abraumhalden die diffuse Verteilung beeinflusst haben dürften (Josuran 2009).

Neues Licht ins Stollendunkel brachten die Arbeiten von Mirco Brunner (Brunner und Buhlke 2018), welche im Anschluss an ein Projekt bei «Schweizer Jugend forscht» publiziert wurden. Die Stollenanlagen wurden anschliessend verschiedentlich von am Bergbau interessierten Personen besucht (zum Beispiel Schwendener und Vogel 2008). Seit 2016 fanden in Kooperation zwischen dem Institut für Archäologische Wissenschaften der Universität Bern und dem Archäologischen Dienst Graubünden montanarchäologische Untersuchungen im Gebiet des Bergwerks Goldene Sonne statt, deren Ergebnisse in Brunner und Buhlke (2018) ausführlich beschrieben sind.

Geologischer Bau

Am Fuss der hohen Felswände aus Quinten-Kalk unterhalb des Taminser Älpli stehen unter ausgedehnten Blockschutt- und Felssturzablagerungen permische Vulkanite an, welche zur Plattazüg-Formation zählen und im Steinbruch Zarazass aufgeschlossen sind. Es handelt sich dabei um Spilite (Albit-Chlorit-Schiefer), Keratophyre (mit sekundär ausgefüllten Gasblasen), Tuffe und Tuffite (Pfiffner 1972 a und b, Bächtiger 1965, Hügi 1941). Die Spilite waren ursprünglich Basalte. Durch zirkulierende, natronreiche Wässer (Meerwasser) wurden die Plagioklase in Albit (ein Natrium-Feldspat) umgewandelt.

Über diesen Gesteinen liegen der Röti-Dolomit sowie Tonstein der Quarten-Formation, welche ihrerseits von Gesteinen des Doggers (Tonstein, eisenschüssige Sandsteine, Echinodermenbrekzien und hämatitreicher, Magnetit führender Blegi-Oolith) und der Schilt-Formation (Kalk und Mergel) überlagert werden. Die schroffen, oberhalb 1500 m ü. M. anstehenden und zum Foppachopf ansteigenden Felswände schliesslich sind aus Kalken der Quinten-Formation aufgebaut. Die Gesteine bilden eine grossräumige Faltenstruktur, deren südlicher Faltenschenkel in der Flanke unter den Felswänden lokal freigelegt ist. Westlich der Goldenen Sonne, unter dem Silberegg, biegt der Röti-Dolomit um

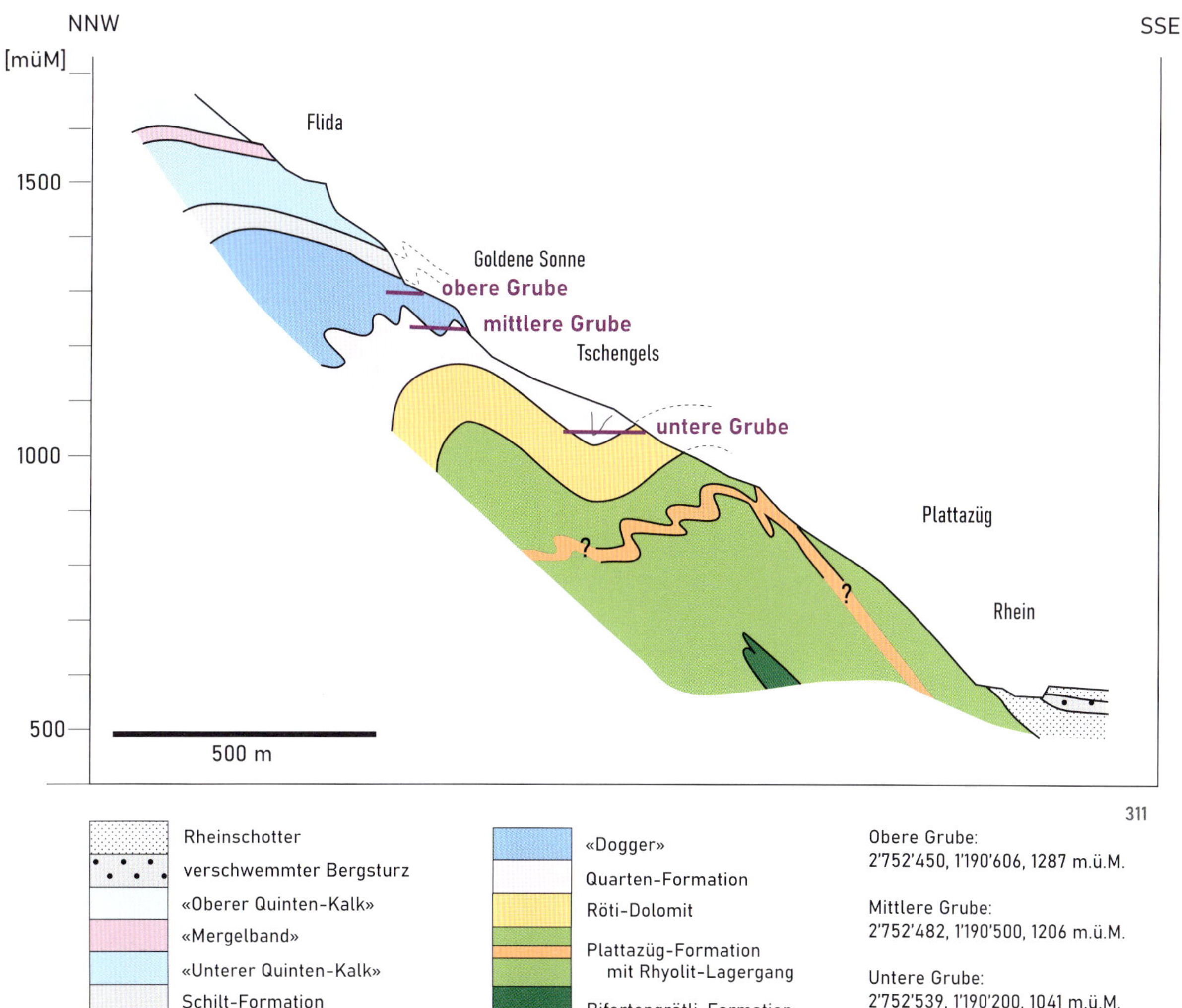

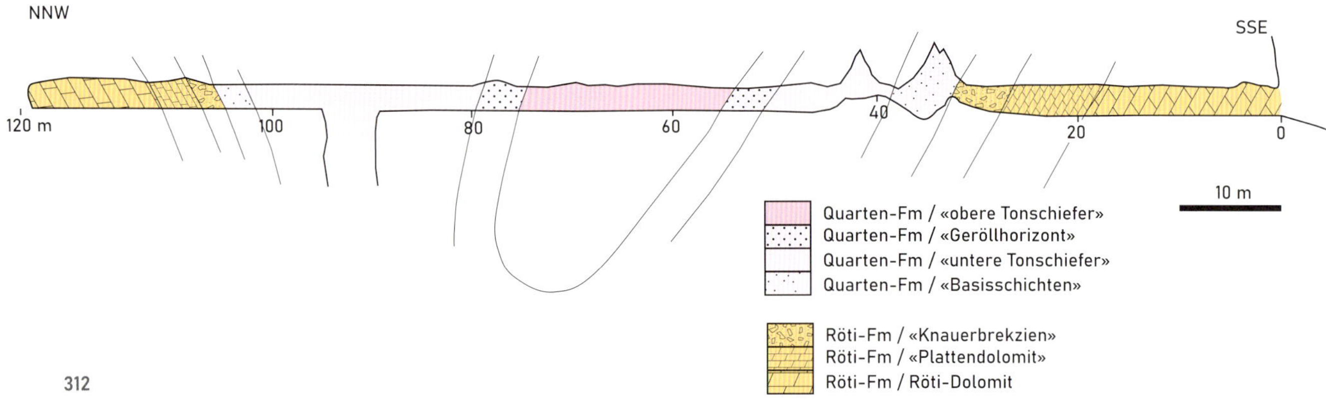

312

und taucht nach Nord-Nordwesten in die Bergflanke ein. Die Struktur der Falte ist im Profilschnitt erkenntlich.

Einen besonders guten Einblick in den geologischen Bau gibt die Untere Grube der Goldenen Sonne. Diese Grube, angelegt auf den Rat einer Wahrsagerin, verläuft in taubem Gestein. Es wurden weder Gold noch Kristalle gefunden. Das Grubenprofil gibt einen wertvollen Einblick in die Abfolge der Triasgesteine und offenbart eine grosse Falte (Mulde beziehungsweise Synklinale). Im vorderen Teil fällt der Röti-Dolomit mitsamt dem darüber folgenden «Plattendolomit» und den «Knauerbrekzien» nach Nord-Nordwest ein. Dieselben Schichten zuhinterst im Stollen fallen steil gegen Süd-Südosten ein. Dazwischen sind Tonschiefer und Sandsteine der Quarten-Formation anzutreffen, in welchen man die «Basisschichten» und den «Geröllhorizont» zweimal eindeutig identifizieren kann. Auch diese bezeugen die Muldenstruktur der Falte. Der bei Stollenmeter 90 abgeteufte Schacht verläuft in den (wohl einfach abzubauenden) «oberen Tonschiefern».

In den Gesteinen des Doggers ist die Anordnung der mineralführenden Gänge, Adern und Klüfte recht komplex. Neben Adern, die nahezu parallel zur Schichtung in den Sedimenten verlaufen, gibt es auch Adern, die längs von Brüchen verlaufen und genetisch mit diesen verknüpft sind. Schliesslich schneiden die wohl jüngsten vertikalen Adern Schichtung und Schieferung diskordant. Es sind zahlreiche, geschlossene Adern aus Quarz und Calcit vorhanden. Die Erzführung konzentriert sich auf Gänge und Klüfte, welche gegen Ende der Gesteinsdeformation entstanden sind und nur eine geringe tektonische Überprägung zeigen.

Literatur: Audétat (1995, S. 17-21 und S. 33-38), Bachmann (1873, S. 114), Bächtiger (1966 b, S. 151-153; 1967, S. 650-653; 1968, S. 170-178; 1969 a, S. 202-212; 1969 b, S. 276-289; 1971, S. 585-586; 1974 b, S. 3-5; 1986, S. 2-14; 2000 a, S. 6-16; 2000 b, S. 2-5), Bosshard (1890, S. 341-357), Brügger (1866, S. 62), Brunner und Buhlke (2018, S. 20-51), Cabalzar (1977, S. 329), Cadisch (1939, S. 1-20), Deicke (1859 a, S. 329-330; 1860, S. 119-120), Fravi (1978, S. 8-14), Gerber (1994), Josuran (2009), Lüthi und Brunner (2008), Pfiffner (1972 a; 1972 b), Piperoff (1897, S. 60-61), Rocco (1899), Schweizerische Industrieausstellung (1857, S. 293), Schwendener und Vogel (2008, S. 11-18), Selb (1812, S. 275-281), Soom und Kürsteiner (2018, S. 1-3), Stalder et al. (1973, S. 355-356), Stalder et al. (1998, S. 53, S. 191-192 und S. 470), Stieger (1963, S. 1-2), Theobald (1862, S. 23), Uspensky et al. (1998), Walkmeister (1889, S. 307-317), Weibel (1990, S. 137-138), Zographos (2018, S. 4-19), www.bergbau-gr.ch/wordpress/?page_id=429

312 Profilschnitt durch die Untere Grube im Gebiet Goldene Sonne.
Illustration: Nach Pfiffner (1972 a), überarbeitet

313 Profilschnitt des Hauptstollens des Bergwerks Goldene Sonne.
Illustration: Nach Cadisch (1939), ergänzt

7.10 Goldene Sonne: Obere Grube

Mineralien
Apatit, Aragonit, Arsenopyrit, Calcit, Chalkopyrit, Chlorit, Dolomit, Fahlerz, Gold, Pyrit, Pyrrhotin, Quarz, Scheelit, Siderit, Sphalerit, Synchisit

Die Obere Grube, das eigentliche Bergwerk Goldene Sonne, besteht aus einem in nordwestlicher Richtung vorgetriebenen Stollen, der mehrere kurze seitliche Abzweigungen aufweist und nach 49 m endet. Am Eingang stehen relativ massige Sandsteine der mittleren Bommerstein-Formation an. Nach wenigen Metern werden die Sandsteine tonhaltiger und gehen im hinteren Teil in dunkle Tonschiefer mit dünnen Sandlinsen der unteren Bommerstein-Formation über (Pfiffner 1972 a, Cadisch 1939). Eingesprengt darin beschreibt Zographos (2018) Pyrit-Würfel. In dieser alten Grube wurde seit 1809 mit Unterbrüchen bis 1861 mit unterschiedlichem Erfolg Gold gefördert. Erste Gold-Stufen konnten bereits 8 m ab Eingang in einem Calcit-Quarz-Gang geborgen werden, der damals ebenfalls an der Erdoberfläche aufgeschlossen war (Selb 1812). Bei 27 m ab dem Stolleneingang befindet sich eine seitliche Aufweitung, wo gemäss Oberföll circa 40 m^3 Ganggestein mit verschiedenen Gold-Stufen gefunden wurden (Cadisch 1939). Die goldführenden Gänge streichen Südwest-Nordost und fallen Richtung Nordwesten ein; ihre Mächtigkeit variiert zwischen 0.20 und 1.50 m (Piperoff 1897, Walkmeister 1889).

Bei 13 m ab Eingang ist eine Verbindung mit der östlich gelegenen und wenige Meter höher gelegenen «Neuen Gruob» vorhanden; eine weitere, heute verschüttete Verbindung ist bei 30 m ab dem Stolleneingang vorhanden (Zographos 2018). Die «Neue Gruob» wurde von der Sprecher'schen Berggesellschaft in den Jahren 1856–1861 angelegt und besteht aus mehreren verzweigten Stollen, welche in der Streichrichtung der Quarz-Calcit-Gänge angelegt wurden und sich circa 50 m gegen Osten erstrecken (Cadisch 1939). Die im Jahr 1857 an der Schweizerischen Industrieausstellung in Bern gezeigten Gold-Stufen dürften aus diesem Grubenbereich stammen. Ein tiefer liegender Eingang zur «Neuen Gruob» befindet sich auf 1260 m ü. M. und ist heute verschüttet.

Von den verschiedenen, in den Bergwerksstollen und deren Umgebung gefundenen Mineralien kommt zweifellos dem Berggold eine besondere Bedeutung zu. Bezüglich Grösse und Ausbildung des Goldes reiht sich die hier beschriebene Lokalität unter die wichtigsten Vorkommen der Alpen.

Das Gold aus der Abbauphase von 1809–1813 soll zuweilen deutlich oktaedrisch ausgebildet und auch staubfein eingesprengt in Gängen aus Quarz und Calcit gefunden worden sein (Bosshard 1890). Als Begleitmineralien traten Pyrit in der Form des Pentagondodekaeders und Arsenopyrit auf. Drusenartige Hohlräume waren mit Bergkristall ausgekleidet.

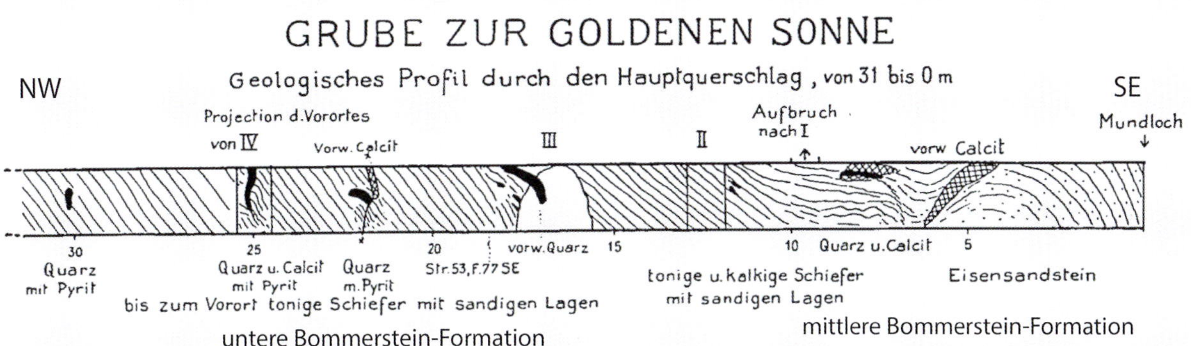

313

Im Naturhistorischen Museum Basel wird eine Gold-Stufe aus dem Jahr 1810 aus der ehemaligen Sammlung von Hieronimus Bernoulli aufbewahrt. Bernoulli studierte Naturwissenschaften und war Präsident des Stadtrats von Basel. Er erweiterte das von seinem Vater, dem Basler Apotheker Niklaus Bernoulli, angelegte Naturalienkabinett. 1830 schenkten die Erben Bernoullis die Kollektion dem Basler Museum. Dieses besitzt zu dieser Sammlung auch einen mehrbändigen, von Bernoulli handschriftlich verfassten Katalog. 484 Objekte werden in den mineralogischen Sammlungen aufbewahrt.

Kenngott (1866) berichtet, dass das Gold vom Calanda in dendritisch-zackiger Form und als kleine Blättchen auftritt. Von den um 1857 gefundenen Gold-Stufen fand auch ein Exemplar Eingang in die mineralogische Sammlung des Naturhistorischen Museums Bern. So berichtet Bachmann (1873) über eine wertvolle Vermehrung des Sammlungsbestandes in Form einer Stufe mit derbem Gold neben Pyrit und Siderit vom Calanda oberhalb von Chur.

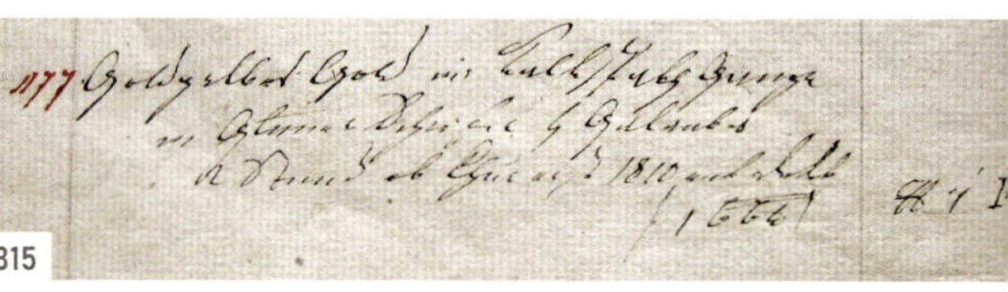

314 Stufe aus dem Jahr 1810 mit dendritischem Gold und mit vereinzelten Pyrit-Kristallen, eingeschlossen in weissem Calcit. Bergwerk Goldene Sonne. Bildbreite: 2.2 cm.
Naturhistorisches Museum Basel, Nr. 1820
Foto: Thomas Schüpbach

315 Alte Sammlungs-Etikette der Gold-Stufe von Abbildung Nr. 314: Goldgelbes Gold im Kalkspath Gange in Glimmer Schiefer v. Galanta 2 Stund ob Chur erst 1810 entdeckt, geschrieben von Hieronimus Bernoulli.
Foto: André Puschnig

316 Auskristallisiertes, körniges Gold mit braunem Calcit und weissem Gangquarz. Bergwerk Goldene Sonne. Grösste Gold-Verwachsung: 3 mm.
Erdwissenschaftliche Sammlungen der Eidgenössischen Technischen Hochschule Zürich, Sammlung Wiser, Nr. 8223
Foto: Thomas Schüpbach

Das Gold ist in der Regel mit grobspätigem Calcit, seltener mit Dolomit oder Quarz verwachsen (Bächtiger 1966 b, 1967). Bei den Gold-Stufen, welche in die Sammlungen gelangt sind, ist der Calcit in der Regel weggelöst (Weibel 1990). Daneben findet sich Gold auch in der Form frei gewachsener Bleche und Aggregate in kleinen Hohlräumen (Audétat 1995). Als besondere Seltenheit beschreibt Bächtiger (1971) das Auftreten winziger oktaedrischer Goldkristalle, die zusammen mit Pyrit in Kluftquarz eingeschlossen sind. Das Gold weist einen hohen Reinheitsgrad auf. Messungen mit der Elektronenmikrosonde an Erzproben vom Fund des Strahlers Jakob Stieger um 1960 ergaben einen Gehalt von 91.05 % Gold, 8.88 % Silber und 0.07 % Kupfer (Bächtiger 2000).

Im Nebengestein der Goldvererzungen des Bergwerks Goldene Sonne tritt Arsenopyrit auf. Die einzelnen Kristalle erreichen eine Grösse von 2 cm und sind mit Chalkopyrit, Fahlerz, Pyrit, Pyrrhotin und Sphalerit verwachsen (Bächtiger 1966 b, 1967).

Pyrit tritt im Bergwerk Goldene Sonne allgemein verbreitet in den schiefrigen Gesteinen auf und erscheint in der würfeligen Form mit Kantenlängen bis 5 mm (Zographos 2018). Zusätzlich findet sich Pyrit in zentimetergrossen Kristallen eingeschlossen in den Quarz-Calcit-Gängen und als bis 4 cm grosse Pentagondodekaeder in Klüften zusammen mit Quarz (Bächtiger 1967). Im Pyrit treten zudem Einschlüsse von Pyrrhotin auf (Bächtiger 1966 b).

317 Blechförmiges, körniges Goldaggregat mit Calcit. Bergwerk Goldene Sonne. Breite: 2.1 cm. Sammlungseingang 26. Juni 1870.
Naturmuseum St. Gallen, Nr. M-16
Foto: Thomas Schüpbach

318 Gold auf weissem Calcit und gelbgrauem Dolomit. Bergwerk Goldene Sonne. Fund: Jakob Stieger, 1960. Bildbreite: 9 cm.
Bündner Naturmuseum, Nr. 404
Foto: Thomas Schüpbach

319 Dendritisches Gold. Detailaufnahme der Mineralstufe von Abbildung Nr. 318. Bildbreite: 2.8 cm.
Foto: Thomas Schüpbach

Das in der Mittleren Grube verbreitet vorkommende Mineral Scheelit tritt sonst nur noch an einer Stelle im Bergwerk Goldene Sonne selbst auf (Zographos 2018). Im Bereich der Scheelit-Mineralisationen sind Pseudomorphosen von Chlorit nach Arsenopyrit vorhanden (Bächtiger 1974b). Die Verteilung von Seltenen Erden in Scheelit kann Hinweise über die Entstehung einer Erzlagerstätte liefern. Uspensky et al. (1998) führten an Scheelit aus dem Gebiet Goldene Sonne geochemische Untersuchungen durch und kamen zum Schluss, dass der Gehalt an Europium im Vergleich mit den übrigen analysierten Seltenen Erden eher gering und atypisch für hydrothermal gebildete Goldvorkommen ist.

Ein 2 cm grosser Apatit-Kristall wurde nach Audétat (1995) in der Oberen Grube gefunden. Flächenreiche, kleine Kristalle von Calcit werden aus allen Gruben beschrieben. Aus dem Bergwerk Goldene Sonne stammen Stufen mit mehreren Zentimetern grossen Calcit-Rhomboedern von weisshellgrauem Farbton. Der Calcit erscheint im Ultraviolettlicht violett. In der skalenoedrischen Form tritt das Mineral zudem in Klüften des Quinten-

320 Dendritisches Gold eingeschlossen in Calcit. Bergwerk Goldene Sonne. Länge Gold: 1.7 cm.
Naturhistorisches Museum Bern, Nr. B134
Foto: Thomas Schüpbach

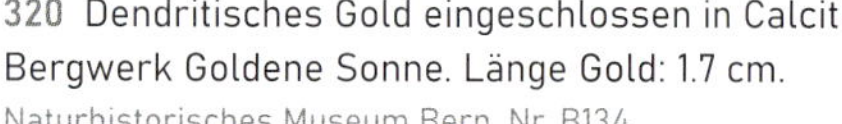

321 Idiomorphe Arsenopyrit-Kristalle, in grauem, schiefrigem Gestein eingesprengt. Bergwerk Goldene Sonne. Bildbreite: 2.4 cm.
Sammlung: Peter Kürsteiner, Nr. T2-402
Foto: Thomas Schüpbach

322 Arsenopyrit. Bergwerk Goldene Sonne. Länge Arsenopyrit-Kristall: 9 mm.
Sammlung: Franco Isepponi
Foto: Thomas Schüpbach

323 Pyrit-Kristall. Bergwerk Goldene Sonne. Breite: 1.3 cm.
Sammlung: Thomas Schüpbach
Foto: Thomas Schüpbach

324 Als Pentagondodekaeder ausgebildete Pyrit-Kristalle, eingeschlossen in grauem Serizitschiefer. Bergwerk Goldene Sonne. Bildbreite: 5 cm.
Naturhistorisches Museum Basel, Nr. 13818
Foto: Thomas Schüpbach

325 Quarz-Stufe: Die Kristalle tragen einen feinen, hellgelben Eisenhydroxidüberzug und haben einen schönen Oberflächenglanz. Bergwerk Goldene Sonne. Breite: 4.8 cm.
Sammlung: Richard Meyer
Foto: Thomas Schüpbach

326 Verästelte Mangan-Dendriten entlang eines Risses in Quarz. Bergwerk Goldene Sonne. Bildbreite: 1.2 cm.
Sammlung: Peter Kürsteiner, Nr. T4-169
Foto: Thomas Schüpbach

327 Rhomboedrisch ausgebildeter Calcit mit gebrochenen Kanten. Bergwerk Goldene Sonne. Fund: Walter Cabalzar. Breite: 8.2 cm.
Musée cantonal de géologie Lausanne, Nr. 094991
Foto: Thomas Schüpbach

328 Siderit mit feinem Pyritüberzug auf plattigem Quarz. Bergwerk Goldene Sonne. Fund: Walter Cabalzar, 1978. Bildbreite: 4.4 cm.
Musée cantonal de géologie Lausanne, Nr. 094992
Foto: Thomas Schüpbach

Kalkes oberhalb des Bergwerks auf (Bächtiger 1967). Brauner, flach ausgebildeter Siderit findet sich aufgewachsen auf Quarz.

Als weitere Mineralart tritt im Bergwerk Goldene Sonne Synchisit auf, wie ein Beleg in der Sammlung des Bündner Naturmuseums zeigt. Es handelt sich bei diesem um einen blassgelben, säulenförmigen Kristall mit einer Länge von 0.5 mm. In derselben Sammlung befindet sich eine Stufe mit versinterten Quärzchen sowie mit spiessig-nadelig ausgebildetem, schneeweissem Aragonit.

Koordinaten: 2'752'450, 1'190'606, 1287 m ü. M.

Literatur: siehe Seite 202 (am Schluss des allgemeinen Abschnitts Goldene Sonne)

329 Blassgelber, säulenförmiger Synchisit auf Quarz. Bergwerk Goldene Sonne. Fund 1970. Länge Synchisit: 0.3 mm.
Bündner Naturmuseum, Nr. 2525
Foto: Thomas Schüpbach

330 Historische Etikette der Mineralstufe von Abbildung Nr. 331.
Foto: Thomas Schüpbach

331 Spiessig-nadeliger, schneeweisser Aragonit. Bergwerk Goldene Sonne. Fund: Steiger Oberföll, 1859. Bildbreite: 6.7 cm.
Bündner Naturmuseum, Nr. 474
Foto: Thomas Schüpbach

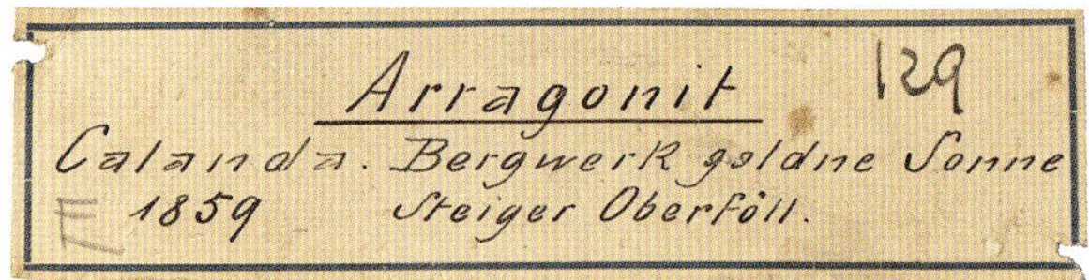

7.11 Goldene Sonne: Mittlere Grube

Mineralien
Calcit, Chlorit, Dolomit, Fahlerz, Fluorit, Gips, Hämatit, Pyrit, Quarz, Scheelit

Die Mittlere Grube liegt etwa 80 m unterhalb des Bergwerks Goldene Sonne. Der Stollen wurde in nord-nordwestlicher Richtung angelegt, weist bei 55 m ab Eingang eine Verzweigung auf und endet nach 94 m (Zographos 2018, Pfiffner 1972 a). Er erschliesst auf seiner ganzen Länge Gesteine der Quarten-Formation und des Doggers, welche zwei Faltenpaare bilden. Der vorderste Abschnitt verläuft in grünlichen, Pyrit führenden Tonschiefern der Quarten-Formation und des Doggers (Mols-Formation). Eingeschaltet sind Kalke der Basisschichten der Mols-Formation. Ab 50 m folgen eisenschüssige Sandsteine des Doggers (Bommerstein-Formation). Zwei mächtige Quarz-Calcitadern bei Meter 25 und Meter 53 deuten auf grössere Störungen auf den Verkehrtschenkeln der Falten hin.

In der Mittleren Grube wurden bis 30 cm lange Quarz-Kristalle gefunden (Bächtiger 1967). Von der gleichen Fundstelle stammt ein rötlicher, amethystfarbener Kristall, dessen Färbung auf feinsten Hämatit-Einschlüssen beruhen dürfte (Bächtiger 1967). Der Quarz wird von weissen, bis 1 cm grossen Rhomboedern aus Dolomit begleitet. Zusätzlich sind die Mineralien Calcit und Fluorit vertreten.

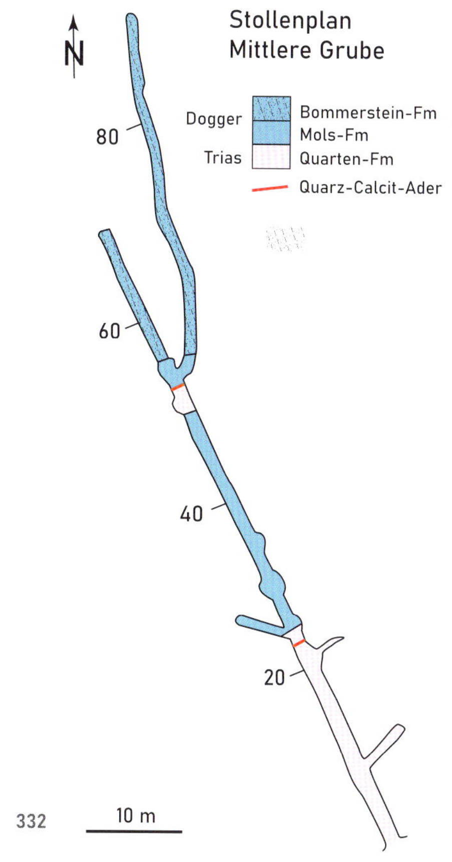

332 Stollenplan der Mittleren Grube im Gebiet Goldene Sonne.
Illustration: Nach Zographos (2018), ergänzt

333 Profilschnitt durch die Mittlere Grube im Gebiet Goldene Sonne.
Illustration: Nach Pfiffner (1972 a), überarbeitet

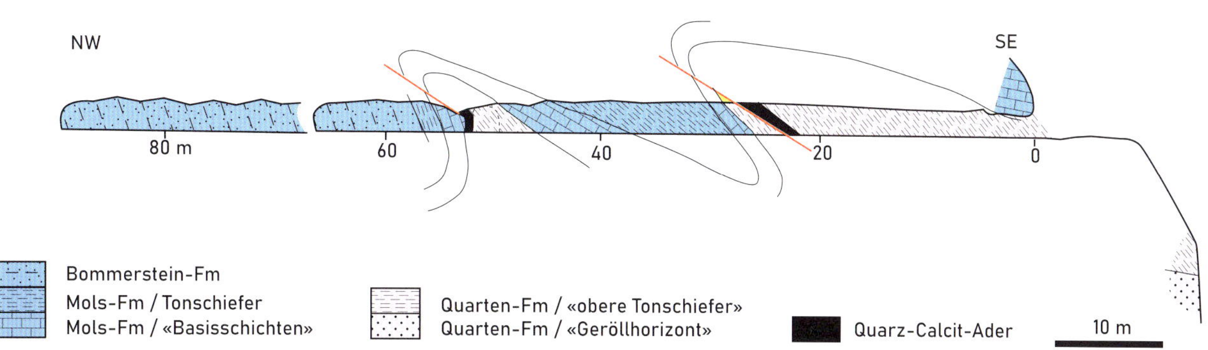

Fluorit findet sich auskristallisiert sowie auch in Form einige Zentimeter dicker Adern und ist farblos bis leicht violett gefärbt (Stalder et al. 1973). Fluorit erscheint sowohl als Würfel mit Rhombendodekaederflächen wie auch als Oktaeder mit treppenförmiger Mosaikstruktur (Bächtiger 1967). Die Fluoritkristalle enthalten fluide Einschlüsse mit CO_2-Gas und zerspringen, sobald sie erwärmt werden.

Das Nebengestein enthält feinkörnige Pyrit-Aggregate und zudem grosse Pyrit-Pentagondodekaeder, welche infolge tektonischer Beanspruchung oft gequetscht sind. Bächtiger (2000 a) erwähnt zudem Pseudomorphosen von Chlorit nach Arsenopyrit, wenig Fahlerz und Scheelit. Letzterer tritt in derben Körnern und auch vereinzelt zusammen mit Fluorit in kleinen honiggelben Kristallen in Nestern und schmalen Adern auf. Die Scheelit-Mineralisationen stehen in engem Kontakt mit Quarz-Karbonat-Adern (Zographos 2018). Zudem finden sich gelbliche, sinterartige Überzüge von millimetergrossen, nadeligen Gipskristallen.

Koordinaten: 2'752'482, 1'190'500, 1206 m ü. M.

Literatur: siehe Seite 202 (am Schluss des allgemeinen Abschnitts Goldene Sonne)

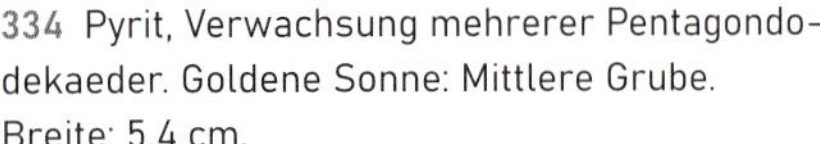

334 Pyrit, Verwachsung mehrerer Pentagondodekaeder. Goldene Sonne: Mittlere Grube. Breite: 5.4 cm.
Sammlung: Franco Isepponi
Foto: Thomas Schüpbach

335 Nadelige Gipskristalle. Goldene Sonne: Mittlere Grube. Breite: 5.5 cm.
Naturmuseum St. Gallen, Nr. M-2531
Foto: Thomas Schüpbach

336 Zwei im Gestein eingebettete Pyrit-Rhombendodekaeder. Nordöstlich der Mittleren Grube im Gebiet Goldene Sonne. Bildbreite: 6.5 cm.
Sammlung: Peter Kürsteiner, Nr. T2-209
Foto: Thomas Schüpbach

7.12 Goldene Sonne: nordöstlich der Mittleren Grube

Mineralien
Calcit, Dolomit, Fluorit, Muskovit, Pyrit, Quarz, Scheelit

Nordöstlich der Mittleren Grube, unterhalb des alten Bergwerks Goldene Sonne, finden sich in Sandsteinen und Tonschiefern der Quarten-Formation und des Doggers Klüfte und Drusen von mehreren Metern Mächtigkeit mit den Mineralien Quarz, Fluorit, Dolomit, Scheelit, Calcit, Pyrit und Muskovit.

Die mehrere Zentimeter grossen Quarze weisen zuweilen Dauphiné-Habitus auf, einige enthalten auch Einschlüsse von Muskovit sowie Phantombildung. Der Fluorit tritt in Kristallen bis 10 cm Grösse auf, ist teilweise aber auch nur in Spaltstücken erhalten. Das Mineral ist hell durchscheinend-weiss. Zuweilen weisen die Kristalle im Innern wenige Millimeter grosse, violette Farbflecken auf. Auch derbe, farblose Fluorit-Adern konnten beobachtet werden. Die Grösse der schmutzig-gelben Dolomit-Kristalle beträgt maximal 3 cm. Weisser Calcit kommt derb und in teilweise grossen Spaltrhomboedern vor. Unter kurzwelliger UV-Strahlung leuchtet er meist hell ziegelrot auf.

Weiter kommt gelber bis orange-brauner Scheelit vor. Im Frühling 1970 entdeckten die beiden Strahler Gottfried Rüdlinger und Walter Cabalzar und – unabhängig von ihnen – der Geologe Kurt Bächtiger neue Aufschlüsse mit offenen Klüften in den Sandsteinen und Tonschiefern der Quarten-Formation (Bächtiger et al. 1972). Dabei wurde ein derbes oder in tetragonalen Bipyramiden ausgebildetes Mineral gefunden. Röntgenografische Aufnahmen erbrachten den Nachweis, dass es sich dabei um das bisher im Calanda nicht bekannte Mineral Scheelit handelt. Untersuchungen mit der Elektronenmikrosonde zeigten zudem, dass es sich um reinen Scheelit mit einem Molybdängehalt von nur 0.03 Gewichtsprozent handelt (Bächtiger et al. 1972).

Der Scheelit ist oktaedrisch ausgebildet, mit zusätzlichen kleinen Flächen an der Spitze und mit Grössen bis zu 2 cm. Oft sind die Kristalle verzerrt und parallel verwachsen. Scheelit findet sich sowohl dem Quarz aufgewachsen als auch in Quarz oder Dolomit eingeschlossen. Zuweilen sind dem Scheelit auch Quarz oder Fluorit aufgelagert. Da und dort kommen zudem schmale, derbe Scheelit-Adern in Quarzbändern vor. Im Ultraviolettlicht erscheint das Mineral reinweiss; einzelne Körner sind mit einer gelblich-weissen Kruste überzogen. Nach Stalder et al. (1998) handelt es sich beim Scheelit-Vorkommen nicht um alpine Zerrkluft-Bildungen, sondern um hydrothermale Vererzungen.

Literatur: Bächtiger (1986, S. 2-14; 2000 a, S. 12), Bächtiger et al. (1972, S. 561-563), Cabalzar (1972, S. 368; 1977, S. 328-333), Stalder et al. (1998, S. 363), Stalder und Wenger (1988, S. 55-56)

7.13 Goldene Sonne: Umgebung

Mineralien
Apatit, Quarz, Rozenit, Siderit

Aus der Umgebung des Bergwerks Goldene Sonne stammen aus den Doggersedimenten überaus schöne Funde von Quarz, Siderit und Apatit. Die Hauptkluft ist versackt und weist eine Tiefe von gegen 8 m auf. Von der Hauptkluft gehen Fiederklüfte in das Nebengestein aus.

Vorherrschend ist Quarz. Dieser erscheint in der Normalform und ist häufig plattig, flach ausgebildet. Die Kristalle sind milchig-weiss und gegen die Spitzen hin zuweilen farblos-durchsichtig. Einzelkristalle sind bis 16 cm lang. Meist sind die Quarze als Kristallgruppen ausgebildet. Siderit erscheint als flachrhomboedrisch-linsenförmige Kristalle mit Grössen bis 1.5 cm. Er ist braun oxydiert und jeweils dem Muttergestein oder dem Quarz aufgewachsen. Weiter findet sich, allerdings nur selten, tafeliger Apatit. Die Kristalle sind bis 2 cm breit und helllila gefärbt.

Ebenfalls im Gebiet Goldene Sonne fand im Jahr 1980 der Strahler Ignaz Derungs an der Oberfläche eines Quarzbandes auf stark korrodierten Quarzen eine gelblich-weisse, feinkristalline, pulverige Masse, welche als Rozenit bestimmt wurde (Graeser et al. 1981). Es handelt sich dabei um einen Einzelfund, weitere Proben konnten nicht gesammelt werden.

Literatur: Graeser et al. (1981, S. 444), Isepponi (2018, S. 2-9)

337
339
338
340

341

337 Quarz-Stern. Umgebung Goldene Sonne. Breite: 9 cm.
Sammlung: Franco Isepponi
Foto: Thomas Schüpbach

338 Schwimmer-Stufe: Auf dieser Stufe sind rundherum zahlreiche Bergkristalle gewachsen. Umgebung Goldene Sonne. Breite: 12 cm.
Sammlung: Thomas Schüpbach
Foto: Thomas Schüpbach

339 Quarz-Stufe mit plattigem Kristall. Umgebung Goldene Sonne. Breite: 6.2 cm.
Sammlung: Thomas Schüpbach
Foto: Thomas Schüpbach

340 Quarz-Stufe mit vereinzelten aufgewachsenen Siderit-Kristallen. Umgebung Goldene Sonne. Breite: 24.5 cm.
Sammlung: Franco Isepponi
Foto: Thomas Schüpbach

341 Verwachsung flacher Quarze mit Siderit. Umgebung Goldene Sonne. Höhe: 9 cm.
Sammlung: Franco Isepponi
Foto: Thomas Schüpbach

342 Siderit und Quarz. Umgebung Goldene Sonne. Breite: 9.5 cm.
Sammlung: Franco Isepponi
Foto: Thomas Schüpbach

343 Rozenit als gelbe, erdige Massen auf korrodiertem Quarz. Umgebung Goldene Sonne. Fund: Ignaz Derungs. Bildbreite: 2 cm.
Naturhistorisches Museum Bern, Nr. B1619
Foto: Thomas Schüpbach

7.14 Buechwald

Mineralien
Fluorit, Quarz, Pyrit

Im Buechwald östlich Plattazüg gelangen Walter Cabalzar in Vulkaniten der Plattazüg-Formation schöne Mineralfunde. Vorherrschend ist Quarz. Dieser ist jeweils durchsichtig mit Kristalllängen bis 4 cm und weist teilweise einen leicht gelb gefärbten Überzug aus Eisenhydroxid auf. Den Quarz-Stufen sind als Oktaeder auskristallisierte, farblose Fluorite mit Höhen bis 1.5 cm aufgewachsen. Zudem kommen millimetergrosse, stark korrodierte Pyrit-Pentagondodekaeder vor.

7.15 Plattazüg

Mineralien
Adular, Albit, Apatit, Azurit, Calcit, Chalkopyrit, Chlorit, Dolomit, Dravit (Turmalin), Epidot, Hämatit, Malachit, Pyrit, Quarz (Blauquarz)

Im Gebiet Plattazüg gegenüber Domat/Ems finden sich in Spiliten der permischen Plattazüg-Formation Blauquarz enthaltende Zerrklüfte. Die Quarze stammen aus verschiedenen Hohlräumen eines mehr oder weniger horizontal verlaufenden Quarzbandes. Als Begleitmineralien kommen oft asbestförmiger Turmalin und zudem Albit und Chlorit vor. Hohlformen im Quarz weisen auf einstiges Vorkommen von tafeligem Calcit hin; dieser wurde jedoch in einer späteren Phase der Mineralbildung wieder weggelöst.

Die Quarze sind meist in Gruppen ausgebildet. Die Längen der einzelnen Kristalle variieren von wenigen mm bis zu 20 cm. Vorherrschend ist der prismatische Habitus. Die Kristalle zeigen oft Dauphiné-Habitus, Verzwillingung nach dem Brasilianer Gesetz, Parallelverwachsungen und Verzerrungen. Eine detaillierte Besprechung der Kristallformen der Blauquarze der Lokalität Plattazüg-Tschengels findet sich in Gross (1977). Neben den Blauquarzen in zarten, leicht milchigen, blauen Farbtönen (dunkelblaue Kristalle sind selten) finden sich auch farblos-durchscheinende und milchig-weisse Bergkristalle sowie solche mit blauen Flecken.

Beim reichlich vorkommenden, für die Blauquarze farbgebenden asbestförmigen Turmalin handelt es sich gemäss röntgenographischer Bestimmung um Dravit. Dieser kommt in feinfaseriger Form lose oder im Quarz eingeschlossen vor. Die blaue Farbe der Kristalle entsteht durch Streuung des Lichts an diesen Turmalin-Einschlüssen (Tyndall-Effekt). Nach Stalder (1967 a) bewirken die Einschlüsse Wachstumshemmungen an den Quarzkristallen. Eine ausführliche Beschreibung der Mineralien Quarz und besonders asbestförmigem Turmalin findet sich in Stalder (1966). Auch Dietrich et al. (1966) berichten von eigenen Untersuchungen von asbestförmigem Turmalin dieser Lokalität sowie vom Steinbruch Zarazass und vom Pipelinestollen Felsberg.

Das hier reichlich vorkommende Mineral Albit findet sich in der Form kleiner (1–5 mm grosser), tafeliger Kristalle, welche meist ein- bis dreimal nach dem Albitgesetz verzwillingt sind. Aufgrund des Tyndall-Effekts weisen auch die Albite zuweilen einen blauen Farbton auf. Chlorit kommt im Quarz eingeschlossen oder diesem aufgelagert vor. Cabalzar (1977, 1989) erwähnt zusätzlich Funde von skalenoedrisch ausgebildetem Calcit, Apatit, Chalkopyrit, sehr kleinen Epidot-Kristallen, Adular, Hämatit, Pyrit, Dolomit und sekundär gebildetem Malachit und Azurit.

Literatur: Audétat (1995, S. 27-29), Cabalzar (1977, S. 328-333; 1989, S. 231-237), Dietrich, de Quervain und Nissen (1966, S. 695-697), Gross (1977, S. 317-323), Offermann (1988, S. 80 und S. 87-88), Pfiffner (1972), Stalder (1966, S. 697-702; 1967a, S. 1-6), Stalder et al. (1973, S. 354-355), Stalder et al. (1998, S. 28, S. 330 und S. 470)

344 Quarz-Stufe mit aufgewachsenen Fluorit-Kristallen. Buechwald.
Fund: Walter Cabalzar, 1982. Breite: 8.8 cm.
Musée cantonal de géologie Lausanne, Nr. 094993
Foto: Thomas Schüpbach

345 Fluorit-Oktaeder auf kurzprismatischem Quarz. Detailaufnahme der Mineralstufe von Abbildung Nr. 344.
Breite Oktaeder: 1.4 cm.
Foto: Thomas Schüpbach

346 Blauquarz. Plattazüg.
Länge grosser Kristall: 5.7 cm.
Sammlung: Peter Kürsteiner, Nr. T4-551
Foto: Thomas Schüpbach

347 Blauquarz-Stufe. Plattazüg.
Breite: 9 cm.
Sammlung: Ignaz Derungs
Foto: Thomas Schüpbach

348 Blauquarz. Plattazüg.
Länge Doppelender: 5 cm.
Sammlung: Peter Kürsteiner, Nr. T4-552
Foto: Thomas Schüpbach

349 Blauquarz-Stufe. Plattazüg.
Breite: 3.2 cm.
Sammlung: Ignaz Derungs
Foto: Thomas Schüpbach

350 Asbestförmiger Turmalin (Dravit).
Plattazüg. Breite: 7.7 cm.
Sammlung: Peter Kürsteiner, Nr. T8-306
Foto: Thomas Schüpbach

351 Blauquarz-Stufe mit Fadenbildung.
Plattazüg. Fund: Ignaz Derungs. Breite: 3.6 cm.
Privatsammlung
Foto: Thomas Schüpbach

352 Aggregat aus rhomboedrischem Calcit.
Plattazüg. Breite: 6 cm.
Naturhistorisches Museum Bern, Nr. B3669
Foto: Thomas Schüpbach

353 Skalenoedrischer Calcit. Plattazüg.
Fund: Josef Brändle, um 1970. Bildbreite: 8.8 cm.
Naturhistorisches Museum Bern, Nr. A5904
Foto: Thomas Schüpbach

354

355

7.16 Taminser Grüebli

Mineralien
Aragonit, Calcit, Dolomit, Fahlerz, Fluorit, Pyrit, Quarz

Unterhalb des Silberegg befindet sich das Taminser Grüebli (auch Silbergrüebli genannt), in welchem zu früheren Zeiten Bergbau betrieben wurde. In den schiefrigen Sandsteinen des Doggers (Bommerstein-Formation) liegen ein Stollen sowie drei Schürflöcher. In diesen konnte Fahlerz, Fluorit und Pyrit sowie untergeordnet Quarz, Calcit, Aragonit und Dolomit gesammelt werden.

Aus einem historischen Fund dieser Lokalität stammt eine Calcit-Stufe mit der Bezeichnung «Kalkspat (Rhomboeder). Taminserstollen am Calanda. Steiger Oberföll 1859».

Stark zersetzter Pyrit findet sich in grossen Mengen im Calcit eines mehrere Meter mächtigen Quarz-Calcit-Ganges. Einzelkristalle sind bis 10 mm gross. Der Aragonit kommt in Form radialstrahlig angeordneter, spiessig-nadeliger Kristalle vor. Die Farbe ist weiss, die Kriställchen sind bis 6 mm lang. Zudem fand sich auch sinterartiger, traubiger Aragonit.

Koordinaten: 2'751'880, 1'190'425, ca. 1400 m ü. M.

Literatur: Audétat (1995, S. 37), Bächtiger (1980, S. 96), Cadisch (1939, S. 14), Stalder et al. (1973, S. 356), http://www.bergbau-gr.ch/wordpress/?page_id=473

7.17 Taminser Calanda, unterhalb Silberegg

Mineralien
Baryt, Dolomit, Fluorit, Limonit, Muskovit, Pyrit, Quarz

Am Südabhang des Calanda, unterhalb des Silberegg, konnten im Verlauf der Jahrzehnte wiederholt Klüfte mit beachtlichen Quarzfunden geöffnet werden. Diese Mineralfundstellen befinden sich in steilen Felswänden des Röti-Dolomits unweit des Taminser Grüebli. Die Klüfte liegen teilweise als Aus-

354 Sinterförmiger-traubiger Aragonit. Taminser Grüebli. Breite: 2.7 cm.
Naturmuseum St. Gallen, Nr. M-4429
Foto: Thomas Schüpbach

355 Spiessig-nadeliger Aragonit. Taminser Grüebli. Breite: 7.2 cm.
Naturmuseum St. Gallen, Nr. M-4430
Foto: Thomas Schüpbach

356 Milchig-weisser Calcit: rhomboedrisch ausgebildete Kristalle sind miteinander parallel verwachsen. Die Stufe trägt stellenweise einen feinen Pyritüberzug. Dabei die historische Etikette. Taminser Grüebli. Fund: Steiger Oberföll, 1859. Breite: 11 cm.
Bündner Naturmuseum, Nr. 1424
Foto: Thomas Schüpbach

357 Quarz-Stufe mit Dauphiné-Habitus und zweiter Quarz-Generation. Taminser Calanda. Breite: 5.5 cm.
Sammlung: Peter Kürsteiner, Nr. T4-233
Foto: Thomas Schüpbach

358 Quarz-Stufe. Taminser Calanda. Fund: Jack Jörimann, 1961. Breite: 45 cm.
Naturhistorisches Museum Bern, Nr. A2315
Foto: Thomas Schüpbach

359 Quarz-Doppelender mit Dauphiné-Flächen. Taminser Calanda. Längen: bis 8 cm.
Sammlung: Peter Kürsteiner, Nr. T4-113
Foto: Thomas Schüpbach

360 Quarz mit Dauphiné-Habitus. Taminser Calanda. Breite: 20.6 cm.
Sammlung: Franco Isepponi
Foto: Thomas Schüpbach

weitungen quarzführender Adern vor. Bei einigen der eingesehenen Mineralproben wird als Fundstelle Bleiswald angegeben.

Die Quarz-Kristalle sind äusserst vielfältig ausgebildet, durchwegs mit niedrig-symmetrischen Lamellen (sogenannte Bambauer-Quarze). Häufig sind Doppelender, Kristalle mit Dauphiné-Flächen sowie plattig verzerrte Individuen. Zuweilen sind die Rhomboederflächen sehr steil. Auch Kristalle mit Muzo-Habitus und solche nach dem Dauphinéer und/oder Brasilianer Gesetz verzwillingt kommen vor. Nicht selten ist einer ersten Kristallgeneration eine zweite Generation, bestehend aus kleinen Kristallen, aufgelagert. Verschiedene Quarze enthalten Gas- und Flüssigkeits-Einschlüsse. Die Quarzkristalle kommen in Längen bis 30 cm vor. Die Quarze sind durchwegs farblos, mit guter Transparenz und teilweise sehr schönem Oberflächenglanz.

359

360

361

Zuweilen sind die Kristalle von einer feinen, leicht irisierenden Limonit-Schicht überzogen.

Die Quarze werden zuweilen begleitet von Dolomit. Dieser ist rhomboedrisch-sattelförmig ausgebildet mit Kantenlängen bis 3.5 cm. Das Mineral ist mit einem $FeCO_3$-Anteil von 0.3 % chemisch auffallend rein (Weibel 1966 b). Die Farbe der Dolomit-Kristalle ist glänzend porzellanweiss oder gelbweiss-beige.

Als weitere Mineralart tritt Fluorit auf. Dieser ist jeweils dem Quarz aufgewachsen oder häufiger frei ausgebildet. Auch derbe Fluoritadern konnten beobachtet werden. Die Fluorite erscheinen als Kombinationen von Würfel und Rhombendodekaeder meist mit Breiten von 2–5 cm. Die grössten Spaltstücke erreichen Durchmesser von bis 7 cm. Zudem finden sich, allerdings nur selten, Deltoidikositetraeder-Formen. Die Würfelflächen weisen relativ grosse Ätzgrübchen auf, welche als negative tetragonale Pyramiden ausgebildet sind. Die Oberflächen zeigen zuweilen eine Treppenbildung und sind meist stark korrodiert. Die Fluorite sind farblos und aufgrund der angeätzten Flächen matt. Selten finden sich solche, bei denen kleine Partien einen hellvioletten Farbton aufweisen. Wegen gashaltiger, fluider Einschlüsse zerbrechen die Fluorite bei leichter Erwärmung gerne.

Baryt kommt in der Form dünner Tafeln sowie meist korrodiert vor. Die Baryte schneiden zuweilen die Spitzen von Quarzkristallen ab oder sind in deren Prismenflächen eingewachsen. Weiter konnten feinschuppiger Muskovit sowie Pyrit nachgewiesen werden (Stalder 1963).

Literatur: Bodenmann (2000, S. 111-118), Isepponi (2018, S. 2-9), Stalder (1963, S. 43-46), Stalder et al. (1973, S. 345), Stalder et al. (1998, S. 333), Weibel (1966 b, S. 43-47)

362

363

364

361 Quarz mit aufgewachsenem Dolomit. Taminser Calanda. Basis Breite: 7 cm.
Sammlung: Franco Iseponi
Foto: Thomas Schüpbach

362 Quarz mit aufgewachsenen Dolomit-Kristallen. Taminser Calanda.
Breite Basis: 8.3 cm.
Sammlung: Franco Iseponi
Foto: Thomas Schüpbach

363 Quarz-Stufe mit Dauphiné-Habitus. Taminser Calanda. Höhe: 9 cm.
Sammlung: Franco Iseponi
Foto: Thomas Schüpbach

364 Dolomit-Kristalle in sattelförmiger Ausbildung. Taminser Calanda.
Breite: 5.5 cm.
Sammlung: Peter Kürsteiner, Nr. T5-305
Foto: Thomas Schüpbach

365 Quarzaggregat auf farblos-mattem Fluorit. Taminser Calanda. Höhe: 6.2 cm.
Sammlung: Franco Isepponi
Foto: Thomas Schüpbach

366 Farbloser Fluorit mit erkennbaren Würfel- und Rhombendodekaeder-Flächen. Taminser Calanda. Breite: 6.5 cm.
Sammlung: Peter Kürsteiner, Nr. T3-105
Foto: Thomas Schüpbach

367 Fluorit. Taminser Calanda. Breite: 5.7 cm.
Sammlung: Christine Flück/Andreas Berger
Foto: Thomas Schüpbach

368 Fluorit, als Rhombendodekaeder mit zurücktretenden Würfelflächen auskristallisiert. Taminser Calanda. Höhe: 2.3 cm.
Sammlung: Christine Flück/Andreas Berger
Foto: Thomas Schüpbach

7.18 Crapnerstein bei Tamins

Mineralien
Azurit, Brochantit, Cerussit, Dolomit, Fahlerz, Fluorit, Hydrozinkit, Malachit, Quarz, Scheelit, Wulfenit

Der Crapnerstein besteht aus einer Reihe von versackten Aufschlüssen von Röti-Dolomit, welche sich nordöstlich von Tamins am Ostrand von Benis Boden befinden. Diese Aufschlüsse stellen die ehemalige westliche Fortsetzung der Röti-Dolomit-Wand unterhalb des Taminser Grüebli dar, welche um rund 300 Höhenmeter abgerutscht und dabei zerbrochen ist. «Crap» ist rätoromanisch für «Stein». Der Flurname Crapnerstein belegt, wie effizient die Germanisierung vonstattengehen kann ... Auf einer Probe vom Crapnerstein konnte nach Graeser et al. (1978) die Mineralart Brochantit nachgewiesen werden. Adrian Pfiffner konnte in diesen versackten Aufschlüssen von Röti-Dolomit würfelförmigen bis derben Fluorit finden.

Aus einem Fund von Walter Cabalzar stammen Proben von Fahlerz, Azurit, Malachit, Quarz und Dolomit (Naturhistorisches Museum Bern, Nr. B4246). Vom selben Strahler finden sich im Musée cantonal de géologie Lausanne unter anderem Proben mit Scheelit, welcher in derben Quarz eingewachsen ist, und von Hydrozinkit als weisse, kugelige Überzüge auf Malachit. Christian Wellinger fand zudem Cerussit (Naturhistorisches Museum Bern, Nr. A7644) und porzellanweissen Dolomit (Naturhistorisches Museum Bern, Nr. A7646).

Literatur: Graeser et al. (1978, S. 446)

369 Fluorit mit farblosen und hellvioletten Partien. Taminser Calanda. Breite: 2.7 cm.
Erdwissenschaftliche Sammlungen der Eidgenössischen Technischen Hochschule Zürich, ohne Nummer
Foto: Thomas Schüpbach

370 Dunkelgrüner Brochantit, grüner Malachit und Tetraedrit. Crapnerstein. Fund: Walter Cabalzar, 1972. Bildbreite: 0.8 cm.
Naturhistorisches Museum Bern, Nr. B228
Foto: Thomas Schüpbach

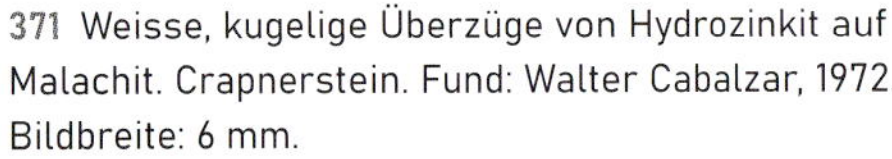

371 Weisse, kugelige Überzüge von Hydrozinkit auf Malachit. Crapnerstein. Fund: Walter Cabalzar, 1972. Bildbreite: 6 mm.
Musée cantonal de géologie Lausanne, Nr. 094994
Foto: Thomas Schüpbach

372 Porzellanweisser Dolomit mit parkettierten Flächen. Crapnerstein. Fund: Christian Wellinger. Breite: 4.4 cm.
Naturhistorisches Museum Bern, Nr. A7646
Foto: Thomas Schüpbach

373 Quarz-Stufe. Taminserköpfli. Breite: 6 cm.
Naturhistorisches Museum Basel, Nr. 31076
Foto: Thomas Schüpbach

374 Messinggelbe, kugelige Aggregate aus Pyrit. Taminserköpfli. Breite: 6.7 cm.
Naturhistorisches Museum Basel, Nr. 31480
Foto: Thomas Schüpbach

375

376

377

7.19 Taminserköpfli

Mineralien
Pyrit, Quarz

In der Sammlung des Naturhistorischen Museums Basel finden sich unter der Fundortbezeichnung Taminserköpfli Stufen mit farblosem Quarz, deren Kristalle Längen von 3 cm erreichen. Der Quarz ist im Muzo-Habitus ausgebildet, bei dem sich die Kristalle gegen die Spitze hin verjüngen. Zudem treten im Gestein eingeschlossene, bis 2.5 cm grosse Pyrit-Kugeln auf, deren Oberfläche aus parkettierten, hervorstehenden Oktaedern gebildet wird.

Das Taminserköpfli ist auf der Landeskarte 1:25 000 nicht eingetragen, weshalb die genaue Lage der Fundstelle nicht bekannt ist. Die Fundstelle ist daher auf den Karten der Abb. 257 und Abb. 258 nicht eingezeichnet.

7.20 Lawoitobel

Mineralien
Dolomit, Galenit, Quarz, Schwefel

Aus dem Lawoitobel nordöstlich von Tamins stammen farblose bis weisse Quarze mit Kristalllängen bis 10 cm. Diese sind in der Normalform ausgebildet

375 Rhomboedrisch ausgebildeter Dolomit. Lawoitobel. Breite: 2 cm.
Sammlung: Franco Isepponi
Foto: Thomas Schüpbach

376 Metallisch glänzender Galenit in derbem Gangquarz. Lawoitobel. Länge Galenit: 1.8 cm.
Bündner Naturmuseum, Nr. 2293
Foto: Thomas Schüpbach

377 Quarz-Doppelender mit weissen Einschlussbahnen. Lawoitobel. Länge: 5 cm.
Sammlung: Peter Kürsteiner, Nr. T4-195
Foto: Thomas Schüpbach

378 Gelber Schwefel mit farblosem Calcit und Quarz. Lawoitobel. Fund: Walter Cabalzar, 1978. Bildbreite: 1.8 cm.
Musée cantonal de géologie Lausanne, Nr. 094995
Foto: Thomas Schüpbach

379 Plattiger Fadenquarz mit Pyrit-Einschlüssen unter den Rhomboederflächen. Val Maliens. Fund: Jakob Stieger, 1970. Höhe: 6.3 cm.
Naturhistorisches Museum Bern, Nr. A5924
Foto: Thomas Schüpbach

380 Sattelförmig gekrümmte Aggregate aus Siderit sowie einzelne Quarze. Val Maliens. Fund: Walter Cabalzar, 1973. Breite: 5.2 cm.
Musée cantonal de géologie Lausanne, Nr. 094996
Foto: Thomas Schüpbach

381 Mineralstufe mit Quarz, Apatit und Siderit. Val Maliens. Breite: 6.7 cm.
Bündner Naturmuseum, Nr. 2537
Foto: Thomas Schüpbach

382 Blassvioletter Apatit neben Quarz und bräunlich oxidiertem Siderit. Detailaufnahme der Mineralstufe von Abbildung Nr. 381. Breite Apatit: 2 cm.
Foto: Thomas Schüpbach

und weisen häufig Dauphiné-Flächen auf. Auch Doppelender konnten gesammelt werden. Die Fundstelle liegt im Röti-Dolomit nahe der Grenze zu den permischen Spiliten der Plattazüg-Formation.

Nahe dem Bach fand Franco Isepponi eine Kluft mit bis 2 cm langen, farblosen Quärzchen, die durchwegs als Nadelquarz ausgebildet sind. Dauphiné-Flächen kommen vor. Zusammen mit dem Quarz treten zahlreiche, gelblich-beige Dolomit-Kristalle mit Kantenlängen bis 1.2 cm auf. Diese sind rhomboedrisch und leicht sattelförmig auskristallisiert.

Ebenfalls aus dem Lawoitobel stammen im Bündner Naturmuseum aufbewahrte Proben von metallisch glänzendem Galenit, eingeschlossen in derbem Gangquarz. Gemäss zwei alten Etiketten befindet sich die Fundstelle am Gebirgsrücken im Osten des Lawoitobels.

Im Musée cantonal de géologie Lausanne finden sich Stufen mit gelbem Schwefel, welcher aus einem Sturzblock im Bereich der Hauptstrasse stammt.

7.21 Val Maliens

Mineralien
Apatit, Pyrit, Quarz, Siderit

Im Val Maliens konnten von E. Wilhelm und auch von anderen Strahlern farblose bis milchige Quarz-Stufen und Einzelkristalle gesammelt werden. Die Kristalle sind bis 3 cm lang. Die Quarze werden begleitet von kleinen Pyrit-Pentagondodekaedern und Limonit (Stalder et al. 1973). Auch andere Strahler machten in späteren Jahren in Gesteinen des Doggers ähnliche Funde. In einer Kluft wurden vorwiegend Doppelender bis 8 cm Länge gefunden.

Neuere Funde wurden von Werner Casty im oberen Quinten-Kalk bei Mutta Sut getätigt, von welchen Belegmaterial in der Sammlung des Bündner Naturmuseums aufbewahrt wird. Es handelt sich dabei ebenfalls um farblose oder weiss getrübte Quarzkristalle, welche Grössen von gegen 11 cm erreichen und oft plattig oder als Fadenquarz ausgebildet zusammen mit Siderit auftreten. Der Siderit ist bräunlich oxidiert und erscheint in der Form flacher, bis 1 cm breiter, sattelförmig gekrümmter Aggregate. Winzige, goldglänzende Pyrit-Pentagondodekaeder sind oft den Rhomboeder-Flächen der Quarzkristalle aufgelagert oder in den Kristallen eingeschlossen.

In der Sammlung des Bündner Naturmuseums findet sich, mit der Fundortangabe Val Maliens, eine Stufe mit der Paragenese Quarz, Apatit und Pyrit. Der Quarz ist häufig plattig ausgebildet, transparent und weist Kristalllängen bis 2.8 cm auf. Die Apatit-Kristalle sind tafelig ausgebildet und blassviolett. Die einzelnen Kristalle sind maximal 1 cm gross. Der Pyrit kommt in der Form kleiner Würfel vor und ist an der Oberfläche oxidiert.

Literatur: Stalder et al. (1973, S. 346)

7.22 Maliens

Mineralien
Azurit, Calcit, Dolomit, Fahlerz, Fluorit, Galenit, Malachit, Quarz

Aus dem Röti-Dolomit nahe bei Maliens stammen Funde von Dolomit, Quarz, Calcit und untergeordnet Fluorit. Die Dolomit-Kristalle sind porzellanweiss und sattelförmig ausgebildet. Die Aggregate sind bis 10 cm breit. Die Quarz-Kristalle sind farblos mit Längen bis 7 cm und bilden zuweilen schöne Gruppen. Diese sind vereinzelt von farblosen, feinen Calcit-Kristallen überzogen. Der Fluorit erscheint in farblosen, bis 5 cm grossen Kristallen sowie als derbe Gangfüllung. Zudem finden sich in derben Fluorit-Gängen Fahlerz, Galenit sowie die Kupfer-Sekundärmineralien Azurit und Malachit.

An einer weiteren Lokalität, und zwar im unteren Quinten-Kalk, konnte in einem kleinen, schmalen Kluftsystem die Mineralparagenese Fluorit, Quarz und untergeordnet Calcit gesammelt werden. Dort treten hellgrüne, lichtdurchscheinende Fluorite besonders hervor. Es handelt sich beim Fluorit um Aggregate, die aus Einzelkristallen mit kompliziert zusammengesetzten Flächen aufgebaut sind. Die Aggregate sind bis 4 cm breit, die Einzelkristalle messen bis 1.5 cm. Fluorit-Kristalle finden sich an den Kluftwänden und auch abgelöst im Klufthohlraum.

Der Fluorit trägt mehrheitlich einen feinen Überzug bestehend aus farblosen bis weissen, idiomorphen winzigen Quarz-Kriställchen. Calcit findet sich als fein ausgebildete, farblose Kristalle im Kluft-Hohlraum sowie in derber Form als Füllung schmaler Risse des Kluft-Nebengesteins.

383 Dolomit mit Quarz. Maliens. Breite: 6 cm.
Sammlung: Richard Meyer
Foto: Thomas Schüpbach

384 Quarz Stufe mit aufgelagerten Calcit-Kristallen. Maliens. Breite: 7.5 cm.
Privatsammlung
Foto: Thomas Schüpbach

385 Fluorit-Aggregat mit parkettierter Oberfläche und mit Überzug von fein ausgebildetem Quarz. Maliens. Breite: 1.5 cm.
Sammlung: Richard Meyer
Foto: Remo Zanelli

8 | Unterste Surselva GR

Surselva ist die Region längs des Vorderrheins, vom waldbedeckten Trümmerstrom des Flimser Bergsturzes flussaufwärts (Surselva ist rätoromanisch und bedeutet «ob dem Wald»). Die Fundregion «Unterste Surselva» umfasst das Gebiet zwischen Vorab und Hausstock, welches durch den Panixerpass/Pass dil Veptga geprägt ist. Ausgangspunkte dieses Passes sind von Süden her Rueun-Pigniu/Panix und von Norden her Elm-Wichlenberg.

Den Panixerpass bringt man rasch in Verbindung mit dem russischen General Suworow. Dieser durchquerte die Schweiz im Herbst 1799 mit einem Heer von 20000 Mann. Der Feldzug war als Hilfeleistung an die Armee der Österreicher geplant, um die Franzosen aus der besetzten Schweiz zu vertreiben. Suworow zog mit seiner Armee am 15. September in Taverne im Tessin los, überquerte den Gotthardpass, schlug die Franzosen an der Teufelsbrücke zurück, überquerte dann den Passübergang Chinzig sowie anschliessend den Pragelpass und schlug sich dann in zwei Schlachten mit den Franzosen bei Glarus. Von dort aus zog er – nachdem er von der Niederlage der Österreicher erfahren hatte – weiter Richtung Elm und überquerte mit seiner Armee am 6. Oktober den schneebedeckten Panixerpass. Anschliessend zog er über Chur nach Lindau, welches er am 16. Oktober erreichte. Auf diesem Gewaltsmarsch wurde die Armee arg dezimiert. Für die Bewohner war der Durchmarsch mit vielen Unannehmlichkeiten verbunden, denn es wurde für Mensch und Tier Nahrung beziehungsweise Futter geplündert.

Der geologische Bau der untersten Surselva umfasst das Ober- wie auch das Unterhelvetikum und ist sehr komplex. Eine tiefgreifende Nord-Nordwest-Süd-Südost verlaufende Störung quert das Gebiet am Panixerpass und trennt zwei unterschiedliche tektonische Baustile. Das Oberhelvetikum ist im südlichen und östlichen Teil aufgeschlossen und

386 Blick nach Norden quer über die Talung des Vorderrheins. Am Flimserstein (Bildmitte) sind die Abrisskanten des Flimser Bergsturzes zu erkennen. Die bewaldete Landschaft beidseits der Ruinaulta, der durch den Vorderrhein angelegten Schlucht, liegt auf den Trümmermassen des Bergsturzes. Rechts des Flimsersteins das Massiv des Ringelspitz und ganz rechts der Calanda. Links im Bild die Vorabkette.
Foto: Ruedi Homberger

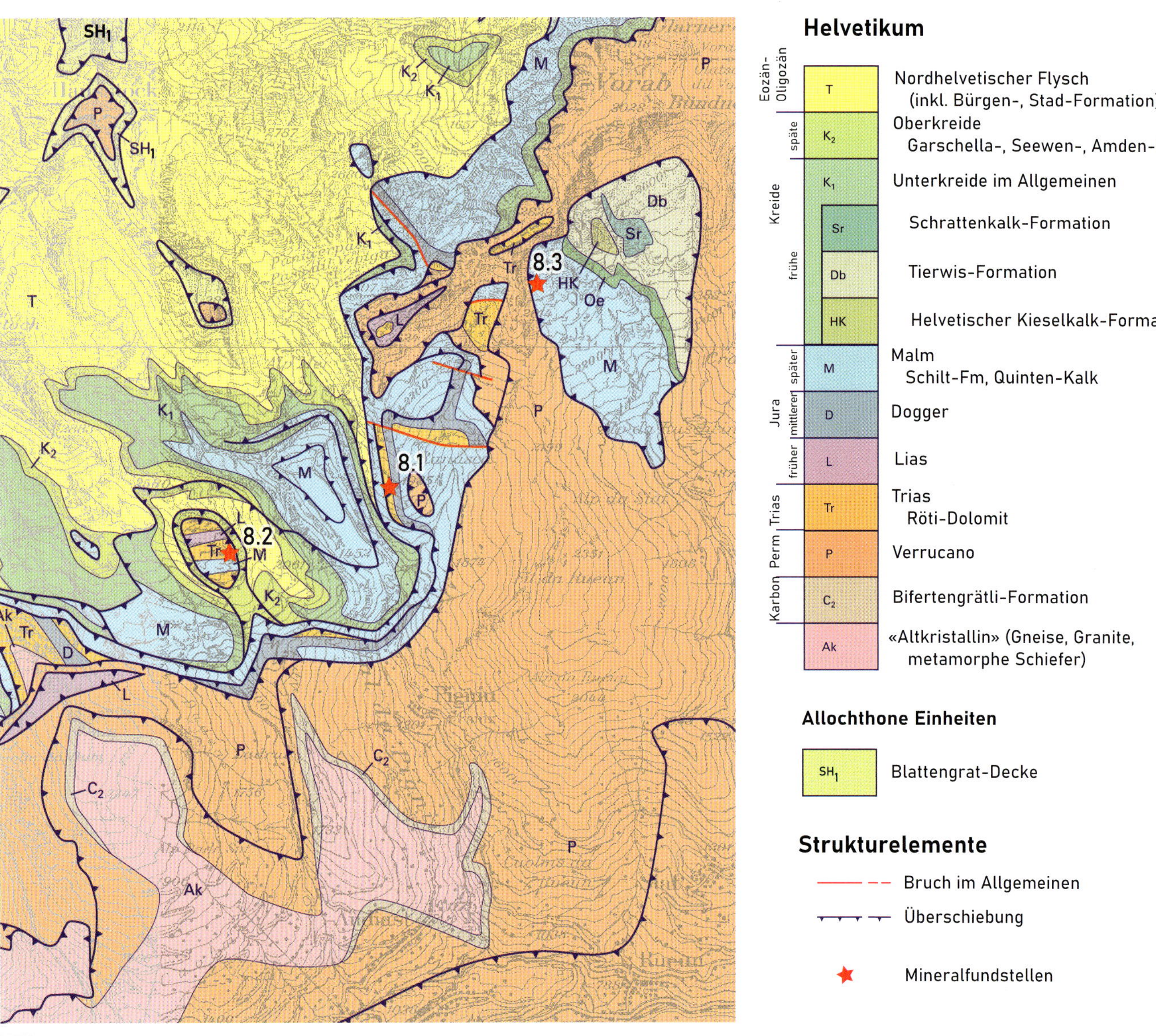

387

Mineralfundstellen

8.1 Tgaus la Crusch, Alp Ranasca

8.2 Crap Surtscheins

8.3 Alp da Bovs, Alp Ranasca

387 Geologische Karte der untersten Surselva, mit eingezeichneten Fundstellen.
Illustration: Nach Pfiffner et al. (2010), vereinfacht und ergänzt

besteht hauptsächlich aus permischen Gesteinen des Verrucano, die aber in direktem Kontakt mit Karbonsedimenten und Altkristallin stehen. Das Unterhelvetikum besteht aus mehreren grösseren und kleineren Einheiten mit einer Vielfalt von unterschiedlichsten Gesteinseinheiten. Westlich des Panixerpasses sind Altkristallin, Trias, Lias, Dogger, Malm und Kreide beteiligt, östlich des Panixerpasses lediglich Jura- und Kreidekalke. Aber im Nordwesten des Gebietes sind mächtige Flyschabfolgen vorhanden, welche von zwei kleinen Verrucano-Klippen überlagert sind; die grössere davon bildet die Gipfelpartie des Hausstocks.

Alle drei Mineralfundstellen liegen nahe der Glarner Hauptüberschiebung, die den Kontakt zwischen Unterhelvetikum und Oberhelvetikum bildet.

8.1 Tgaus la Crusch, Alp Ranasca

Mineralien
Azurit, Calcit, Malachit, Oxyplumboroméit, Quarz, Tennantit/Tetraedrit

Westlich der Alp Ranasca befindet sich unterhalb Tgaus la Crusch eine alte Erzgrube, welche im Röti-Dolomit (Unterhelvetikum) angelegt wurde. Friedländer (1930) berichtet, dass deren genaue Lage in Vergessenheit geraten sei. Die Vererzung besteht aus Tennantit/Tetraedrit und Oxyplumboroméit. Begleitmineralien sind Quarz, Calcit, Malachit und Azurit. Im gleichen Gebiet stehen bis 1 m breite, steilverlaufende Quarzgänge an, welche neben faustgrossen Einschlüssen von Fahlerz zentimetergrosse Bergkristalle enthalten (Wyssling 1950).

Koordinaten: 2'727'500, 1'188'200, 1900 m ü. M.

Literatur: Friedländer (1930, S. 67), Wyssling (1950, S. 77), Rohstoffinformationssystem Schweiz (RIS): www.map.georessourcen.ethz.ch

388 Blick nach Norden in den Kessel der Alp Ranasca (Alp da Vadials). Rechts der Crap Ner. Der Felskessel links der Mitte besteht aus Quinten-Kalk, die Felsen über diesem aus Verrucano.
Foto: Peter Kürsteiner

389 Blick nach Norden in den Kessel der Alp da Bovs. Rechts im Hintergrund die Crena Martin. Die grauen Kalke im Kessel (Bildmitte) bestehen aus Quinten-Kalk; links werden sie von ockerfarbenem Röti-Dolomit überlagert. Die Felsen rundherum werden aus Verrucano gebildet.
Foto: Peter Kürsteiner

8.2 Crap Surtscheins

Mineralien
Calcit, Fahlerz, Quarz

Das Dach des Crap Surtscheins besteht aus einer verschuppten Serie von Trias-, Lias und Malmgesteinen, welche als Platte auf eine dünne Schicht von Kreidekalken aufgeschoben ist. Südöstlich von Crap Surtscheins befindet sich am Fuss der Felspartien ein alter Stollen, welcher im Röti-Dolomit vorgetrieben wurde und heute noch auf einer Länge von circa 40 m begehbar ist. Es handelt sich um ein kleines Vorkommen von Fahlerz (Friedländer 1930). Als Gangart sind Quarz und Calcit vorhanden.

Im Musée cantonal de géologie Lausanne finden sich mehrere Quarze, welche vor Jahren Walter Cabalzar gefunden hatte. Es handelt sich um farblose, formenreiche Kristalle, teilweise mit Ausbildungen im Muzo-Habitus und mit Dauphiné-Flächen; auch Doppelender kommen gehäuft vor.

Koordinaten: 2'725'700, 1'187'510, 2260 m ü. M.

Literatur: Friedländer (1930, S. 67), Kündig und de Quervain (1953, S. 133), Rohstoffinformationssystem Schweiz (RIS): www.map.georessourcen.ethz.ch

390 Die Fluorit-Fundstelle Alp da Bovs liegt an einem Bruch. Im Vordergrund ist eine von Fluiden imprägnierte, beigefarbene, etwa 1 m breite Zone zu sehen, welche beidseits von hellen Kalken (Quinten-Kalk) begrenzt ist. Die Bruchzone zieht unter dem Hangschutt weiter Richtung Horizont, angedeutet durch ein Schuttband im grünlichen Verrucano. Längs dieses Bruches konnten Fluide zirkulieren, aus welchen der Fluorit ausgeschieden wurde.
Foto: Bruno Knechtle

391 Hohlraum im hydrothermal stark veränderten Quarzit mit losen und an den Kluftwänden aufgewachsenen Fluoritkristallen.
Foto: Richard Meyer

392 Fluorit-Stufe. Alp da Bovs, Alp Ranasca. Breite: 13.5 cm.
Sammlung: Peter Kürsteiner, Nr. T3-104
Foto: Thomas Schüpbach

8.3 Alp da Bovs, Alp Ranasca

Mineralien
Fluorit

Die Fundstelle befindet sich östlich des Panixerpasses auf der Alp da Bovs am Kontakt zwischen Verrucano (Oberhelvetikum) und Malm (Unterhelvetikum). Hier wurde seit den 1970er-Jahren immer wieder nach Fluorit gegraben. Die fluoritführende Zone befindet sich in dieser Kontaktzone. Das Nebengestein besteht aus Quarzit und ist stellenweise hydrothermal ausgelaugt. Das Gestein ist von überaus vielen Fluorit-Adern durchzogen. Bei schmalen Ausweitungen der Risse kommt das Mineral auskristallisiert vor. Es handelt sich dabei durchwegs um Würfel mit Kantenlängen meist von 4–12 mm und selten von bis 20 mm. Die Farbe der Fluorite ist in der Regel grünlichblau; selten kommen auch fast farblose und weisse Kristalle vor. Unter UV-Licht fluoresziert der Fluorit blauviolett. In kleinen Hohlräumen ist das Nebengestein von einem Rasen aus winzigen Quarzen bedeckt.

Literatur: Stalder et al. (1973, S. 351), Stalder et al. (1998, S. 167), Wyssling (1950, S. 37)

393 Würfelförmige Fluorit-Kristalle. Alp da Bovs, Alp Ranasca. Breite: 10 cm.
Sammlung: Peter Kürsteiner, Nr. T3-104
Foto: Thomas Schüpbach

394 Fluorit in blauem Farbton. Alp da Bovs, Alp Ranasca. Breite: 9 cm.
Sammlung: Richard Meyer
Foto: Thomas Schüpbach

9 Sernftal und Niderental GL

Das Sernftal windet sich bananenförmig von Wichlen über Elm nach Schwanden. Mehrere Zuflüsse haben enge Täler mit steilen Flanken verursacht. Beispiele sind das Üblital und das Chrauchtal sowie die Schluchten des Raminbachs und des Tschinglenbachs. Das Sernftal ist von zwei Bergketten begrenzt, deren Gipfel beachtliche Höhen aufweisen. Dazu zählen die Dreitausender Hausstock, Vorab, Piz Segnas und Piz Sardona sowie mehrere Gipfel, die rund 2500 m hoch sind: Chärpf und Charenstock im Westen, Foostock, Gulderstock und Gufelstock im Osten. Das Niderental verläuft Nord-Süd und liegt im Zentrum der Krümmung des Sernftals. Der Niderenbach mündet bei Schwanden in den Sernf.

Das Sernftal ist in die Sandstein-Tonstein-Abfolge des Nordhelvetischen Flyschs eingeschnitten. Diese Gesteine sind besonders anfällig für den Abtrag durch Bäche und Flüsse. Dasselbe gilt für die mehr mergeligen Gesteinsabfolgen der Blattengrat-Decke, welche über dem Nordhelvetischen Flysch aufgeschoben liegt, sowie die noch höhere Sardona-Decke, welche aus Kalken, Mergeln und Quarzsandsteinen besteht. Diese drei Einheiten gehören zum Unterhelvetikum und werden oben durch die Glarner Hauptüberschiebung abgeschnitten. Über dieser Überschiebung folgen permische Sedimente und Vulkanite des Verrucano, welche die Gipfelpartien der beidseitigen Bergketten aufbauen. Im Verrucano sind Brekzien zu erwähnen, die man als Sernifit bezeichnet und die von den Gletschern der letzten Eiszeit als Findlinge weit ins Mittelland verfrachtet wurden. Vulkanische Gesteine im Verrucano sind hauptsächlich am Chärpf verbreitet.

Die Glarner Hauptüberschiebung – und somit die Untergrenze des Verrucano – neigt sich nach Norden und quert das Sernftal kurz nach Engi. Somit bestehen beide Hänge des Tals bis nach Schwanden aus Verrucano. An der Lochsite, einem berühmten und als Geotop geschützten Aufschluss, kann der Kontakt zwischen Nordhelvetischem Flysch und Verrucano direkt beobachtet werden. Hier sieht man auch den Lochsiten-Kalk zwischen diesen Einheiten.

Im Niderental ist in den Talachsen an drei Stellen der Nordhelvetische Flysch fensterartig entblösst. Sämtliche Mineralfundstellen im Niderental und auch jene am Sunnenhöreli liegen im Verrucano (Oberhelvetikum). Die Fundstellen im Süden des Sernftals hingegen sind im Unterhelvetikum gelegen, Steinibach, Walenbrugg und Leiterberg im Nordhelvetischen Flysch und die Vorkommen Piz Segnas-Mörderhorn-Zwölfihorn in der Sardona-Decke.

9.1 Sunnenhöreli

Mineralien
Meta-Autunit

Stalder et al. (1998) erwähnen vom Sunnenhöreli (Sonnenhorn), ost-nordöstlich Engi, Glarus Süd, ein Uranvorkommen, in welchem Meta-Autunit auftritt. Die Fundstelle liegt im Verrucano.

Literatur: Stalder et al. (1998, S. 272)

Mineralfundstellen

- 9.1 Sunnenhöreli
- 9.2 Piz Segnas-Mörderhorn-Zwölfihorn
- 9.3 Steinibach
- 9.4 Walenbrugg
- 9.5 Leiterberg
- 9.6 Chli Chärpf
- 9.7 Gross Chärpf
- 9.8 Bützistock
- 9.9 Sunnenberg
- 9.10 Matzlen
- 9.11 Gandstock

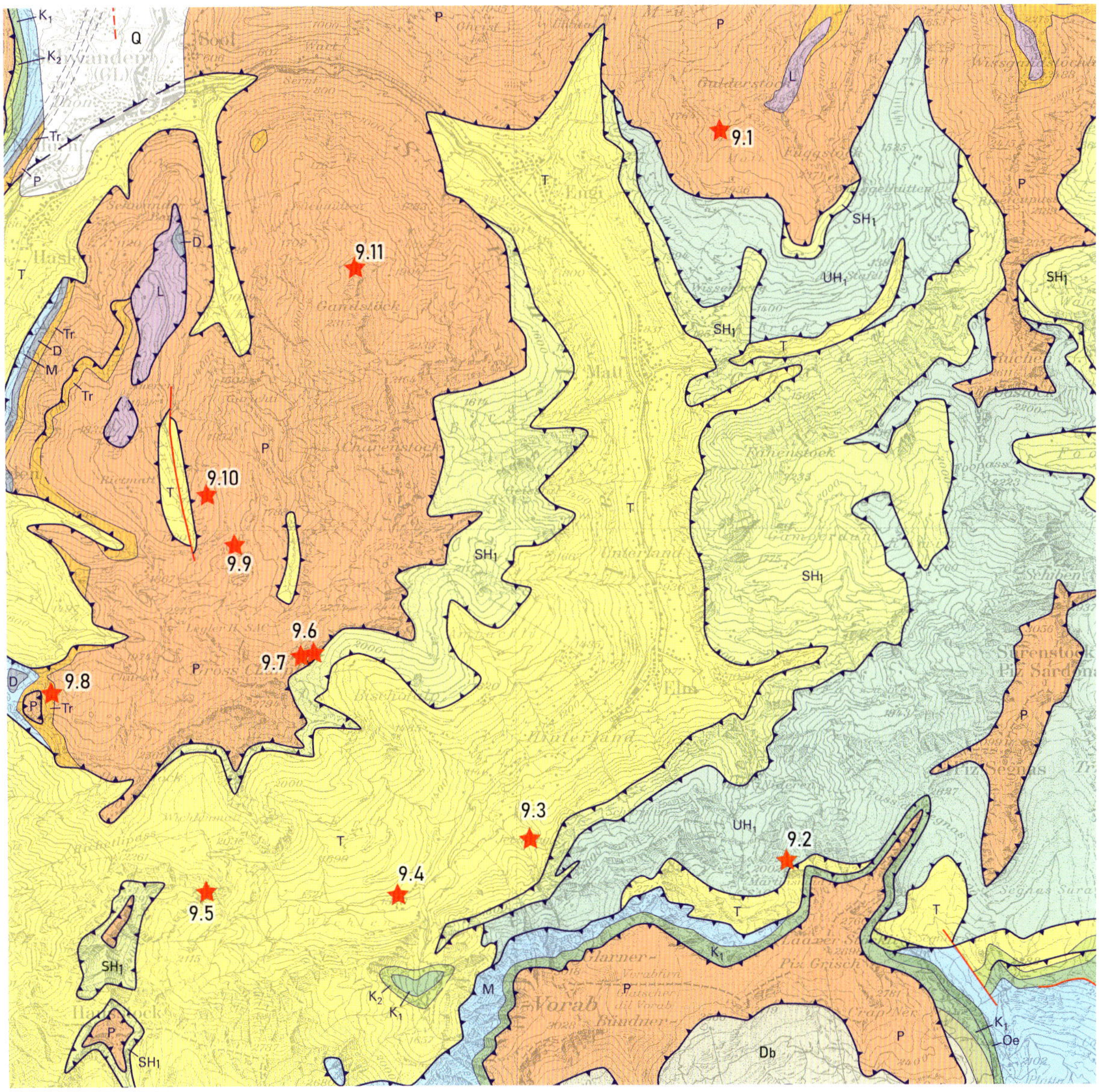

395

Helvetikum

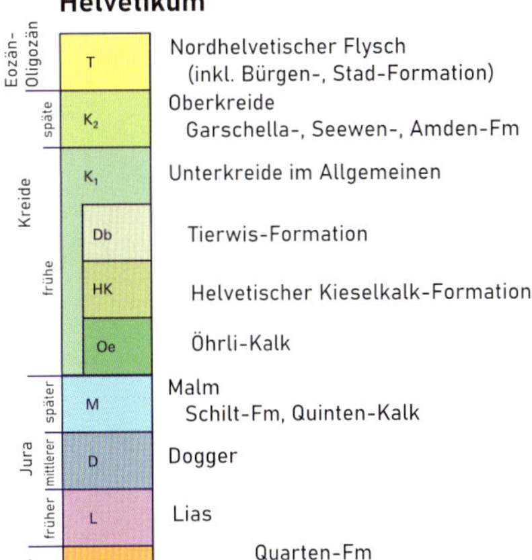

Allochthone Einheiten

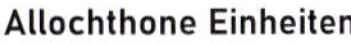

UH1 Sardona-Decke

SH1 Blattengrat-Decke

Quartäre Füllung der Haupttäler

Q Fluviale Schotter, Bachschuttkegel, Hangschutt

Strukturelemente

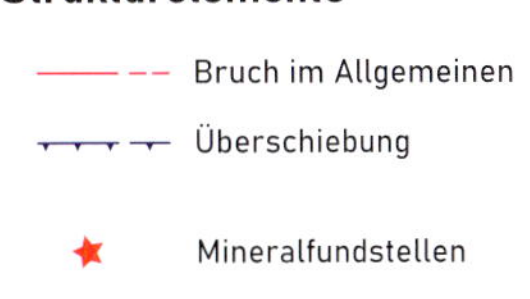

395 Geologische Karte des Sernftals und des Niderentals mit eingezeichneten Fundstellen.
Illustration: Nach Pfiffner et al. (2010), vereinfacht und ergänzt

396 Blick nach Südosten über das Sernftal. Die imposante Kulisse im Mittelgrund zeigt von links nach rechts Foostock/Ruchen, Piz Sardona, Piz Segnas, Tschingelhörner und Laaxer Stöckli/Piz Grisch. Die horizontale «magische Linie» der Glarner Hauptüberschiebung ist unter dem Piz Sardona und unter den Tschingelhörnern besonders gut erkennbar. Im Hintergrund von links nach rechts Pizol (mit der «magischen Linie»), Haldensteiner Calanda und Ringelspitz.
Foto: Ruedi Homberger

397 Blick nach Nord-Nordosten auf den Gross Chärpf. Im Mittelgrund die Kette mit Blistock (rechts) und Chamerstock-Gandstock (links), im Hintergrund die Kette mit Spitzmeilen (rechts), Magerrain, Bützistock (links), zuhinterst links der Alpstein.
Foto: Adrian Pfiffner

9.2 Piz Segnas-Mörderhorn-Zwölfihorn

Mineralien
Baryt, Chlorit, Quarz

Im Gebiet Piz Segnas-Mörderhorn-Zwölfihorn südlich Elm sind Quarzite aus der Sardona-Decke aufgeschlossen, in welchen sich verschiedene Mineralklüfte befinden. Es handelt sich beim Sardona-Quarzit um einen wandbildenden, grobkörnigen und weissen Quarzsandstein. Die Mineralklüfte verlaufen im Felsen jeweils horizontal, senkrecht zur vertikalen Schichtung des Gesteins. Gegen oben sind die Klüfte da und dort durch dünne Lagen von Tonschiefern begrenzt.

Bei den Klüften kann es sich um schmale Spaltenausweitungen von wenigen Zentimetern oder Dezimetern handeln, nicht selten finden sich aber auch Klüfte die ein oder gar mehrere Meter breit sind. Auch sogenannte «Fieder-Klüfte», nebeneinander parallel angeordnete Klüfte, sind da und dort zu beobachten. Zwei relativ grosse Kluftsysteme in der Umgebung des Piz Segnas mit Längen von je 13 m beschreiben Wolf und Walter (2006). Es handelt sich bei diesen aber nicht um eigentliche Grossklüfte, sondern um eine grössere Anzahl nebeneinanderliegender «Taschen», also Ausweitungen im Gestein und in der Quarzader.

Bei den Klüften sind die Wände meist vollständig mit Quarz überzogen. Die Hohlräume sind jeweils ganz gefüllt mit dicht ineinanderliegenden, flachen Quarzplättchen und -stufen. Diese wurden einst von den Kluftwänden abgelöst und wuchsen in der Minerallösung weiter. Dadurch entstanden nicht selten rundherum auskristallisierte, rundliche Quarz-Igel. Einzelkristalle sind im ganzen Gebiet nur selten anzutreffen.

398 Blick nach Nordosten über das Sernftal ins Nebental Mülibach. Zu erkennen sind unten rechts der Weiler Engi, am Horizont der Spitzmeilen als dunkle Spitze, gegen links der Magerrain und gegen rechts der Gulderstock.
Foto: Ruedi Homberger

399 Blick nach Süden auf das Niderental mit der Gipfelpartie des Chärpf. Die beiden Ebenen im Tal sind die Alp Matt (vorne) und die Niderenalp (Mitte).
Foto: Ruedi Homberger

400

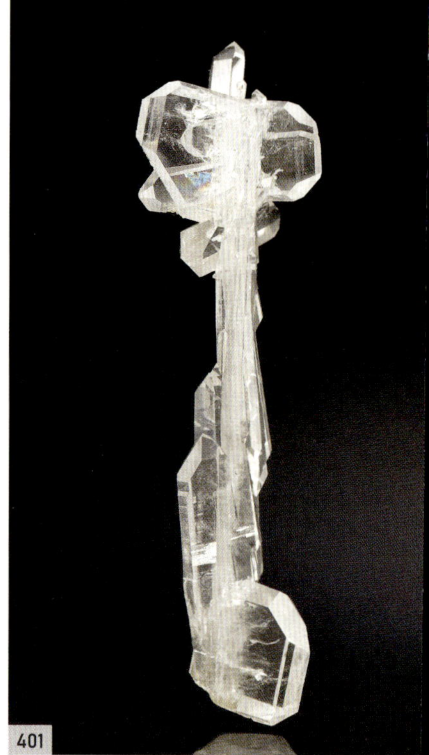

401

402

403

404

405

406

Der Quarz erscheint durchwegs im prismatischen Habitus. Phantomquarze, hervorgerufen durch hell- bis dunkelgraue oder schwarze Schiefereinlagerungen, sowie Fadenquarze und flache Meisselquarze finden sich da und dort, stellenweise gar gehäuft. Quarze mit Zepterbildung sind dagegen äusserst selten.

Die Längen der einzelnen Kristalle variieren meist von wenigen Millimetern bis gegen 4 cm. Grössere Kristalle mit Längen bis 12 cm sind selten. Die Quarze sind meist farblos. Grössere Kristalle sind häufig weiss. In einzelnen Klüften sind die Quarze von einer Eisenhydroxidschicht überzogen und weisen dadurch einen zarten, gelben Farbton auf.

Als Begleitmineralien finden sich nur spärlich auftretender Chlorit. Sehr selten ist das Vorkommen von Baryt. Dieser fand sich bisher in einer einzigen Kluft. Der Baryt ist weiss und als Rhomboeder auskristallisiert mit Kantenlängen bis 1.4 cm.

Literatur: Stalder et al. (1973, S. 344), Wolf und Walter (2006, S. 8-17)

400 Quarz-Stufe, bestehend aus unzähligen feinen Kriställchen sowie mehreren grösseren Einzelkristallen, diese teilweise mit Phantombildung. Piz Segnas. Breite: 8 cm.
Sammlung: Peter Kürsteiner, Nr. T4-110
Foto: Thomas Schüpbach

401 Fadenquarz. Piz Segnas. Fund: Roli Walter und Ueli Wolf. Höhe: 7 cm.
Sammlung: Martin Blättler
Foto: Thomas Schüpbach

402 Die Kristalle dieser Stufe sind durch Schiefer-Einschlüsse grau gefärbt. Piz Segnas. Breite: 9.6 cm.
Sammlung: Peter Kürsteiner, Nr. T4-115A
Foto: Thomas Schüpbach

403 Japaner-Zwilling. Piz Segnas. Fund: Roli Walter und Ueli Wolf. Bildbreite: 1.2 cm.
Sammlung: Martin Blättler
Foto: Thomas Schüpbach

404 Fadenquarz. Piz Segnas. Höhe: 4.4 cm.
Sammlung: Peter Kürsteiner, Nr. T4-112
Foto: Thomas Schüpbach

405 Quarz mit Zepterbildung. Piz Segnas. Höhe: 3 cm.
Sammlung: Peter Kürsteiner, Nr. T4-173
Foto: Thomas Schüpbach

406 Fadenquarz. Piz Segnas. Höhe: 6.2 cm.
Sammlung: Peter Kürsteiner, Nr. T4-112
Foto: Thomas Schüpbach

407 Phantomquarz. Piz Segnas. Höhe: 4 cm.
Sammlung: Peter Kürsteiner, Nr. T4-115
Foto: Thomas Schüpbach

408 Quarz-Grüppchen mit gelbem Eisenhydroxidüberzug und mit Phantombildung. Piz Segnas. Breite: 8.5 cm.
Sammlung: Andreas Kürsteiner
Foto: Thomas Schüpbach

409 Quarz mit einem leichten Eisenhydroxidüberzug. Piz Segnas. Höhe: 5.7 cm.
Sammlung: Peter Kürsteiner, Nr. T4-125
Foto: Thomas Schüpbach

410 Rhomboedrischer Baryt-Kristall auf Quarz. Piz Segnas. Höhe: 6.3 cm.
Sammlung: Peter Kürsteiner, Nr. T6-20
Foto: Thomas Schüpbach

411 Quarz mit Phantombildung. Piz Segnas. Breite: 10 cm.
Sammlung: Andreas Kürsteiner
Foto: Thomas Schüpbach

9.3 Steinibach

Mineralien
Albit, Anatas, Brookit, Calcit, Chalkopyrit, Malachit, Quarz, Rutil

412

Im Gebiet südlich Steinibach bei Elm konnten an verschiedenen benachbarten Stellen Klüfte mit interessanter Mineralparagenese geöffnet werden. Die Fundstellen befinden sich im anstehenden eozänen Taveyannaz-Sandstein des Nordhelvetischen Flyschs. Wanner und Brönnimann (1977) dokumentieren sehr ausführlich und detailliert eine ergiebige Fundstelle, welche Ulrich Brönnimann einst fand und welche sie ab 1970 während einiger Jahre gemeinsam ausbeuteten. Später bearbeiteten Edy Rüegg und Werner Böniger diese Fundstelle weiter: Über Jahre trieben sie dem mehr oder weniger breiten Calcitband folgend einen gegen 7 m langen Stollen ins Gestein und öffneten dabei weitere Mineralien enthaltende Risse und Klüfte. Im Randbereich dieser Hohlräume finden sich durchwegs derber Quarz und meist auch derber Calcit. Auch an verschiedenen benachbarten Stellen dieses Gebietes wurden in späteren Jahren andere Strahler fündig.

Die Liste der in diesem Gebiet nachgewiesenen Mineralien ist eindrücklich: Vorherrschend ist der Quarz. Dieser findet sich häufig zu kleinen Grüppchen aggregiert und nur selten als einzelne Kristalle. Die Quarze sind maximal 8 cm lang und im prismatischen Habitus sowie seltener im Dauphiné-Habitus auskristallisiert. Sie weisen häufig eine gute Transparenz auf. Einzelne Quarze weisen Gas- und Flüssigkeitseinschlüsse oder Chlorit enthaltende Kristallspitzen auf. Recht häufig ist auch weisser Calcit. Dieser ist entweder rhomboedrisch, flachrhomboedrisch oder tafelig ausgebildet. Milchig durchscheinender, tafelig auskristallisierter Albit mit Kristalllängen von bis 5 mm ist häufig dem Kluftgestein aufgelagert.

Interessant ist das in diesem Fundgebiet gehäufte Auftreten der Titanoxid-Mineralien Brookit, Anatas und Rutil. Diese drei Mineralarten können sowohl einzeln, zu zweit oder gar alle drei Titanoxide zusammen einer Mineralstufe aufgewachsen sein. Das hier besprochene Fundgebiet ist speziell bekannt geworden für das Auftreten von Brookit. Dieser findet sich – für Schweizer Brookit – in relativ grossen Kristallen von bis 2 cm Länge. Die Brookite sitzen meist dem Muttergestein auf, können aber auch dem Quarz aufgewachsen sein. Die Kristalle kommen sowohl einzeln als auch in Form parallel verwachsener Aggregate vor. Zudem finden sich Brookite, welche im Quarz eingeschlossen sind. Brönnimann und Rykart (1981) beschreiben als Besonderheit einen Flachquarz, bei welchem Brookit-Kristallsplitter kettenbildend parallel zum milchigen Faden eingeschlossen sind und damit das rhythmische Aufreissen der Kluft dokumentieren. In den Klüften finden sich nicht selten einst abgebrochene Kristalle, die teilweise wieder verheilte Bruchflächen aufweisen. Die für Brookite typischen dunklen Wachstumsbereiche, die sogenannten «Sanduhr-Strukturen», sowie ein ausgeprägter Oberflächenglanz sind bei den meisten Kristallen gut zu beobachten. Die Farbe variiert von gelbbraun über rotbraun bis dunkelbraun.

412 Brookit und Quarz. Steinibach, Elm. Länge Brookit: 8 mm.
Sammlung: Werner Böniger
Foto: Thomas Schüpbach

413 Auf einer Quarz-Stufe sind mehrere Brookit-Kristalle miteinander verwachsen. Steinibach, Elm. Länge Brookit: 8 mm.
Sammlung: Werner Böniger
Foto: Thomas Schüpbach

414 Miteinander verwachsene Brookit-Kristalle. Steinibach, Elm. Länge Brookit: 1.1 cm.
Sammlung: Werner Böniger
Foto: Thomas Schüpbach

415 Stufe mit mehreren Brookit-Kristallen. Steinibach, Elm. Länge Brookit: bis 1.5 cm.
Sammlung: Werner Böniger
Foto: Thomas Schüpbach

416 Brookit mit dunkeln, sanduhrförmigen Verfärbungen. Steinibach, Elm. Länge Brookit: 5 mm.
Sammlung: Werner Böniger
Foto: Thomas Schüpbach

417 Brookit mit dunkeln, sanduhrförmigen Verfärbungen. Steinibach, Elm. Länge Brookit: 7 mm.
Sammlung: Werner Böniger
Foto: Thomas Schüpbach

Deutlich seltener als Brookit findet sich Anatas. Dieser kommt meist in schmalen Kluftrissen vor. Die schwarzglänzenden Anatase sind als Bipyramiden ausgebildet mit Grössen bis 5 mm. Nach Wanner und Brönnimann (1977) sind für die Anatase dieser Lokalität flache Pyramidenflächen am Kopf der Kristalle Habitus bestimmend.

Rutil ist hier das seltenste der drei Titanoxid-Mineralien. Er findet sich einerseits als Umwandlungsprodukt von Brookit, und zwar in der Form maximal 2 mm langer Nädelchen von glänzend silbriger Farbe. Diese sind jeweils den Kristallflächen des Brookits aufgelagert. Zudem kommt er als Einzelnädelchen oder büschelartige Gebilde vor. Die maximal 2 mm langen, schwarzglänzenden Nädelchen sind zuweilen in Quarz oder Albit eingewachsen. Nur spärlich kommt Chalkopyrit vor: als idiomorphes Kluftmineral bis 5 mm gross, oberflächlich meist oxidiert und daher rötlichbraun bis schwarz, sowie als kugelige Masse im Nebengestein in der Nähe mineralführender Risse. Als Sekundärmineral tritt zudem grüner Malachit auf.

Literatur: Brönnimann und Rykart (1981, S. 528-529), Stalder et al. (1998, S. 468), Wanner und Brönnimann (1977, S. 298-310)

418 Spitzpyramidaler Anatas neben Quarz. Steinibach, Elm. Länge Anatas: 2 mm.
Sammlung: Werner Böniger
Foto: Thomas Schüpbach

419 Stumpfpyramidaler Anatas neben Quarz. Steinibach, Elm. Länge Anatas: 2.5 mm.
Sammlung: Werner Böniger
Foto: Thomas Schüpbach

420 Weisser, tafeliger Calcit mit aufgewachsenen Rhomboederflächen. Steinibach, Elm. Breite: 6.1 cm.
Naturhistorisches Museum Basel, Nr. 29259
Foto: Thomas Schüpbach

421 Weisse, stängelige Aggregate aus tafeligem Albit mit Parallelverwachsungen neben Quarz. Steinibach, Elm. Breite: 5.4 cm.
Naturhistorisches Museum Basel, Nr. 29258
Foto: Thomas Schüpbach

9.4 Walenbrugg

Mineralien
Calcit, Ferroaxinit, Quarz

An der linken Talseite bei Walenbrugg südwestlich von Elm ist ein versacktes Felsband aus Taveyannaz-Sandstein (Nordhelvetischer Flysch) aufgeschlossen. In schmalen Klüften dieser Gesteinsformation konnten René Hilzinger und Ernest Plaschy im Sommer 1982 neben kleinen, farblosen Quärzchen und etwas Calcit auch Ferroaxinit finden (Hilzinger 1983).

Das Mineral Ferroaxinit ist hellbräunlich mit einem lila Stich und kommt in der Form scharfkantiger, tafeliger Kristalle in Grössen bis 1.5 cm vor. Eine XRD-Untersuchung einer in neuerer Zeit aufgesammelten Probe durch Beda Hofmann, Institut für Geologie der Universität Bern, zeigt, dass es sich bei dieser um Ferroaxinit handelt. Der Quarz erscheint in der Normalform mit Längen bis zu 1 cm und ist farblos. Calcit tritt in der Form weisser Rhomboeder mit Kantenlängen von bis 1 cm auf.

Literatur: Hilzinger (1983, S. 314-316), Stalder et al. (1998, S. 468), Weibel (1990, S. 107)

422 Ferroaxinit neben Quarz. Walenbrugg.
Fund: René Hilzinger und Ernest Plaschy, 1982.
Bildbreite: 7.1 cm.
Naturhistorisches Museum Bern, Nr. B3231
Foto: Thomas Schüpbach

423 Bräunlich-gelber Ferroaxinit und winzige Quärzchen neben Calcit. Walenbrugg.
Breite Ferroaxinit: 5 mm.
Sammlung: Remo Zanelli
Foto: Remo Zanelli

9.5 Leiterberg

Mineralien
Quarz

Beim Leiterberg westlich Elm wurde schon in frühen Zeiten gestrahlt. In den 1980er-Jahren suchten Werner Böniger und Edy Rüegg eine dieser alten Stellen wieder auf und begannen, ein äusserst massives Quarzband in einem Sandstein des Nordhelvetischen Flyschs abzubauen. In fussballgrossen Hohlräumen sowie in einer grösseren Kluft, immer im Kontakt zum Muttergestein gelegen, fanden die beiden Strahler reichlich Quarz. Das Fundgut umfasst überaus viele Einzelspitzen mit Längen bis 30 cm und Breiten bis 6 cm, darunter vereinzelt Doppelender. Auch viele Kristallgruppen mit Durchmessern bis 40 cm konnten geborgen werden. Auffallend viele Kristalle weisen Beschädigungen auf. Die Quarze sind meist milchig-weiss, gegen die Kristallspitzen hin jedoch zuweilen auch farblos durchsichtig. Die Quarze wurden seinerzeit auch unter der Bezeichnung Hausstock in den Handel gebracht.

Auch in späteren Jahren konnten an derselben Lokalität durch Chäp Bäbler und Richi Jenny in frisch geöffneten Klüften und Gesteinstaschen Quarz-Funde von hervorragender Qualität gemacht werden. Es konnten Kristalle mit teilweise sehr guter Transparenz und Kristallgruppen mit schönem Aufbau gesammelt werden (Bäbler 2019).

Rykart (1972) macht Angaben zu kristallografischen Besonderheiten von Quarzkristallen dieses Gebietes. So sind auf einer untersuchten Stufe bei mehreren verzerrten Quarzen mit Dauphiné-Habitus zwei r-Flächen gross ausgebildet – und nicht nur eine r-Fläche, wie sonst üblich. Zudem sind alle Kristallseiten mit den grossen r-Flächen nach derselben Seite der Stufe orientiert. Im Fundgut finden sich auch Quarze im prismatischen Habitus, welchen eine zweite Generation im Dauphiné-Habitus aufgelagert ist.

Literatur: Bäbler (2016, S. 9-14; 2019, S. 18-23), Rykart (1972, S. 382-384)

424 Durch Einschlüsse weiss gefärbter Quarz: Der Kristall war während der Bildung einseitig abgebrochen. Die Bruchfläche ist in der Minerallösung wieder weitergewachsen und nun verheilt. Leiterberg. Fund: Werner Böniger. Länge: 17 cm.
Sammlung: Peter Kürsteiner, Nr. T4-235
Foto: Thomas Schüpbach

425 Kristallstufe mit schlankprismatischem Quarz, welcher teilweise im Dauphiné-Habitus ausgebildet ist. Einige Quarze tragen einen feinen Überzug aus hellgelbem Limonit. Gross Chärpf. Fund: Hans Bonfà. Breite: 4.6 cm.
Musée cantonal de géologie Lausanne, Nr. 094997
Foto: Thomas Schüpbach

426 Erzprobe mit dunkelgrauem Fahlerz, blauem Azurit und grünem Malachit. Bützistock. Fund: Héli Badoux, 1957. Breite: 15 cm.
Musée cantonal de géologie Lausanne, Nr. 40131
Foto: Thomas Schüpbach

9.6 Chli Chärpf

Mineralien
Azurit, Chalkopyrit, Chalkosin, Chlorit, Covellin, Hämatit, Malachit, Pyrit, Quarz, Tetraedrit

In der Südwest-Wand des Chli Chärpf befindet sich in Quarz-Adern des Quarzporphyrs im Verrucano des Glarner Deckenkomplexes ein Kupfererz-Vorkommen. Amstutz (1949 und 1950) unterscheidet hier zwei unterschiedliche Arten von Erzgängen. Die eine führt Hämatit, Chalkopyrit und Pyrit sowie als Gangart Quarz und Chlorit. Die zweite Art der Erzgänge führt als Gangart Quarz. Als Erze kommen vor: Fahlerz, Chalkopyrit, Hämatit, Malachit und Azurit, dazu Chalkosin und Covellin. Fahlerz tritt als meist bunt angelaufener, grobkörniger Tetraedrit auf. Chalkopyrit kommt als Körner oder als Überzug von Fahlerz vor. Malachit tritt fein dispers zwischen den Quarzkörnern auf oder als Belag auf Fahlerz oder Chalkosin. Azurit konnte bei lediglich einer Probe drusenartig als isometrische Kristalle auf Quarz beobachtet werden. Auch Hämatit konnte nur einmal, sehr feinkörnig dispers, am Rande eines Erzganges nachgewiesen werden.

Koordinaten: 2'726'000, 1'197'750, 2650 m ü. M.

Literatur: Amstutz (1949, S. 548-549; 1950, S. 182-184), Rohstoffinformationssystem Schweiz (RIS): www.map.georessourcen.ethz.ch

9.7 Gross Chärpf

Mineralien
Quarz

Nach Kurt Bächtiger finden sich im Quarzporphyr des Verrucano auf der Ostseite der Chärpfscharte alpine Zerrklüfte und Drusen, deren Wände mit glasklaren, bis 1 cm langen Bergkristallen besetzt sind. A. Tinner fand am Bergligrat Klüfte mit langprismatischen Kristallen, diese sind bis 1 cm lang. Die Oberflächen sind bräunlich-gelb und irisierend (Stalder et al. 1973). Ähnliches Material wurde auch von Hans Bonfà gesammelt, in welchem auch Kristalle mit Dauphiné-Habitus vorkommen.

Literatur: Stalder et al. (1973, S. 344)

9.8 Bützistock

Mineralien
Azurit, Bornit, Chalkopyrit, Fahlerz, Malachit

In der Ostflanke des Bützistocks findet sich im Röti-Dolomit und Mels-Sandstein eine Kupfervererzung. Der Bützistock und der angrenzende Saasberg befinden sich in einem Verkehrtschenkel am Westrand des Glarner-Deckenkomplexes. Deshalb liegt hier der Verrucano in der Umgebung der Vererzung über den Trias-Gesteinen, obschon er älter ist. Neben Fahlerz findet man Chalkopyrit und Bornit sowie Azurit und Malachit.

425

426

In der Sammlung des Musée cantonal de géologie Lausanne befindet sich eine Erzprobe aus dem Röti-Dolomit, welche von Héli Badoux anlässlich der Jubiläumsexkursion der Schweizerischen Geologischen Gesellschaft im September 1957 aufgesammelt wurde. Die Probe besteht aus grauem Fahlerz. EDS-Analysen von Philippe Roth ergaben, dass es sich um eine Mischung der Antimon-reichen Varietät Tetraedrit-(Fe) und Tetraedrit-(Hg) handelt (Mitteilung Nicolas Meisser, 2022). Daneben treten noch Einschlüsse weiterer, nicht näher identifizierter Erzmineralien sowie Azurit und Malachit auf.

Koordinaten: 2'723'150, 1'197'350, 2250 m ü M.

Literatur: Bächtiger (1963, S. 100), Trümpy in Brückner et al. (1957, S. 519)

9.9 Sunnenberg

Mineralien
Albit, Chalkosin, Covellin, Malachit, Quarz

An der gegen Nordwest abfallenden Flanke des Sunnenberges tritt in violett-braunen basaltischen Laven des Verrucano des Glarner Deckenkomplexes eine Kupfervererzung auf (Amstutz 1949 und 1950). Das spärliche Vorkommen umfasst die Mineralien Chalkosin, Covellin und Malachit, welche von Adern aus Quarz und Albit begleitet werden.

Koordinaten: 2'725'850, 1'199'800, 2000 m ü. M.

Literatur: Amstutz (1949, S. 548-549; 1950, S. 182-184), Rohstoffinformationssystem Schweiz (RIS): www.map.georessourcen.ethz.ch

9.10 Matzlen

Mineralien
Azurit, Bornit, Chalkosin, Chrysokoll, Covellin, Malachit

Unterhalb der Alphütte Matzlen befindet sich im Verrucano des Glarner Deckenkomplexes eine weitere Kupfervererzung, welche an Keratophyre gebunden ist (Amstutz 1949 und 1950). Im Gelände finden sich Spuren einer alten Abraumhalde, welche auf allfällige, frühere Abbauversuche hinweisen könnten, obgleich diese in der Literatur nicht belegt sind.

Als Haupterz sind Chalkosin, Covellin und Bornit vorhanden, welche von den Sekundärmineralien Malachit, Azurit und Chrysokoll begleitet werden. Bornit füllt die Zwischenräume des sperrigen Albit-Gefüges, während die übrigen Mineralien als kleine Zwickel in Drusen und Adern auftreten.

Koordinaten: 2'725'450, 1'200'500, 1730 m ü. M.

Literatur: Amstutz (1949, S. 548-549; 1950, S. 182-184), Rohstoffinformationssystem Schweiz (RIS): www.map.georessourcen.ethz.ch

9.11 Gandstock

Mineralien
Chalkosin, Covellin, Malachit

In der nördlichen Verlängerung des Gandstocks findet sich in schwarz-braun-violetten Spiliten und Keratophyren des Verrucano des Glarner Deckenkomplexes Kupfererz (Amstutz 1949 und 1950). Die Paragenese umfasst Chalkosin, Covellin und Malachit.

Koordinaten: 2'727'650, 1'203'600, 2160 m ü. M.

Literatur: Amstutz (1949, S. 548-549; 1950, S. 182-184), Rohstoffinformationssystem Schweiz (RIS): www.map.georessourcen.ethz.ch

10 Glarus Nord und Murgtal GL/SG

Mehrere nach Norden fliessende Gewässer charakterisieren die Region Glarus Nord und Murgtal SG: die Linth im Osten und der Murgbach im Westen als prominenteste. Dazwischen thront der Mürtschenstock mit der Höhe von 2440 m ü. M. als höchste Erhebung, flankiert von Nüenchamm und Fronalpstock im Westen, Schilt und Gufelstock im Süden sowie Hochmättli und Firzstock im Osten. Mehrere Seen schmücken die Täler rund um den Mürtschenstock: Talalpsee und Spanneggsee im Westen sowie die Murgseen im Süden. Die nördliche Begrenzung der Region bildet der Walensee.

Geologisch gesehen, liegt die Region im Oberhelvetikum, in welchem hier drei Decken unterschieden werden können. Die unterste Einheit ist die Glarner-Decke, welche fensterartig im unteren Murgtal südlich Murg und in den Bergflanken westlich von Glarus-Netstal aufgeschlossen ist. Darüber liegt die Mürtschen-Decke, die den Mürtschenstock und die Mürtschenalp aufbaut. Die oberste Einheit ist die Säntis-Decke. Diese ist als Klippe auf der Nordwestflanke des Nüenchamm noch erhalten. Die Mineralfundstellen befinden sich mit einer Ausnahme innerhalb der Mürtschen-Decke. Diese Decke besteht aus Verrucano und mesozoischen Sedimenten (Trias, Jura und Kreide) und ist von mehreren, circa Nord-Süd verlaufenden Brüchen zerschnitten. Die Mineralfundstellen Steinbruch Netstal, Walenberg, Talalp und Mürtschenstock liegen in Jura- oder Kreidekalken. Im Mürtschen-Gebiet sind die allermeisten Fundstellen im Verrucano gelegen, während die Vorkommen Cuncels-Munggenseeli und Tobelwald, auf der Ostseite des Murgtals, sich in Gesteinen der Trias befinden.

427 Blick von Quinten aus auf das am Walensee gelegene Murg, dahinter das Murgtal und ganz rechts der Mürtschenstock.
Foto: Peter Kürsteiner

428

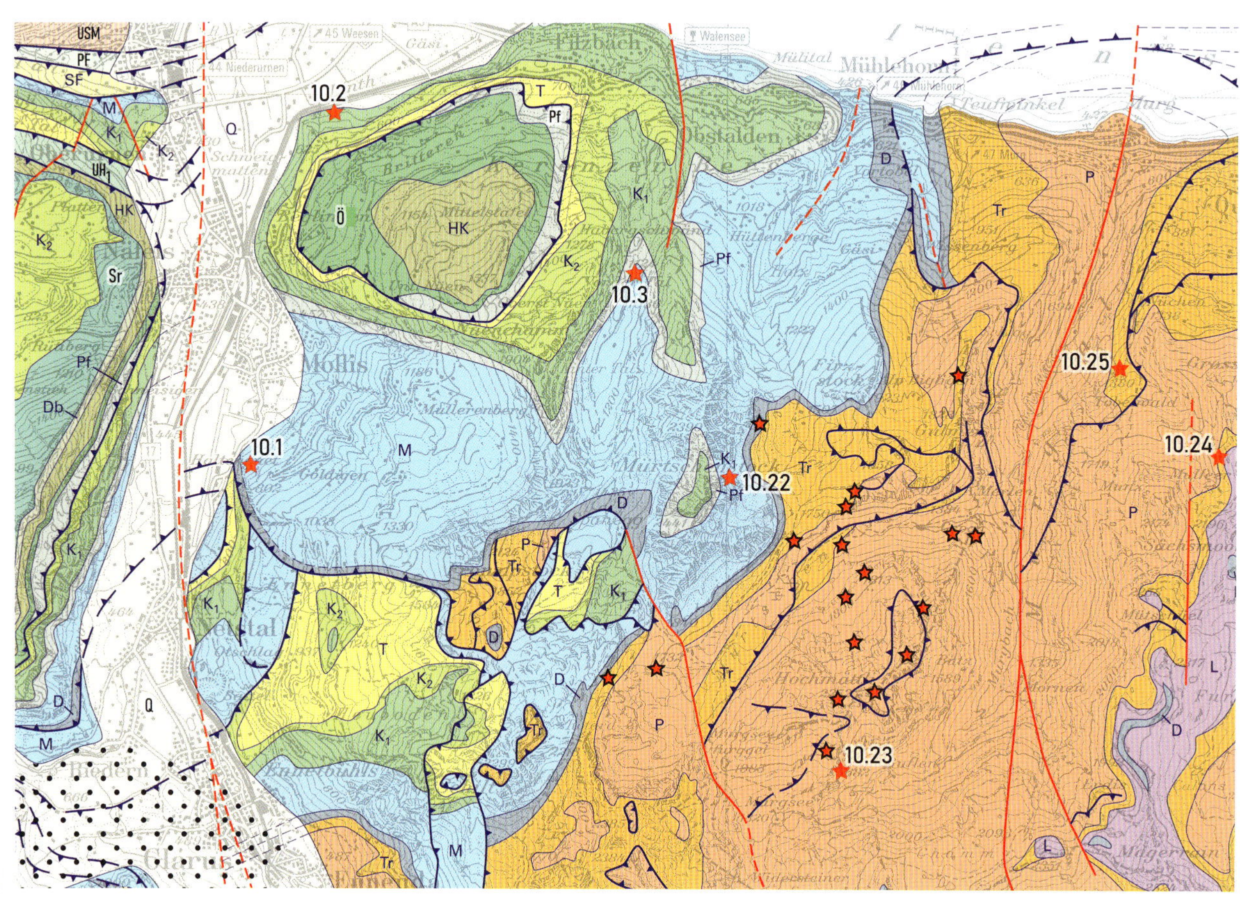

Helvetikum

Eozän-Oligozän		T	Nordhelvetischer Flysch (inkl. Bürgen-, Stad-Formation)
Kreide	späte	K_2	Oberkreide Garschella-, Seewen-, Amden-Fm
	frühe	K_1	Unterkreide im Allgemeinen
		Sr	Schrattenkalk-Formation
		Db	Tierwis-Formation
		HK	Helvetischer Kieselkalk-Formation
		Oe	Öhrli-Kalk
		Pf	Palfris-Formation
Jura	später	M	Malm Schilt-Fm, Quinten-Kalk
	mittlerer	D	Dogger
	früher	L	Lias
Trias		Tr	Trias – Quarten-Fm, Röti-Dolomit, Mels-Sandstein
Perm		P	Verrucano

Allochthone Einheiten

UH_1 – Sardona-Decke

PF – Penninischer Flysch (Kreide-Eozän)

Subalpiner Flysch

SF – Sedimente unterschiedlicher Herkunft (Kreide-Oligozän)

Subalpine Molasse

USM – Untere Süsswassermolasse (frühes Oligozän)

Quartäre Füllung der Haupttäler

Q – Fluviale Schotter, Bachschuttkegel, Hangschutt

Bergsturz-Trümmermassen

Strukturelemente

Bruch im Allgemeinen

Überschiebung

Mineralfundstellen

Erzfundstellen im Mürtschengebiet (vgl. Detailkarte)

428 Geologische Karte der Region Glarus Nord und Murgtal SG mit eingezeichneten Fundstellen 10.1–10.3 und 10.22–10.25.
Illustration: Nach Pfiffner et al. (2010), vereinfacht und ergänzt

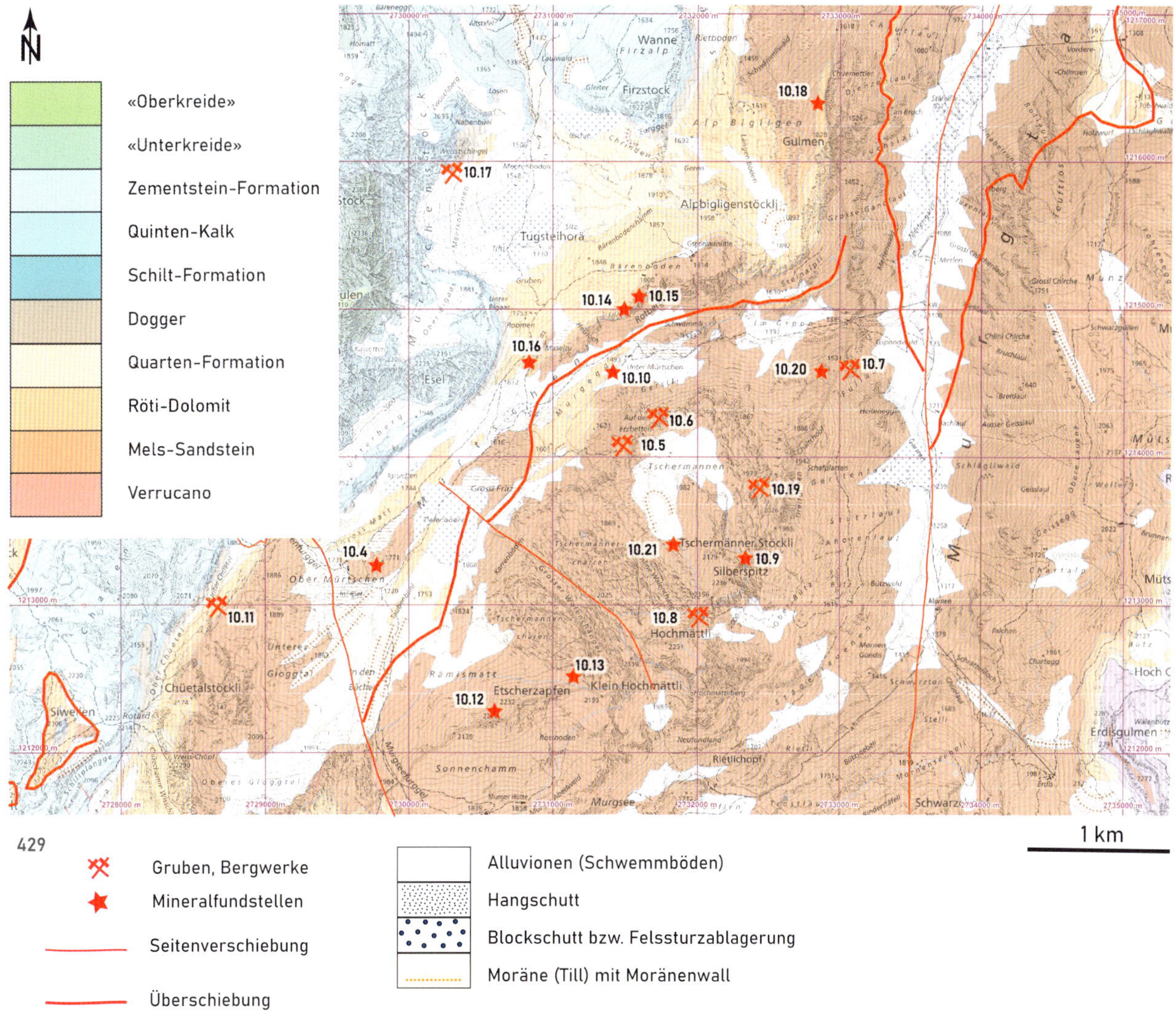

429 Geologische Detailkarte des Mürtschen-Gebietes mit eingezeichneten Fundstellen 10.4 – 10.21.
Illustration: Auszug aus Geocover 1:25'000 swisstopo, modifiziert und ergänzt nach Adrian Pfiffner

Mineralfundstellen

- **10.1** Steinbruch Netstal
- **10.2** Walenberg bei Mollis
- **10.3** Tal Alp, Alp Vorder Tal
- **10.4** Mürtschenalp
- **10.5** Grube Erzbett
- **10.6** Hauptgrube
- **10.7** Sondierstollen Grosses Chalttal
- **10.8** Hochmättli
- **10.9** Silberspitz
- **10.10** Tschermannenbach
- **10.11** Chüetal
- **10.12** Etscherzapfen
- **10.13** Klein Hochmättli
- **10.14** Judenweg
- **10.15** Bärenboden
- **10.16** Robmen
- **10.17** Meerenalp
- **10.18** Gulmen
- **10.19** Chlis Chalttal
- **10.20** Chalttalboden
- **10.21** Silberplanggen
- **10.22** Mürtschenstock
- **10.23** Unterer Murgsee
- **10.24** Cuncels-Munggenseeli
- **10.25** Tobelwald

430 Blick nach Nordosten auf den Unteren Murgsee. Im Hintergrund der Rainissalts und links von diesem der Munzchopf.
Foto: Toni Bürgin

431 Blick nach Westen auf den Oberen Murgsee. Die erste Steilstufe über dem See wird von Gesteinen des Verrucano gebildet. Der darüberliegende Mels-Sandstein ist als dünnes, helles Band erkennbar. Die dunklen Felswände zuoberst am Horizont bestehen aus Röti-Dolomit.
Foto: Toni Bürgin

432 Blick nach Westen auf Unter Mürtschen und den Mürtschenstock mit Ruchen (links), Fulen und Stock (rechts). Unter Mürtschen liegt auf Verrucano (mit rot gefärbtem Bachschutt), der Mürtschenstock besteht aus reliefbildenden Jura- und Kreidekalken.
Foto: Toni Bürgin

433 Blick nach Süden auf den Oberen Murgsee und den Bützistock. Rechts von diesem die Widersteinerfurgglen.
Foto: Marcel Steiner

434 Der Mürtschenstock mit Ruchen und Esel. Die steilen Kalkwände stehen in Kontrast zur weichen Moränenlandschaft im Vordergrund. Der Blick ist nach Norden gerichtet.
Foto: Toni Bürgin

433

434

10.1 Steinbruch Netstal

Mineralien
Calcit, Realgar

Im Steinbruch der Kalkfabrik Netstal wird seit mehr als einem Jahrhundert Malm-Kalk abgebaut. Die Firma ist die einzige Herstellerin von Weisskalk-Produkten der Schweiz. Das Kalkgestein des Steinbruchs am Elggis südöstlich Netstal weist einen Calciumkarbonat-Anteil von über 98% auf und verfügt damit über einen speziell hohen Reinheitsgrad. Die Produkte werden weltweit an Kunden geliefert.

In Calcitadern des Steinbruchs konnte L. Iten schöne Funde von derbem Realgar tätigen (Stalder et al. 1973). Belege finden sich in verschiedenen öffentlichen Sammlungen.

Koordinaten: 2'723'500, 1'212'800, 480 m ü. M.

Literatur: Stalder et al. (1973, S. 357), Stalder et al. (1998, S. 347)

435 Blick auf den Steinbruch der Kalkfabrik Netstal mit eingezeichneter Realgar-Fundstelle. Ansichtskarte, Flugaufnahme um 1970.
Archiv Naturhistorisches Museum Basel
Foto: Thomas Schüpbach

436 Steinbruch der Kalkfabrik Netstal, Zustand heute: Die Abbaufront hat sich weit in den Berg hinein verlagert.
Foto: Peter Kürsteiner

437 Realgar-Adern in dunkelgrauem Kalk. Steinbruch der Kalkfabrik Netstal. Bildbreite: 9 cm.
Naturhistorisches Museum Bern, Nr. A7781
Foto: Thomas Schüpbach

10.2 Walenberg nördlich Mollis

Mineralien
Calcit, Realgar

Kenngott (1866) erwähnt vom Walenberg, welcher sich nördlich Mollis befindet, Funde von Realgar und Calcit. Nähere Angaben zum Fund sind nicht bekannt. Die Fundstelle dürfte innerhalb der Kalke der frühen Kreide liegen.

Literatur: Kenngott (1866, S. 406)

437

10.3 Talalp, Alp Vorder Tal

Mineralien
Calcit, Fluorit

Auf der Talalp südlich Filzbach wurde beim Bau eines Schweinestalls einer Käserei im Jahr 1957 eine fluoritführende Schicht aus Öhrli-Kalk freigelegt. Erst 1960 wurde dieses Mineralvorkommen von A. Bitschnau entdeckt. In der Folge wurde an dieser Lokalität von verschiedenen Strahlern wiederholt nach Fluorit gegraben.

Die Fluorite stammen aus einer senkrechten Spalte, welche gegen 6 m lang und maximal 40 cm breit ist. Das Mineral kommt gangartig als Spaltenfüllung vor. Die Spalte könnte mit dem Nord-Süd verlaufenden Bruch nördlich der Talalp in Zusammenhang stehen. Es ist denkbar, dass Bewegungen längs dieses Bruches zur Öffnung der Spalte geführt haben. Bei Kluftausweitungen sind die Wände mit Fluorit-Kristallen überzogen. Es finden sich einerseits Stufen, bei denen viele, in der Regel unterschiedlich grosse Einzelkristalle zu kugeligen Gebilden aggregiert sind. Die Zwischenräume der einzelnen Kristalle sind jeweils mit einem sandigen Sediment gefüllt, welches oft auch die Kristallflächen überzieht. Zudem finden sich Stufen, bei denen unzählige Einzelkristalle parkettartig derbem Calcit aufsitzen.

Der Fluorit ist als Kombination Würfel-Rhombendodekaeder ausgebildet mit Kantenlängen von maximal 2.5 cm. Die Oberflächen sind meist matt. Die Farbe der Fluorite ist hell- bis dunkelviolett. Kleinere Kristalle sind häufig heller und leicht durchscheinend. Im Gegenlicht ist bei einzelnen Kristallen eine Farbzonierung parallel zu den Kristallflächen, hervorgerufen durch unterschiedliche Farbtöne, zu erkennen. Auch Phantombildung kann an einzelnen Kristallen beobachtet werden: Die Kristalle weisen einen helleren Kern auf als die Randpartien. Die Fluorite zeigen im langwelligen UV-Licht eine bläuliche Fluoreszenz. Rykart (1971) konnte zudem eine deutliche Thermolumineszenz feststellen. Unter Lichteinwirkung verblasst das Mineral. Einzelne Fluorite konnten sogar in schleifwürdiger Qualität gesammelt werden.

Literatur: Rykart (1971, S. 166–168), Stalder et al. (1973, S. 350), Stalder et al. (1998, S. 167)

438 Stufe mit würfelförmigem Fluorit: Viele Einzelkristalle sind derbem Calcit aufgelagert. Talalp. Breite: 7 cm.
Sammlung: Peter Kürsteiner, Nr. T3-108
Foto: Thomas Schüpbach

439 Stufe mit blass-violettem Fluorit. Talalp. Breite: 7.5 cm.
Sammlung: Peter Kürsteiner, Nr. T3-101
Foto: Thomas Schüpbach

440 Fluorit, auskristallisiert als Kombination Würfel-Rhombendodekaeder, teilweise mit sichtbarer Phantombildung. Talalp. Breite: 5.5 cm.
Sammlung: Peter Kürsteiner, Nr. T3-156
Foto: Thomas Schüpbach

441 Durchscheinender, facettierter Fluorit in zartem, hellviolettem Farbton. Talalp. Grösse: 8 x 6 mm, 2.4 Karat.
Musée cantonal de géologie Lausanne, Nr. 53324-3
Foto: Thomas Schüpbach

442 Alp Unter Mürtschen, links im Hintergrund der Mürtschenstock.
Foto: Beat Moser

Mürtschen-Gebiet

Die Mürtschenalp befindet sich im vom Gsponbach durchflossenen Hochtal, das über einen steilen Terrassenabfall ins Murgtal mündet und eingebettet zwischen Mürtschenstock, Etscherzapfen, Hochmättli und Silberspitz liegt. Auf der Südseite der Mürtschenalp kommen kleine Lager und Gänge von silberhaltigem Kupfererz vor, die seit dem 17. Jahrhundert mit Unterbrüchen ausgebeutet wurden und sich durch eine spezielle Mineralogie auszeichnen.

Geschichte des Bergbaus im Mürtschen-Gebiet

Der Sage nach soll auf der Mürtschenalp bereits zur Zeit des schwarzen Todes im 14. Jahrhundert von Baslern Bergbau betrieben worden sein (Tröger 1860). Von dieser frühen Bergbautätigkeit finden sich in der Talsohle Schlacken von Rohschmelzen und einzelne Kupfererz-Stücke, hingegen keine ausgedehnten Gruben, welche Zeugen eines bedeutenden alten Abbaus wären. Vielleicht gehen die Spuren des Bergbaus aber noch viel weiter in die Vergangenheit zurück: So bringt Bächtiger (1989) den Flurnamen «Gspon» mit der rätischen Bezeichnung für «Silber» in Zusammenhang, was ein Hinweis auf einen Erzabbau durch eine frühe, Rätisch sprechende Bevölkerung in diesem Gebiet wäre.

In den Glarner Ratsprotokollen vom 5. Januar 1608 wird erwähnt, dass der damalige Landammann Hans Heinrich Schwarz sowohl sein Eisenbergwerk bei Seerüti im Klöntal wie auch seine drei Silbergruben im Land Glarus dem elsässischen Freiherrn Joachim Christoph von Mörsberg und Belfort verkauft hat (Jenny 1931). Aus dem Kontext ist zu schliessen, dass es sich dabei zweifelsohne um die Bergwerke auf der Mürtschenalp handelte. Von Mörsberg war eine abenteuerliche Figur; er war hoch verschuldet und sein Ziel war, schnell zu viel Geld zu kommen (von Arx 1992). Dieser Sachverhalt wird in den Ratsprotokollen von Glarus bestätigt, wonach Mörsberger die vereinbarte Zahlung von 400 Gulden bis im Januar 1609 nicht geleistet hatte und die ihm erteilte Konzession im Jahr 1610 als erloschen betrachtet wurde (Jenny 1931). Die Bergbaurechte waren dann an einen Herrn «Huoberig» (Huber) von Zürich mit seinen Mitkonsorten übergeben worden, ohne dass es zu einem nennenswerten Abbau kam. Erschwerend auf eine Fort-

442

443

444

setzung des Bergwerkbetriebs wirkte sich zudem eine Pestepidemie im Jahr 1611 aus, welcher zahlreiche Glarner zum Opfer fielen (von Arx 1992).

In den Jahren 1680, 1723 und 1834 wurde geplant, den Abbau fortzusetzen, ohne dass es zu einer Ausführung kam (Tröger 1860). Erst um 1850 wurde der Bergbau durch die beiden Landleute Peter Kamm und Jost Durscher von Obstalden wieder aufgenommen. Obgleich sie zwei Tiroler Bergleute beizogen, konnten sie wegen beschränkter finanzieller Mittel nur erste Schürfarbeiten an die Hand nehmen.

Im Jahr 1853 erteilte der deutsche Freiheitskämpfer Dr. Heinrich Simon (1805–1860) aus Breslau dem Bergingenieur Emil Stöhr den Auftrag zur Ausarbeitung eines Gutachtens, welches positiv ausfiel. Simon studierte Rechtswissenschaften in Berlin und Breslau, war Mitglied des deutschen Parlaments und floh nach der Niederschlagung der Deutschen Revolution im Jahr 1846 in die Schweiz. Er beschäftigte sich mit Landwirtschaft, war literarisch tätig und erlangte im Jahr 1853 seine definitive Einbürgerung. Er dürfte im Jahr 1853 von den Kupfervorkommen der Mürtschenalp erfahren haben (von Arx 1992).

In der Folge gründete Simon eine Gewerkschaft, welche seit 1854 den Bergbau intensivierte. Es wurden 32 Gesellschaftsanteile à 3000 Gulden gebildet, die im Besitz von zehn Personen waren (Walkmeister 1889). Nachdem der Weg in die Mürtschenalp verbessert worden war, wurde eine Unterkunft für die Arbeiter errichtet und in den drei Gruben Erzbett, Hauptgrube und Chalttal gearbeitet. Sogar während des strengen Winters von 1854/55 wurde der Abbau unverdrossen vorangetrieben. 1855 trat Stöhr von der Leitung zurück, um einem Ruf nach Bengalen zu folgen. An seine Stelle trat Heinrich Tröger aus Freiberg (D). Im Jahr 1856 wurde in Unter Mürtschen ein grösseres Knappenhaus für 50 Arbeiter errichtet, während das ältere zu einem Trockenpochwerk mit Setzmaschine umgebaut wurde (Tröger 1860).

445

446

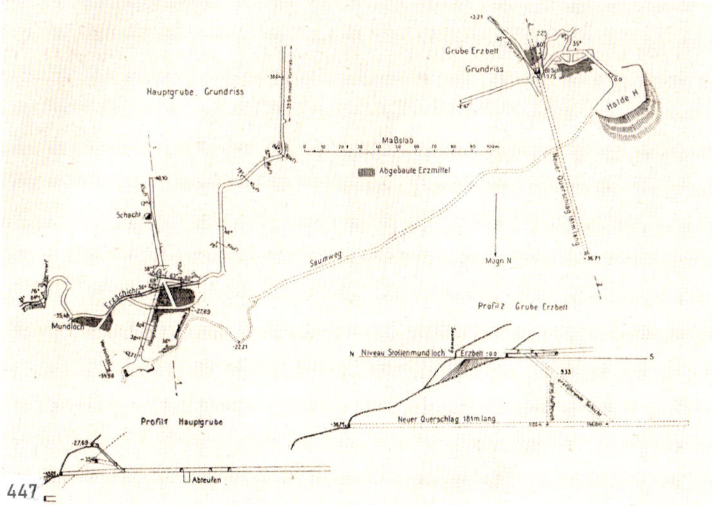

447

Bestärkt durch die ersten Erfolge, gründete Heinrich Simon 1857 eine grosse Aktiengesellschaft mit einem Kapital von 1 Million Franken, verteilt auf 1000 Aktien à 1000 Franken (Walkmeister 1889). An deren Spitze stand Generaldirektor Simon. Hoffnung auf Erfolg ergab sich aufgrund des Berichts von Tröger (1860), in welchem festgehalten ist, dass dem hiesigen Bergbau zweifelsohne schöne Aussichten auf Rentabilität zur Seite stehen. Tröger rechnete mit einem Durchschnittsgehalt von 5 Pfund Kupfer (2.5 Kilogramm) und 5/6 Lot (13.9 Gramm) Silber pro Zentner (100 Kilogramm) Erz. Die Wirtschaftskrise von 1857 und ihre Folgen wirkten sich aber ungünstig auf den Abbau aus. So berichtet Deicke (1859 a), dass die Gruben zu jener

443 Transport eines Windkessels für die Kompressoranlage der Firma Weinmann um 1916.
Foto: Jakob Kamm, Posthalter, Mühlehorn, aus Kamm (1917)

444 Holztransport nach dem Kupferbergwerk am Mürtschen um 1916.
Foto: Jakob Kamm, aus Kamm (1917)

445 Bergwerksarbeiter beim ersten Angriffsstollen um 1916.
Foto: Jakob Kamm, aus Kamm (1917)

446 Bergwerksarbeiter der Firma Weinmann vor der Unterkunft um 1916. Im Hintergrund der Mürtschenstock mit den drei Hauptgipfeln (von links) Ruchen, Fulen und Stock.
Foto: Jakob Kamm, aus Kamm (1917)

447 Plan der Bergwerke Hauptgrube und Erzbett nach den Erschliessungsarbeiten der Firma Weinmann um 1918.
Illustration: Aus Fehlmann (1919)

Zeit verlassen seien. Eine zusätzliche Erschwernis für den Bergwerksbetrieb bedeutete der unerwartete Tod von Heinrich Simon beim Baden im Walensee.

Unter der kundigen Leitung von Stöhr, der wieder aus dem Ausland zurückgekehrt war, wurde der Bergbau fortgesetzt. Es zeigte sich aber, dass die Qualität der Erze gegen die Tiefe hin abnahm. Von 1855–1861 wurden insgesamt 1148 Zentner Schmelzerze mit einem durchschnittlichen Gehalt von 14.9% Kupfer und 0.66% Silber an die Hütte Brixlegg in Tirol (A) verkauft, welche für den Zentner 22 Franken bezahlte, wobei die Kosten für Abbau, Aufbereitung und Transport 32 Franken betrugen (Schmidt 1920). Dieser Umstand führte dazu, dass die Gesellschaft aufgelöst und das Bergwerk aufgegeben wurde. Vom im Jahr 1862 eingegangenen Bergbaubetrieb fanden sich bei Feldriet Ruinen, bestehend aus Wohngebäuden, Aufbereitungsanlagen und einem Pulverturm (Walkmeister 1889).

Im August 1916 führte die Firma Gustav Weinmann von Zürich neue Untersuchungs- und Erschliessungsarbeiten durch, um festzustellen, ob in den alten Bauten noch abbauwürdige Erze vorhanden sind (Fehlmann 1919). Die Arbeiten beschränkten sich auf die Hauptgrube und die Grube Erzbett, während in der Grube Chalttal keine weiteren Aktivitäten erfolgten. Für den Stollenvortrieb wurde eine mit Benzinmotor betriebene Kompressoranlage mit Windkessel aufgebaut. Zusätzlich wurde zwischen der Höhenstufe Merlen–Gspon eine Seilbahn installiert, welche ebenfalls mit einem Benzinmotor angetrieben wurde und später in privaten Besitz überging (von Arx 1992). In den Alpgebäuden wurden Unterkunft- und Verpflegungsstätten für circa 60 Arbeiter eingerichtet (Kamm 1917). Im Herbst 1918 wurden die Arbeiten eingestellt, nachdem Gustav Weinmann an der Grippe gestorben war und das Ende des Krieges jede Hoffnung auf einen rentablen Betrieb vernichtet hatte (Freuler 1925).

Geologische Verhältnisse

Entlang der südlichen Talseite der Mürtschenalp stehen verbreitet Gesteine der Verrucano-Gruppe an, und zwar rote Brekzien. Diese werden als Sernifit bezeichnet und werden von roten Schönbül-Tonschiefern überlagert, welche ebenfalls Teil der Verrucano-Gruppe sind. Diese Gesteine sind aufgrund ihres Gehaltes an Eisenoxid (vorwiegend Hämatit) und Eisenhydroxid rot gefärbt.

Im Bereich der Erzvorkommen sind diese Gesteine hydrothermal verändert und zeigen eine graue Farbe, bedingt durch das Auftreten von grüngrauem Chlorit, Serizit und anderen Mineralien («Graues Gebirge» nach Stöhr 1865). Nach Bächtiger (1963) können schwarzes, Pyrit-haltiges Uranerz, blauschwarzes Kupfererz mit den Sekundärmi-

neralien Malachit, Azurit und Limonit sowie Kupfer-Uran-Mischerz mit bunten Oxidationsprodukten, darunter grasgrüne tafelige Kristalle von Metazeunerit (Torbernit), unterschieden werden.

Die silberhaltigen Erze treten lager- und gangförmig innerhalb der Verrucano-Gruppe auf (Fehlmann 1919). Zum letztgenannten Vorkommen gehören die Gruben Erzbett, Hauptgrube und Chalttal. Das Erz ist an Gänge aus gelblich-weissem bis rötlichem Dolomit gebunden, welche das Gebirge in nordwest-südöstlicher Richtung durchschlagen. Die Gänge erreichen eine Mächtigkeit von 0.5 m und können in ein verzweigtes Netz kleinster Adern ausdünnen, was den Abbau sehr erschwert. Die Mineralabfolge beginnt mit Quarz und Karbonat, Hämatit und gediegen Silber. Später treten Molybdänit, Pyrit, Spuren von Galenit, verschiedene Kupfersulfide und fraglicher Bismuthinit dazu.

Daneben sind Erz führende Bruchzonen vorhanden, welche von Norden nach Süden verlaufen und entlang derer das Gestein brekziiert und mit Erz imprägniert ist. Die Bildung dieser Bruchzonen ist älter als jene der Erzgänge mit verschiedenen Kupfermineralien. Die Erzparagenese umfasst Pechblende, Pyrit, Sphalerit, Millerit, Linneit, Galenit, Chalkopyrit und Fahlerz. Die lagerförmigen Erzvorkommen beinhalten jene von Hochmättli, Silberspitz und Bärenboden. Die Mineralparagenese umfasst sowohl Kupfer- wie auch Uranmineralisationen.

Im Folgenden wird eine Auswahl verschiedener Vorkommen beschrieben, die sich durch eine besondere Mineralogie auszeichnen. Die Lage der Vorkommen ist auf der geologischen Karte (Abb. 429) eingetragen. Nicht erwähnt werden folgende Lokalitäten: Chalttalchöpf, Chilbiweid, Dreitürme, In den Hörnern, Rote Riese, Tschermannen, Tschermannencharen, Walenchengel.

Literatur: Bächtiger (1963, 1989), Deicke (1859 a), Fehlmann (1919), Freuler (1925), Jenny (1931), Kamm (1917), Moser (2017, S. 29-34), Schmidt (1920), Stöhr (1865), Tröger (1860), Walkmeister (1889, S. 270-274), von Arx (1992), Woodtli und Disch (1996, S. 7-14)

448 Bergstation der Seilbahn Merlen-Gspon.
Foto: Beat Moser

449 Weg zwischen Gspon und Merlen, auf welchem das gewonnene Erz nach Murg transportiert wurde.
Foto: Beat Moser

450 Der 25 kg schwere Pochschuh wurde zum Zerkleinern des Erzes verwendet.
Standort: Unter Mürtschen.
Foto: Beat Moser

451 Der mächtige Lagerstein der Wasserradwelle in Unter Mürtschen.
Foto: Beat Moser

452

453

454

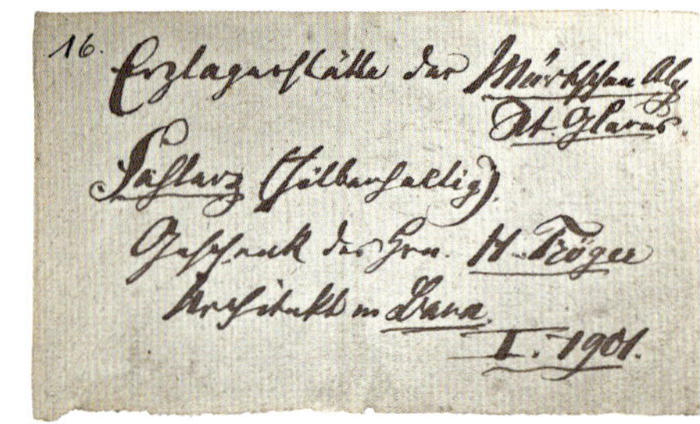

16. Erzlagerstätte der Mürtschenalp
Ct. Glarus.
Fahlerz (silberhaltig)
Geschenk des Hrn. H. Tröger
Architekt in Bern
I. 1901.

455

452 Erzprobe mit messinggelbem, feinkristallinem Chalkopyrit. Mürtschenalp. Breite: 8 cm.
Naturhistorisches Museum Basel, Nr. 11186
Foto: Thomas Schüpbach

453 Feiner Überzug aus bleigrauem Molybdänit auf Kluftfläche. Mürtschenalp. Breite: 6 cm.
Naturhistorisches Museum Basel, Nr. 11180
Foto: Thomas Schüpbach

454 Probe mit dunkelgrauem Fahlerz. Mürtschenalp. Breite: 6.9 cm. Geschenk H. Tröger, Architekt in Bern.
Naturhistorisches Museum Bern, Nr. 6747
Foto: Thomas Schüpbach

455 Historische Etikette aus dem Jahr 1901 der Mineralstufe von Abbildung Nr. 454.
Foto: Thomas Schüpbach

10.4 Mürtschenalp

Mineralien
Adamin, Azurit, Bornit, Brochantit, Cerussit, Chalkophyllit, Chalkanthit, Chalkopyrit, Chalkosin, Cyanotrichit, Euchroit, Fahlerz, Malachit, Metazeunerit, Mimetesit, Molybdänit, Olivenit, Pharmakosiderit, Posnjakit, Rosasit, Silber, Strashimirit, Tirolit, Wulfenit

Mit der wenig genauen Fundortangabe Mürtschenalp finden sich zahlreiche Stufen in öffentlichen und privaten Sammlungen oder werden in der Literatur so aufgeführt, ohne dass dabei die exakte Fundortlokalität bekannt ist. Meisser (1999) gibt dagegen detailliertere Fundortangaben an; es ist daher möglich, dass im vorliegenden Text der eine oder andere Fund sowohl unter Mürtschenalp als auch unter dem genauen Fundort angegeben wird.

Während die primären Vererzungen in der Regel eher für den Wissenschaftler von Bedeutung sind, stossen die mannigfaltigen Sekundärmineralien trotz ihrer bescheidenen Grösse und den Schwierigkeiten bei der Bestimmung beim Sammler auf erhöhtes Interesse. Eine Auflistung der Mineralarten sowie deren Zuordnung in primär gebildete Erze und in sekundäre Mineralbildungen findet sich im Kapitel «Mineralien – Kristalle – Erze».

Unter den Erzmineralien verdient das Auftreten von Silber in der Form kleiner Körnchen und Blättchen in den Kupfererzgängen der Mürtschenalp Beachtung, weil es sich neben einem Fund auf der Alp Prod (Schilstal) um das einzige, im 19. Jahrhundert aus der Schweiz bekannte Vorkommen dieser Mineralart handelt (Tröger 1860, Stöhr 1865, Kenngott 1866).

Adamin wurde für die Schweiz erstmals von der Kupferlagerstätte Mürtschenalp nachgewiesen (Schmutz et al. 1980). Adamin ist isomorph zu Olivenit. Es wird vermutet, dass es sich beim Adamin der Mürtschenalp um eine kupferreiche Varietät handelt (Schmutz et al. 1982 a und b). Während Oli-

456 Dunkelgraues Kupfererz bestehend aus Chalkosin und Bornit. Mürtschenalp. Breite: 8.5 cm.
Naturhistorisches Museum Basel, Nr. 11181
Foto: Thomas Schüpbach

457 Bornit, oberflächlich in Chalkosin umgewandelt, in Gangart aus Dolomit. Mürtschenalp. Höhe: 6.3 cm. Sammlungseingang 1901, Geschenk H. Tröger, Architekt in Bern.
Naturhistorisches Museum Bern, Nr. B1490
Foto: Thomas Schüpbach

458 Erzprobe mit feinen Überzügen aus Tirolit. Mürtschenalp. Breite: 4 cm.
Sammlung: Peter Kürsteiner, Nr. T7-80
Foto: Thomas Schüpbach

459 Blauer Azurit neben grünem Malachit. Mürtschenalp. Bildbreite: 0.9 cm.
Naturhistorisches Museum Bern, Nr. A9487
Foto: Thomas Schüpbach

venit von Meisser (1999) im Grossen Chalttal wie auch im Hochmättli bestimmt werden konnte, gelang es nicht, weitere Stufen von Adamin zu bergen.

Stöhr (1865) beschreibt erstmals das Auftreten von «Uranglimmer» in den Vererzungen der Mürtschenalp. In der bedeutenden Wiser-Sammlung der Eidgenössischen Technischen Hochschule Zürich dürfte kein Belegmaterial dieser Mineralart vorhanden gewesen sein, weil sich in Kenngott (1866) kein entsprechender Hinweis findet. Erst zu Beginn des 20. Jahrhunderts erwähnt Schmidt (1920) das Vorkommen von «Uranglimmer» auf der Mürtschenalp, nachdem er die von Edmund von Fellenberg als «Uranit» bezeichneten Erzproben untersucht hatte, welche im Naturhistorischen Museum in Bern aufbewahrt werden. Am gleichen Fundmaterial führte Hirschi (1925) Radioaktivitätsmessungen durch und konnte den Nachweis erbringen, dass es sich bei den grünen, radialstrahligen Kluftbelägen um ein Uran-haltiges Mineral mit einer erhöhten Aktivität handelt. Spätere Bestimmungen identifizierten das Mineral als Metazeunerit (Schmutz et al. 1982 a und b, Graeser et al. 1981).

460 Grüner Malachit. Mürtschenalp.
Breite: 8.3 cm. Sammlungseingang um 1901.
Naturhistorisches Museum Bern, Nr. 6755
Foto: Thomas Schüpbach

461 Cerussit mit starker Längsriefung.
Länge Cerussit: 0.9 cm. Mürtschenalp.
Naturhistorisches Museum Basel, Nr. 33813
Foto: Thomas Schüpbach

462 Krustenartige Überzüge aus blaugrünem Brochantit. Mürtschenalp. Fund: Albin Bachmann, 1991. Bildbreite: 9 mm.
Naturhistorisches Museum Basel, Nr. 40979
Foto: Thomas Schüpbach

463 Hellblauer Posnjakit auf zersetztem Fahlerz. Mürtschenalp. Fund: Albin Bachmann, um 1981. Bildbreite: 1.1 cm.
Naturhistorisches Museum Bern, Nr. B2492
Foto: Thomas Schüpbach

Weitere Sekundärmineralien der Kupfererz-Lagerstätten der Mürtschenalp sind unter anderen Chalkophyllit, Cyanotrichit, Mimetesit, Olivenit, Tirolit und Wulfenit (Schmutz et al. 1982 a und b, Graeser et al. 1981, Meisser 1999). Zusätzlich wurden mehrere, seinerzeit nicht näher bestimmbare und unsichere Arsensulfate festgestellt (Schmutz et al. 1982 a und b). Als Neubildung im Grubenwasser erwähnt Stöhr (1865) das Kupfersulfat Chalkanthit («Kupfervitriol»). Kleine, blaugrüne Aggregate, welche zusammen mit Tirolit vorkommen, wurden von Woodtli und Disch (1996) als Rosasit bestimmt. Die gleichen Autoren identifizierten orangegelbe Krusten, welche bei starker Vergrösserung aus Würfelchen bestehen, als Pharmakosiderit.

Literatur: Graeser et al. (1979, S. 148; 1981, S. 449), Hirschi (1925, S. 248–249), Kenngott (1866), Meisser (1999, S. 489–503), Schmidt (1920), Schmutz et al. (1980, S. 42; 1982 a, S. 447–449; 1982 b,), Stalder et al. (1998, S. 83, S. 418 und S. 461), Stöhr (1865), Tröger (1860), Woodtli und Disch (1996, S. 7–14)

10.5 Grube Erzbett

Mineralien
Bornit, Chalkopyrit, Chalkosin, Covellin, Fahlerz, Malachit, Molybdänit, Pyrit

Der Eingang zur Erzgrube befindet sich am Fussweg von Unter Mürtschen zur Alp Tschermannen. Die alten Bergwerksanlagen umfassen einen Stollen, welcher entlang einer Nord-Süd orientierten Kluft verläuft und nach circa 35 m längs einer rechtwinklig zur Tagesstrecke angeordneten Kluft gegen Osten abbiegt (Stöhr 1865). Linker Hand schliesst ein altes Abbaugebiet an. Ein weiterer Abbau hat längs eines weiteren Nord-Süd verlaufenden Querschlages stattgefunden. Im Schnittpunkt der Stollen wurde ein tonnenlägiger (schräg verlaufender) Schacht abgeteuft, der mit circa 45° bergwärts gegen Süden einfällt. Insgesamt wurde der Erzgang auf zwei Sohlen auf 80 m Länge verfolgt (Fehlmann 1919).

1916–1918 wurde von der Firma Gustav Weinmann der Schacht aus den früheren Abbauperioden entwässert und auf Kote 1690 m ü. M. ein 181 m langer Basisstollen angelegt, um das Erz auf einem

464 Abraumhalde der Grube Erzbett.
Foto: Beat Moser

465 Erzhaltiger Schutt der Abraumhalde der Grube Erzbett.
Foto: Beat Moser

tieferen Niveau zu erschliessen (Fehlmann 1919). Die Arbeiten wurden 1918 erfolglos eingestellt.

Die Vererzung besteht aus einer Gangbrekzie mit einer Matrix aus Calcit, Serizit, Quarz und Dolomit, welche in grauem Sernifit auftritt. Als Erzminerale wurden Pyrit, Bornit, Chalkopyrit, Covellin, Fahlerz und der bereits von Stöhr (1865) beschriebene Molybdänit bestimmt (Bächtiger 1963). Weiter kommt derber, grauschwarzer Chalkosin vor. Auf der Halde finden sich keine Gesteine mit Anzeichen auf Uranvererzungen.

Koordinaten: 2'731'547, 1'214'119, 1718 m ü. M.

Literatur: Bächtiger (1963, S. 65-67), Fehlmann (1919), Stöhr (1865, S. 25-29)

10.6 Hauptgrube

Mineralien
Betechtinit, fraglicher Bismuthinit, Bornit, Chalkopyrit, Chalkosin, Covellin, Fahlerz, Ferrimolybdit, Hämatit, Molybdänit, Pyrit, gediegen Silber, Stromeyerit, Wittichenit

Die Grube befindet sich südlich der Alp Unter Mürtschen und unterhalb der Alp Tschermannen sowie circa 250 m nordöstlich der Grube Erzbett.

Die Hauptgrube weist mehrere Stolleneingänge und oberflächliche Schürfstellen auf. Von der Tagesstrecke führt ein tonnenlägiger Schacht gegen Südosten, der mit der Mittelstrecke in Verbindung steht und zur Grundstrecke führt, welche gegen

466 Eingang der Hauptgrube.
Foto: Beat Moser

467 Stollen der Hauptgrube.
Foto: Beat Moser

468 Stein bei der Hauptgrube mit eingehauenen Initialen der Bergleute.
Foto: Beat Moser

Westen einen Eingang aufweist und im Osten zur alten Grube mit vollständig eingestürztem Dach führt. Auf einem tieferen Niveau verläuft der Querschlag mit dem gegen Norden gerichteten Basisstollen. Die meisten Bauten wurden zwischen 1849 und 1865 erstellt. In den Jahren 1916–1918 wurden die alten Stollen ausgeräumt und die Grundstrecke um 35.5 m verlängert, ohne dass man auf neue abbauwürdige Erzvorkommen stiess (Fehlmann 1919).

Die primären, nur unter dem Mikroskop erkennbaren Erze umfassen Hämatit, gediegen Silber, Pyrit, Molybdänit, Betechtinit, Fahlerz, Chalkopyrit, fraglicher Bismuthinit (Wismutglanz), Wittichenit, Bornit, Chalkosin, Stromeyerit und Covellin (Bächtiger 1963). Der Molybdänit wird stellenweise von erdigem, gelbem und mineralogisch schlecht definiertem Ferrimolybdit (Molybdänocker) begleitet. Die Erze sind an Gänge gebunden, welche eine dolomitische Grundmasse aufweisen.

469 Derber, grauschwarzer Chalkosin neben grünlichen Kupfer-Sekundärmineralien. Grube Erzbett, Gangstück westlich der Nord-Süd verlaufenden Verwerfung. Bildbreite: 6 cm.
Naturhistorisches Museum Basel, Nr. 22517
Foto: Thomas Schüpbach

470 Brauner bis violetter Bornit neben fraglichem blauem Covellin, dazu hellgrüner Malachit. Grube Erzbett. Bildbreite: 1.3 mm.
Sammlung: Remo Zanelli
Foto: Remo Zanelli

471 Grüner Malachit neben braunem bis violettem Bornit. Grube Erzbett. Bildbreite: 5 mm.
Sammlung: Remo Zanelli
Foto: Remo Zanelli

472 Adern aus feinkörnigem Chalkosin in dolomitischer Gangart. Hauptgrube, Erzgang zwischen Tages- und östlicher Grundstrecke. Fund: Walter Hotz, 1906. Bildbreite: 6.2 cm.
Naturhistorisches Museum Basel, Nr. 22515
Foto: Thomas Schüpbach

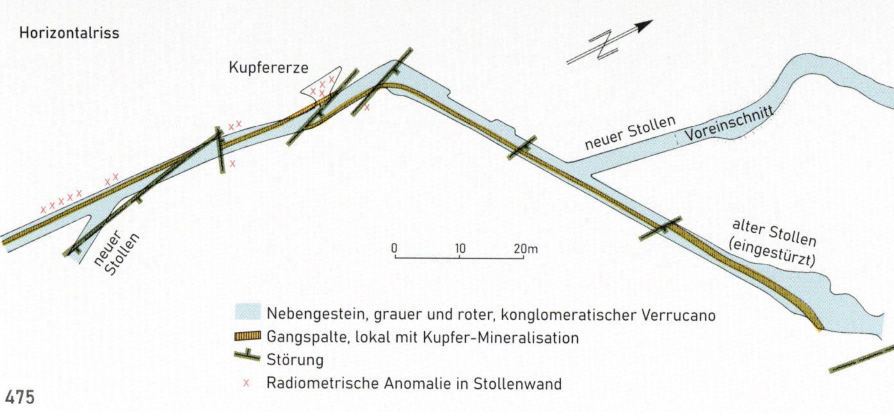

473 Grosses Chalttal: alter Stollen.
Foto: Remo Zanelliv

474 Grosses Chalttal: neuer Stollen.
Foto: Remo Zanelli

475 Plan des Sondierstollen Grosses Chalttal.
Illustration: Nach Gilliéron (1988)

476 Grosses Chalttal: Abraum-Halde.
Foto: Remo Zanelli

476

Die Mächtigkeit der Gänge erreicht stellenweise 0.6 m. Im Nahbereich der erzführenden Gänge ist das aus Sernifit bestehende Nebengestein grau verfärbt. Das Nebengestein ist ebenfalls erzführend. Gegen die Tiefe scheint die Erzführung abzunehmen. Es bestehen keine Anzeichen auf eine erhöhte Radioaktivität der Gesteine, sodass nicht mit einem Vorkommen von Uranmineralien gerechnet werden kann.

Koordinaten: 2'731'756, 1'214'281, 1684 m ü. M.

Literatur: Bächtiger (1963, S. 68–74), Fehlmann (1919), Stöhr (1865, S. 21–25)

10.7 Sondierstollen Grosses Chalttal

Mineralien
Anatas, Azurit, Barium-Pharmakosiderit, Bayldonit, Bornit, Brannerit, Brochantit, Cerussit, Chalkophyllit, Chalkopyrit, Chalkosin, Chrysokoll, Cornubit, Covellin, Cuprosklodowskit, Cyanotrichit, Djurleit, Euchroit, Fahlerz, Galenit, Langit-Posnjakit, Malachit, Metazeunerit, Mimetesit, Olivenit, Pechblende, Pyrit, Quarz, Rutil, gediegen Silber, Strashimirit, Stromeyerit, Tennantit, Tirolit, Wittichenit, Wulfenit

Der heute verschüttete Stollen befindet sich am gegen das Murgtal hin gerichteten Felsabsturz auf 1510 m ü. M. Darunter erstreckt sich auf rund 1430 m ü. M. eine Halde, auf welcher in der Vergangenheit Sturzblöcke mit einer vielseitigen Mineralparagenese gesammelt werden konnten.

Im Grossen Chalttal fand kein eigentlicher Erzabbau statt. Ausgehend von Erzfunden auf der Erdoberfläche wurde im Sernifit in westlicher Richtung ein insgesamt circa 80 m langer Stollen vorgetrieben, der entlang eines stellenweise bis 2.1 m mächtigen Erzganges angelegt wurde. In der Anfangsphase konnten bis 30 Kilogramm schwere Erzstücke aus Bornit (Buntkupferkies) und Fahlerz gewonnen werden, die ebenfalls Chalkosin (Kupferglanz) und gediegen Silber in kleinen Blättchen enthielten (Stöhr 1865). Der Vortrieb wurde durch zahlreiche Verwerfungen, Klüfte und gebräches (instabiles) Gestein erschwert. Nachdem der Stollen nicht mehr begangen wurde, stürzten Teile davon ein.

Der alte Stollen aus dem 19. Jahrhundert wurde später durch die Eisenbergwerke Gonzen AG in den Jahren 1958 und 1967 durch einen neuen Stollen seitlich umfahren und wieder zugänglich gemacht (Gilliéron, 1988). Aus diesem Grund sind im Gelände zwei Stolleneingänge vorhanden.

Im Jahr 1957 gelang dem Geologen Kurt Bächtiger im Rahmen seiner Diplomarbeit, erstmals in der Halde unterhalb des Sondierstollens Uranerze nachzuweisen (Bächtiger 1963). Unter dem Erzmikroskop sind folgende Mineralien zu erkennen: Pechblende, Brannerit, Pyrit, Galenit, Fahlerz, Chalkopyrit, Wittichenit, Bornit, Chalkosin, Stromeyerit und Covellin (Bächtiger 1963).

Pechblende tritt in der Form runder bis ovaler Körner, eingeschlossen in den Kupfersulfiden, auf. Brannerit bildet mit Anatas und Rutil verwachsene, nadelige Aggregate. Pyrit ist stabförmig oder als Pentagondodekaeder ausgebildet. Beim Fahlerz dominiert das Arsen-haltige Endglied; es handelt sich somit vorwiegend um Tennantit. Gediegen Silber tritt als Körnchen und Drähtchen eingeschlossen in Quarz, Bornit und Chalkosin auf und wurde als Mineralart bereits von Tröger (1860) im Chalttal nachgewiesen.

In der Halde unterhalb des Stollens konnte eine Reihe weiterer seltener Sekundärmineralien geborgen werden (Meisser 1999). Azurit konnte in der Form kleiner lamellenförmiger, himmelblauer Kristalle gefunden werden. Barium-Pharmakosiderit tritt als kleine, kubische, honiggelbe Kristalle in Hohlräumen des Tennantit- und Malachit-reichen Erzes auf. Die Fundstelle Chalttal zeichnet sich besonders durch das Auftreten wunderschöner, flach prismatischer, oft fächerförmig angeordneter, smaragdgrüner Brochantit-Kristalle aus.

Cerussit bildet gedrungene, oft durchsichtige, parallel zur Hauptachse geriefte Kristalle und ist im Vergleich mit dem Mineralvorkommen Hochmättli seltener vorhanden. Chalkophyllit ist in der Form tafeliger, sechseckiger Kristalle von grünlicher bis türkisblauer Farbe ausgebildet und überdeckt dünne Risse. Dem Bayldonit sehr ähnlich findet sich in der Form grasgrüner Halbkugeln mit glatter Oberfläche die seltene Mineralart Cornubit.

Blassgrüne, nadelförmige Kristalle in stark radioaktiven Erzproben wurden als Cuprosklodowskit bestimmt. Bei tiefblauen Lagen aus kleinsten, nadelförmigen Kristallen handelt es sich um das Mineral Cyanotrichit. Bei grauen, weichen Kristallen, welche zusammen mit «Weissem Kupferglanz» (Bächtiger 1963) auftreten, liegt vermutlich ein Gemisch von Chalkosin und Djurleit vor (Meisser 1999), einer weiteren Mineralart aus der Kupferglanzreihe.

Eine absolute mineralogische Rarität stellt die Mineralart Euchroit dar, welche in isometrischen, orthorhombischen und teilweise verzwillingten, smaragdgrünen Kristallen auftritt, die Längen von bis 3 mm erreichen. Die gleiche Mineralart wurde von der Mürtschenalp – ohne genauere Fundortangabe – von Graeser et al. (1981) und von Schmutz et al. (1982 a und b) bestimmt.

Diamantglänzende, grasgrüne Blättchen und Tafeln wurden bereits von Stöhr (1865) als «Uranglimmer» identifiziert. Neue Bestimmungen ergaben, dass es sich dabei um die Mineralart Metazeunerit handelt (Meisser 1999). Metazeunerit bildet winzige Tafeln in kleinen Hohlräumen des Tennantit-haltigen Gangquarzes.

477 Grüner Brochantit. Sondierstollen Grosses Chalttal. Bildbreite: 1 mm.
Sammlung: Philippe Roth
Foto: Philippe Roth

478 Smaragdgrüne Chalkophyllit-Rose mit pseudohexagonalen Blättchen neben weissem und blassgelbem, nadeligem Mimetesit. Sondierstollen Grosses Chalttal. Bildbreite: 6 mm.
Sammlung: Hans-Peter Klinger
Foto: Remo Zanelli

479 Chalkophyllit-Kristalle. Sondierstollen Grosses Chalttal. Bildbreite: 2.5 mm.
Sammlung: Philippe Roth
Foto: Remo Zanelli

480 Grüner, tafeliger Chalkophyllit. Sondierstollen Grosses Chalttal. Bildhöhe: 0.9 mm.
Sammlung: Philippe Roth
Foto: Mischa Crumbach

481 Grüner, glasiger Bayldonit auf Chrysokoll. Sondierstollen Grosses Chalttal. Bildbreite: 2 mm.
Sammlung: Remo Zanelli
Foto: Remo Zanelli

482 Hellblauer, kugelförmiger Cyanotrichit. Sondierstollen Grosses Chalttal. Bildbreite: 1.3 mm.
Sammlung: Remo Zanelli
Foto: Remo Zanelli

483 Blassgrüne, büschelige Aggregate aus Cuprosklodowskit. Sondierstollen Grosses Chalttal. Bildbreite: 3 mm.
Musée cantonal de géologie Lausanne, Nr. 52940
Foto: Thomas Schüpbach

484 Smaragdgrüner Euchroit. Sondierstollen Grosses Chalttal. Bildbreite: 4.5 mm.
Musée cantonal de géologie Lausanne, Nr. 52939
Foto: Thomas Schüpbach

485 Lindengrüner, kugelförmiger Mimetesit neben gelbem, bipyramidalem Wulfenit. Sondierstollen Grosses Chalttal. Bildbreite: 3.6 mm.
Sammlung: Hans-Peter Klinger
Foto: Remo Zanelli

486 Leicht blassgrüner, kugelförmiger Strashimirit auf grasgrünem, halbkugelförmigem Cornubit. Sondierstollen Grosses Chalttal. Bildbreite: 2.4 mm.
Sammlung: Hans-Peter Klinger
Foto: Remo Zanelli

487 Zartgrüner Malachit. Sondierstollen Grosses Chalttal. Bildbreite: 3 mm.
Sammlung: Philippe Roth
Foto: Remo Zanelli

488 Grüner Wulfenit neben weissem Mimetesit und blassgrünem Malachit. Sondierstollen Grosses Chalttal. Bildbreite: 2.3 mm.
Sammlung: Philippe Roth
Foto: Remo Zanelli

489 Blasslindengrüne Wulfenit-Kristalle. Sondierstollen Grosses Chalttal. Bildbreite: 2.9 mm.
Sammlung: Philippe Roth
Foto: Remo Zanelli

490 Rosettenförmiger, dunkelgrüner Tirolit auf grauem, vererztem Sernifit-Gestein. Sondierstollen Grosses Chalttal. Breite: 4.3 cm.
Naturhistorisches Museum Basel, Nr. 16805
Foto: Thomas Schüpbach

Mimetesit bildet gedrungene hexagonale Prismen von gras- bis gelbgrüner Farbe. Olivenit findet sich als selten auftretende, filzartige Überzüge nadelförmiger, olivgrüner bis farbloser Kristalle.

Selten treten auf Cornubit aufgewachsene, prachtvolle Igel aus nadelförmigen, blassgrünen oder fast weissen Kristallen auf, bei welchen es sich um die Mineralart Strashimirit handelt. Die Mineralart wurde mit der Fundortangabe Mürtschenalp ebenfalls von Graeser et al. (1981) und von Schmutz et al. (1982 a und b) beschrieben.

Häufig ist rosettenförmiger Tirolit von hellgrüner bis himmelblauer Farbe vorhanden. Selten finden sich zudem im Grossen Chalttal Bayldonit, Langit-Posnjakit, Malachit, Olivenit, Wulfenit neben weiteren, nicht bestimmbaren Mineralien (Meisser 1999).

Koordinaten: 2'733'071, 1'214'610, 1510 m ü. M.

Literatur: Bächtiger (1963, S. 74–78), Gilliéron (1988, S. 43–45), Graeser et al. (1981, S. 449), Meisser (1999), Schmutz et al. (1982 a und b), Stöhr (1865, S. 29–31) Tröger (1860)

488

489

490

10.8 Hochmättli

Mineralien

Agardit, «Asbolan», Barium-Pharmakosiderit, Baryt, Bayldonit, Beudantit-Hidalgoit, fraglicher Bismuthinit, Bornit, Brochantit, Cerussit, Chalkophyllit, Chalkopyrit, Chalkosin, Chrysokoll, Covellin, Cyanotrichit, Djurleit-Chalkosin, Duftit-beta, Fahlerz, Hämatit, Karminit, Kasolit, Langit-Posnjakit, Laumontit, Malachit, Metazeunerit, Mimetesit, Olivenit, Parnauit, Plumboagardit, Prehnit, Segnitit, Strashimirit, Tenorit, Tirolit, Wulfenit

Am Hochmättli (von Bächtiger auch als «Grosses Hochmättli» bezeichnet) treten auf der West- und Ostseite an mehreren Stellen in den Schönbül-Tonschiefern der Verrucano-Gruppe Vererzungen auf.

Das Vorkommen Hochmättli West zeichnet sich durch ein verschüttetes Stollenmundloch aus, in dessen Umgebung im Grauen Gebirge sowie in Quarzadern die Mineralien Prehnit, Hämatit, Bornit, Covellin und Chalkosin vorkommen (Bächtiger 1963).

491

492

493

491 Aggregate von nadeligem Plumboagardit auf hellblauem Chrysokoll. Hochmättli. Bildbreite: 1 mm.
Sammlung: Philippe Roth
Foto: Remo Zanelli

492 Rasterelektronenmikroskop-Aufnahme von Plumboagardit. Hochmättli.
Sammlung: Philippe Roth
Foto: Philippe Roth

493 Grüner Bayldonit auf bläulich-weissem Chrysokoll. Hochmättli. Bildbreite: 2.1 mm.
Sammlung: Remo Zanelli
Foto: Remo Zanelli

494 Grasgrüne, kugelige Strashimirit-Kristalle neben gelbem Baryt. Hochmättli. Bildbreite: 2.4 cm.
Fund: Nicolas Meisser, 1993.
Musée cantonal de géologie Lausanne, Nr. 094998
Foto: Thomas Schüpbach

495 Chalkophyllit, ausgebildet als blaugrüne, dünntafelige, pseudohexagonale Kristalle. Hochmättli. Bildbreite: 1.2 cm.
Musée cantonal de géologie Lausanne, Nr. 85863
Foto: Thomas Schüpbach

Die Lokalität Hochmättli Ost befindet sich am Nordostgrat 50 m unterhalb des Gipfels. Im Gelände finden sich ein alter Stollen mit einer Trockenmauer und einzelnen Schürflöchern. Sie sind Zeugen, dass an dieser Stelle bereits vor der Mitte des 19. Jahrhunderts nach Erz geschürft wurde (Stöhr 1865). In der Umgebung des Stollens ist ein 0.1 m mächtiger Gangquarz mit makroskopisch sichtbarem Fahlerz, Chalkosin, Covellin, Malachit und gelbgrünen und orangebraunen Sekundärmineralien vorhanden (Bächtiger 1963). Unter dem Erzmikroskop sind zudem Bornit, Chalkopyrit, fraglicher Bismuthinit und nicht sicher bestimmbarer Tenorit erkennbar. Die erhöhte Radioaktivität des Gesteins ist Anzeichen für weitere uranhaltige Mineralien.

Den umfassenden Untersuchungen von Meisser (1999) ist es zu verdanken, dass von der Lokalität Hochmättli eine Reihe teilweise seltener Sekundärmineralien bekannt sind, welche nachfolgend auszugsweise beschrieben werden.

Das Arsen-haltige Mineral Agardit-(Y) bildet einen millimeterdicken, blassgrünen Filz kleinster nadelförmiger Kristalle und ist mit Chrysokoll, Bayldonit und einem nicht bestimmbaren Kupfer-Blei-Arsenat vergesellschaftet. Neue EDX-Messungen an verschiedenen Agardit-Proben dieser Fundstelle zeigen die Dominanz von Blei gegenüber Yttrium, und es ist fraglich, ob es sich um die Yttrium-reiche Varietät dieser Mineralart handelt (Mitteilung Philippe Roth, 2021). Als «Asbolan» beschreibt Meisser (1999) schwarze Krusten mit einem harzähnlichen Aussehen, die zusammen mit Chrysokoll auftreten.

Baryt tritt verbreitet in der Form flacher rhomboedrischer Kristalle auf, welche farblos bis honiggelb sind und oft einen zonaren Aufbau zeigen. Die Mineralart Barium-Pharmakosiderit bildet Beläge aus winzigen, kubischen, braunen bis gelben Kristallen, seltener auch Pseudomorphosen nach Chalkopyrit.

Bayldonit ist als glatte, halbkugelige Warzen von intensiv grüner Farbe ausgebildet und wird von Wulfenit, Chrysokoll, Parnauit und Strashimirit begleitet. Millimeter dicke Beläge oder traubenförmige Gebilde mit radialstrahligem Bruch, die aus winzigen, grünlich-gelben Kristallen bestehen, wurden als Mineralien der Beudantit-Hidalgoit-Reihe bestimmt. Beim Strashimirit handelt es sich um grasgrüne, kugelige Aggregate.

Die seltene Mineralart Karminit, welche als traubenförmige oder stalaktitische Aggregate mit karminroter Farbe auftritt, konnte bisher in der Schweiz nur an dieser Fundstelle nachgewiesen werden.

Chalkophyllit bildet 2–3 mm grosse, dünntafelige, sechseckige, grünliche bis türkisblaue Plättchen. Chrysokoll ist als Füllung von Gesteinsspalten vorhanden und zeigt einen muscheligen Bruch sowie eine intensiv hellblaue Farbe.

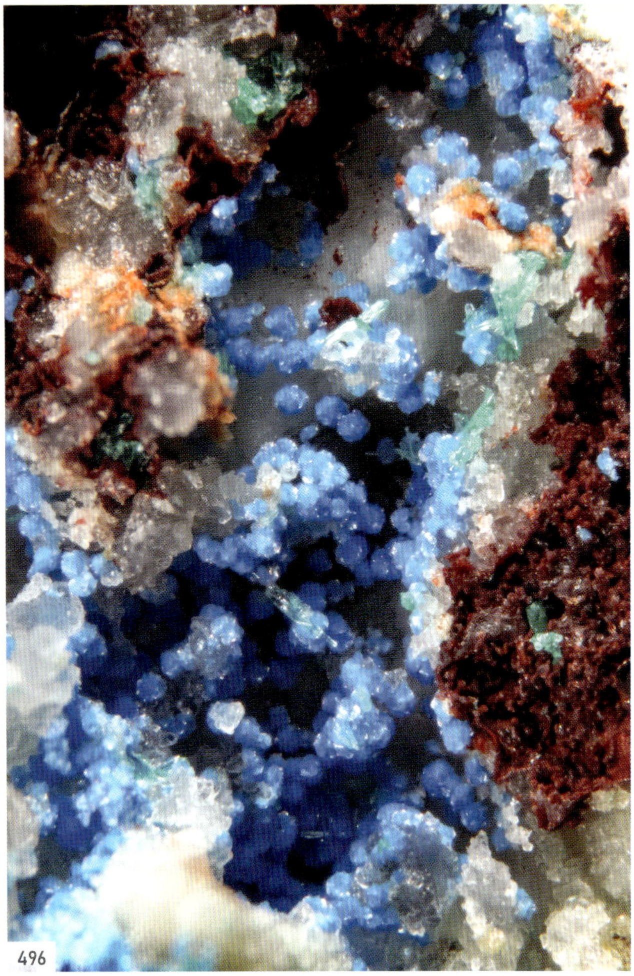

496 Hellblauer, kugelförmiger Cyanotrichit. Hochmättli. Bildbreite: 2.9 mm.
Sammlung: Mischa Crumbach
Foto: Mischa Crumbach

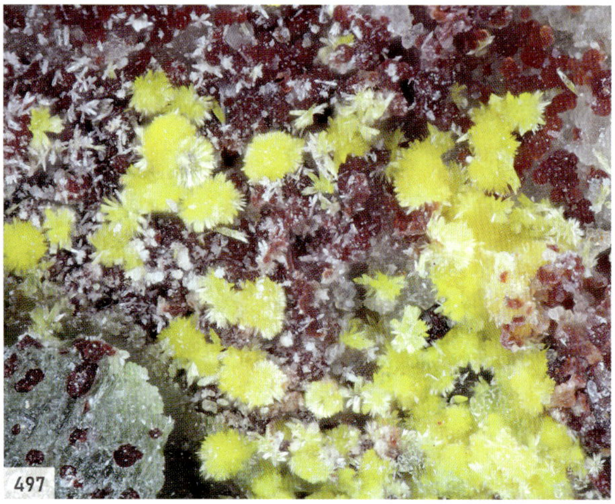

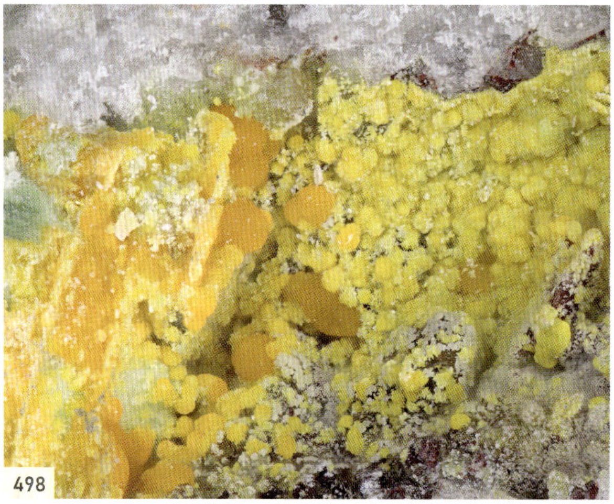

497 Igelförmige, kanariengelbe Kasolit-Kristalle. Hochmättli. Bildbreite: 1.5 mm.
Sammlung: Hans-Peter Klinger
Foto: Remo Zanelli

498 Gelber Kasolit. Hochmättli. Bildbreite: 2.5 mm.
Sammlung: Philippe Roth
Foto: Remo Zanelli

499 Gelbe, gedrungene hexagonale Prismen von Mimetesit neben flaschengrünem Chrysokoll, unten rechts einzelner gelber Wulfenit-Kristall. Hochmättli. Bildbreite: 2.7 mm.
Sammlung: Hans-Peter Klinger
Foto: Remo Zanelli

Filzige Massen, bestehend aus kleinsten nadelförmigen Kristallen, welche eine tief- bis himmelblaue Farbe zeigen, wurden als Cyanotrichit bestimmt. Nur selten ist im Hochmättli das Mineral Duftit-beta zu finden, welches in der Form radialstrahliger, bis 2 mm grosser Halbkugeln auftritt, die eine blass- bis olivgrüne Farbe aufweisen.

Kasolit ist mit Metazeunerit und Mimetesit vergesellschaftet und als kanariengelbe, feinnadelige, radialstrahlige Igel ausgebildet. Kleine, gedrungene, himmelblaue Kristalle, die öfters mit einem 60°-Winkel verzwillingt sind, wurden als Langit-Posnjakit bestimmt. Laumontit findet sich als weisse, stängelige, kurzprismatische Kristalle.

Häufig finden sich am Hochmättli tafelige, bis 6 mm grosse Kristalle, die eine hell- bis smaragdgrüne Farbe haben und bei welchen es sich um Metazeunerit handelt, der an dieser Lokalität in besonderer Grösse und hervorragender Qualität auftritt. Diese Mineralart wird von winzigen, gelben Aggregaten von Segnitit begleitet (Mitteilung Philippe Roth, 2021).

Millimeterdicke, seifige Überzüge glimmerartiger, himmelblauer Aggregate wurden als Parnauit bestimmt, der ebenfalls in der Form blasser, wassergrüner Halbkugeln auftritt und sonst bisher in der Schweiz an keiner anderen Lokalität identifiziert werden konnte. Ohne detaillierte Fundortangabe wurde von Schmutz et al. (1982 a und b) von der Mürtschenalp fraglicher Parnauit beschrieben.

Tirolit ist am Hochmättli das am verbreitetsten vorkommende Kupferarsenat und bildet prachtvolle Rosetten aus lamellenförmigen, hellgrünen bis türkisblauen Kristallen. Wulfenit tritt in der Ausbildung abgestumpfter Bipyramiden, feinnadeliger und abgeflachter Kristalle von orangegelber, gelber und brauner Farbe auf. Als weitere Mineralarten wurden von Meisser (1999) am Hochmättli Cerussit, Malachit und Olivenit bestimmt.

Koordinaten: 2'731'690, 1'212'730, 2230 m ü. M. (Hochmättli West) und 2'731'920, 1'212'785, 2200 m ü. M. (Hochmättli Ost)

Literatur: Bächtiger (1963, S. 80-83), Meisser (1999), Schmutz et al. (1982 a und b), Stöhr (1865, S. 13)

500 Weisse, kurzprismatische Kristalle aus Laumontit. Hochmättli. Fund: Thomas Mumenthaler, 1985. Bildbreite: 2 cm.
Musée cantonal de géologie Lausanne, Nr. 094999
Foto: Thomas Schüpbach

501 Grüner Metazeunerit neben gelblichem Segnitit. Hochmättli. Bildbreite: 6 mm.
Sammlung: Philippe Roth
Foto: Remo Zanelli

502 Hellgrüner Metazeunerit neben bleigrauem Djurleit-Chalkosin. Hochmättli. Bildbreite: 7 mm.
Sammlung: Hans-Peter Klinger
Foto: Remo Zanelli

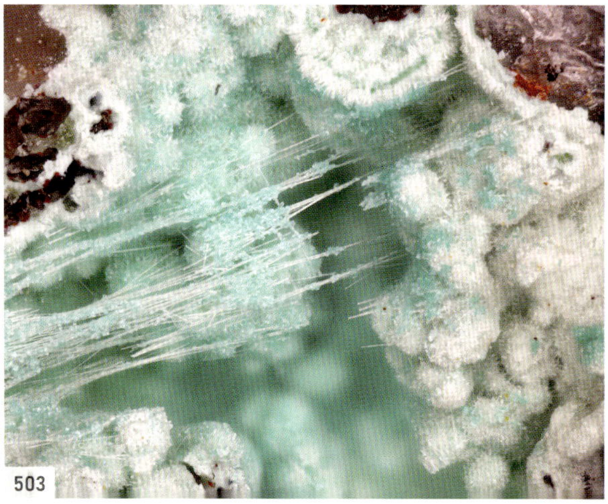

503 Hellblaue Parnauit-Kristalle und weisser, nadelförmiger Mimetesit neben weissen bis blassgrünen, radialstrahligen Strashimirit-Aggregaten. Hochmättli. Bildbreite: 3 mm.
Sammlung: Remo Zanelli
Foto: Remo Zanelli

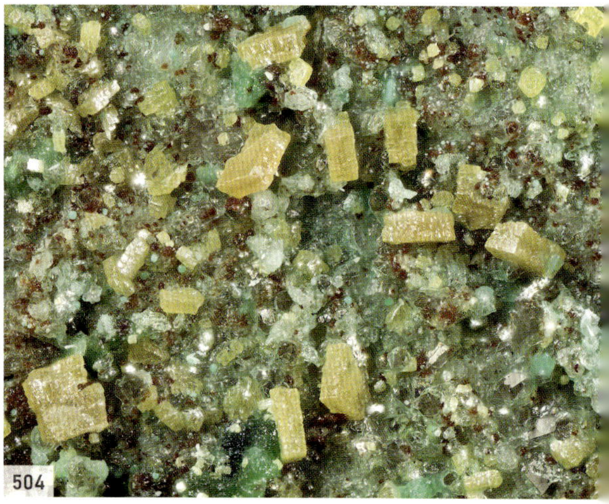

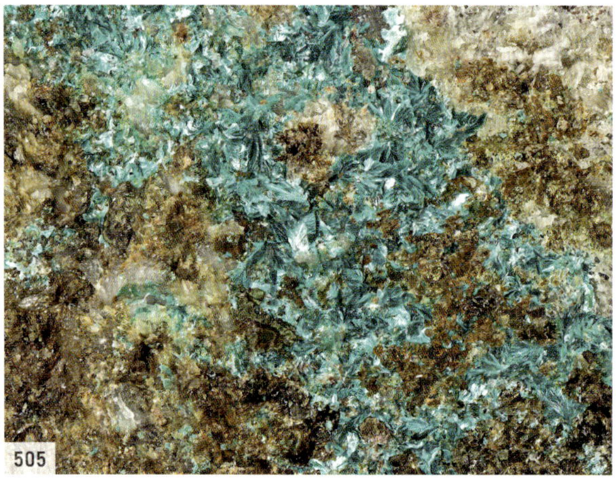

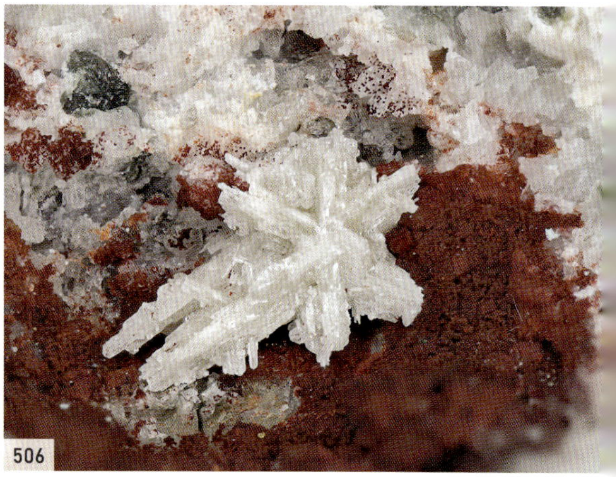

504 Zitronengelbe, tafelige, pseudowürfelige Wulfenit-Kristalle neben grünem Malachit. Hochmättli. Bildbreite: 4.9 mm.
Musée cantonal de géologie Lausanne, Nr. 65864
Foto: Thomas Schüpbach

505 Rosettenförmiger, türkisblauer Tirolit. Hochmättli. Fund: Nicolas Meisser, 1993. Bildbreite: 1.5 cm.
Musée cantonal de géologie Lausanne, Nr. 095000
Foto: Thomas Schüpbach

506 Sternförmiger, milchig-weisser Cerussit-Zwilling neben rotem, nicht bestimmtem Mineral. Hochmättli. Bildbreite: 5 mm.
Sammlung: Hans-Peter Klinger
Foto: Remo Zanelli

Als weitere Mineralart kommt am Silberspitz Tirolit vor (EDS- und XRD-Analysen sowie Untersuchung mittels Raman-Spektroskopie von Frank Gfeller, Naturhistorisches Museum Bern). Es handelt sich bei diesem Mineral um winzige, blaugrüne, blättrige Aggregate.

Koordinaten: 2'732'240, 1'213'240, 2165 m ü. M.

Literatur: Bächtiger (1963, S. 83-84), Stöhr (1865, S. 13), Tröger (1860, S. 311)

10.10 Tschermannenbach

Mineralien
Uran-haltige Mineralien (nicht bestimmt)

In schwarzen, kohligen Tonschiefern über dem Mels-Sandstein zeigt das Gestein eine leicht erhöhte Radioaktivität, was als Hinweis auf an organische Substanzen gebundenes Uran interpretiert wird (Bächtiger 1963).

Koordinaten: 2'731'560, 1'214'670, 1488 m ü. M.

Literatur: Bächtiger (1963, S. 79)

10.9 Silberspitz

Mineralien
Bornit, Chalkosin, Covellin, Fahlerz, Graphit, Malachit, Tirolit

Am Silberspitz treten in den Schönbül-Tonschiefern an drei Stellen Kupfermineralisationen auf (Bächtiger 1963). Es handelt sich bei diesen um zwei Aufschlüsse sowie eine alte Schürfstelle. Während Tröger (1860) und Stöhr (1865) ein gangartiges Vorkommen postulieren, kommt Bächtiger (1963) zum Schluss, dass die Vererzung an teilweise linsenförmige, chloritisierte Schiefer gebunden ist («Graues Gebirge» nach Stöhr 1865).

Makroskopisch sind die Mineralien Bornit, Chalkosin und Malachit erkennbar. Im Erzanschliff treten Covellin, Fahlerz und Graphit dazu. Das graue Nebengestein enthält Chlorit und Prehnit.

507 Olivgrüner, nadelförmiger Olivenit und glänzender, grüner Metazeunerit. Hochmättli. Bildbreite: 7 mm.
Sammlung: Hans-Peter Klinger
Foto: Remo Zanelli

508 Grüner Olivenit auf Quarz. Hochmättli. Bildbreite: 1 mm.
Sammlung: Remo Zanelli
Foto: Remo Zanelli

509 Hellgrüne Olivenit-Kristalle, teilweise als «Leukochalcit», eine faserige, weisse Olivenit-Varietät. Hochmättli. Bildbreite: 2.5 mm.
Sammlung: Remo Zanelli
Foto: Remo Zanelli

510 Grüner Tirolit. Silberspitz. Bildbreite: 3 cm.
Sammlung: Peter Kürsteiner, Nr. T8-321
Foto: Thomas Schüpbach

10.11 Chüetal

Mineralien
Azurit, Bornit, Chalkopyrit, Fahlerz, Galenit, Malachit, Pyrit

Die Lokalität befindet sich am Fussweg von Ober Mürtschen zum Schilt und ist bereits in Stöhr (1865) unter der Bezeichnung «unterhalb des Schilt» aufgeführt (Bächtiger 1963). Im graubraunen, grobspätigen Röti-Dolomit wurde auf einer Länge von einigen Metern ein Stollen vorgetrieben, der in einem kleinen Schacht endet. In diesem Gestein tritt eine rund 1.2 m mächtige Erzimprägnation auf. Diese umfasst Fahlerz, Pyrit, Galenit, Chalkopyrit und Bornit. Sekundär ausgebildet sind Malachit und Azurit.

Koordinaten: 2'728'700, 1'212'900, 1960 m ü. M.

Literatur: Bächtiger (1963, S. 78–79), Stöhr (1865, S. 14)

10.12 Etscherzapfen

Mineralien
Calcit, Chalkosin, Malachit, Quarz

Auf der Nordseite des Kamms, der vom Etscherzapfen gegen Westen führt, stehen Schönbülschiefer an, welche eine 0.2 m mächtige Imprägnationszone mit Quarz-Calcitadern und den Erzmineralien Chalkosin und Malachit enthalten (Bächtiger 1963).

Koordinaten: 2'730'500, 1'212'220, 2130 m ü. M.

Literatur: Bächtiger (1963, S. 80)

10.13 Klein Hochmättli

Mineralien
fraglicher Bornit, Chalkosin, Covellin, Hämatit, Malachit, gediegen Silber

Auf der Westseite des Klein Hochmättli ist in einer feinkörnigen Brekzie ein 2 m breiter, konkordanter Erzkörper vorhanden (Bächtiger 1963). Im Gelände sind Imprägnationen von Chalkosin und Malachit erkennbar. Erzmikroskopisch lassen sich zudem Einschlüsse von Hämatit, gediegen Silber, Covellin und fraglichem Bornit nachweisen.

Koordinaten: 2'731'110, 1'212'460, 2160 m ü. M.

Literatur: Bächtiger (1963, S. 80–81)

10.14 Judenweg

Mineralien
Pyrit, Uran-haltige Mineralien

Am Weg von Unter Mürtschen über das Heuloch zum Bärenboden stehen Tonschiefer an, die im Röti-Dolomit und über dem Mels-Sandstein auftreten. Diese enthalten Pyrit und zeigen eine erhöhte Radioaktivität, welche auf fein verteilte Uran-haltige Mineralien hinweist (Bächtiger 1963).

Koordinaten: 2'731'483, 1'215'098, 1710 m ü. M.

Literatur: Bächtiger (1963, S. 88)

10.15 Bärenboden

Mineralien
Azurit, Bornit, Chalkopyrit, Covellin, Fahlerz, Malachit

Bei der Lokalität Bärenboden steht am Übergang vom Sernifit zum Röti-Dolomit Mels-Sandstein an, in welchem Kupfermineralien vorhanden sind (Schmidt 1920). Im Gestein eingeschlossen finden sich kleine Erzkörner von Bornit, Chalkopyrit, Covellin und selten Fahlerz, welche von den Sekundärmineralien Azurit und Malachit begleitet werden (Bächtiger 1963).

An der Basis des Mels-Sandsteins sind zudem dunkle Graphit-haltige Tonschiefer mit einer Mächtigkeit von circa 0.2 m vorhanden, welche sich durch einen erhöhten Urangehalt auszeichnen (Bächtiger 1963).

Koordinaten: 2'731'670, 1'215'160, 1690 m ü. M.

Literatur: Bächtiger (1963, S. 85), Bernoulli (1811, S. 210), Schmidt (1920, S. 211)

10.16 Robmen

Mineralien
Bornit, Chalkopyrit, Chalkosin

Südlich Robmen tritt im Mels-Sandstein unmittelbar oberhalb des Kontakts mit dem Sernifit eine Imprägnation mit Kupfermineralien auf. Die Vererzung besteht aus Chalkopyrit, Bornit und Chalkosin (Freuler 1925).

Koordinaten: 2'730'200, 1'216'050, 1760 m ü. M.

Literatur: Freuler (1925, S. 259)

10.17 Meerenalp

Mineralien
Hämatit

In der steilen, gegen Osten zum Meerenboden abfallenden Bergflanke des Stocks befindet sich auf 1760 m ü. M. eine alte Abbaustelle von Eisenerz, welche bereits auf der Konzessionskarte von Simon (1857) aufgeführt ist. Es handelt sich um eine Vererzung aus Hämatit («Roteisenstein») im Blegi-Oolith, der an dieser Stelle eine Mächtigkeit von 2 m erreicht (Freuler 1925, Stöhr 1865). Die Abbaustelle wurde im Sommer 1856 entdeckt. Erzproben wurden in der Hütte von Plons, in welcher damals Gonzen-Erz geschmolzen wurde, auf ihren Eisengehalt untersucht. Dessen Wert lag zwischen «30 und 50%» (Stöhr 1865, Epprecht 1957). Das Projekt sah vor, das Erz nach Mühlehorn zur geplanten Bahnstation zu transportieren. Ein eigentlicher Abbau fand aber nie statt.

Koordinaten: 2'730'200, 1'216'050, 1760 m ü. M.

Literatur: Epprecht (1957, S. 225), Freuler (1925, S. 260), Simon (1857), Stöhr (1865, S. 11)

511 Gesteinsprobe aus Hämatit mit Abdruck eines Ammoniten rechts. Meerenalp. Breite: 7.2 cm. Sammlungseingang um 1901.
Naturhistorisches Museum Bern, Nr. A1487
Foto: Thomas Schüpbach

511

10.18 Gulmen

Mineralien
Kupfererze (nicht bestimmt)

Auf der Karte von Stöhr (1865) finden sich auf dem von Gulmen gegen Norden verlaufenden Grat zwei Stellen mit Anzeichen auf Kupfervererzungen, die in Quarziten des Mels-Sandsteins auftreten.

Koordinaten: 2'732'995, 1'216'575, 1700 m ü. M.

Literatur: Stöhr (1865, S. 14)

10.19 Chlis Chalttal

Mineralien
Anatas, Annabergit, Bornit, Brannerit, Chalkopyrit, Chlorit, Covellin, Erythrin, Fahlerz, Galenit, Hämatit, Linneit, Pechblende, Pyrit, Rutil, Sphalerit

Das Vorkommen umfasst mehrere Erzkörper, die sich westlich der Felsgruppe Dreitürme befinden und sich durch eine unterschiedliche Radioaktivität des Gesteins auszeichnen. Neben einem alten Stollen sind im Gelände zentimeterbreite Adern mit Quarz und Karbonat erkennbar. In den Adern findet sich die folgende Erzparagenese: Pechblende, Brannerit, Pyrit, Sphalerit, Linneit, Galenit, Chalkopyrit und Fahlerz. Die Mineralart Brannerit ist mit Rutil und Anatas verwachsen. Als Sekundärmineralien sind Erythrin, Annabergit und verschiedene Kupferoxidationsprodukte, darunter Covellin und Bornit, vorhanden. Zusätzlich treten in den Quarzadern Chlorit und Hämatit auf.

Koordinaten: 2'732'440, 1'213'790, 1'960 m ü. M.

Literatur: Bächtiger (1963, S. 55–57)

10.20 Chalttalboden

Mineralien
Arsenopyrit, Brannerit, Bravoit, Chalkopyrit, Covellin, Fahlerz, Galenit, Limonit, Linneit, Malachit, Pechblende, Pyrit, Sphalerit, Uran-Sekundärmineralien

Entlang einer Nord-Süd verlaufenden Linie sind auf einer Länge von circa 100 m mehrere Erzkörper aufgeschlossen (Bächtiger 1963), die eine erhöhte Gesteinsradioaktivität zeigen. Im Sernifit sind Pyrit, Chalkopyrit und Fahlerz vorhanden, welche von Limonit, Malachit und gelbgrünen Krusten von Uran-Sekundärmineralien begleitet werden. Zusätzlich finden sich unter dem Erzmikroskop Pechblende, Brannerit, Galenit, Arsenopyrit, Bravoit, Sphalerit, Linneit und Covellin.

Koordinaten: 2'732'910, 1'214'590, 1570 m ü. M.

Literatur: Bächtiger (1963, S. 58)

10.21 Silberplanggen

Mineralien
Arsenopyrit, Brannerit, Chalkopyrit, Covellin, Fahlerz, Galenit, Limonit, Linneit, Metazeunerit, Pechblende, Pyrit, Sphalerit

Entlang einer Nordwest-Südost verlaufenden Bruchzone sind mehrere Erzkörper vorhanden, die sich durch eine erhöhte Radioaktivität des Gesteins auszeichnen. Erzmikroskopisch konnte Bächtiger (1963) neben reichlich Pyrit die Mineralarten Pechblende, Brannerit, Arsenopyrit, Sphalerit, Linneit, Galenit, Chalkopyrit und Fahlerz identifizieren. Die Sekundärmineralien umfassen Covellin, Metazeunerit («Torbernit» nach Bächtiger 1963) und Limonit.

Koordinaten: 2'731'830, 1'213'480, 1985 m ü. M.

Literatur: Bächtiger (1963, S. 54–55)

10.22 Mürtschenstock

Mineralien
Calcit, Fluorit, Realgar

In Stalder et al. (1973) ist ein Hinweis auf ein Fluorit-Vorkommen beim Mürtschenstock aufgeführt. Die Fundstelle liegt innerhalb des Quinten-Kalkes in der Ostflanke des Mürtschenstocks (zwischen Fulen und Stock). In der Sammlung des Naturhistorischen Museums Basel findet sich eine kleine Probe mit der allgemeinen Fundortangabe Mürtschen, welche von dieser Lokalität stammen dürfte. Diese enthält Fluorit und Calcit.

Der Fluorit-Kristall ist als Würfel mit zonarem Aufbau ausgebildet mit Kantenlängen von 5 mm. Die Farbe ist lila, die randlichen Partien sind intensiver gefärbt als das Kristallinnere. Der Calcit besteht aus winzigen weissen Skalenoedern.

Mit der Fundortangabe Mürtschenstock findet sich in der Sammlung des Naturhistorischen Museums Bern eine Realgar-Probe in dunkelgrauem, mergeligem Kalk (Naturhistorisches Museum Bern, Nr. A1165).

Literatur: Stalder et al. (1973, S. 351)

10.23 Unterer Murgsee

Mineralien
Bornit, Chalkopyrit, Fahlerz, Linneit, Pyrit

Nördlich des Unteren Murgsees stehen Sernifit-Gesteine an mit Quarzgängen und Imprägnationen, welche die folgenden Erzmineralien enthalten: Fahlerz, Chalkopyrit, Pyrit, Linneit und Bornit.

Koordinaten: 2'731'348, 1'211'918, 1870 m ü. M.

Literatur: Bächtiger (1963, S. 60), Rohstoffinformationssystem Schweiz (RIS): www.map.georessourcen.ethz.ch

10.24 Cuncels-Munggenseeli

Mineralien
Coelestin, Kupfererze (nicht näher bestimmt)

Zwischen Cuncels und dem Munggenseeli steht Mels-Sandstein der Mürtschen-Decke an, in welchem Kupfererze vorhanden sind, die in einem 8 m langen Stollen angefahren wurden (Ryf 1965, Hofmann 1989). In Dolomit-Lagen des Mels-Sandstein treten zudem derbe Knollen eines weissen Minerals auf, das als Coelestin bestimmt wurde (Ryf 1965).

Koordinaten: 2'736'168, 1'215'639, 1823 m ü. M.

Literatur: Hofmann (1989, S. 53), Ryf (1965, S. 70)

512 Lila Fluorit-Kristall auf skalenoedrisch ausgebildetem Calcit. Mürtschenstock. Breite Fluorit: 7 mm.
Naturhistorisches Museum Basel, Nr. 32354
Foto: Thomas Schüpbach

10.25 Tobelwald

Mineralien
Azurit, Enargit, Malachit, Pyrit, Tirolit

Im Röti-Dolomit der Lokalität Tobelwald, auf der rechten Seite des Murgtals gelegen, befindet sich eine kleine Kupfererz-Lagerstätte. Dieser Röti-Dolomit kann als dünne Schicht bis an den Walensee verfolgt werden. Er liegt als stratigrafische Bedeckung auf dem Verrucano des unteren Murgtals und ist zur Glarner-Decke zu zählen. Über diesem Röti-Dolomit folgt wiederum Verrucano, der aber zur Mürtschen-Decke gehört und auf den Röti-Dolomit überschoben ist.

Es wurden einst zwei Stollen in den Berg getrieben. Bächtiger et al. (1968) konnten an dieser Lokalität das Kupfer-Arsensulfid Enargit, welches mit einem quecksilberhaltigen Sulfid verwachsen ist, sowie Azurit, Malachit und Pyrit nachweisen. In Sammlungen finden sich zudem Proben von grünem Tirolit.

Das Erz findet sich im Röti-Dolomit als kreuz und quer verlaufende feine Adern oder als dispers im Gestein eingesprengte, bis 2 mm grosse Körner. Malachit kommt reichlich vor, Azurit aber nur spärlich. Gelber Pyrit findet sich in Form winziger Körner bis 1 mm Grösse.

Koordinaten: 2'735'225, 1'216'500, 1380 m ü. M. (Stollen) und 2'735'175, 1'217'420, 1220 m ü. M. (Vererzung Bergwald)

Literatur: Bächtiger (1980, S. 96), Bächtiger et al. (1968, S. 832-835), Stalder et al. (1998, S. 149)

513 Kluftfläche mit grünem Tirolit in grauem Dolomit-Gestein. Tobelwald. Bildbreite: 1.2 cm.
Naturhistorisches Museum Bern, Nr. B5258
Foto: Thomas Schüpbach

514 Dolomit-Gestein mit Adern aus grauem Enargit, neben grünem Malachit. Tobelwald. Bildbreite: 2.9 cm.
Sammlung: Peter Kürsteiner, Nr. T2-81
Foto: Thomas Schüpbach

Entstehung der Mineral- und Erzvorkommen

Einführung

Das vorliegende Kapitel behandelt die Entstehung der verschiedenen Mineralvorkommen im Gebiet der Tektonikarena Sardona. Zuerst wird die Genese der Erzvorkommen beschrieben, gefolgt von jener der alpinen Kluftmineralien und am Schluss wird auf die Bildung der Sekundärmineralien eingegangen. Sekundärmineralien entstehen unter dem Einfluss der Oberflächenverwitterung und können sowohl zusammen mit Erzen wie auch mit Kluftmineralien auftreten.

Erze

Kupfer-Silber-Uran-Vererzungen im Verrucano

Die im Folgenden beschriebenen Kupfer- und Uranmineralisationen sind genetisch eng mit der Bildung vulkanischer Gesteine und terrestrischer Sedimente verknüpft. Sie entstanden vor gut 250 Millionen Jahren im jüngeren Perm und treten in den Verrucano-Gesteinen des Mürtschen-Gebiets auf.

Mineralbildende Prozesse

In der Erdkruste entstehen durch das Aufschmelzen von Gesteinen silikatische Magmen mit gelösten Gasen, die aus der Tiefe aufsteigen, entweder in höher liegende Krustenbereiche eindringen und dort erstarren (Intrusionsgestein) oder bis zur Erdoberfläche gelangen und dort ausfliessen oder ausgeschleudert werden. Die letztgenannte Gesteinsgruppe wird als Vulkanit bezeichnet.

Subvulkanite sind magmatische Gesteine, welche in wenigen Kilometern Tiefe unter der Erdoberfläche erstarrt sind und oft in Verbindung mit einem Vulkan stehen. Als typischer Vertreter dieser Gesteinsgruppe gilt der Rhyolith, der eine granitische Zusammensetzung aufweist. Gelangt Magma bis an die Erdoberfläche, findet eine starke Entgasung – verbunden mit Explosionen – statt. Das oberflächlich austretende, glutflüssige Gestein wird als Lava bezeichnet. Feinkörnige Lavapartikel werden in die Luft geschleudert und fallen als Ascheregen auf die Erdoberfläche zurück. Lavafetzen erstarren auf ihrem Flug durch die Luft zu Auswürflingen oder vulkanischen Bomben und lagern sich zusammen mit dem Ascheregen konzentrisch um den Vulkanschlot ab. Mit andauernder vulkanischer Tätigkeit bildet sich aus den vulkanischen Ablagerungen ein Kegel.

Starke Gaseruptionen führen zusammen mit zähflüssiger Lava zu pyroklastischen Ablagerungen, sogenannten Ignimbriten, welche aus Fragmenten von vulkanischem Glas, Lavafetzen und im Magma auskristallisierten Mineralen bestehen. Sie werden bei hohen Temperaturen während der Ablagerung zu einem Festgestein verbacken. Diese Ablagerungen sind das Produkt vulkanischer Eruptionen, welche als Glutwolke mit grosser Geschwindigkeit austreten und eine vernichtende Wirkung auf jegliches Leben im Umfeld des Vulkans haben. Brechen Kraterseen aus, vermischt sich deren Wasser mit den vulkanischen Ablagerungen und es entstehen Schlammströme, welche sich bis ins Vorland des Vulkans ausbreiten können.

Je nach chemischer Zusammensetzung sind Magmen dünnflüssig oder weisen eine erhöhte Viskosität auf, wodurch sie zähflüssig sind und – falls sie oberflächlich austreten – zu explosivem Vulkanismus neigen. Massgebend für die Viskosität der Magmen ist deren Anteil an Siliziumdioxid SiO_2. Gesteine mit einem SiO_2-Gehalt von 45–52% werden als basisch, solche mit einem SiO_2-Gehalt von 52–66% als intermediär und jene mit mehr als 66% als sauer bezeichnet.

Bereits beim Aufschmelzen der Gesteine gehen bestimmte Elemente bevorzugt in die Schmelze, während andere in der Magmakammer zurückbleiben. Es ist somit möglich, dass in der gleichen Magmakammer Gesteine mit einer unterschiedlichen mineralogischen Zusammensetzung entstehen können. Beim Aufsteigen und während des Abkühlens kristallisieren bestimmte Minerale wie Feldspäte und Glimmer in der Schmelze aus, wodurch in der Restschmelze bevorzugt leichtflüchtige Elemente angereichert werden. Die Restschmelzen können erhöhte Gehalte an Lithium, Beryllium, Seltene Erden-Elementen (wie Cer, Yttrium und Neodym), Niob, Tantal, Uran und Thorium enthalten. Während des Aufstiegs des Magmas wird zudem bei sinkenden Gesteinstemperaturen und -drücken Wasser freigesetzt, in welchem sich die flüchtigen Elemente anreichern. Dieses Wasser, das unter hohem Druck steht und Gas sowie andere Mineralstoffe in gelöster Form enthält, wird als Fluid bezeichnet.

Durch Entgasung und Reaktionen mit dem umgebenden Gestein können die Mineralstoffe zusammen mit gelösten Metallen wieder ausgefällt werden. Dabei ist es möglich, dass Metalle, welche feinverteilt im Nebengestein vorhanden sind, ebenfalls gelöst, in der fluiden Phase transportiert und an anderen Stellen ausgefällt werden. Dabei wird in Ab-

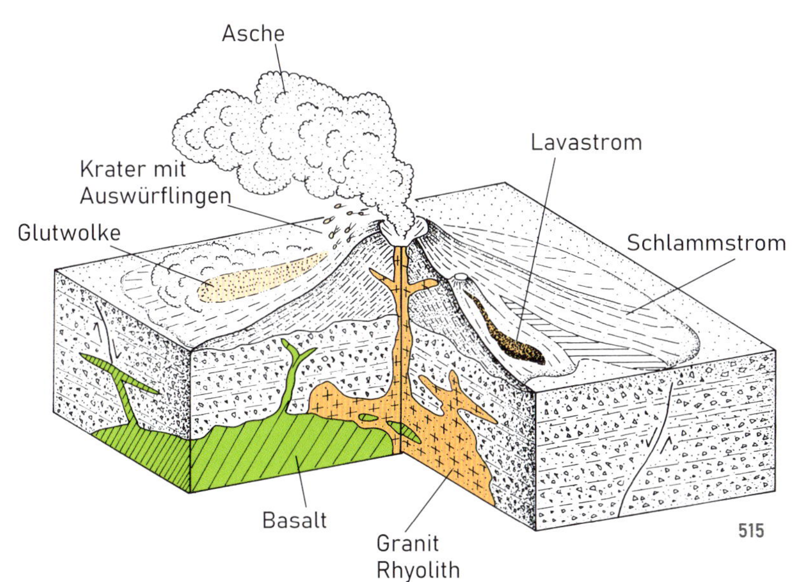

515 Schematisches Blockdiagramm eines Vulkans. Das glutflüssige Magma steigt aus einer unterirdischen Magmakammer auf und weist eine rhyolithisch-granitische oder basaltische Zusammensetzung auf. Seitlich tritt Magma als Lavastrom aus. Durch Gasexplosionen werden Ascheteilchen zusammen mit Auswürflingen aus dem Förderschlot hochgeschleudert. Von einem Lavastrom abgelöste Gesteinspakete, die mit Gas vermengt sind, fliessen mit grosser Geschwindigkeit als Glutwolke den Abhang des Vulkankegels hinunter. Heisse, mit Gas vermengte, unverfestigte Asche, die mit Wasser vermengt ist, bildet Schlammströme, sogenannte Lahars.
Illustration: Michael Soom

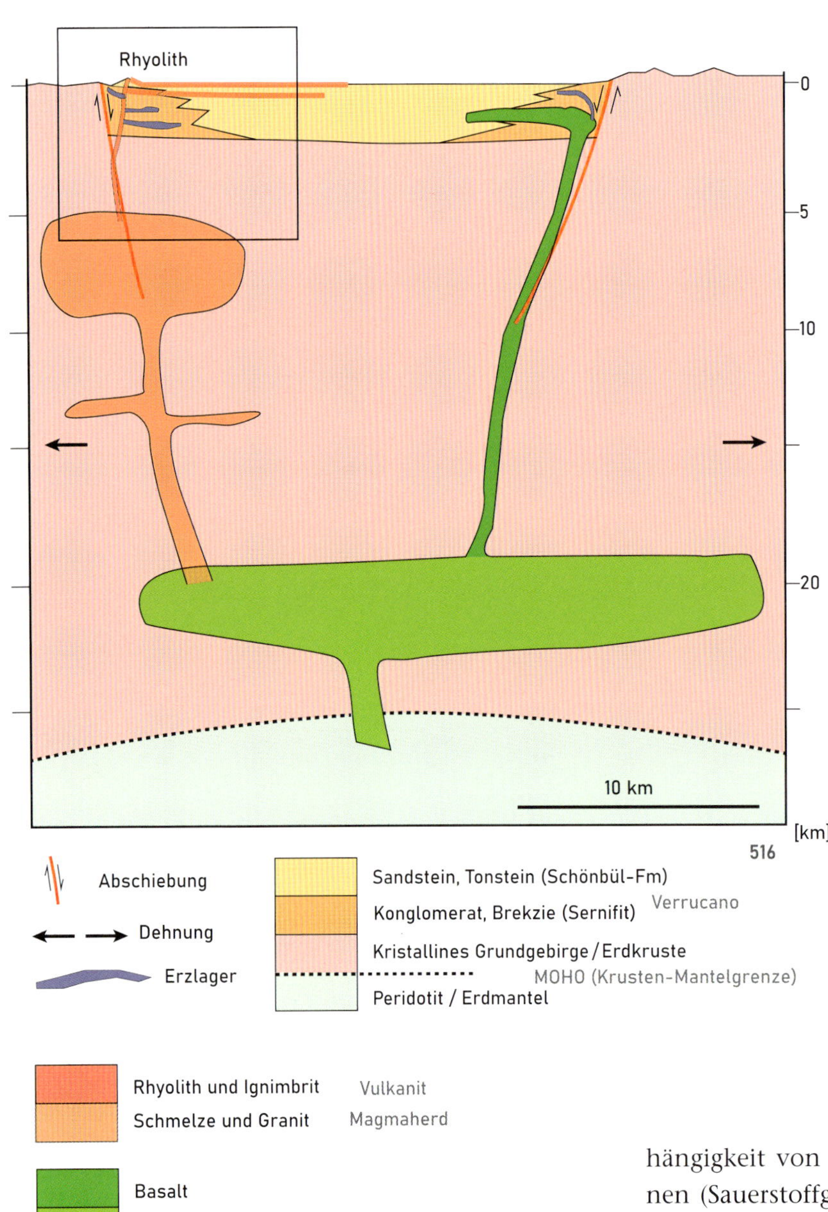

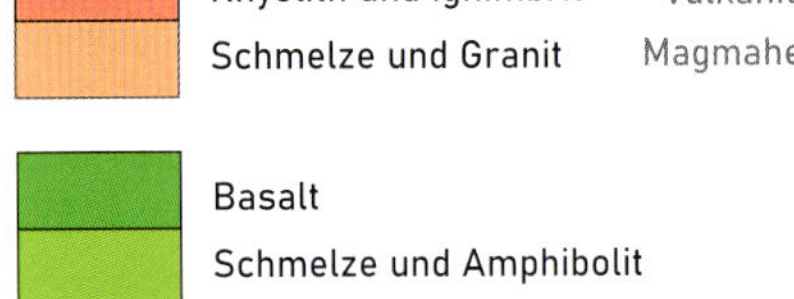

516 Profilschnitt durch den permischen Graben. Der sich absenkende Graben wurde mit Sedimenten des Verrucano gefüllt. Längs der Abschiebungen an den Grabenrändern stiegen Magma und heisse Fluide auf.
Illustration: Adrian Pfiffner

517 Ausschnitt aus Abb. 516. Das aufsteigende Magma drang als Gänge in die Sedimente des Verrucano und liess an der Oberfläche Vulkanbauten entstehen, die aber rasch wieder abgetragen wurden.
Illustration: Adrian Pfiffner

518 Zwei weisse Glutwolken-Ablagerungen (Ignimbrit-Lagen) in den roten Tonsteinen der Schönbül-Formation südsüdwestlich des Spitzmeilen.
Foto: Adrian Pfiffner

hängigkeit von der Temperatur, den Redoxreaktionen (Sauerstoffgehalt) und dem Mischungsverhältnis verschiedener Fluide der Sättigungsgrad der Lösung überschritten und es kommt zur Ausfällung verschiedener Mineralphasen. Die Erzausscheidung kann als Gangfüllung (Lagergang, Dyke) oder in der Form feinkörniger Imprägnationen von Poren und Mikrorissen im Gestein stattfinden. Oft finden gleichzeitig Reaktionen der fluiden Phase mit dem Nebengestein statt, welche die Erzbildung begleiten.

Geologischer Rahmen der Erzbildung

Im jüngeren Perm wurde die Erdkruste der europäischen Platte gedehnt und ausgedünnt, wie in Abb. 516 angedeutet. Die Dehnung verursachte Abschiebungen, welche die damalige Erdoberfläche grabenartig absenken liess. Gleichzeitig wurden die

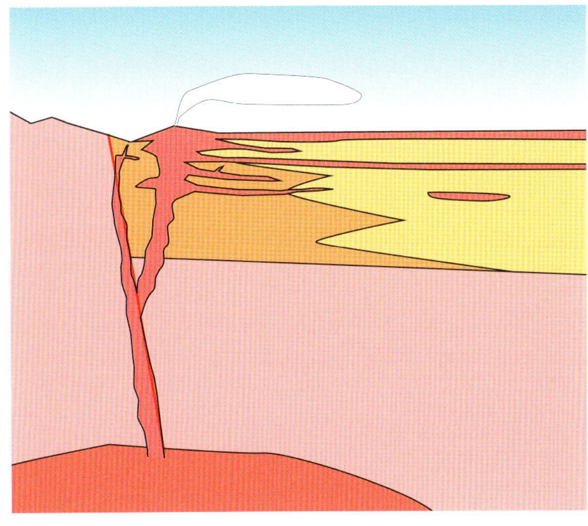

517

518

heisse untere Kruste wie auch der darunterliegende Erdmantel angehoben. Dadurch gelangten heisse Gesteine näher an die Erdoberfläche, was zu einer Entlastung beziehungsweise zu einem Druckabfall führte. Der Druckabfall bewirkte, dass Gesteine des Erdmantels geschmolzen wurden. Die entstehenden Schmelzen suchten sich einen Weg nach oben. Längs der Abschiebungen war eine erhöhte Wegsamkeit vorhanden, so dass die Schmelzen (das Magma) bis an die Erdoberfläche gelangen konnten und Vulkane aufbauten. Deren Laven flossen in den Graben. Die Vulkanbauten wurden aber durch Erosion rasch abgetragen und durch jüngere Sedimente überdeckt.

Heute können wir im Gebiet der Tektonikarena Sardona chemisch gesehen zwei verschiedene Magmatypen unterscheiden. Sie sind in Abb. 516 schematisch an die linke und rechte Abschiebung gezeichnet. Die basaltischen, SiO_2-armen Magmen sind ähnlich jenen des Erdmantels. In einem «Zwischenlager» in der unteren Erdkruste differenzierte sich aus dieser basaltischen Schmelze ein rhyolithisches, das heisst SiO_2-reiches Magma. Die Absenkung des Grabens und der Aufstieg von Magma erfolgten schrittweise über einen längeren Zeitraum. Dadurch liegen die vulkanischen Laven mehrfach übereinandergestapelt.

Der Verrucano wurde in der grabenartigen Vertiefung abgelagert. Nahe an den Grabenrändern gelangten grobkörnige Sedimente, Konglomerate und Brekzien zum Absatz. Diese Sedimente werden als Sernifite bezeichnet. Die feineren Partikel wurden bis ins Grabenzentrum transportiert und liegen heute als rote Tonsteine in der Schönbül-Formation vor. Die Sedimente wurden bei wüstenartigen, ariden Klimabedingungen abgelagert und weisen eine charakteristische rote Farbe auf, bedingt durch Einlagerungen von feinkörnigem Hämatit.

Abb. 517 zeigt die mehr detaillierte Situation mit einem rhyolithischen Vulkanausbruch, welcher eine Glutwolke freisetzte, die sich über die Schönbül-Formation legte. Solche Glutwolkenablagerungen werden als Ignimbrite bezeichnet. Ein eindrückliches Beispiel ist nahe am Spitzmeilen zu beobachten (Abb. 518). Hier sind zwei weissliche Ignimbrit-Lagen von wenigen Metern Mächtigkeit in die roten Tonsteine der Schönbül-Formation eingelagert. In einigen Fällen drang das aufsteigende Magma auch horizontal als Gänge in die Sedimente des Verrucano ein. Das Magma war von heissen hydrothermalen Fluiden begleitet, welche gelöste Metalle transportierten und das Nebengestein von Gängen und Spalten imprägnierten. Bei der Abkühlung der Fluide kam es zur Ausfällung der Metalle und dadurch zur Erzbildung.

Bereits in einer frühen Phase des permischen Vulkanismus kam es zur Anreicherung von Kupfer und Uran, welche in pyroklastischen Gesteinen des Plattnerboden im Weisstannental auftreten (Burkhard et al. 1985). Die pyroklastischen Gesteine bestehen aus vulkanischen Brekzien, welche Komponenten mit einer dazitisch-rhyodazitischen und andesitisch-basaltischen Zusammensetzung aufweisen. Das Element Uran ist vorwiegend in den grobkörnigen dazitischen Komponenten enthalten, wobei das Uran möglicherweise zusätzlich durch im Gestein zirkulierendes Wasser angereichert worden ist.

Das Vorkommen von Kupfer ist nicht nur auf die Lokalität Plattnerboden beschränkt, sondern tritt ebenfalls an weiteren Stellen innerhalb der Gesteine des Verrucano auf. Solche wurden im Chärpf-Gebiet, bei Sonnenberg und am Gandstock beschrieben (Amstutz 1949, 1950). Das Kupfer ist an basaltische Laven (Spilite, Keratophyre) gebunden und ein Produkt der magmatischen Differenziation mit einer Anreicherung dieses Metalls in der Restschmelze.

In einer frühen Phase der Erzbildung wurden Eisen und Uran mobilisiert, wobei das Uran allenfalls aus pyroklastischen Sedimenten oder anderen Gesteinen des Verrucano stammte und als Pyrit und Pechblende ausgefällt wurde. Die Mobilität von Uran ist massgeblich vom Sauerstoffgehalt des Fluids abhängig: In einem sauerstoffreichen Fluid zeigt Uran eine gute Löslichkeit; unter reduzierenden Bedingungen nimmt die Löslichkeit ab und das Uran wird bei reduzierenden Verhältnissen rasch ausgefällt. Im brekziösen Verrucano drangen zusätzlich hydrothermale Fluide mit gelösten Mineralstoffen entlang von Bruchzonen sowie parallel zur Schichtung des Gesteins ein. Es bildeten sich erzführende Gänge und schichtgebundene Erzkörper (Lagergänge), in welchen hauptsächlich Kupfererze mit Arsen und etwas Silber ausgefällt wurden (Bächtiger 1963, 1989). Die Gangart besteht aus Dolomit, Quarz und Calcit. Untergeordnet waren auch andere Elemente wie Molybdän und Barium an der Erzbildung beteiligt.

Die beschriebenen Vererzungen sind in den alten Bergwerken Erzbett, Hauptgrube und im Sondierstollen Grosses Chalttal aufgeschlossen. Im Kontaktbereich mit den Fluiden kam es zu einer Verfärbung der roten Verrucanogesteine, indem Chlorit auskristallisierte, welcher dem Gestein eine graue Farbe verleiht («Graues Gebirge» nach Stöhr 1865).

Die Vererzungen sind von zahlreichen Brüchen durchzogen, welche durch die alpine Gebirgsbildung hervorgerufen wurden.

Kupfer-Blei-Vererzungen im Röti-Dolomit

Im Röti-Dolomit gibt es im Churer Rheintal, im Murgtal und im nördlichen Glarnerland eine Vielzahl kleinräumiger, begrenzter Erzvorkommen, in welchen in alten Zeiten nach Erz geschürft wurde. Diese Vererzungen sind gleichzeitig mit der Ablagerung der betreffenden Sedimentgesteine entstanden und somit synsedimentärer Natur.

Mineralbildende Prozesse

Die Bildung von Dolomit erfolgt in flachen Meeresbecken. Im Schwankungsbereich des Meeresspiegels lagert sich bei ruhigen Wasserverhältnissen und hohen Verdunstungsraten Kalkschlamm ab, der sich unter der Einwirkung von Schwefelbakterien und Fäulnis in das Magnesium-reiche Karbonatgestein Dolomit umwandelt.

Während der Bildung des Dolomits kann eine Anreicherung von Metallen unter Einwirkung von Schwefelwasserstoff H_2S im unverfestigten Sediment erfolgen, indem im Meerwasser gelöste Metallionen ausgefällt werden. In den hochsalinaren Meeresbecken kann zudem eine weitere Anreicherung der im Meerwasser gelösten Metalle erfolgen. Die Metalle können im Weiteren in Meeresorganismen eingebaut und an organisches Material gebunden sein. Bei der Zersetzung werden sie in schwach belüfteten Meeresbecken unter reduzierenden Bedingungen zusammen mit dem bei der Verwesung der Lebewesen freigesetzten Schwefelwasserstoff als Sulfide ausgefällt. Die Erzfällung kann ebenfalls an phosphatreiche Fossiltrümmer wie Knochen und Zähne gebunden sein.

Geologischer Rahmen der Erzbildung

Zu Beginn der Triaszeit vor 250 Millionen Jahren war das variszische Gebirge weitgehend abgetragen. Es herrschten wüstenartige Verhältnisse mit hohen Temperaturen. Das kristalline Grundgebirge war grossflächig freigelegt und der Verwitterung ausgesetzt. In Geländesenken lagerten Flüsse quarzreichen Sand und Kies ab.

Während der mittleren Trias erfolgte eine Überflutung des Festlandes. Es entstanden flache, lagunenartige Meeresbecken (Abb. 519). In diesen wurde in geringer Tiefe bei ruhigen Strömungsbedingungen karbonathaltiger Schlamm abgelagert, aus welchem der Röti-Dolomit entstand. Die Meeresbecken fielen zeitweise trocken, wodurch die abgelagerten Dolomitgesteine verhärtet wurden und Brekzien entstanden. Lokal herrschten hochsalinare

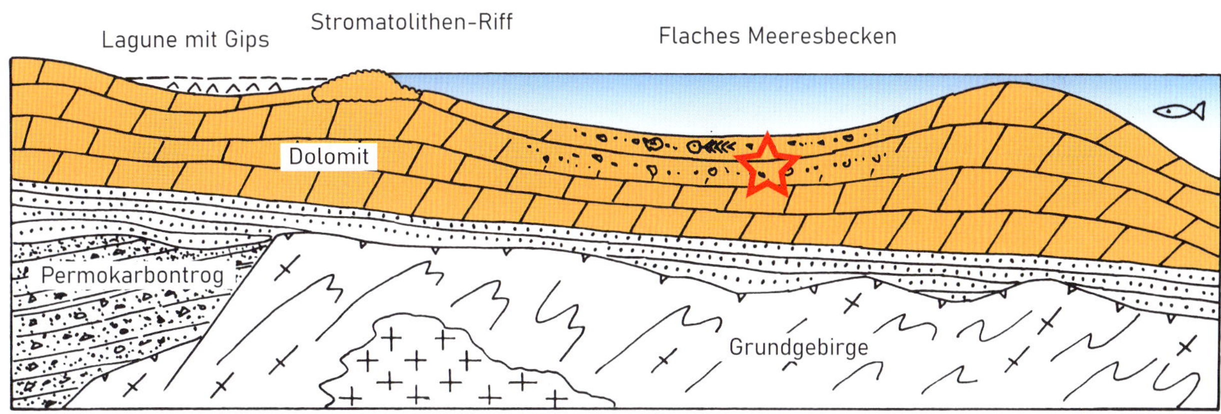

519

519 Schemaschnitt Flachmeer mit Anreicherung von Organismen in Becken mit reduzierendem Milieu und Bildung von sulfidischen Blei- und Zinkvererzungen (roter Stern).
Illustration: Michael Soom

520 Quarz-Calcit-Gang in grauem Röti-Dolomit mit Fahlerz und mit den Sekundärmineralien Malachit und Azurit. Bergwerk Gnapperchopf.
Foto: Michael Soom

Verhältnisse mit der Bildung von Evaporiten mit Gips/Anhydrit und Halit.

Im salzreichen Meereswasser war das Leben stark eingeschränkt. Einzig benthonische Cyanobakterien und andere Mikroorganismen bildeten Riffe, welche aus einer Aufeinanderstapelung von Biofilmen mit Zwischenlagen aus Karbonat bestehen und als Stromatolithe bezeichnet werden. Die Karbonatfällung dieser speziellen Organismen war mit einer Aufnahme von CO_2 und einer Photosynthese verbunden, welche teilweise auch ohne Sauerstoff, mit der Reduktion von Schwefelwasserstoff und Bildung von Schwefel oder Sulfat einherging. Die Bildung von Schwefelwasserstoff hat zusammen mit im Meerwasser gelösten Metallen die Ausfällung von Sulfidmineralien wie etwa Pyrit begünstigt. Die im Meerwasser in geringen Konzentrationen vorhandenen, übrigen Metalle dürften durch die festländische Verwitterung metallhaltiger Gesteine entstanden sein.

Während oder nach der Diagenese fanden weitere Prozesse statt, welche zu einer zusätzlichen Anreicherung der Sulfide wie beispielsweise als Ersatz von Fossiltrümmern führten. Es kam aber auch zu einer Imprägnation und zur Verdrängung anderer Minerale. Als Beispiel kann die Umwandlung von Calcit zu Dolomit erwähnt werden.

Die Mineralparagenese im Röti-Dolomit des Bergwerks Gnapperchopf und des Stollens im Chrummlauizugtobel ist neben Pyrit auch durch die Kupfer- und Bleisulfide Chalkopyrit und Galenit gekennzeichnet. Untergeordnet sind die Elemente Antimon, Zink, Kobalt und Gold vorhanden (Kürsteiner et al. 2015). Es bestehen Ähnlichkeiten mit den im Chupfergrüebli beobachteten Erzvorkommen sowie mit weiteren, im Churer Rheintal und Mürtschen-Gebiet liegenden Mineralfundstellen. Am Gnapperchopf ist das Erz an Quarz- und Karbonat-Gänge gebunden, welche quer zur Gesteinsbankung verlaufen (Abb. 520). Dieser Sachverhalt deutet darauf hin, dass die primär synsedimentär gebildeten Erze während der alpinen Gebirgsbildung remobilisiert wurden.

Eisen-Mangan-Erze im Malmkalk, Gonzen

Die Eisen- und Manganerze des Gonzen entstanden durch heisse hydrothermale Fluide, welche am Ozeanboden als «Schwarze Raucher» austraten (Pfeifer et al. 1988).

Mineralbildende Prozesse

Im Jahr 1977 wurden mit Hilfe des Forschungs-U-Bootes Alvin an einem mittelozeanischen Rücken nördlich der Galapagos-Insel in 2500 m Tiefe erstmals heisse Quellen entdeckt, welche wie rauchende Fabrikschornsteine aussahen (Neukirchen und Ries 2014). In deren Umfeld fand sich eine Lebensgemeinschaft, welche absolut ohne Licht auskommt: Bakterien, Röhrenwürmer, Muscheln, Seesterne, blinde Krabben und einige Fische.

In der Zwischenzeit sind in allen Ozeanen «Schwarze Raucher» gefunden worden. Sie treten bevorzugt in Bereichen auf, in welchen die ozeanische Kruste ausgedünnt ist und bereits in geringer Tiefe Magma vorhanden ist. «Schwarze Raucher» sind entlang von Verwerfungen angeordnet, welche die mittelozeanischen Rücken begleiten und durch Dehnungstektonik entstanden sind. Oft handelt es sich um Meerwasser, das in poröse Gesteine der ozeanischen Kruste eindringt, durch den starken Magmatismus entlang der mittelozeanischen Rücken erhitzt wird und entlang von Störzonen wieder am Meeresgrund austritt. Die «Schwarzen Raucher» bilden somit hydrothermale Systeme, welche eine wichtige Rolle bei der Abkühlung der ozeanischen Kruste spielen, indem sie deren Wärme abtransportieren. Auf seinem Weg reichert sich das Wasser mit verschiedenen Mineralstoffen wie Schwefelverbindungen oder Schwermetallen an.

Das austretende Fluid ist extrem heiss und erreicht Temperaturen von gegen 350 °C. Solche Temperaturen sind nur möglich, weil der enorme Wasserdruck ein Verdampfen verhindert (Neukirchen und Ries 2014). Beim Kontakt mit dem 4 °C kalten Ozeanwasser kommt es schlagartig zur Ausfällung und Ausflockung der im Fluid gelösten Fracht. Die rasche Ausfällung bewirkt einen zonaren Aufbau der Schlote. Die Erzschlote können mehrere Zentimeter pro Tag wachsen und mehrere Meter hoch werden, bis sie einstürzen. Fein im Meerwasser verteilte Partikel ergeben die schwarzen Wolken oberhalb der Austrittsöffnung der «Schwarzen Raucher».

Je nach Zusammensetzung der Fluide können Ablagerungen von Eisen-, Kupfer-, Blei- und Zinksulfiden sowie – in grösserer Entfernung von den Förderschloten – auch von Manganerzen entstehen. In den Randzonen der «Schwarzen Raucher» finden sich zudem oft Anhydrit und Baryt, welche feinverteiltes Sulfid und amorphes SiO_2 enthalten (Neukirchen und Ries 2014).

Geologischer Rahmen der Erzbildung

Die Eisen-Mangan-Erze am Gonzen entstanden aus «Schwarzen Rauchern». Durch die Dehnung des europäischen Kontinentalrandes bildeten sich zur Zeit der Ablagerung des Quinten-Kalkes vor gut 150 Millionen Jahren (Jurazeit) Abschiebungen. Diese verursachten eine lokale Absenkung des Meeresbodens auf der abgeschobenen Seite. Längs der Abschiebungen drangen heisse hydrothermale Fluide aus dem tieferen Untergrund auf und traten am Meeresboden als sprudelnde «Schwarze Raucher» ins Meereswasser (Abb. 521). Die an Eisen und Mangan angereicherten Fluide wurden im Kontakt mit dem Meereswasser schockartig abgekühlt, wobei Eisen und Mangan als kleine Partikel auskristallisierten. Dadurch entstand eine schwarze «Wolke», die sich seitlich ausbreitete. Die feinen Partikel sanken langsam ab und bildeten am Meeresboden eine Erzschicht. Die Zufuhr von heissen Lösungen führte ebenfalls zu einem vermehrten Absterben von Meeresorganismen, welche sich zusammen mit den ausgefällten Partikeln als Schicht auf dem Meeresgrund ansammelten. Unmittelbar nach der Ablagerung des metallhaltigen Schlammes reagierten die heissen Fluide mit den Sedimenten auf dem Meeresgrund, und es entstanden mit Erz und anderen Mineralien gefüllte Adern, welche heute gemeinsam mit den eisen- und manganhaltigen Sedimenten auftreten (Epprecht 1946a und b).

521 Geologischer Profilschnitt zur Erzbildung. Längs jurassischer Abschiebungen drangen heisse hydrothermale Fluide auf und verursachten «Schwarze Raucher» beim Austritt ins Meereswasser.
Illustration: Adrian Pfiffner.

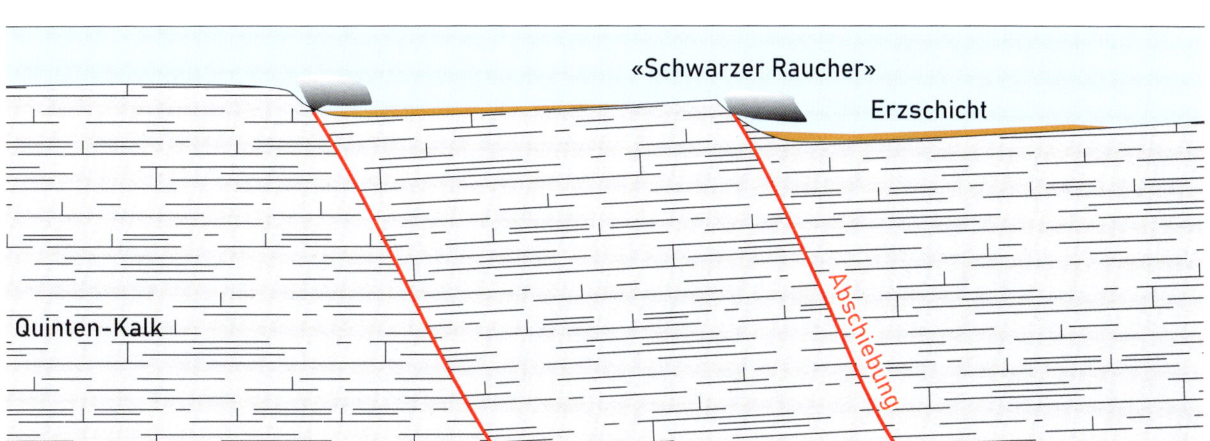

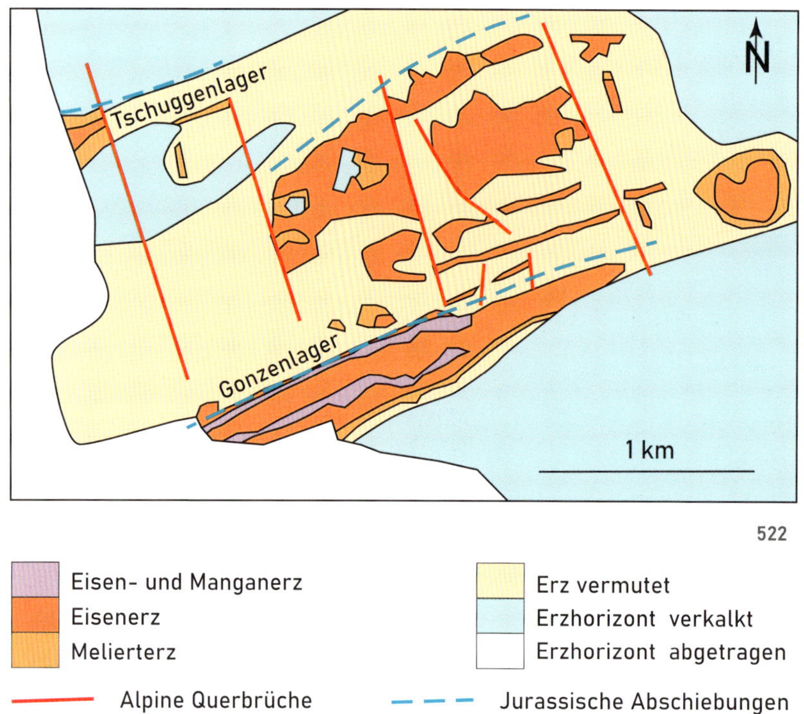

Die «Schwarzen Raucher», welche die Erze am Gonzen verursacht haben, sind nicht mehr erhalten, hingegen deren metallhaltige Ablagerungen. Die Geometrie der abgesenkten «Halbgräben», in welchen sich die Erzschicht sammelte, war verantwortlich für die Form der langgezogenen Erzlager am Gonzen. Ihre Ausdehnung ist in Abb. 522 dargestellt.

522 Rekonstruktion der Erzhorizonte am Gonzen vor der alpinen Faltung.
Illustration: Adrian Pfiffner, nach Epprecht (1946 a) sowie Blum und Hug (2001).

Geochemische Analysen deuten darauf hin, dass die heissen Fluide durch die Kristallingesteine der Erdkruste zirkulierten und dabei Eisen und Mangan aus den Gesteinen herauslösten (Pfeifer et al. 1988). Das für die Erzbildung relevante Fluid zeichnete sich durch einen sauren, oxidierenden Chemismus mit einem erhöhten Gehalt an CO_2 aus. Es führte in erhöhten Mengen Eisen und Mangan sowie untergeordnet etwas Arsen und Barium. Der Anteil an Schwefel dürfte unbedeutend gewesen sein, weil Sulfide am Gonzen mengenmässig unbedeutend sind. Das Element Bor, das am Aufbau der Mineralien Wiserit und Sussexit beteiligt ist, ist allgemein in Tiefseetonen angereichert und dürfte somit aus der Reaktion metallhaltiger Fluide mit den am Meeresboden abgelagerten Sedimenten entstanden sein.

Bei der Alpenbildung wurden der Quinten-Kalk mit den Erzlagern in Falten gelegt und von Brüchen zerhackt, was die Prospektion beim Erzabbau schwierig machte.

Mineralklüfte

Kluftentstehung und Klufttypen

Bei der Gebirgsbildung werden die Gesteine der Erdkruste unter hohen Druck und hohe Spannungen gestellt. Überschreiten diese Spannungen die Festigkeit der Gesteine, zerbrechen sie, und es entstehen Klüfte und schliesslich Brüche. Als Folge der andauernden Spannungen verschieben sich die Gesteinsblöcke längs dieser Brüche, wobei Hohlräume entstehen. In diesen Hohlräumen fällt der Druck rapide ab, sodass die im Felsen zirkulierenden heissen Fluide den Hohlräumen zuströmen. Die Herkunft der Fluide ist vielseitig und oft nicht einer einzigen Quelle zuzuordnen. Als mögliche Quellen kommen durch magmatische Prozesse freigesetztes Wasser, in Sedimenten eingeschlossenes Porenwasser, von der Erdoberfläche zusickerndes Meteorwasser oder durch die Metamorphose freigesetztes Wasser in Frage.

Die Fluide enthalten gelöste Mineralstoffe, welche unter dem Druckabfall ausgefällt werden und auskristallisieren. Dabei werden die Hohlräume gefüllt, und es entstehen Adern im Gestein. Die Adern können völlig gefüllt werden, was für Strahler uninteressant ist, oder aber es bleibt über längere Zeit ein Hohlraum bestehen, sodass die Kristalle in diese Öffnung hineinwachsen können. Dadurch entsteht eine Mineralkluft.

Adern weisen sehr unterschiedliche Formen auf, was Rückschlüsse auf die genauen Bildungsbedingungen zulässt (Abb. 523). Die beiden wichtigsten Typen sind Zerrklüfte (oder Dehnungsklüfte) und Scherklüfte. Bei den Zerrklüften bewegen sich die Gesteinsblöcke beidseits der Kluft voneinander weg, sie gleiten auseinander. Bei Scherklüften bewegen sich diese Blöcke aneinander vorbei.

Ein häufiges Muster bei Scherklüften ist eine parallele, seitlich verschobene Anordnung mehrerer solcher Klüfte. Man spricht auch von Fiederklüften.

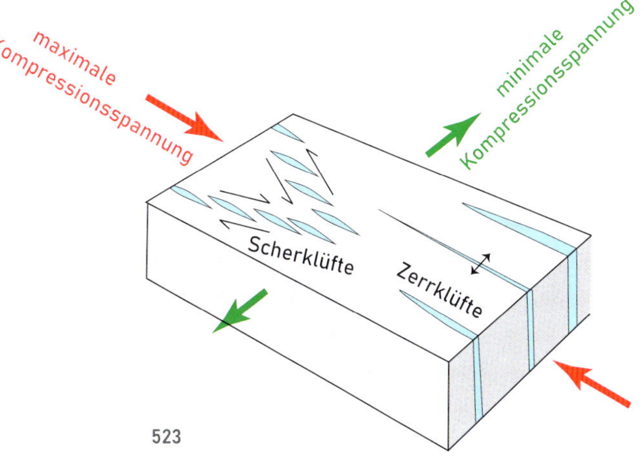

523

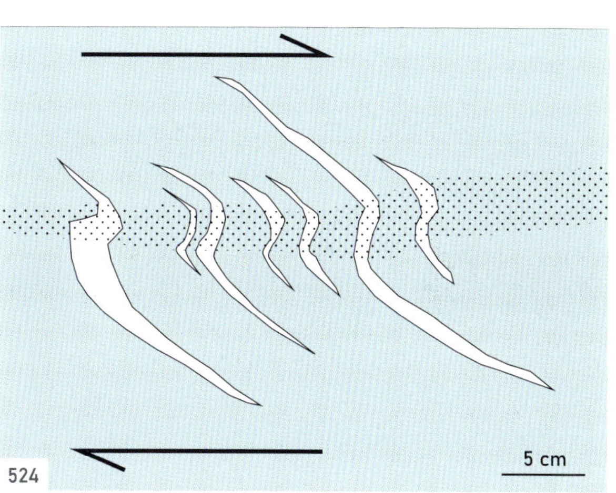

524

523 Die Geometrie von Zerrklüften und Scherklüften und ihre Beziehung zu den maximalen Kompressionsspannungen.
Illustration: Adrian Pfiffner

524 Deformierte Scherklüfte: Im punktierten Bereich sind die Gesteine «plastisch» deformiert worden.
Illustration: Adrian Pfiffner

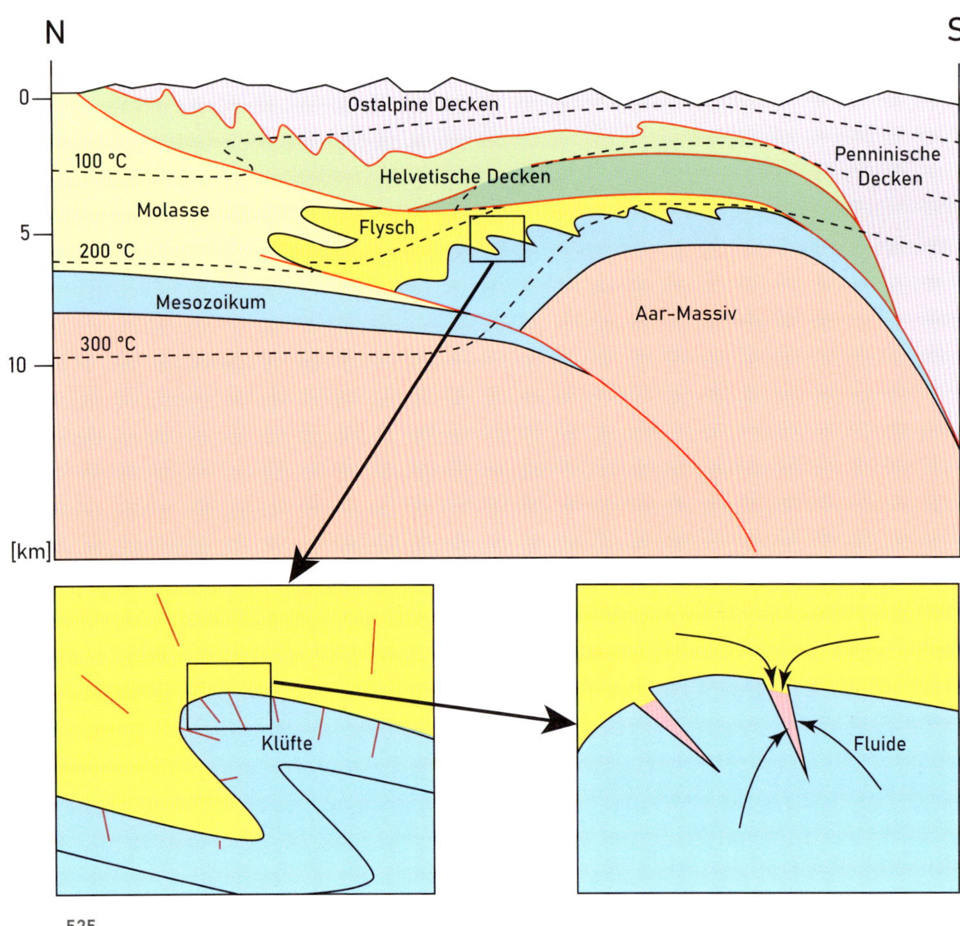

525

525 Kluftbildung im Rahmen der alpinen Gebirgsbildung. Klüfte entstehen in mehreren Kilometern Tiefe im Zusammenhang mit Faltung und bruchhafter Deformation. Fluide strömen in die offenen Spalten und lassen Mineralien auskristallisieren.
Illustration: Adrian Pfiffner

526 Kristallkluft mit ausgelaugtem Nebengestein am Piz Posta Biala. Die Auslaugung zeigt sich an der hellen Verfärbung des Nebengesteins oberhalb und unter der Kluft.
Foto: Jürg Meyer

527 Parallel angeordnete, steil verlaufende, schmale Adern und Klüfte im Sardona-Quarzit. In den Klufttaschen tritt Fadenquarz auf. Gamserälpli, Calfeisental.
Foto: Michael Soom

Aus der geometrischen Anordnung der Klüfte lässt sich die Orientierung der herrschenden Spannungen ableiten. Zerrklüfte stehen senkrecht auf die geringste Kompressionsspannung und parallel zur maximalen Kompressionsspannung. Scherklüfte weisen auf Scherspannungen hin. Liegen zwei Familien von konjugierten Fiederklüften vor, so ist die maximale Kompressionsspannung im kleinen Winkel zwischen den beiden Familien von Fiederklüften zu suchen. Da die Gesteine in der Tiefe sich auch «plastisch» deformieren, sind Fiederklüfte häufig verbogen und zeigen dadurch auch den Schersinn an (Abb. 524).

Die alpinen Klüfte sind tief in der Erdkruste entstanden. Bei der Deckenbildung wurden die Gesteine von kilometerdicken Gesteinspaketen (Decken) überfahren und anschliessend aufgeheizt. Der Profilschnitt Abb. 525 zeigt die Situation vor et-

526

527

wa 20 Millionen Jahren. Das Aar-Massiv ist bereits aufgewölbt, die helvetischen Decken waren schon vorher über das Massiv nach Norden verfrachtet worden, und darüber liegt ein Gesteinsstapel aus höheren Decken, welche im Begriff stehen, abgetragen zu werden. Der Verlauf der Isothermen deutet an, dass die Gesteine des Aar-Massivs auf über 300 °C aufgeheizt waren. Die skizzierte Kluftbildung fand in etwa 5 km Tiefe bei Temperaturen über 200 °C statt. Es handelt sich bei dieser um Zerrklüfte im äusseren Bereich einer Falte. Fluide sammelten sich in der Kluftöffnung an.

Bei der Deformation der Gesteine in der Tiefe werden die Gesteine in Richtung der Hauptdruckspannung zusammengedrückt und verkürzt. Senkrecht dazu wird das Gestein gedehnt. Durch die Einregelung der Mineralkörner, vor allem der Glimmer, entsteht eine Schieferung. Zerrklüfte sind häufig senkrecht zur Gesteinsschieferung angeordnet, das heisst, die Öffnung der Zerrklüfte erfolgte parallel zur Dehnungsrichtung. Zerrklüfte werden oft von einem derben Quarzband begleitet, das vom Kristallsucher als Hinweis auf einen verborgenen Klufthohlraum gedeutet werden kann.

Die in der Tiefe zirkulierenden Fluide waren ebenfalls sehr heiss und laugten das Gestein partiell aus. In den sich öffnenden Klüften wurden die gelösten Stoffe wieder ausgefällt. Damit erklärt sich, dass im Gebiet der Tektonikarena Sardona die Adern und Klüfte in Kalken vorwiegend aus Calcit bestehen, während die Adern und Klüfte in Sandsteinen vorwiegend Quarz enthalten. Zu erwähnen ist zudem, dass die Fluide nicht nur in den Gesteinen unmittelbar neben den Adern zirkulierten, sondern teilweise aus weit entfernten Orten stammen. Der Transportweg der Fluide wird hauptsächlich von

528

529

der vorhandenen Wegsamkeit, wie beispielsweise Spalten und Poren, bestimmt. Diese Wegsamkeit wurde durch die alpine Gebirgsbildung nachhaltig geprägt. Infolge der Deformation der Gesteine entstanden viele Risse und Klüfte, längs derer die Fluide zirkulieren konnten. In manchen Fällen war dieses Zirkulationssystem sehr weitmaschig, sodass «ortsfremde» Mineralien ausgeschieden wurden. Beispiele hierzu sind Gold in Quarz-Calcit-Adern am Calanda oder Fluorit in vertikalen Klüften am Panixerpass (Alp Ranasca) und bei Tamins (Crapnerstein).

Anhand einiger Fotos sollen die typischen Merkmale von Adern und Klüften besprochen werden. Abb. 526 zeigt eine Schar von horizontalen Zerrklüften in granitischen Gesteinen des Aar-Massivs. Diese Klüfte entstanden bei der Heraushebung des Aar-Massivs durch horizontale Verkürzung und vertikale Streckung. In der Abbildung gut zu erkennen ist die Auslaugung des Nebengesteins am Kluftrand, angezeigt durch die Hellfärbung des Gesteins. Allerdings fand weitere Auslaugung auch in grösserer Entfernung statt.

Im Sardona-Gebiet zeichnet sich der Sardona-Quarzit durch zahlreiche Adern aus. In Abb. 527 verlaufen dünne Quarzadern parallel zur Klüftung im Gestein. Möglicherweise sind die Klüftung und die Adern auf dasselbe Spannungsfeld zurückzuführen.

Von den parallel verlaufenden Quarzadern im Kristallin des Chrüzbachtobels bei Vättis ist eine solche als offene Kluft ausgebildet (Abb. 528). Die untere Ader ist komplett verfüllt mit Quarz und weist einen braunen Rand auf, bei dem es sich wahrscheinlich um Siderit handelt (Abb. 529). Siderit ist ein Eisenmineral und bildet sich, wie der Quarz, unter hydrothermalen Bedingungen.

In der Quarzader einer offenen Kluft (Abb. 530) wuchsen Quarzkristalle in den Hohlraum. Das Nebengestein ist Sardona-Quarzit, welcher Lieferant für den im heissen Fluid auskristallisierten Quarz war. Quarzadern können auch selber wieder aufbrechen, wie dies die beiden parallelen Kluftrisse in Abb. 531 zeigen.

Die Aderfüllung kann eine faserige Ausbildung haben. Diese kommt zustande, wenn die Aderöffnung ruckweise stattfindet und nach jedem Ruck

528 Offene Kluft im Kristallin des Chrüzbachtobels bei Vättis. Parallele Klüfte im Aufschluss.
Foto: Michael Soom

529 Detailansicht von Abb. 528. Mit Quarz verfüllte Ader im Gestein. Beim braunen Rand der Ader dürfte es sich um Siderit handeln.
Foto: Michael Soom

530 Ader mit einer offenen Kluft bei Elm.
Foto: Andreas Kürsteiner

531 Kluftrisse in einer Ader in einem Quarzit bei Elm.
Foto: Peter Kürsteiner

532

533

eine Verfüllung stattfindet. Die Verfüllung erfolgt, indem jedes Mineralkorn auf der Bruchöffnung von einem Korn mit derselben chemischen Zusammensetzung überwachsen wird. In Abb. 532 erkennt man herauswitternde, lange und dünne, weisse Quarzfasern abwechselnd mit orange-gelblichen Calcitfasern. Zusätzlich sind grüne chlorithaltige Fasern vorhanden. Die mineralogische Zusammensetzung der Ader widerspiegelt in etwa die Zusammensetzung des Nebengesteins, im Beispiel ein Eisenoolith (Dogger).

Die faserig gefüllten Adern in Abb. 533 stammen aus dem Lias des Chrüzbachtobels bei Vättis. Wiederum sind unterschiedlich gefärbte Fasern zu beobachten. Die bräunlich gefärbten Fasern bestehen aus Calcit, die weissen aus Quarz. Zudem zeigt das Foto, wie Klüfte seitlich enden. Dort, wo der Betrag des Aufreissens verschwindet, gabelt sich die Hauptkluft in mehrere, schmale Klüfte, welche ihrerseits ebenfalls ausklingen. Auf diese Weise ist die Spröddeformation des Gesteins so verteilt, dass die «plastische» Deformation möglichst gering ist.

534

In ruckweise sich öffnenden Klüften gibt es ebenfalls reine Quarzfüllungen. Die wachsenden Quarzkristalle weisen dabei oft Störungen senkrecht zur Faser auf. Jede Störung entspricht einem Ruck. In Abb. 534 war die Öffnungsrichtung nicht ganz konstant, weshalb Fasern gekrümmt, aber parallel zueinander verlaufen.

Wachsende Quarzkristalle in sich öffnenden Klüften weisen zuweilen weissliche, fadenartige Einschlüsse auf. Diese Einschlüsse sind das Abbild fortgesetzter Störungen beim Aufbrechen der Klüfte. Die Störungen werden laufend überwachsen («verheilt»), lassen aber eine Spur zurück. Die weissliche Spur kann von kleinsten Fluideinschlüssen herrühren. Im Beispiel von Abb. 535 ist die Kluft etwa zur Hälfte mit freistehenden Quarzen

532 Ader mit Fasern unterschiedlicher Zusammensetzung. Dogger, Urbachtal.
Foto: Adrian Pfiffner

533 Faserige Kluftfüllungen: Quarz- und Calcitfasern im Lias des Chrüzbachtobels bei Vättis. Am Kluftende entspringen mehrere feine Klüfte.
Foto: Adrian Pfiffner

534 Faserige Kluftfüllungen: Faserige Quarzader im Eozän an der Fuorcla Raschaglius nördlich Flimserstein/Fil de Cassons.
Foto: Adrian Pfiffner

535 Parallelverwachsung von Quarz in einer Ader in einem Quarzit. Piz Segnas. Breite: 12 cm.
Sammlung: Peter Kürsteiner T4-147
Foto: Thomas Schüpbach

537

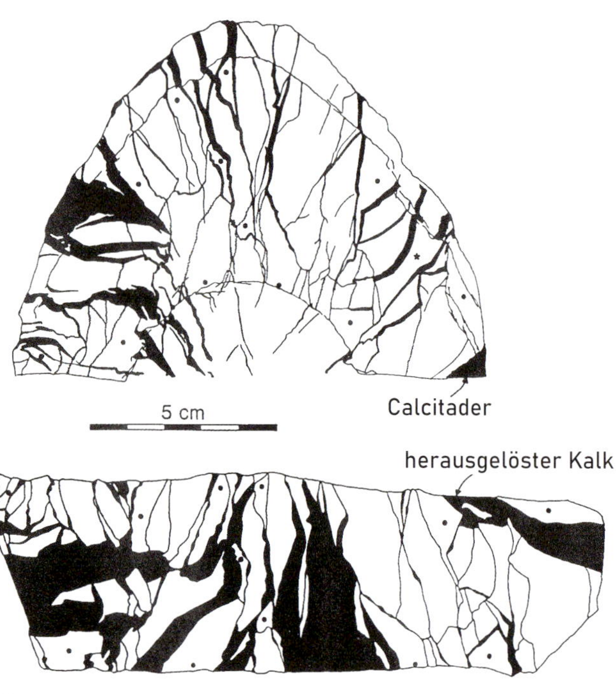

538

536 Zerrklüfte und Stylolithe im Seewen-Kalk bei Burstel/Gamplüt oberhalb Wildhaus SG. Die Ader A kappt den älteren Stylolithen S1 und wird ihrerseits vom jüngeren Stylolithen S2 gekappt.
Foto: Adrian Pfiffner

537 Aufgesägtes Handstück einer Falte im «Mergelband» am Ellhorn (vergleiche auch Abb. 42). Zerrklüfte werden gegen das Innere der gefalteten Schicht hin zusehends dünner und verschwinden.
Foto: Adrian Pfiffner

538 Grafische Analyse des Handstücks von Abb. 536. Das obere Diagramm entspricht dem heutigen Zustand. Stylolithen sind als dünne Linien gezeichnet, Adern als dicke Linien und Flächen. Das untere Diagramm zeigt den Zustand vor der Faltung. Hier entsprechen die schwarzen Flächen dem gelösten Kalk.
Illustration: Adrian Pfiffner

gefüllt. Die Quarzkristalle sind in parallelen Aggregaten angeordnet, die senkrecht auf den Kluftflächen stehen. Im Inneren der Aggregate sind weisse Fäden erkennbar, die ehemaligen Aufreissstellen entsprechen dürften. Weisse Fäden parallel zur Längsachse der Quarzkristalle repräsentieren Fehlstellen, die sich beim Wachstum selbst laufend replizierten.

Ein illustratives Beispiel zur Umverteilung von Calcit in einem Kalk veranschaulicht Abb. 536. Die Kalklösung findet hier entlang von sogenannten Stylolithen statt. Das sind dünne, schriftartige Säume, die das Gestein durchziehen. Die Säume sind meist durch unlösliche Komponenten im Kalk (Tonminerale, Eisenoxide) dunkel gefärbt. Längs der Stylolithen wurde der Kalk aufgelöst und weggeführt. Der gelöste Calcit wurde dann in Klüften wieder ausgeschieden und bildet heute Adern. Wie im Bild ersichtlich kappen einzelne Stylolithen Calcitadern, sind also jünger als diese. Andererseits schneiden Calcitadern auch durch ältere Stylolithen hindurch. Dies bedeutet, dass Kalklösung und Kalkausfällung weitgehend gleichzeitig erfolgen, sich im Detail aber lokal in Episoden ablösen. Kalklösung erfolgt unter gerichtetem Druck (Spannung) und wird deshalb auch als Drucklösung bezeichnet.

Im Beispiel der Falte am Ellhorn (Abb. 537) bildeten sich im äusseren Teil der Falte Zerrklüfte, welche mit Calcit verfüllt wurden. Die Zerrklüfte deuten auf eine Dehnung und Zerreissung, ähnlich wie dies auf einem Gletscher geschieht, der über eine subglaziale Schwelle fliesst. Im Innern der gefalteten Schicht wurde unter der bei der Faltung herrschenden Druckspannung Kalk gelöst. Eine sorgfältige Analyse der Falte erlaubte es, die Falte längs der Stylolithen und der Adern aufzuschneiden und die Bruchstücke in den Urzustand zurückzuschieben, die Faltung also rückgängig zu machen (Abb. 538). Misst man die Flächen der Adern (schwarz im oberen Diagramm) und jene des aufgelösten Gesteins (schwarz im unteren Diagramm), so ergibt sich ein erstaunliches Resultat betreffend des Stoffumsatzes: 35 % des Gesteinsvolumens gingen bei der Faltung in Lösung, aber nur circa 12.5 % wurden in den Adern ausgefällt. Das heisst, dass etwa 22.5 % des Gesteinsvolumens verloren ging. Ein Teil davon dürfte Poren gefüllt haben, ein anderer Teil wurde aus dem System exportiert, das heisst, weit weg verfrachtet.

Fluide Einschlüsse in Kluftquarz

Quarzkristalle, die im Klufthohlraum auskristallisiert sind, zeigen oft an der Basis, wo sie dem Nebengestein aufgewachsen waren, eine milchigweisse Zone. Auch im Inneren der Kristalle können – neben Einschlüssen von anderen Mineralien – weisse Bereiche auftreten. Unter dem Mikroskop ist bei starker Vergrösserung erkennbar, dass die weissen Zonen aus unzähligen Flüssigkeitseinschlüssen bestehen, welche oft eine Gasblase enthalten. Es handelt sich dabei um Einschlüsse des ursprünglichen Fluids, in welchem der Kristall vor Jahrmillionen entstanden ist. Diese sind während des Kristallwachstums vom restlichen Fluid abgetrennt und vom Quarz umschlossen worden. Kluftquarze haben somit nicht nur einen materiellen und ästhetischen Wert, sie sind ausserdem hervorragende Archive der

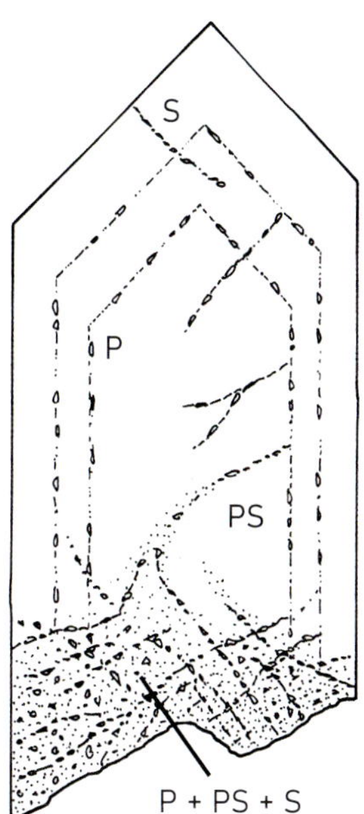

539 Schnitt durch einen Quarzkristall mit primären (P), pseudosekundären (PS) und sekundären (S) fluiden Einschlüssen. An der Kristallbasis milchigweisse Zone mit zahlreichen Einschlüssen, deren relative Abfolge nicht bestimmt werden kann.
Illustration: Michael Soom, ergänzt nach Rykart (1995)

tektonischen Entwicklung der Kluftbildung und der sie umgebenden Gesteine.

Je nach Lage des Einschlusses im Wirtkristall kann zwischen primären, pseudosekundären und sekundären Einschlüssen unterschieden werden (Abb. 539). Die primären Einschlüsse zeigen frühere Stadien des Kristallwachstums an. Oft finden sich fluide Einschlüsse entlang von ehemaligen Bruchflächen, die im weiteren Verlauf der Kristallbildung wieder verheilt sind. Liegen diese im Inneren der Kristalle, handelt es sich um pseudosekundäre Einschlüsse. Befinden sie sich in der Randpartie des Kristalls, sind sie sekundärer Natur.

Die Untersuchung fluider Einschlüsse in Mineralien liefert wichtige Informationen über deren Bildungsbedingungen und über jene der Kluftentstehung. Die klassische Methode zur Untersuchung fluider Einschlüsse ist ein Mikroskop, das mit einer Abkühlvorrichtung und einem Heiztisch ausgerüstet ist. Mit dieser Ausrüstung können in den Fluideinschlüssen Phasenübergänge zwischen minus 180 °C und plus 600 °C beobachtet werden, welche Rückschlüsse auf den Salzgehalt der wässrigen Phase und die ungefähre Zusammensetzung des eingeschlossenen Gases ermöglichen. Wird der Einschluss bis zur Homogenisierung der wässrigen Lösung mit der Gasphase erhitzt, entspricht die gemessene Temperatur der minimalen Bildungstemperatur des Einschlusses. Eine vertiefte Analyse der in einem Fluideinschluss enthaltenen chemischen Stoffe erfolgt mittels Ramanspektroskopie. Die Messung stabiler Isotope liefert weitere Erkenntnisse über die Herkunft der Fluide.

Für die Untersuchung fluider Einschlüsse ist der Quarz besonders gut geeignet, weil er chemisch weitgehend inert ist, eine grosse Härte aufweist, nicht gut spaltbar und durchsichtig ist. Auf diese Weise entsprechen die im Einschluss gemessenen, physikochemischen Eigenschaften in guter Näherung jenen des im ursprünglichen Klufthohlraum befindlichen Fluids.

Fluidzusammensetzung und Bildungsbedingungen

In der Stralrüfi treten innerhalb mergelig-kalkiger Gesteine der Zementstein-Formation kleine Zerrklüfte auf, in welchen Fensterquarze auskristallisiert sind. Die Klüfte sind sowohl als Dehnungsklüfte wie auch als Fiederklüfte innerhalb der Kalkbänke angeordnet. Die Quarze sind meist kurzprismatisch und zeigen eine typische Fensterung der Prismen- und Trapezoederflächen. Stellenweise liegen die Fensterquarze auch in der Zepterform vor. Begleitmineral ist ein eisenreicher Calcit, der nach dem Quarz auskristallisiert ist. Von der Stralrüfi sowie der circa 1.2 km nordöstlich befindlichen Lokalität Schwarzrüfi, welche sich in der gleichen Formation befindet, liegen Fluid-Daten von Mullis (1979) und Mullis et al. (2017) vor.

Die Untersuchungen zeigen, dass der Quarz in einer methanreichen fluiden Phase auskristallisiert ist. Das Methan ist aus dem thermischen Abbau höherer Kohlenwasserstoffe (Erdöl) entstanden, welche während der Diagenese aus organischen Resten des umgebenden Gesteins hervorgegangen sind. Die Bildungstemperatur der Quarze wurde mit circa 220 °C bestimmt. Unter der Annahme eines mittleren geothermischen Gradienten von 25 °C pro Kilometer war die Kluft anlässlich der Einschlussbildung von einer vertikalen Gesteinssäule von etwa 9 km überlagert. Mullis (1979) bestimmte unabhängig davon an methanreichen Einschlüssen in Fensterquarz der Stralrüfi einen Druck von 2850 bar, der dem Druck einer circa 10.5 km mächtigen Gesteinssäule entspricht und somit gut mit dem Resultat der anderen Messungen übereinstimmt. Die Gesteinsüberlagerung bestand aus höher liegenden Deckeneinheiten, welche durch Erosion seit der Kluftbildung abgetragen wurden.

In den Quarziten der Sardona- und Blattengrat-Decke finden sich im Gebiet von Elm zahlreiche Klüfte, welche ausnahmsweise Dimensionen von mehreren Metern erreichen können. Die Klüfte treten oft am Kontakt vom Quarzit zum plastisch deformierten Tonstein auf. Je nach Richtung der Gesteinsbankung verlaufen die Kluftflächen vertikal oder horizontal. Die Klüfte werden in der Regel von einem mehr oder weniger deutlich ausgebildeten, derben Quarzband begleitet. Es sind keine Auslaugungszonen im Nebenstein erkennbar, was darauf hindeutet, dass die mineralführende fluide Phase in einem weitgehend chemischen Gleichgewicht mit

dem umgebenden Gestein war. Die Quarzkristalle sind in der Regel im normal- bis schlankprismatischen Habitus ausgebildet. Aus der Verteilung der Fluidzusammensetzung östlich des Linth-Tales (Mullis et al. 2017) kann entnommen werden, dass die Quarze bei Elm in einer wasserreichen fluiden Phase mit wenig gelöstem Kochsalz kristallisiert sind.

Von speziellem Interesse sind die nur selten gefundenen Zepterquarze, welche auf einem normal-

540 Quarz mit Zepterbildung. Piz Segnas. Höhe: 1.8 cm.
Sammlung: Peter Kürsteiner T4-173
Foto: Thomas Schüpbach

prismatischen Quarz ein Zepter aufweisen. Die zepterförmige Aufwachsung entsteht in einer entmischten fluiden Phase, indem durch eine rasche Erweiterung des Klufthohlraums ein brüsker Druckabfall erzeugt wird. Dieser bewirkt in der Kluft eine Trennung in eine flüssige und eine gasförmige Phase (Mullis 1976, 1979, 1994). Im emulsionsartigen Gemisch findet eine Übersättigung an Kieselsäure und ein rasches Wachstum des Zepters statt. Im vorliegenden Fall dürfte das Zepterwachstum in einer methanreichen entmischten Phase stattgefunden haben. Wegen der geringeren Dichte der gasförmigen Phase im Vergleich mit der wässrigen Lösung hat sich diese im oberen Teil des Klufthohlraums angereichert, wo die Zepterquarze auskristallisierten.

Über die Herkunft des Methans kann spekuliert werden. Methan weist im Untergrund eine grosse Mobilität auf und kann aus grösserer Tiefe entlang von Störzonen aufsteigen. Nicht auszuschliessen ist, dass es aus organischem Material der Subalpinen Molasse stammt, welche am Nordrand des Aar-Massivs in Tiefen von mehr als 3–4 km liegt und während der Gebirgsbildung von den helvetischen Decken überfahren wurde.

Die Klüfte am Calanda zeichnen sich durch eine vielfältige Mineralparagenese aus. Sowohl in den permischen Vulkaniten als auch in den diese überlagernden Sedimenten treten Adern und offene Klüfte auf. Die Kluftflächen sind sowohl flach als auch steil orientiert. Es liegen Mineralien mit faserigem Wachstum vor, welche gleichzeitig mit der Kluftöffnung entstanden sind. Die Morphologie des Quarzes beinhaltet normalprismatische Kristalle und solche mit ausgeprägt trigonalem Aufbau mit Übergang zum Muzo-Habitus. Als feste Einschlüsse im Quarz findet sich in Klüften der permischen Vulkanite asbestförmiger Turmalin (Dravit). Begleitmineralien sind Adular, Albit, Apatit, Calcit, Chlorit, Dolomit, Epidot, Hämatit, Titanit und die Sulfide Pyrit und Chalkopyrit.

Im Röti-Dolomit, in der Quarten-Formation und im Dogger ist die Mineralparagenese besonders umfangreich und umfasst neben Quarz und den Karbonaten Dolomit und Calcit die Sulfide Fahlerz, Galenit, Pyrit und Sphalerit. Als besondere Raritäten sind gediegenes Gold und das Wolfram-haltige Mineral Scheelit aufzuführen. Spät in der Mineralabfolge ist Fluorit in ausserordentlich grossen Kristallen mit Kantenlängen von mehr als 5 cm auskristallisiert. Klüfte im Malmkalk enthalten Quarz mit nadelförmigen Einschlüssen der seltenen Mineralart Zinkenit.

Die Mineralparagenese in den permischen Vulkaniten entspricht weitgehend der mineralogischen Zusammensetzung des Nebengesteins. Die gute Übereinstimmung deutet auf eine Mobilisierung gelöster Mineralstoffe aus der unmittelbaren Umgebung der Kluft; ein Sachverhalt, der bereits von Niggli et al. (1940) erkannt wurde und zur Vorstellung führte, dass der Mineralinhalt alpiner Klüfte vorwiegend durch Lateralsekretion gebildet wird. Offenbar waren die Redoxverhältnisse in den Klüften der permischen Vulkanite kleinräumig sehr variabel, indem neben Hämatit auch Sulfide auskristallisierten.

Die Paragenese der Klüfte in den überlagernden Sedimenten zeigt demgegenüber einen Mineralbestand, der nicht allein durch Ausscheidung von aus der Kluftumgebung mobilisierten Minerale erklärt werden kann. Während die Sulfide Pyrit, Fahlerz, Galenit und Sphalerit auch an anderen Lokalitäten im Röti-Dolomit auftreten und eine synsedimentäre Herkunft denkbar ist, führen die Adern und Klüfte im Calanda-Gebiet weitere Mineralien – wie etwa Gold und Scheelit – welche keinen direkten geochemischen Bezug mit dem Nebengestein aufweisen und aus grösserer Entfernung zugeführt worden sind.

Erste Angaben über fluide Einschlüsse in Kluftquarzen aus dem Calanda-Gebiet finden sich in Stalder (1964) und Poty et al. (1974). Die genannten Autoren analysierten Einschlüsse von Quarzkristallen der Lokalitäten Plattazüg und Tschengels. Bei Plattazüg wurde in (wahrscheinlich) sekundären Einschlüssen, bestehend aus leicht salzhaltigem Wasser, eine Homogenisierungstemperatur von 197 °C gemessen. Zu ähnlichen Ergebnissen kam Audétat (1995). Während Poty et al. (1974) bis zu 7 Gewichtsprozent CO_2 feststellten, waren die von Audétat gemessenen Einschlüsse aus Klüften der Vulkanite frei von CO_2.

Die in den Quarzen des Röti-Dolomits am Calanda östlich von Tamins bestimmten Homogeni-

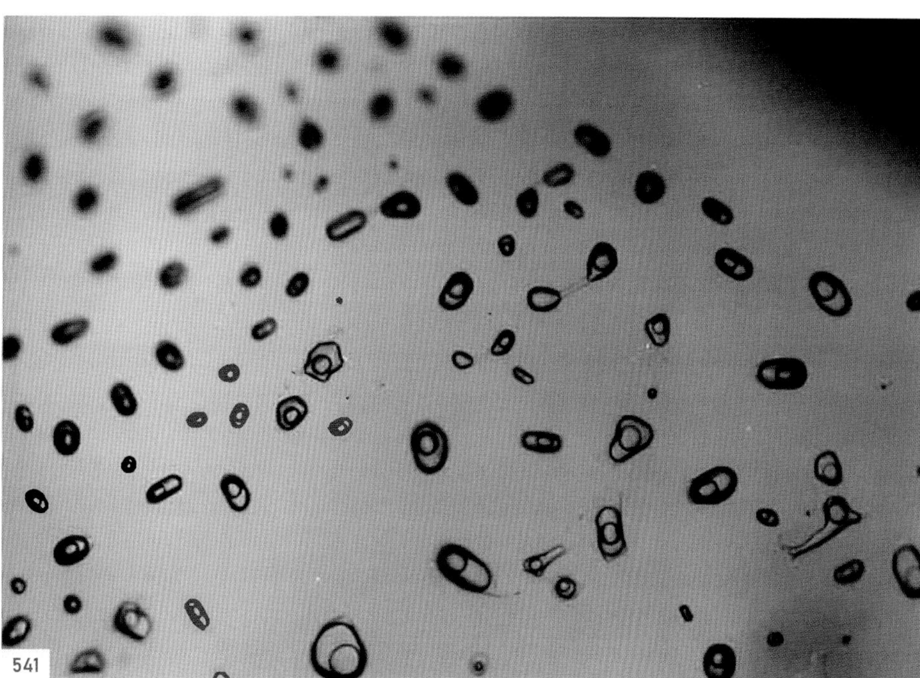

541 Fluide Einschlüsse mit flüssigem und gasförmigem CO_2 in Fluorit. Kupfergrüebli. Bildbreite: 3 mm.
Foto: Aus Audétat (1995)

sierungstemperaturen an primären und pseudosekundären Einschlüssen variieren zwischen 240 und 290 °C (Poty et al. 1974, Audétat 1995). Im Vergleich zu den Fluideinschlüssen im Quarz der permischen Vulkanite zeigen die Einschlüsse in Quarz aus dem Röti-Dolomit deutlich höhere CO_2-Gehalte. So bestimmten Stalder (1964) und Poty et al. (1974) in Zerrklüften bei Tschengels CO_2-Gehalte von 25 und 63 Gewichtsprozent. Audétat (1995) kam ebenfalls zum Schluss, dass im Quarz des Röti-Dolomits des Kupfergrüebli und der Silberegg (wahrscheinlich identisch mit Gebietsbezeichnung Tschengels nach Poty et al. 1974) fluide Einschlüsse mit einem stark variablen Anteil an CO_2 auftreten. Die stark unterschiedlichen CO_2-Konzentrationen treten innerhalb der gleichen Einschlussbahn auf, was mit der Existenz einer siedenden fluiden Phase bei der Einschlussbildung in Verbindung gebracht wird (Audétat 1995).

Die Entmischung des Fluids im Klufthohlraum hat das Mineralwachstum beschleunigt, ohne dass es zu einem Zepterwachstum kam. Solche Einschlüsse, welche unter Druck stehen, kommen zum Leidwesen der Strahler ebenfalls im Fluorit vor, welcher deshalb unter Wärmeeinwirkung zerplatzt. Dies deutet darauf hin, dass die Durchflutung mit einem entmischten CO_2-reichen Fluid auch nach der Quarzkristallisation in einer späten Phase der Kluftbildung stattgefunden hat.

In den Alpen wurden CO_2-reiche Fluide während der Gesteinsmetamorphose erst oberhalb von 450 °C gebildet (Mullis et al. 1994). Als Herkunft von CO_2 werden die Oxidation von graphitischem Material sowie die Reaktion der Fluide mit Karbonatgesteinen (Dekarbonatisierung) in Betracht gezogen. Der Temperaturbereich, bei welchem mit CO_2 angereicherte Fluide entstehen, differiert somit deutlich von den in den Quarzen des Calanda-Gebiets bestimmten Homogenisierungstemperaturen, welche näherungsweise der Bildungstemperatur entsprechen. Die Quelle der CO_2-haltigen Fluide dürfte ausserhalb des Gebietes liegen. Es wird vermutet, dass während der alpinen Gebirgsbildung Fluide längs der Bruchzonen aus grösserer Tiefe aufgestiegen sind. Das Vorkommen von Gold in Adern und Klüften des Calanda schliesst nicht aus, dass

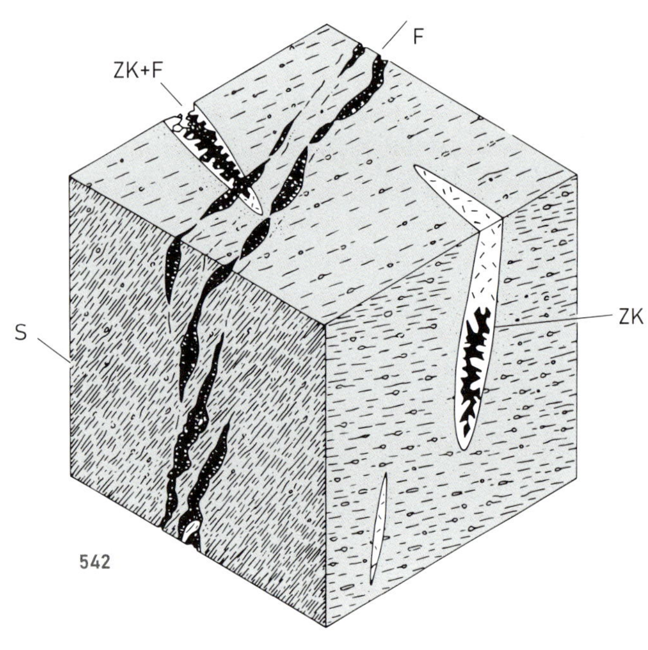

542 Offene Zerrklüfte ZK mit Quarz, welche senkrecht zur Gesteinsschieferung S orientiert sind, sowie spät gebildetes, Fluorit-führendes Gangsystem F. Von Letzterem angeschnittene Zerrklüfte enthalten neben Quarz auch Fluorit. Altkristalline Gneise, BLS-Tunnel Eggerberg VS.
Illustration: Michael Soom

die Fluide Metalle aus einem in grösserer Tiefe befindlichen Kristallinkörper mobilisiert haben.

Während der alpinen Orogenese und Metamorphose wurde das Gebirge von hydrothermalen Lösungen durchströmt, welche bei tiefen pH-Werten Metallionen aus dem Kristallin mobilisiert hatten. Auf ihrem Aufstieg standen die Fluide vorerst mit kristallinen Gesteinen in Kontakt. Ihr pH-Wert lag im leicht sauren Bereich. Sobald die Fluide entlang von Klüften und Bruchzonen in höher liegende Sedimente wie den Röti-Dolomit eindrangen, änderte sich die chemische Beschaffenheit der metallhaltigen Lösung. Der pH-Wert stieg etwas an und damit kam es zur Ausfällung von Erzmineralien. Der Dolomit bildete in solchen Fällen eine Barriere, welche die Genese von Erzmineralien förderte.

Datierungen an Kluft-Monazit liefern wichtige Informationen zum geologischen Alter der Kluftbildung. Monazit kristallisiert in der Regel gegen Ende des Mineralwachstums in einer Kluft bei Gesteinstemperaturen von weniger als 300–350 °C (Gnos et al. 2021). Im östlichen Aar-Massiv ermittelten dieselben Autoren Bildungsalter von 11.4 und 12.5 Millionen Jahren. Aus dem Gebiet der Tektonikarena Sardona liegen keine Ergebnisse vor. Für die Klüfte im südlichen Teil der Tektonikarena, welche in der Fortsetzung des gegen Osten abtauchenden Aar-Massivs liegen, dürfte ein ähnliches Alter von etwas mehr als 10 Millionen Jahren zutreffen.

Alpine hydrothermale Gänge

In den Schweizer Alpen sind mehrere Vorkommen von Fluorit in hydrothermalen Gängen bekannt. Furrer und Hügi (1952) bearbeiteten einen Gang westlich des Gemmipasses und kamen zur Überzeugung, dass der relativ hohe Fluorgehalt auf einen telemagmatischen Ursprung zurückzuführen sei. Das Fluor ist demnach aus grosser Tiefe längs einer Bruchzone aufgestiegen.

In der Ostschweiz sind fluoritführende Gänge im Alpstein bekannt. Büchi und Hofmann (1954) vermuten, dass es sich dabei ebenfalls um telemagmatische Gänge handelt. Der Begriff telemagmatisch wird dabei für Lagerstätten verwendet, welche bei Temperaturen von weniger als 100 °C entstanden sind, ohne dass ein direkter Bezug mit einem

Magmaherd besteht. Kürsteiner und Soom (1986) beschrieben Gänge in der Chobelwand südlich der Ebenalp. Charakteristisch ist bei diesem Vorkommen sowie jenem der benachbarten Dürrschrennenhöhle, dass die mit Fluor angereicherten Fluide nicht in chemischem Gleichgewicht mit dem umgebenden Kalkgestein waren und zu Lösungserscheinungen im Nebengestein führten. Kürsteiner und Soom (2007) äussern die Vermutung, dass die beiden Fluoritvorkommen genetisch mit den am Blattenberg bei Oberriet SG aufgeschlossenen, steil verlaufenden Gängen aus brekziiertem Calcit mit Sternquarz und Chalcedon verknüpft sind. Denkbar ist, dass es sich um gleichzeitig aktive Bruchsysteme handelt, die eine Zonierung aufweisen, indem in deren westlichen Teil Fluorit auskristallisierte, der gegen Osten durch Chalcedon und Quarz abgelöst wurde.

Im Gebiet der Axalp südlich von Brienz BE treten am südlichen Abhang der Oltschiburg und bei Ruun ebenfalls Gänge auf, welche Calcit und Fluorit führen (Soom und Kürsteiner 2022). Sie zeigen bezüglich ihrer Ausbildung Ähnlichkeiten mit den Vorkommen der Chobelwand und Dürrschrennenhöhle.

Weitere Erkenntnisse über die Entstehung der Fluorit-Gänge erbrachten geologische Aufnahmen im BLS-Tunnel bei Eggerberg VS, der am Südrand des Aar-Massivs in altkristallinen Gneisen verläuft (Ogi und Soom 1988). Während der Tunnelverbreiterung wurde ein Gangsystem erschlossen, in welchem brekziierter Gneis mit grünem Fluorit zementiert ist, welcher auch frei auskristallisiert ist (Abb. 542). Die Orientierung des Ganges weicht deutlich von jener der Zerrklüfte ab. In Zerrklüften, welche vom später gebildeten Gangsystem angeschnitten werden, ist neben Quarz ebenfalls Fluorit ausgebildet. Die Bildung des Fluorit-Ganges ist somit zweifelsohne jünger als jene der Zerrklüfte.

Im Sardona-Gebiet sind nahe des Panixerpasses (Alp Ranasca) und in Glarus Nord (Talalp, Alp Vorder Tal) Fluorite in Gangvorkommen aufgeschlossen. Die vertikalen Gänge verlaufen parallel zur im ganzen Gebiet dominanten Nord-Nordwest-Süd-Südost ausgerichteten Klüftung. Parallel zu dieser Richtung verlaufen auch wichtige Bruchzonen im Helvetikum; Bruchzonen, welche zeitgleich mit der Deckenbildung aktiv waren. Es waren diese Bruchzonen, welche den Aufstieg heisser Fluide ermöglichten.

Beim Vorkommen der Alp Ranasca liegt eine brekziierte Kontaktzone vor, die stellenweise hydrothermal ausgelaugt ist und deren Komponenten mit Fluorit und Quarz zementiert sind. Vom Strahler nicht erwünschte und meist mit Säure entfernte Rostspuren deuten darauf hin, dass weitere, eisenhaltige Mineralien an der Paragenese beteiligt sind (allenfalls Eisenkarbonat oder Pyrit).

Während bei den Vorkommen von Eggerberg im Altkristallin des Aar-Massivs keine Anzeichen auf eine hydrothermale Veränderung des Nebengesteins vorhanden sind, zeigt sich bei den beiden Fluoritgängen im Alpstein, der Talalp und bei Brienz eine Aufweitung der Gangspalten durch Lösungsprozesse, teilweise verbunden mit der Ausfällung von Quarz. Bei den letztgenannten Vorkommen besteht das Nebengestein aus Karbonaten. Solche Prozesse finden in der Regel bei Gesteinstemperaturen von weniger als 200 °C statt. Tatsächlich haben Kürsteiner und Soom (1986) beim Vorkommen der Chobelwand, in welchem die Gesteine auf weniger als 200 °C aufgeheizt wurden, die Temperatur der Fluoritbildung auf 160–170 °C einengen können.

Generell gesehen sind Fluoritgänge oft vergesellschaftet mit Quarz, Baryt, Galenit und Sphalerit, was auch ein Hinweis ist, dass die Fluide telemagmatischen Ursprungs sind und aus grosser Tiefe stammen. Bei den beschriebenen Vorkommen im Helvetikum beschränkt sich die Mineralparagenese allerdings auf die Mineralarten Fluorit, Calcit, Quarz und Baryt.

Die verschiedenen Vorkommen von Fluorit im Eisenbergwerk Gonzen, in der Umgebung des Walensees, im Bergwerk Gnapperchopf sowie im Calanda-Gebiet können nicht direkt mit hydrothermalen Gängen verknüpft werden.

Sekundärmineralien

Mineralbildende Prozesse

Sekundärmineralien sind Produkte der Verwitterung anstehender Gesteine und sind aus den ursprünglichen, primären Mineralen hervorgegangen. Sekundärmineralien treten sowohl in Gesteinsrissen und Lösungshohlräumen von Vererzungen wie auch in alpinen Zerrklüften auf, sobald diese der Oberflächenverwitterung ausgesetzt sind. Eine wichtige Rolle bei der Entstehung von Sekundärmineralien haben wässrige Lösungen, welche Mineralstoffe im Untergrund auflösen, transportieren und wieder zur Ausfällung bringen. Sekundärmineralien können über geologische Zeiträume entstehen oder laufend neu gebildet werden.

Erze und ihre Begleitmineralien, die sich an der Erdoberfläche befinden, sind der Verwitterung ausgesetzt. Temperaturschwankungen führen dazu, dass der Gesteinsverband aufgelockert und neue Transportwege geschaffen werden. Beim Wasser handelt es sich oft um Niederschlag, der in den Untergrund einsickert und gelöste Bestandteile in grössere Tiefen verfrachtet. Die Verwitterungsprozesse sind abhängig von der Einwirkung von Wasser, Sauerstoff, Kohlensäure und verschiedenen anderen Säuren wie etwa Huminsäuren.

Die Oberflächenverwitterung ist besonders in tropischen Klimaverhältnissen ausgeprägt. Die Lösung mineralischer Substanzen findet bevorzugt in der ungesättigten Sickerzone statt und wird dabei von Organismen und deren Abbauprodukten unterstützt. Lösliche Verbindungen werden ausgeschwemmt und mit dem Sickerwasserfluss in grössere Tiefen verfrachtet. Der schwerlösliche Anteil – vor allem Metalloxide und -hydroxide von Eisen, Mangan und Aluminium – reichert sich in der Verwitterungszone an. Gesteine enthalten oft Minerale mit zweiwertigem Eisen wie beispielsweise das verbreitet auftretende Eisensulfid Pyrit. Unter der Einwirkung des im Wasser gelösten Sauerstoffs wird zweiwertiges Eisen Fe^{2+} zu dreiwertigem Fe^{3+} oxidiert. Es geht dabei in Goethit über, der an seiner bräunlichen, gelblichen bis rötlichen Farbe erkennbar ist. Während die edleren Metalle oft aufgelöst und weggeführt werden, reichert sich der schwerlösliche Goethit in Poren oder frei an der Erdoberfläche als «Eiserner Hut» an.

Das in den Untergrund einsickernde Wasser staut sich auf tieferliegenden, gering wasserdurchlässigen Gesteinsschichten und führt zu einem wassergesättigten Bereich, dessen Oberkante als Bergwasserspiegel bezeichnet wird und dessen Höhenlage je nach zufliessendem Wasser variieren kann. Mit zunehmender Tiefe ist im Bergwasser eine generelle Abnahme des Sauerstoffgehalts zu verzeichnen, bedingt durch den Abbau organischer und von der Oberfläche her eingeschwemmter organischer Substanzen. Dieser Prozess hat Auswirkungen auf das Lösungsverhalten der von der Oberfläche her gelösten Bestandteile, wodurch neue Mineralphasen – sogenannte Sekundärmineralien – ausgeschieden werden. Typische Vertreter von Sekundärmineralien, die im Schwankungsbereich des Bergwasserspiegels oder knapp darüber auskristallisieren, sind bei Kupfervererzungen die Mineralarten Malachit und Azurit.

In der tieferen, sauerstoffarmen Zone unterhalb des Bergwasserspiegels werden unter reduzierenden Bedingungen weitere Mineralien – darunter auch edlere Metalle wie Kupfer, Silber und Gold – ausgefällt. Dieser Bereich wird als Zementationszone bezeichnet. Die Ausfällung erfolgt, indem die gelösten Metalle mit den Erzmineralen des primären Mineralbestandes reagieren. Die Erfahrung zeigt, dass die Metallkonzentrationen in der Zementationszone oft grösser sind als jene in der primären Vererzung. Dieser Sachverhalt führt dazu, dass bei zahlreichen Erzlagerstätten wie etwa jenen des Mürtschen-Gebietes die Erzführung mit zunehmender Tiefe abnimmt, was Ursache für Fehleinschätzungen und Enttäuschungen während der verschiedenen Abbauperioden war.

Geologischer Rahmen der Mineralbildung

Die verschiedenen Sekundärmineralien stammen mehrheitlich aus den Vererzungen innerhalb der Gesteine der Verrucano-Gruppe, welche sich durch eine spezielle Geochemie auszeichnen. Die verschiedenen Mineralien dürften durch rezente Verwitterungsprozesse unter dem Einfluss von in den Untergrund einsickerndem Regenwasser und unterirdisch zirkulierendem Grundwasser gebildet haben.

Die im Kapitel «Minerale – Kristalle – Erze» aufgelisteten Sekundärmineralien erreichen meist Grössen von nur wenigen Millimetern und erscheinen in der Form winziger, nadelig-spiessiger Kristalle, als krustige Überzüge oder als amorphe, pulverige Massen ohne erkennbare Kristallmorphologie. Sie zeichnen sich meist durch eine geringe Härte aus. Von speziellem Interesse ist ihre Farbe, die je nach chemischer Beschaffenheit Rückschlüsse auf den primären Mineralbestand erlaubt. Es bestehen Übergänge zu amorphen Ausbildungen, deren Bestimmung den Einsatz moderner Analysenmethoden erfordert und welche zu den besonderen Herausforderungen der Mineralsystematik gehören.

Im Gebiet der Tektonikarena Sardona umfassen die Sekundärmineralien über 40 Arten. Das Auftreten von gediegenem Silber und Kupfer auf der Alp Prod dürfte eine Mineralbildung aus der Zementationszone der weiter im Süden gelegenen historischen Kupfer-Silber-Vererzung darstellen (Bächtiger 1974 a).

Das Mineral Oxyplumboroméit, welches ein Verwitterungsprodukt von Blei-Antimon-Erzen darstellt, tritt verbreitet an der Zinkenit-Fundstelle Chlitobel am Calanda auf.

Die sinterförmigen Karbonate Calcit und Aragonit sind rezente Mineralbildungen in an Calciumkarbonat übersättigtem Grundwasser. Sicheres Kennzeichen von Kupfervererzungen sind die an zahlreichen Stellen auftretenden Sekundärmineralien Azurit und Malachit.

Als Zersetzungsprodukte von Pyrit finden sich im Eisenbergwerk Gonzen das Calcium-Sulfat Gips sowie die Mineralart Melanterit, welche gelb verwittert und sich in das Mineral Rozenit umwandelt. Rozenit konnte zudem im Gebiet Goldene Sonne am Calanda auf Quarz bestimmt werden.

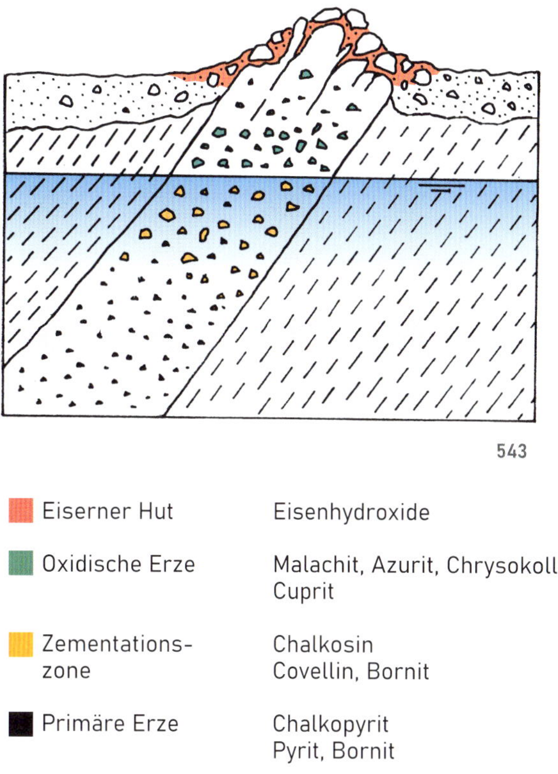

Die Arsenate sind in den Erzvorkommen des Mürtschen-Gebiets besonders zahlreich vertreten. Die letztgenannten zeichnen sich durch ein breites Spektrum an verschiedenen Metallen aus, welche Kupfer, Arsen, Blei, Zink, Molybdän, Silber und Uran beinhalten.

Die uranhaltigen Silikate Cuprosklodowskit, Kasolit und Uranophan treten im Mürtschen-Gebiet und am Ober Plattnerboden auf.

543 Oberflächlich verwitterter Erzgang mit sulfidischen Erzen. In der Oxidationszone bildet sich aus Eisenhydroxiden der sogenannte «Eiserne Hut». Oberhalb des Grundwasserspiegels werden die Kupfer-Sekundärmineralien Azurit und Malachit ausgefällt. In der tiefer liegenden Zementationszone findet oberhalb der primären Vererzung eine Anreicherung von Chalkosin, Covellin und Bornit statt.
Illustration: Michael Soom, nach Neukirchen und Ries (2014)

Anhang

Literaturverzeichnis

Allenbach P. (1961): Geologische Untersuchungen in der Mürtschengruppe mit besonderer Berücksichtigung der Malmstratigraphie. Unveröffentlichte Diplomarbeit, ETH Zürich.

Amstutz C. (1949): Kupfererze in spilitischen Laven des Glarner Verrucano. Bericht über die XXIV. Hauptversammlung der Schweiz. Mineralogischen und Petrographischen Gesellschaft. Schweizerische mineralogische und petrographische Mitteilungen 29/2, 548–549.

Amstutz C. (1950): Kupfererze in den spilitischen Laven des Glarner-Verrucano GL. Schweizerische Mineralogische und Petrographische Mitteilungen 30, 182–191.

Anderes B. (1999): Altes Bad Pfäfers: Ein Führer. Sarganserländer Verlag, Mels.

Audétat A. (1994): Zinkenit-Einschlüsse in Quarz vom Calanda. Mineralienfreund 3/4, 1–8.

Audétat A. (1995): Mineralogische und petrographische Untersuchungen an Au, Sb, Cu-führenden Quarz-Karbonat-Gängen am Calanda bei Chur, Kt. Graubünden. Unveröffentlichte Diplomarbeit, ETH Zürich.

Bäbler Ch. (2016): Schöne und spezielle Funde aus den Glarner Bergen. Découvertes belles et particulières faites dans les montagnes glaronnaises. Schweizer Strahler / Le Cristallier Suisse 3/2016, 9–14.

Bäbler Ch. (2019): Kristallsuche in den Glarner und Urner Bergen. A la recherche de cristaux dans les montagnes uranaises et glaronaises. Schweizer Strahler / Le Cristallier Suisse 1/2019, 18–23.

Bachmann I. (1873): Die neuern Vermehrungen der mineralogischen Sammlung des Berner Stadtmuseums. Mitteilungen der bernischen Naturforschenden Gesellschaft, Nr. 825.

Bächtiger K. (1958): Die Uranmineralisation an der Mürtschenalp (Kt. Glarus, Schweiz). Schweizerische Mineralogische und Petrographische Mitteilungen 38/2, 387–391.

Bächtiger K. (1960): Ein neues intramagmatisches Kupfervorkommen in den Keratophyrlaven des Gandstockes (Kt. Glarus, Schweiz). Schweizerische Mineralogische und Petrographische Mitteilungen 40/2, 279–288.

Bächtiger K. (1963): Die Kupfer- und Uranmineralisationen der Mürtschenalp (Kt. Glarus, Schweiz). Beiträge zur Geologie der Schweiz, Geotechnische Serie 38.

Bächtiger K. (1965 a): Brookit aus einer alpinen Zerrkluft der oligozänen Dachschieferserie bei Mastrils (Kanton Graubünden). Schweizerische Mineralogische und Petrographische Mitteilungen 45/2, 139–152.

Bächtiger K. (1965 b): Intramagmatische Manganerze in einer permischen Eruptivserie des Taminser Kristallins bei Felsberg (GR). Verhandlungen der Schweizerischen Naturforschenden Gesellschaft 145, 102–106.

Bächtiger K. (1966 a): Anatas, Brookit und Adular aus der mittleren Kreide des Haldensteiner Calanda. Verhandlungen der Schweizerischen Naturforschenden Gesellschaft 146, 148–149.

Bächtiger K. (1966 b): Die neuen Goldfunde aus dem alten Goldbergwerk «Goldene Sonne» am Calanda (Kanton Graubünden). Verhandlungen der Schweizerischen Naturforschenden Gesellschaft 146, 151–153.

Bächtiger K. (1967): Die neuen Goldfunde aus dem alten Goldbergwerk «Goldene Sonne» am Calanda (Kt. Graubünden). Schweizerische Mineralogische und Petrographische Mitteilungen 47/2, 643–657.

Bächtiger K. (1968): Die alte Goldmine «Goldene Sonne» am Calanda (Kt. Graubünden) und der gegenwärtige Stand ihrer Erforschung. Schweizer Strahler 4/1968, 170–178.

Bächtiger K. (1969 a): Die alte Goldmine «Goldene Sonne» am Calanda (Kt. Graubünden) und der gegenwärtige Stand ihrer Erforschung (1. Fortsetzung). Schweizer Strahler 1/1969, 202–212.

Bächtiger K. (1969 b): Die alte Goldmine «Goldene Sonne» am Calanda (Kt. Graubünden) und der gegenwärtige Stand ihrer Erforschung (2. Fortsetzung). Schweizer Strahler 3/1969, 276–289.

Bächtiger K. (1971): On the origin of native gold, quartz crystals and thermal water in the surroundings of Calanda mountain (Kt. Graubünden and Kt. St. Gallen). Schweizerische Mineralogische und Petrographische Mitteilungen 51/2–3, 585–586.

Bächtiger K. (1974 a): Syngenetisch-stratiforme Hämatit- und Pyrit-Vererzungen mit Chlorit und Imprägnationen von Kupfer-Sulfiden in der Quarten-Serie (Keuper) des Schilstales (St. Galler Oberland). Archiv für Lagerstättenforschung in den Ostalpen. Sonderband 2, Festschrift O.M. Friedrich, 17–49.

Bächtiger K. (1974 b): Die alpidische Gold-Wolfram-Vererzung am Calanda bei Chur. Fortschritte der Mineralogie 52, Beiheft 2, 3–5.

Bächtiger K. (1980): Der Bergbau in der Surselva im Mittelalter und in der Neuzeit. Terra Grischuna Bündnerland – Zeitschrift für bündnerische Kultur, Wirtschaft und Verkehr, 39/2, 96–100.

Bächtiger K. (1986): Der alte Goldbergbau an der «Goldenen Sonne» am Calanda bei Chur. Bergknappe – Mitteilungen Verein der Freunde des Bergbaues in Graubünden 4/1986, 2–14.

Bächtiger K. (1989): Die Lagerstätten und die Geschichte des Silber- und Kupfer-Bergbaues auf der Mürtschenalp (Kanton Glarus, Schweiz). Archiv für Lagerstättenforschung der Geologischen Bundesanstalt, Festband für O.M. Friedrich 10, 81–97.

Bächtiger K. (2000 a): Der alte Goldbergbau an der «Goldenen Sonne» am Calanda bei Chur (1). Bergknappe – Mitteilungen Verein der Freunde des Bergbaues in Graubünden 2/2000, 6–16.

Bächtiger K. (2000 b): Der alte Goldbergbau an der «Goldenen Sonne» am Calanda bei Chur (2). Bergknappe – Mitteilungen Verein der Freunde des Bergbaues in Graubünden 3/2000, 2–5.

Bächtiger K., Bayer G. und Corlett M. (1968): Komponenten der Enargit-Gruppe als paragenetische Bestandteile der Kupfervererzung im Röti-Dolomit der Alp Tobelwald im Murgtal (Kt. St. Gallen). Schweizerische Mineralogische und Petrographische Mitteilungen 48, 832–835.

Bächtiger K. und Markus J.H. (als «in Vorbereitung» angekündigt in Bächtiger et al. 1968 – wohl nie erschienen): Subaquatische-exhalative Hämatiterze und sulfidische Kupfererze in Sandsteinen der Quarten-Serie (Obere Trias) bei Ruhegg im Schilstal (Kt. St. Gallen). Vierteljahresschrift Naturforschende Gesellschaft Zürich.

Bächtiger K., Rüdlinger G. und Cabalzar W. (1972): Scheelit in Quarz- und Fluorit-Gängen am Calanda (Kt. Graubünden). Schweizerische Mineralogische und Petrographische Mitteilungen 52/3, 561–563.

Bambauer H.U. (1961): Spurenelemente und -Farbzentren in Quarzen aus Zerrklüften der Schweizer Alpen. Schweizerische Mineralogische und Petrographische Mitteilungen 41, 335–369.

Bättig F. (1966): Riesen-Calcit-Kluft im Eisenbergwerk Gonzen. Der Aufschluss, 117–121.

Berlepsch H.A. (1860): Das Eisenbergwerk im Gonzen. In: Die Gartenlaube. Illustrirtes Familienblatt. Leipzig, Ernst Keil, Heft 31, 487–489, Illustration 485.

Bernoulli C. (1811): Geognostische Uebersicht der Schweiz nebst einem systematischen Verzeichnisse aller in diesem Lande vorkommenden Mineralkörper und deren Fundörter. Schweighausersche Buchhandlung, Basel.

Betechtin A.G. (1977): Lehrbuch der speziellen Mineralogie. 7. Auflage. Deutscher Verlag für Grundstoffindustrie.

Blum A. und Hug R. (2001): Geologische Untersuchungen im Raum Sargans (inkl. 3D-Geometrie des Gonzenerzlagers). Unveröffentlichte Diplomarbeit, Universität Bern.

Blumenthal M. (1911): Geologie der Ringel-Segnesgruppe. Beiträge zur geologischen Karte der Schweiz, N. F. 33. Lieferung, Bern.

Bodenmann C. (2000): Quarze und Fluorite am Calanda (GR). Cristaux de quartz et de fluorite du Calanda (GR). Schweizer Strahler / Le Cristallier Suisse 12, 111–118.

Bolley P.A. (1861): Analyse einer Suite von Kupfererzen vom Calanda. Schweizerische Polytechnische Zeitschrift 6, 95.

Bosshard E. (1890): Das Goldbergwerk «zur Goldenen Sonne» am Calanda. Jahrbuch Schweizer Alpenclub 25, 341–357.

Brandenberger E. und Winterhalter R.U. (1929): Über ein neues Realgar-Vorkommen bei Walenstadt. Schweizerische Mineralogische und Petrographische Mitteilungen 9, 241–246.

Brok B. den, Caduff R., Schielly H., Nio S.-D. und Kunz Y. (2021): Blatt 1174 Elm. – Geologischer Atlas der Schweiz 1:25 000, Karte und Erläuterungen 173.

Brönnimann U. und Rykart R. (1981): Kettenbildende Brookitkristalle längs dem «Faden» eines Flachquarzes aus dem Glarner Flysch. Inclusions de brookite en chapelet dans un cristal de quartz du flysch glaronnais. Schweizer Strahler / Le Cristallier Suisse 5, 528–529.

Brückner W.D., Heim A. und Ritter E. (1957): Bericht über die Jubiläumsexkursion der Schweizerischen Geologischen Gesellschaft durch die Glarneralpen anlässlich ihres 75-jährigen Bestehens (23. – 26. September 1957). – Trümpy R: 25. September 1957. Leglerhütte – Saasberg – Linthal. Eclogae geologicae Helvetiae 50/2, 509–528.

Brügger Chr.G. (1866): Der Bergbau in den X Gerichten und der Herrschaft Rhäzüns unter der Verwaltung des Davoser Bergrichters, Christian Gadmer, 1588–1618. Jahresbericht der Naturforschenden Gesellschaft Graubündens. Neue Folge, 11. Jahrgang (Vereinsjahr 1864–65). Chur.

Brunner M. und Buhlke A. (2018): «Goldene Sonne» reloaded: erste montanarchäologische Untersuchungen am Calanda. Minaria Helvetica 39, 20–51.

Büchi U. P. und Hofmann F. (1954): Telemagmatische Gänge in der unteren Kreide des Säntis-Gebirges. Eclogae geologicae Helvetiae 47/2, 309–314.

Burkhard D.J.M. (1982): Zur Genese von Uran-(Cu-) Mineralisationen im Helvetischen Verrucano der Ostschweiz. Unveröffentlichte Diplomarbeit, ETH Zürich.

Burkhard D.J.M., Rybach L. und Bächtiger K. (1985): Uranium and copper ore minerals in a Lower Permian lapilli agglomerate tuff in Eastern Switzerland (Weisstannental, Kanton St. Gallen). Schweizerische Mineralogische und Petrographische Mitteilungen 65, 335–352.

Cabalzer W. (1972): Scheelitfund am Calanda. De la Scheelite au Calanda. Schweizer Strahler / Le Cristallier Suisse 2, 368.

Cabalzar W. (1977): Funde der letzten Jahre vom Calanda. Trouvailles de ces dernières années dans la région du Calanda. Schweizer Strahler / Le Cristallier Suisse 4, 328–333.

Cabalzar W. (1989): Mineralien aus dem Bergsturzmaterial des Calanda. Minéraux provenant du matériel de l'éboulement du Calanda. Schweizer Strahler / Le Cristallier Suisse 8, 231–237

Cabalzar W. (1994): Quarzspezialitäten vom Calanda (GR). Quartz spéciaux provenant du Calanda (GR). Schweizer Strahler / Le Cristallier Suisse 10, 15–18.

Cadisch J. (1939): Die Erzvorkommen am Calanda, Kantone Graubünden und St. Gallen. Schweizerische Mineralogische und Petrographische Mitteilungen 19, 1–20.

Deicke J.C. (1859 a): Über das Vorkommen der Blei-, Kupfer-, Nickel- und Silbererze in der Schweiz. Berg- und Hüttenmännische Zeitung 18, Nr. 20, S. 177–180.

Deicke J.C. (1859 b): Geologische Skizze über die Kantone Appenzell, St. Gallen und Thurgau. Oeffentlicher Vortrag. Verlag von Scheitlin & Zollikofer.

Deicke J.C. (1860): Nachträge über das Vorkommen des Goldes im Goldbergwerk zur goldenen Sonne im Canton Graubünden. Berg- und Hüttenmännische Zeitung 19, Nr. 12, 119–120.

Deicke J.C. (1862): Die nutzbaren Mineralien der Kantone St. Gallen und Appenzell. Bericht über die Thätigkeit der St. Gallischen Naturwissenschaftlichen Gesellschaft während des Vereinsjahres 1861–1862, 90–112.

Dietrich V., de Quervain F. und Nissen H.U. (1966): Turmalinasbest aus alpinen Mineralklüften. Bericht über die 41. Hauptversammlung der Schweiz. Mineralogischen und Petrographischen Gesellschaft in Solothurn 46/2, 695–697.

Dünner H., Fichter H.J., Helbling R., Kappeler U., Leupold W., Trümpy R. Vischer A., Weber E. und Wyssling L. (1946): Photogeologische Karte der Tödikette vom Bifertenstock bis Calanda 1:25 000. Beiträge zur geologischen Karte der Schweiz, Spezialkarte Nr. 120/Blatt 1 (Tektonik), Blatt 3 (Segnespass) und Blatt 4 (Vättis).

D'Omalius D'Halloy J.B.J. (1843): Précis élémentaire de géologie. Arthus Bertrand, Paris.

Eberli H. (2015): Das Eisenbergwerk Gonzen. Bergknappe, Doppelnummer 126/127, 39. Jahrgang, 26–35.

Eggenberger P. (1975): Das hat der liebe Gott so schön geschliffen … Les pierres que le Bon Dieu a si bien polies … Schweizer Strahler / Le Cristallier Suisse 3, 473–477.

Eggenberger P. (1976): Kristalle und Mineralien aus dem Tamina- und Calfeisental. Terra plana, April-Heft, 13–16.

Eggenberger P. (1977): Hervorragende Calcitfunde im Tamina- und Calfeisental. Découvertes exceptionelles de calcite dans la vallée de la Tamina et dans le Calfeisental. Schweizer Strahler / Le Cristallier Suisse 4, 348–354.

Eisenbergwerk Gonzen AG (1944): Das Eisenbergwerk am Gonzen und 25 Jahre Eisenbergwerk Gonzen AG 1919/1944. Buchdruckerei Winterthur AG.

Epprecht W. (1946 a): Die Eisen- und Manganerze des Gonzen. Beiträge zur geologischen Karte der Schweiz, Geotechnische Serie 24.

Epprecht W. (1946 b): Die Manganmineralien vom Gonzen und ihre Paragenese. Schweizerische Mineralogische und Petrographische Mitteilungen 26, 19–27.

Epprecht W. (1957): Unbekannte schweizerische Eisenerzgruben sowie Inventar und Karte aller Eisen- und Manganerz-Vorkommen der Schweiz. Schweizerische Mineralogische und Petrographische Mitteilungen 37/2, 217–246.

Epprecht W. (1984): Die Entwicklung des Bergbaues am Gonzen (Sargans). In: Minaria Helvetica 4a, 3–39.

Epprecht W. (1986 a): Neues vom alten Bergbau am Gonzen (Sargans). In: Minaria Helvetica 6a, 18–28.

Epprecht W. (1986 b): Das Inventar des Eisenbergwerks Gonzen. In: Bergknappe 35, 12–17.

Epprecht W., Schaller W.T. und Vlisidis A.C. (1959): Über Wiserit, Sussexit und ein weiteres Mineral aus den Manganerzen vom Gonzen (bei Sargans). Schweizerische Mineralogische und Petrographische Mitteilungen 39, 85–104.

Fehlmann H. (1919): Der Schweizerische Bergbau während des Weltkrieges. Kümmerly & Frey, Bern.

Franks-Dollfus S., Herb R., Funk Hp., Pfiffner O.A., Bissig P. und Kempf O. (2003/2020): Blatt 1134 Walensee – Geologischer Atlas Schweiz 1:25 000, Karte und Erläuterungen 106.

Fravi P. (1978): Bergwerke und Bergbau in Graubünden. Bündner Monatsblatt – Zeitschrift für bündnerische Geschichte, Heimat- und Volkskunde. Chur, Heft 7–8, 1–25.

Freuler G. (1925): Geologische Untersuchungen in der Mürtschengruppe. Inaugural-Dissertation Universität Zürich. Druck Leemann & Co., Zürich.

Friedländer C. (1930): Erzvorkommnisse des Bündner Oberlandes und ihre Begleitgesteine. Inaugural-Dissertation Universität Zürich. Druck Aschmann & Scheller, Zürich.

Furrer H. und Hügi Th. (1952): Telemagmatischer Gang im Nummulitenkalk bei Trubeln westlich Leukerbad (Kanton Wallis). Eclogae geologicae Helvetiae 45/1, 41–51.

Gerber D. (1994): Das Goldbergwerk «Goldene Sonne» am Calanda. Unveröffentlichte Diplomarbeit; Institut für Mineralogie und Petrographie der ETH Zürich.

Gilliéron F. (1988): Zur Geologie der Uranmineralisation in den Schweizer Alpen. Beiträge zur Geologie der Schweiz, Geotechnische Serie 77.

Gnos E., Mullis J., Ricchi E., Bergemann C.A., Janots E. und Berger A. (2021): Episodes of fissure formation in the Alps: connecting quartz fluid inclusion, fissure monazite age, and fissure orientation data. Swiss Journal of Geoscience 114, 1–25.

Graeser S., Oberholzer W. und Stalder H.A. (1978): Mineralneufunde aus der Schweiz und angrenzenden Gebieten III. Nouveaux minéraux de Suisse et des territoires limitrophes III. Schweizer Strahler / Le Cristallier Suisse 4, 441–452.

Graeser S., Oberholzer W., Stalder H.A. und Schenker F. (1979): Mineralneufunde aus der Schweiz IV. Nouveaux minéraux de Suisse et des territoires limitrophes IV. Schweizer Strahler / Le Cristallier Suisse 5, 141–154.

Graeser S., Oberholzer W., Schmutz L. und Stalder H.A. (1981): Mineral-Neufunde aus der Schweiz und angrenzenden Gebieten V. Nouveaux minéraux de Suisse et des territoires limitrophes V. Schweizer Strahler / Le Cristallier Suisse 5, 437–467.

Gross G. (1977): Kontakt-Zwillinge von zwei Quarzfundstellen in Graubünden. Macles de contact provenant de deux gisements de quartz des Grisons. Schweizer Strahler / Le Cristallier Suisse 4, 317–323.

Haidinger W. (1845): Handbuch der bestimmenden Mineralogie, enthaltend die Terminologie, Systematik, Nomenklatur und Charakteristik der Naturgeschichte des Mineralreiches. Braumüller & Seidel, Wien.

Hantke R., Schindler C., Frey F., Schielly H., Baumeler A. und Caduff R. (2019): Blatt 1173 Linthal. Geologischer Atlas der Schweiz 1:25 000, Karte und Erläuterungen 166.

Heim Arn. und Oberholzer J. (1917): Geologische Karte der Alvier-Gruppe 1:25 000. Beiträge zur geologischen Karte der Schweiz, Spezialkarte Nr. 80.

Hilzinger R. (1983): Die Altherren-Kluft. La fissure des vieux messieurs. Schweizer Strahler / Le Cristallier Suisse 6, 314–316.

Hirschi H. (1925): Uranglimmer (?) der Mürtschenalp. Schweizerische Mineralogische und Petrographische Mitteilungen 5/1, S. 248–249.

Hofmann F. (1989): Mineralische Rohstoffe der Kantone St. Gallen und Appenzell. Berichte der St. Gallischen Naturwissenschaftlichen Gesellschaft, Band 84, S. 23–71.

Huber J. (2010): Gonzen – der Berg und sein Eisen. NZZ Libro, Verlag Neue Zürcher Zeitung, Zürich.

Hugger P. (1991): Der Gonzen – 2000 Jahre Bergbau. Das Buch der Erinnerungen. Mit einem Beitrag von Willfried Epprecht über: Geologie, Geschichte, Bergbau. Eisenbergwerk Gonzen AG, Sargans.

Hugger P. (1994): 2000 Jahre Bergbaukultur am Gonzen. Schweizerisches Archiv für Volkskunde 90, Heft 1, 131–143.

Hügi T. (1941): Zur Petrographie des östlichen Aarmassivs (Bifertengletscher, Limmernboden, Vättis) und des Kristallins von Tamins. Schweizerische Mineralogische und Petrographische Mitteilungen 21/1, 1–120.

Hügi T. und Meier W. (1949): Spektrographische Untersuchungen an schweizerischen Kupfererzen. Experientia 7, 283–285.

Imper D. (1996): Gesteine, Rohstoffgewinnung und Steinverarbeitung im Sarganserland. Minaria Helvetica 16a, 3–60.

Imper D. (2004): Der GeoPark Sarganserland-Walensee-Glarnerland. Berichte der St. Gallischen Naturwissenschaftlichen Gesellschaft 90, 101–136.

Isepponi F. (2018): Ein goldenes Jubiläum – und noch nicht müde. Jubilé doré et encore plein d'énergie. Schweizer Strahler / Le Cristallier Suisse 4/2018, 2–9.

Jenny A. (1931): Glarner Geschichte in Daten, II. Band. Buchdruckerei Neue Glarner Zeitung, Glarus.

Josuran M. (2009): Gold- und Wolframvererzung im Bereich des Bergwerks «Goldene Sonne», Calanda GR. Bachelorarbeit, ETH Zürich, Departement Erdwissenschaften, Schweizerische Geotechnische Kommission SGTK.

Kamm J. (1917): Das Kupferbergwerk am Mürtschen. Die Schweizer-Familie, 24. Jahrgang, Nr. 12, 20. Januar 1917, 182–183.

Kenngott A. (1866): Die Minerale der Schweiz. Verlag von Wilhelm Engelmann, Leipzig.

Krähenbühl H. (1980): Das Fahlerz- und Bleiglanzvorkommen am Gnapperkopf bei Vättis. Bergknappe – Mitteilungen Verein der Freunde des Bergbaues in Graubünden 3/1980, 9–11.

Krähenbühl H. (1998): Kupfer-Blei-Vererzung am Gnapperkopf bei Vättis, Kt. St. Gallen. Bergknappe – Mitteilungen Verein der Freunde des Bergbaues in Graubünden 4/1998, 8–11.

Krähenbühl H. (2006): Knappen und Geister auf Gnapperchopf und in Silberegg. Bergknappe – Mitteilungen Verein der Freunde des Bergbaues in Graubünden 1/2006, 2–7.

Kündig E. und de Quervain F. (1953): Fundstellen mineralischer Rohstoffe in der Schweiz, Kümmerly & Frey, Bern. 116, 133, 187.

Kürsteiner P. und Soom M. (1986): Chobelwand – Fluoritfundstelle im Alpstein. La paroi de Chobel – gisement de fluorine dans l'Alpstein. Schweizer Strahler/Le Cristallier Suisse 7/5, 205–217.

Kürsteiner P. und Soom M. (2007): Mineralien im Alpstein. Appenzeller Verlag, Herisau.

Kürsteiner P. und Soom M. (2016): Mineralfunde im Calfeisental SG. Les gisements de minéraux du val Calfeisen SG. Schweizer Strahler / Le Cristallier Suisse 1/2016, 2–14.

Kürsteiner P., Soom M. und Hofmann B. (2015 a): Mineralfunde im Taminatal SG – 1. Teil. Les gisements de minéraux du val Tamina SG – 1ère partie. Schweizer Strahler / Le Cristallier Suisse 1/2015, 21–30.

Kürsteiner P., Soom M. und Hofmann B. (2015 b): Mineralfunde im Taminatal SG – 2. Teil. Les gisements de minéraux du val Tamina SG – 2ème partie. Schweizer Strahler / Le Cristallier Suisse 2/2015, 13–23.

Landesgeologie LHG (2008): Tektonische Karte der Schweiz 1:500 000, map.geo.admin.ch, Stand 22.05.2008.

Leonhard K.C. und Selb C.J. (1812): Mineralogische Studien. Erster Theil. Johann Leonhard Schrag, Nürnberg.

Löpfe R., Ibele T., Wohlwend St., Lüthold A., Broggi R., Allemann F. und Zwahlen P. (2018): Blatt 1155 Sargans – Geologischer Atlas Schweiz 1:25 000, Karte und Erläuterungen 157.

Maissen P.F. (1974): Mineralklüfte und Strahler der Surselva. Universitätsverlag Freiburg.

Manz W. (1923): Der Eisenbergbau am Gonzen. Buchdruckerei Ragaz A.-G., Bad Ragaz.

Markus J.H. (1967): Geologische Untersuchungen in den Flumserbergen. Diss. Univ. Zürich, unpubl.

Meisser N. (1999): Sekundärmineralien der Kupfer- und Uranaufschlüsse der Mürtschenalp (SG/GL). Les minéraux d'alteration des indices de cuivre et d'uranium de la Mürtschenalp (SG/GL). Schweizer Strahler / Le Cristallier Suisse 11, 489–503.

Meyer R. (2017): Rosafarbene Apatite vom Hinter Tal, Calanda GR. Les apatites roses du Hinter Tal, Calanda GR. Schweizer Strahler / Le Cristallier Suisse 1/2017, 16–20.

Moser B. (2017): Zeugen einer spannenden Bergbauzeit. Terra Plana 2/2017, 29–34.

Moser B. (2018): Das Bergwerk Gonzen und die Familie Neher – Eine Erfolgsgeschichte. Bergknappe 133/2, 18–25.

Moser C. (1990): Georg Altorfers Beschreibung des Bergwerks Gonzen und der Eisenhütte Plons. Minaria Helvetica 10a, 1–72.

Müller B.U. (1994): Zur Quartärgeschichte des Seeztales (Kt. St. Gallen). Berichte St. Gallische Naturwissenschaftliche Gesellschaft 87, 9–20.

Mullis J. (1974): Zur Entstehungsgeschichte der alpinen Zerrklüfte. Mineralienfreund, Zeitschrift der Urner Mineralienfreunde (UMF) 12/6, 77–88.

Mullis J. (1976): Das Wachstumsmilieu der Quarzkristalle im Val d'Illiez (Wallis, Schweiz). Schweizerische Mineralogische und Petrographische Mitteilungen 56, 219–268.

Mullis J. (1979): The system methane-water as a geologic thermometer and barometer from the external part of the Central Alps. Bullétin de Minéralogie 102, 526–536.

Mullis J., Abart R. und Vennemann T. (2003): Fluid regimes along the Glarus overthrust and their possible impacts on thrusting and calc-mylonite formation. First Swiss Geoscience Meeting, Basel, 28. – 29. Nov. 2003. Abstract Volume.

Mullis J., Dubessy J., Poty B. und O'Neil J. (1994): Fluid regimes during late stage of a continental collision: Physical, chemical, and stable isotope measurements of fluid inclusions in fissure quartz from a geotraverse through the Central Alps, Switzerland. Geochimica et Cosmochimica Acta 58, 2239–2267.

Mullis J., Ferreiro Mählmann R. und Wolf M. (2017): Fluid inclusion microthermometry to calibrate vitrinite reflectance (between 50 and 270 °C), illite Kübler-Index data and the diagenesis/anchizone boundary in the external part of the Central Alps. Applied Clay Science 143, 307–319.

Neukirchen F. und Ries G. (2014): Die Welt der Rohstoffe. Lagerstätten, Förderung und wirtschaftliche Aspekte. Springer, Berlin.

Nigg, Th. (1934): Historisches und kulturhistorisches Allerlei aus der Pfäferser Klosterzeit. Sarganserländische Buchdruckerei A.-G., Mels.

Niggli P., Koenigsberger J. und Parker R. L. (1940): Die Mineralien der Schweizeralpen. B. Wepf & Co., Basel.

Oberholzer J. (1920): Geologische Karte der Alpen zwischen Linthgebiet und Rhein 1:50 000. Beiträge zur geologischen Karte der Schweiz, Geologische Spezialkarte 63.

Oberholzer J. (1923): Das Eisenerzvorkommen am Gonzen bei Sargans. In: Die Eisen- und Manganerze der Schweiz, Beiträge zur Geologie der Schweiz, Geotechnische Serie, XIII. Lieferung, 1. Band, II. Teil, 155–203.

Oberholzer J. (1933): Geologie der Glarneralpen. Beiträge zur geologischen Karte der Schweiz, N. F. 28. Lieferung.

Oberholzer J. (1942): Geologische Karte des Kantons Glarus 1:50 000. Beiträge zur geologischen Karte der Schweiz, Geologische Spezialkarte 117.

Offermann E. (1988): Bündner Quarzkristalle mit Einschlüssen anderer Mineralien. Cristaux de quartz provenant des Grisons avec inclusions d'autres minéraux. Schweizer Strahler/ Le Cristallier Suisse 8, 80 und 87–88.

Ogi H. und Soom M. (1988): Eine Winterfundstelle: Fluorit und andere Mineralien von Eggerberg (Lötschberg-Südrampe, VS). Schweizer Strahler/Le Cristallier Suisse 8, 153–166.

Parker R.L. (1963): Betrachtungen über die Morphologie alpiner Quarze. Der Aufschluss 14, 141–156.

Pfeifer H.-R., Oberhänsli H. und Epprecht W. (1988): Geochemical evidence for a synsedimentary hydrothermal origin of Jurassic iron-manganese deposits at Gonzen (Sargans, Helvetic Alps, Switzerland). Marine Geology 84/3–4, 257–272.

Pfiffner O.A. (1972 a): Geologische Untersuchungen beidseits des Kunkelspasses zwischen Trin und Felsberg. Unveröffentlichte Diplomarbeit, ETH-Zürich,171 pp.

Pfiffner O.A. (1972 b): Neue Kenntnisse zur Geologie östlich und westlich des Kunkelspasses (GR). Eclogae geologicae Helvetiae 65/3, 555–562.

Pfiffner O.A. (1990): Kinematics and intrabed-strain in mesoscopically folded layers: examples from the Jura and the Helvetic Zone of the Alps. Eclogae geologicae Helvetiae 83/3, 585–602.

Pfiffner O.A., Burkhard M., Hänni R., Kammer A., Kligfield R., Mancktelow N.S., Menkveld J.W., Ramsay J.G., Schmid S.M. und Zurbriggen R. (2010): Structural Map of the Helvetic Zone of the Swiss Alps, including Vorarlberg (Austria) and Haute Savoie (France), 1:100000, Geological Special Map 128/ Map sheets 5 (Panixerpass) und 6 (Toggenburg).

Pfiffner O.A., Heitzmann P., Lehner P., Frei W., Pugin A. und Felber M. (1997): 21 Incision and backfilling of Alpine valleys: Pliocene, Pleistocene and Holocene processes. In: Pfiffner et al. (Hsg). Deep Structure of the Alps: Results of NRP20. Birkhäuser, Basel.

Pfiffner O.A. und Wyss R. (im Druck): Blatt 1195 Reichenau – Geologischer Atlas der Schweiz 1:25000, Karte und Erläuterungen.

Piperoff C. (1897): Geologie des Calanda. Beiträge zur geologischen Karte der Schweiz, Lieferung VII, neue Folge.

Poty B.P., Stalder H.A. und Weisbrod A.M. (1974): Fluid Inclusion Studies in Quartz from Fissures of Western and Central Alps. Schweizerische Mineralogische und Petrographische Mitteilungen 54, 717–752.

Rahn M., Mullis J., Erdelbrock K. und Frey M. (1995): Alpine metamorphism in the North Helvetic Flysch of the Glarus Alps, Switzerland. Eclogae geologicae Helvetiae 88/1, 157–178.

Ramdohr P. und Strunz H. (1978): Klockmanns Lehrbuch der Mineralogie. Ferdinand Enke, Stuttgart.

Ritter U. (1924): Der Eisenerz-Bergbau am Gonzen. Der Schweizer Geograph, Band 1, Heft 1, 1–4 und Band 2, Heft 2, 17–22.

Rocco J.B. (1899): Die bergbaulichen Untersuchungen auf Gold am Calanda (Graubünden). Einladung zur Gründung einer Gesellschaft zum Zwecke des Abschlusses jener Untersuchungen. Büchler & Co, Bern.

Roth P. (2007): Minerals first discovered in Switzerland. Philippe Roth (Herausgeber). Kristallografik Verlag, Achberg.

Roth P. und Meisser N. (2013): Die seltenen Mineralien der Bündner Manganvorkommen. Les raretés minérales des gisements manganésifères grisons. Schweizer Strahler/ Le Cristallier Suisse 3/2013, 8–21.

Ryf W. H. (1965): Geologische Untersuchungen im Murgtal (St. Galler Oberland). Offsetdruck Zimmermann, Uster.

Rykart R. (1971): Der violette Fluorit von Vorder Tal (Kerenzerberg), GL. Fluorine violette du Vorder Tal, GL. Schweizer Strahler/Le Cristallier Suisse 2, 166–168.

Rykart R. (1972): Quarze vom Hausstock bei Elm GL. Cristaux de quartz du Hausstock près de Elm (GL). Schweizer Strahler/ Le Cristallier Suisse 2, 382–384.

Rykart R. (1979): Muzo-Habitus aufweisende Bergkristalle. Cristaux de roche: habitus de Muzo. Schweizer Strahler/ Le Cristallier Suisse 5, 113 und 115.

Rykart R. (1995): Quarz-Monographie. 2. Auflage. Ott-Verlag, Thun.

Scheuchzer J.J. (1706): Beschreibung der Natur=Geschichten Des Schweizerlands. J.J. Scheuchzer, Zürich.

Schindler C. (2004): Zum Quartär des Linthgebiets zwischen Luchsingen, dem Walensee und dem Zürcher Obersee. Beiträge Geologische Karte der Schweiz, Lieferung 169, Textband, Profiltafeln und Karten.

Schmidt C. (1920): Texte explicatif de la Carte des Gisements des matières premières minérales de la Suisse 1:500000. Basel.

Schmutz L., Graeser S. und Eichin R. (1982 a): Kupfer-Sekundärmineralien aus der Schweiz, Teil I. Mineralienfreund 20/1, 1–24.

Schmutz L., Graeser S. und Eichin R. (1982 b): Kupfer-Sekundärmineralien aus der Schweiz, Teil II. Mineralienfreund 20/2, 29–56.

Schmutz L., Stöcklin D. und Graeser S. (1980): Blei- und Zink-Sekundärmineralien aus der Schweiz. Mineralienfreund 18/2, 1–48.

Schweizerische Industrieausstellung (1857): Schweizerisches Fest-Album. Historische Beschreibung der Haupt-Begebenheiten und der Volksfeste in der Bundesstadt Bern. C. Langlois, Burgdorf.

Schwendener A. und Vogel V. (2008): Geheimnisse im Calanda – Die Goldene Sonne. Bergknappe – Mitteilungen Verein der Freunde des Bergbaues in Graubünden 1/2018, 11–18.

Selb C.J. (1812): Reise nach Graubünden und den dortigen Bergwerken von Reichenau in den Jahren 1810 und 1811. In: Leonhard und Selb (1812). Johann Leonhard Schrag, Nürnberg, 189–289.

Simon H. (1857): Denkschrift betreffend das Kupfer- und Silberbergwerk an der Mürtschenalp. Zürich.

Soom M. und Kürsteiner P. (2018): Goldfunde aus dem St. Galler Taminatal. Goldwäscherzytig 2, 1–3.

Soom M. und Kürsteiner P. (2022): Wiederentdeckung der historischen Fluorit-Fundstelle Ruun südlich Brienz BE. Schweizer Strahler/Le Cristallier Suisse 1, 2–16.

Speich D. (2003): Helvetische Meliorationen: Die Neuordnung der gesellschaftlichen Naturverhältnisse an der Linth (1783 –1823). Chronos Verlag, Zürich.

Stalder H.A. (1964): Quarzfund vom Taminser Calanda. Mitteilungen der Naturforschenden Gesellschaft in Bern, Neue Folge 20, 43–46.

Stalder H.A. (1966): Zwei ungewöhnliche Quarzvorkommen in den Schweizer Alpen (Blauquarz und Eisenkiesel). Bericht über die 41. Hauptversammlung der Schweiz. Mineralogischen und Petrographischen Gesellschaft in Solothurn 46/2, 697–702.

Stalder H.A. (1967 a): Blauquarz vom Taminser Calanda. Urner Mineralienfreund 5, 1–6.

Stalder H.A. (1967 b): Besuch der grossen Calcitkluft im Bergwerk Gonzen bei Sargans. Jahrbuch Naturhistorisches Museum Bern 2, 96–98.

Stalder H.A., de Quervain F., Niggli E. und Graeser S. (1973): Die Mineralfunde der Schweiz. Wepf & Co., Basel.

Stalder H.A., Wagner A., Graeser S. und Stuker P. (1998): Mineralienlexikon der Schweiz. Wepf & Co., Basel.

Stalder H.A. und Wenger Ch. (1988): Scheelit aus dem Aar- und Gotthardmassiv. La scheelite des massifs de l'Aar et du Gothard. Schweizer Strahler / Le Cristallier Suisse 8, 45–82.

Stieger J. (1963): Über die jüngsten Goldfunde am Calanda. Schweizer Strahler / Le Cristallier Suisse 8, Nr. 20, 1–2.

Stöhr E. (1865): Die Kupfererze an der Mürtschenalp und der auf ihnen geführte Bergbau. Zürcher & Furrer, Zürich.

Sulzer J.G. (1747): Joh. Georg Sulzers Beschreibung einiger Merckwürdigkeiten, Welche er in einer Ao. 1742. Gemachten Berg=Reise durch einige Oerter der Schweitz beobachtet hat. David Gessner, Zürich.

Tarnuzzer C. (1910): Neuer Fund von Calandagold. Alpina, Mitteilungen des Schweizer Alpenclub 19, 198–199 (zitiert in Jahresbericht der Naturforschenden Gesellschaft Graubünden 53, 1910–1912: Literatur zur physischen Landeskunde Graubündens, 140–143).

Theobald G. (1856): Der Calanda. Jahresbericht der Naturforschenden Gesellschaft Graubünden 1, 7–43.

Theobald G. (1857): Geognostische Beobachtungen. 3. Nachträgliches über den Calanda. Jahresbericht der Naturforschenden Gesellschaft Graubünden 2, 52–57.

Theobald G. (1862): Naturbilder aus den Rhätischen Alpen. Ein Führer durch Graubünden. Leonhard Hitz, Chur.

Tröger E. (1860): Über den Kupfer- und Silberbergbau der Mürtschenalp im Canton Glarus der Schweiz. Berg- und hüttenmännische Zeitung, 19. Jahrgang, Nr. 32, 6. August 1860, 305–312.

Uspensky E., Brugger J. und Graeser S. (1998): REE geochemistry systematics of scheelite from the Alps using luminescence spectroscopy: from global regularities to local control. Schweizerische Mineralogische und Petrographische Mitteilungen 78/1, 31–54.

Vetsch H. (1975): Ein aussergewöhnlicher Fund. Une découverte hors série. Schweizer Strahler / Le Cristallier Suisse 3, 404–406.

Von Arx R. (1992): Das Kupferbergwerk Mürtschenalp. Baeschlin, Glarus.

Von Tschudy F. (1875): Das Thierleben der Alpenwelt. Naturansichten und Thierzeichnungen aus dem schweizerischen Gebirge. Verlagsbuchhandlung von J. J. Weber, Leipzig.

Walkmeister C. (1889): Aus der Geschichte des Bergbaues in den Kantonen Glarus und Graubünden. Bericht über die Thätigkeit der St. Gallischen Naturwissenschaftlichen Gesellschaft 29, 268–317.

Wanner R. und Brönnimann U. (1977): Titanoxid-Mineralien aus dem Flysch der Glarneralpen. Les oxydes de titane du Flysch des Alpes Glaronnaises. Schweizer Strahler / Le Cristallier Suisse 4, 298–310.

Weber E. (1940): Eisenerzvorkommen im Verrucano westlich St. Martin bei Mels. Eclogae geologicae Helvetiae 33, 185–188.

Weibel M. (1963): Die Quarzfunde bei Tamins und Vättis. Schweizerische Mineralogische und Petrographische Mitteilungen 43, 479–483.

Weibel M. (1964): Chemische Untersuchungen an alpinen Kluftkarbonaten. Schweizerische Mineralogische und Petrographische Mitteilungen 44/2, 489–246.

Weibel M. (1966 a): Die Mineralien der Schweiz. Birkhäuser Verlag, Basel.

Weibel M. (1966 b): Die Quarzfunde bei Tamins und Vättis. Urner Mineralienfreund 4, 43–47.

Weibel M., Graeser S., Oberholzer W. F., Stalder H. A., Gabriel W. (1990): Die Mineralien der Schweiz. Fünfte völlig neu bearbeitete und erweiterte Auflage. Birkhäuser Verlag, Basel.

Wiser D. F. (1842): Über die in den Eisen-Gruben am Gonzen bei Sargans im Kanton St. Gallen vorkommenden Mineralien, nebst einigen Bemerkungen vermischten Inhaltes. Neues Jahrbuch für Mineralogie, Geognosie, Geologie und Petrefakten-Kunde. 5. Heft. E. Schweizerbart's Verlagshandlung, Stuttgart.

Wolf U. und Walter R. (2006): Bergkristall-Rausch im Glarnerland. Mineralienfreund 44/4, 8–17.

Woodtli W. und Disch H. (1996): Mürtschenalp GL – Kleinmineralien aus einem verlassenen Bergbau. Mineralienfreund 34/1, 7–14.

Wyssling L.E. (1950): Zur Geologie der Vorabgruppe. Diss. naturw. ETH Zürich.

Zimmermann A. (1990): Vättis anno dazumal / Ludwig Friedrich Jäger (1854–1906), Friedrich Wilhelm Sprecher (1871–1943). A. Zimmermann (Herausgeber), Vättis (Post).

Zimmermann A. (2006): Knappen und Geister auf Gnapperchopf und in Silberegg. Über die Vättner Bergwerke geben Sage und Wissenschaft Aufschluss. Bergknappe 108, 2–7.

Zweifel B. (1877): Das Bergwerk am Gonzen. Bericht über die Thätigkeit der St. Gallischen Naturwissenschaftlichen Gesellschaft während des Vereinsjahres 1875–76 17, 174–200.

Zographos G. (2018): Geochemische Prospektion am Gold-Wolfram-Vorkommen «Goldene Sonne», Calanda (GR). Minaria Helvetica 39, 4–19.

Geologische Karten

Brok B. den, Caduff R., Schielly H., Nio S.-D. und Kunz Y. (2021): Blatt 1174 Elm. – Geologischer Atlas der Schweiz 1:25 000, Karte und Erläuterungen 173.

Dünner H., Fichter H.J., Helbling R., Kappeler U., Leupold W., Trümpy R. Vischer A., Weber E. und Wyssling L. (1946): Photogeologische Karte der Tödikette vom Bifertenstock bis Calanda 1:25 000. Beiträge zur geologischen Karte der Schweiz, Spezialkarte Nr. 120/Blatt 1 (Tektonik), Blatt 3 (Segnespass) und Blatt 4 (Vättis).

Franks-Dollfus S., Herb R., Funk Hp., Pfiffner O.A., Bissig P. und Kempf O. (2003/2020): Blatt 1134 Walensee – Geologischer Atlas Schweiz 1:25 000, Karte und Erläuterungen 106.

Hantke R., Schindler C., Frey F., Schielly H., Baumeler A. und Caduff R. (2019): Blatt 1173 Linthal. Geologischer Atlas der Schweiz 1:25 000, Karte und Erläuterungen 166.

Heim Arn. und Oberholzer J. (1917): Geologische Karte der Alvier-Gruppe 1:25 000. Beiträge zur geologischen Karte der Schweiz, Spezialkarte Nr. 80.

Landesgeologie LHG (2008): Tektonische Karte der Schweiz 1:500 000, map.geo.admin.ch, Stand 22.05.2008.

Löpfe R., Ibele T., Wohlwend St., Lüthold A., Broggi R., Allemann F. und Zwahlen P. (2018): Blatt 1155 Sargans – Geologischer Atlas Schweiz 1:25 000, Karte und Erläuterungen 157.

Oberholzer J. (1920): Geologische Karte der Alpen zwischen Linthgebiet und Rhein 1:50 000. Beiträge zur geologischen Karte der Schweiz, Geologische Spezialkarte 63.

Oberholzer J. (1942): Geologische Karte des Kantons Glarus 1:50 000. Beiträge zur geologischen Karte der Schweiz, Geologische Spezialkarte 117.

Pfiffner O.A., Burkhard M., Hänni R., Kammer A., Kligfield R., Mancktelow N.S., Menkveld J.W., Ramsay J.G., Schmid S.M. und Zurbriggen R. (2010): Structural Map of the Helvetic Zone of the Swiss Alps, including Vorarlberg (Austria) and Haute Savoie (France), 1:100 000, Geological Special Map 128/Map sheets 5 (Panixerpass) und 6 (Toggenburg).

Pfiffner O.A. und Wyss R. (im Druck): Blatt 1195 Reichenau – Geologischer Atlas der Schweiz 1:25 000, Karte und Erläuterungen.

Piperoff C. (1897): Geologie des Calanda. Beiträge zur geologischen Karte der Schweiz, Lieferung VII, neue Folge.

Internet-Links

Freunde des Bergbaus in Graubünden
www.bergbau-gr.ch/wordpress/?page_id=429

Geopark Sardona
www.geopark.ch

Eisenbergwerk Gonzen
www.raize.ch/Geologie/Diplom/Diplom.html

Lithostratigraphisches Lexikon der Schweiz
www.strati.ch

Rohstoffinformationssystem Schweiz (RIS)
https://map.georessourcen.ethz.ch

Schweizer Mineralienwelt
www.schweizer-mineralienwelt.ch

UNESCO-Welterbe Tektonikarena Sardona
www.unesco-sardona.ch

Sammlungsnachweis

Öffentliche Sammlungen

Bündner Naturmuseum, Chur

Erdwissenschaftliche Sammlungen der Eidgenössischen Technischen Hochschule Zürich

Musée cantonal de géologie Lausanne

Naturhistorisches Museum Basel

Naturhistorisches Museum Bern

Naturmuseum St. Gallen

Privatsammlungen

Martin Blättler, Hergiswil
Werner Böniger, Schwanden
Mischa Crumbach, Visp
Ignaz Derungs, Martina
Ueli Eggenberger, Tamins
Christine Flück und Andreas Berger, Bern
Franco Isepponi, Tamins
Jack Jörimann, Tamins
Hans-Peter Klinger, Jona
Andreas Kürsteiner, Oberuzwil
Peter Kürsteiner, Uzwil
Richard Meyer, Wetzikon
Philippe Roth, Zürich
Thomas Schüpbach, Ipsach
Röbi Tschirky, Mels
Remo Zanelli, Wetzikon

Fundstellenverzeichnis alphabetisch

Dass der Alpstein fast ausschliesslich aus Resten von Meeresorganismen besteht, erschliesst sich einem nicht auf den ersten Blick. Dieses Buch macht auf die zahlreichen Spuren am Wegrand rund um den Säntis, am Altmann, beim Wildkirchli oder am Hohen Kasten aufmerksam. Herausgeber Peter Kürsteiner und Christian Klug legen die erste umfassende Darstellung der Fossilienwelt des Alpsteins vor. Zusammen mit 24 Fachleuten porträtieren sie die wichtigsten Fossilgruppen, welche aufmerksame Menschen beim Erkunden der Natur des Alpsteins leicht selber entdecken können. Weiter bietet das Buch einen Überblick über die Geologie des Alpsteins, erklärt die Entstehung, Erhaltung und das Vorkommen von Fossilien und informiert über den Stand der regionalen Erforschung der Lebewesen und Lebewelten in der geologischen Vergangenheit. Im Hauptteil werden die einzelnen Gattungen und Arten nach Tiergruppen geordnet aufgeführt und besprochen – reich illustriert und bebildert.

Fossilien im Alpstein

Kreide und Eozän der Nordostschweiz

Peter Kürsteiner, Christian Klug

376 Seiten, Fr. 89.–

ISBN 978-3-85882-790-6

Der Alpstein (6. Auflage)

Natur und Kultur im Säntisgebiet
Hans Büchler (Herausgeber)
364 Seiten, Fr. 89.-
ISBN 978-3-85882-700-5

Das Standardwerk «Der Alpstein» wurde verfasst von fünfzehn sachkundigen Autorinnen und Autoren. Das reich illustrierte Werk lässt auch profunde Alpsteinkenner Neues entdecken.

In Meersburg grüsst er über den Bodensee; von Wil aus betrachtet, schiebt er sich wie ein Riegel in die Landschaft. Die Rheintaler, die Toggenburger, die Innerrhoder und die Ausserrhoder beanspruchen ihn als ihren Hausberg: Die Rede ist vom Alpstein mit dem Säntisgipfel. Ein Gebirge, das die Menschen in der Ostschweiz und weit darüber hinaus seit jeher fasziniert. In nur kurzer Distanz zu urbanen Agglomerationen und Zentren liegt eine Landschaft von unerwarteter alpinistischer Wildheit.

Über Natur und Kultur im Säntisgebiet ist schon viel geschrieben, gereimt, skizziert, gezeichnet, gedacht, geschwärmt oder gesungen worden. Es gibt zwar Hunderte von Publikationen zu einzelnen thematischen Bereichen des Alpsteins, aber nur ein Standardwerk, nämlich «Der Alpstein: Natur und Kultur im Säntisgebiet». Alles, was Sie schon immer über den Alpstein wissen wollten, können Sie bequem in diesem reich illustrierten Werk nachlesen.

Peter Kürsteiner,
Michael Soom und
Adrian Pfiffner (von links).

Herausgeber und Autoren

Peter Kürsteiner (*1955), Tierarzt, Dr. med. vet., Uzwil. Mineraliensammler seit der Jugendzeit. Spezielle Interessen an der Mineralogie, Geologie und Paläontologie der Schweiz. Autor verschiedener Publikationen über Mineralien und Mineralfundstellen der Schweiz sowie über Fossilvorkommen des Alpsteins. Stiftungsrat und freier Mitarbeiter Naturmuseum St. Gallen.

info@schweizer-mineralienwelt.ch

Adrian Pfiffner (*1947), Geologe, Prof. em., Dr. sc. nat., Domat/Ems und Zollikofen. Professor für Geologie an der Universität Bern mit Schwergewicht Bau und Entwicklung der Alpen. Autor verschiedener Publikationen und Bücher zur alpinen Geologie. Aufgewachsen in Reichenau inmitten des Taminser Bergsturzes. Setzte sich für die Aufnahme der Tektonikarena Sardona ins UNESCO Welterbe ein. Präsident des Wissenschaftlichen Beirates der Tektonikarena Sardona. Mitglied diverser Kommissionen und der Akademie der Naturwissenschaften Schweiz SCNAT.

adrian.pfiffner@geo.unibe.ch

Michael Soom (*1958), Geologe, Dr. phil. nat., Heimiswil. Experte in einem Gutachterbüro für Geologie, Geothermie, Geotechnik und Umweltabklärungen in Zollikofen. Seit der Jugendzeit passionierter Mineraliensammler; interessiert an Geologie, Bergbau, Mineralogie und Lokalgeschichte der Schweiz. Mitglied mehrerer erdwissenschaftlicher und historischer Vereinigungen. Vorstandsmitglied Goldkammer und Rittersaalverein in Burgdorf. Autor verschiedener mineralogischer und lokalhistorischer Publikationen und Berichte.

soom.heimiswil@bluewin.ch

Schübelbach
Reichenburg
Schänis
Federispitz
Amden
Churfirsten
Gamserrugg
Hinderrugg
Stockberg
Schwändeli
Bilten
Ziegelbrücke
Weesen
Leistchamm
Arvenbüel
Walenstadtberg
Fli
Betlis
Quinten
2
Walenstadt
Tscherlach
Planggenstock
Niederurnen
Mühlehorn
Murg
Unterterzen
Mols
Vorderthal
Chöpfenberg
Oberurnen
Filzbach
Obstalden
Quarten
Oberterzen
Bergheim
Flums
Innerthal
Näfels
Beglingen
Kerenzerberg
Mollis
Tannenbodenalp
Flumserberg
Wägitalersee
Brünnelistock
Nüenchamm
Mürtschenstock
Grosser Güslen
Portels
10
Fronalpstock
Ruchen
Prodkamm
3
Rautispitz
Sulzboden
Netstal
Schijen
Alp Fursch
Guscha
Mutteristock
Riedern
Ennetbühls
Schilt
Oberer Murgsee
Hochfinsler
Glarus
Ennenda
Magerrain
Schwammhöchi
Klöntalersee
Vorder Glärnisch
Gufelstock
Bützistock
Spitzmeilen
Hinter Klöntal
Mitlödi
Schwändi b.S.
Ennetlinth
Guli
Ruchen
Inner Fuürberg
Vrenelisgärtli
Schwanden GL
Sool
Weisstannen
Glärnisch
Bächistock
Nidfurn
Haslen GL
Sernf
Engi
Gulderturm
Wissgandstöckli
Risetenpass
Vorsiez
4
G L A R U S
Leuggelbach
Gandstock
Weissenberge
Matt
Luchsingen
Hätzingen
Vorder Eggstock
Bös Fulen
Garichti
Charenstock
Chrauchtal
Foostock Ruchen
Hangsackgrat
Diesbach GL
Betschwanden
Braunwald
Erigsmatt
Fanenstock
Foopass
Fahnenstock
Höch Turm
Rüti GL
Piz Sardona
Surenstock
6
Ortstock
Gross Kärpf
9
Elm
Sardonaalp
Linthal
Hinterland
Piz Segnas
Pass dil Segnas
Segnespass
Piz Dolf
Trinserhorn
Piz Barghis
Ringelspitz
Urnerboden
Chamerstock
Richetlipass
Walenbrugg
Vorstegstock
Glarner Vorab
Bündner Vorab
Laaxer Stöckli
Piz Grisch
Segnas Sura
Il Fil
Tierfed
Hausstock
Crap da Flem
Muttsee
Ruchi
Panixerpass
Pass dil Veptga
Alp Nagens
Bargis
Gämsfairenstock
Muttenalp
Crap Masegn
Foppa
Flims Dorf
Fidaz
Selbsanft
Muttenstock
8
Crap Sogn Gion
Limmerensee
Lag da Pigniu
Flims Waldhaus
Trin Mulin
Hinter Selbsanft
Kistenpass
Pass Lembra
Fil da Rueun
Laax GR
Tödi
Pigniu
Piz Russein
Bifertenfirn
Bifertenstock
Piz Durschin
Val Frisal
Falera
Siat
Ladir
Schluein
Carrera
Versam
Piz Urlaun
Piz Dado
Andiast
Rueun
Ruschein
Schnaus
S. Clau
Foppa
Sagogn
Valendas
Arezen
Cavistrau Grond
Brün
Waltensburg/Vuorz
Flond
Ilanz
Castrisch
Sevgein
Ober Dutjen
Piz Avat
Piz Ner
Breil/Brigels
Valata
Luven
Dardin
Danis
Affeier
Surcuolm
Schlüechtli
Schlans
Meierhof
Misanenga
Tenna
Tavanasa
Trun
Giraniga
Miraniga
Piz Mundaun
Riein
Piz Riein
Signina
Egschi